農の科学史

——イギリス「所領知」の革新と制度化

The History of Agricultural Science in Great Britain

並松信久 *Nobuhisa Namimatsu*

名古屋大学出版会

農の科学史——目　次

序章

二一世紀になって農学（agricultural science）という科学は、バイオテクノロジーや生命科学の興隆、さらに環境科学の進展によって揺らいでいる。それまで食料・農業・農村に関連する諸問題を取り扱ってきた科学であった農学は、専門分化するとともに、他の科学の発展によって大きな影響を受けた。明治期日本でいわれた「農学栄えて農業滅ぶ」になぞらえていえば、各専門科学としては進歩しているのかもしれないが、農学という包括的な枠組みは危機的な状況にある。それが農業の実態に対応し、その発展に寄与しているのであれば、何ら問題はない。しかしながら専門分化が進むことによって、農学の対象が見失われ、農学は何に貢献するものであるのかが、ますますわかりづらくなってきている。やや極端にいえば、現在、農学という科学を見直さなければ、これまでの先人の知の蓄積である農学が消え去り、農業を包括的に扱う知的枠組みが失われてしまう危機にある。

一　問題の所在

本書はイギリスにおける農学の形成史を探究しようとするものである。イギリスは他のヨーロッパ諸国やアメリカと比べて、農業技術（農法）面では歴史的に先進性をもっていたという面もあるが、農学という科学では先進国とはいえなかった。イギリスではドイツ・フランス・アメリカなどに遅れて、一九世紀末から二〇世紀初頭にかけて、農業カレッジや大学農学部が設立され、農業研究および高等教育への本格的な取り組みが始まった。この時点でようやくイギリスでも農学という科学が強く意識された。しかし単純に先進国から輸入科学として農学を導入したわけではない。あるいは他の諸科学が拡大発展して、農学の形成に至ったわけでもない。それまで一八世紀末から約一世紀にわたって、農業に関する経験知が蓄積される一方、民間において一部、農業研究が継続して行われていたのである。それは主に地主所領をめぐる知の蓄積であったので「所領知」とよべるものであり、時には科学性を帯びるものであった。

しかしこの所領知のみが連続性をもち、さらに制度化されることによって、農学が形成されたともいえない。なぜなら他の諸科学（時には海外の科学）の影響を受けつつ、所領知が展開していったからである。しかもその過程は必ずしも円滑に進んだわけではない。時には激しく論争や対立が起こり、緊張関係が生まれることもあった。この緊張関係は明治期日本における「在来農学と泰西農学」[1]の対立図式と似通っていた点もある。つまりイギリス農学の展開は、それまで続く所領知（経験知）の蓄積と新興（輸入）科学との葛藤であったといえる。それは「実用性」をめぐって、どちらを優先すべきかという議論をもたらし、大学やカレッジという高等教育機関や、試験場や研究所などの研究機関を巻き込んだものとなった。しかしながら、この緊張関係や葛藤は農学という枠組みを崩壊に導くものではなく、むしろ時代を経るごとに、農学の体系化への要求が生まれ、教育・研究制度の整備が進展していった。つまり緊張関係や葛藤こそが科学の創造へと結びつく「革新」をもたらすものであった。そこに他の科学ではみられないイギリス農学の特徴があった。

イギリスでは二〇世紀を待つまでもなく、一九世紀末に至るまでに農業研究・教育に関する取組みが行われていた。その取組みはもちろん農業に関連するものであったが、当初から農学という範疇があったわけではない。農学はその形成にあたって博物学、統計学、化学、遺伝学、経済学などの諸科学とともに、啓蒙思想、経済思想、社会思想などの諸思想などからも影響を受けた。農学は多くの科学や思想から影響を受けていたので、その輪郭がぼやける傾向をもった。しかし農学は諸科学の単なる寄せ集めではない。長期でみると、前述のように所領知をめぐって、そして諸科学からの影響による葛藤を通して、あるいは諸科学を巻き込みながら農学は形成されていった。また、二〇世紀に入ると、統計学や遺伝学のように農業研究から生まれた科学もあった。

農学の各分野においては、たとえば農業統計学、農業化学、農業経済学などにおいて、研究の隆盛期に差があり、分野間で緊張関係が生じる時期もあった。さらに研究は行われていたものの、ひとつの科学として確立をみなかった分野もあった。これは時期によって農業をとらえる視点の違いや、農業を取り巻く経済社会環境の変化に由来するものである。これらのことから農学の分野ごとの研究史はあるものの、農学を全体としてみた研究史が少ないという状況にある。

本書では、現在に通ずる農業研究・教育に関する制度が形成されたと考えられる一八世紀末期から二〇世紀前期を中心にみていく。この間にはエディンバラ大学の農業教授職の設置（一七九〇年）、農業改良調査会の設立（一七九三年）、イングランド王立農業協会の設立（一八三八年）、ロザムステッド農業試験場の設立（一八四三年）、サイレンセスタの王立農業カレッジの設立（一八四五年）、サウスイースタン農業カレッジの設立（一八九四年）、開発委員会の設置（一九〇九年）、イギリス農業経済学会の設立（一九二七年）、国際農業経済学会の設立（一九二九年）などの大学・協会・試験場・カレッジ・学会という一連の制度化の流れがある（一八世紀以前においても農業研究・教育は行われていたが、その多くは制度による研究の時間的な継続性も、研究成果の空間的な拡がりもなかった）。もちろん、これらの制度が形成された時期は、農業研究・教育が活発化した時期である。しかしながら必ずしも農業が発展していた時期というわけではない。農業好況期には、農民は農学の成果である農業技術を受け入れる必要性を見出さないものであり、逆に農業衰退期における対応策として、農学の成果が出されたとしても、農民にはすでにその成果を受け入れる資金も時間もない。この点で農学と農業の乖離が生じていったのかもしれないが、それは農学を短期的な実用性だけで、つまり「すぐ役に立つかどうか」だけで判断したにすぎないものである。科学の確立という長期的な視点で考えれば、上記のような制度が形成されることによって、研究・教育の担い手が養成され、ひいては農業の発展に結びつくはずである。

ところで、わが国もこのイギリス農学の影響を受けている。たとえば、三つの事例があげられる。一つめは、一八七四（明治七）年の駒場農学校（現・東京大学農学部）設立の際に、サイレンセスタの王立農業カレッジのイギリス人教師が雇用されたことである。この時、イギリス人教師は実態調査や実習、そして農業試験の重要性を説き、その後の日本農学に大きな足跡を残した[2]。二つめは、一八七六（明治九）年の京都農牧学校の設立時に、アメリカ人教師によってイギリスの農業技術が伝授されたことである。これによって京都における食生活が洋風化し、さらに京都近郊も開拓の大きな影響を受けた[3]。三つめは、福井県の松平康荘（やすたか）（一八六七〜一九三〇、越前松平家第一八代当主）が、サイレンセスタの王立農業カレッジに留学し、イギリス農学に基づいて、一八九三（明治二六）年に福井城内に松平試農場を設立したことである。松平康荘は王立農業カレッジにおいて農産物の商品化の重要性を学び、松平試農場で野菜・果樹などの栽培試験や普及に取り組んだ。また日英博覧会（一九一〇年）に『The Culture of Kaki』という冊子を出展し、日本の柿を国際的に紹介した[4]。このようにイギリス農学は、わが国の近代農学確立期に影響を及ぼしているが、その後の日本農学の展開において、とくに農業技術や農業政策を通して、それほど影響力のあるものとしては扱われなかった。イギリス農学の特徴点は、いみじくも日本の農学において軽視されてきた点と符合しているからである。つまり、日本ではイギリス人教師が強調した農業実態と農学（農業研究）の関連性が徐々に希薄になり、食生活の洋風化は定着することなく、さらに農産物の商品化は、とくに食料輸出という面でほとんど重視されてこなかった。なるほど明治期には、日本酒・茶・生糸など農産物の輸出が盛んであったが、それらが広範に食料輸出に展開したとは考えにくい。

わが国では、イギリス農学に限らず、欧米農業や農学の導入を急ぐあまり、農業技術を工業技術などと同様にとらえて、その移入が図られた。しかし農業は各地域の気候風土に依存するところが大きく、技術の定着は容易ではなかった。駒場農学校においても、欧米技術と同時に、日本の伝統的な技術の教育も行うという状況にあった。それに加えて駒場農学校では諸般の事情のため短期間でイギリス農学からドイツ農学に切り替えたこともあり、イギリスの農業技術は定着しなかったということだけが残った。そのため、日本農学においてはこれまでイギリス農学をたどる研究はほとんどなかった。

しかし一方で歴史学や科学技術史の分野においては、イギリスの農業革命や農業の近代化をメルクマールに、農業史や農業技術史の研究がさかんに行われ、膨大な研究の蓄積がなされてきた。ただし、この研究過程では農業技術史が農学史とみられてきたきらいがあった。それは日本に限られたことではなく、イギリスの研究においても科学（science）とはいうものの、農学研究の内容は技術（technology）の色彩が強いものであった。

したがって、わが国からイギリス農学を考察しようとする場合、未だに明治期における評価を引きずっていることに注意する必要がある。しかも、イギリスにおいても農学という科学を扱った研究はごくわずかであり、その上、そうした著書や論文は、研究対象となる時期を限定してしまっている。たとえば、S・ウィルモットは、その著書において一八七〇年頃までの時期を対象とし、P・パラディノとR・オルビィは、それぞれの論文において一九一〇年以降の時期を扱っている。[5] 多くの研究では、一九世紀前半期までとそれ以降とを連続して取り扱うことがほとんどない。つまり、一九世紀中期と二〇世紀初頭との間で連続性があったのかどうかは不明なままである。これに対して、P・ブラスレィは一八七〇年から一九一〇年までの時期に注目し、この時期のイギリス農業研究は、ごくわずかの人々がわずかな資金を使うという小規模な活動から、より多くの人々がより多くの資金を使い、重要な成果を生み出すという本格的な活動へと変化し始める時期にあたり、現在でも継続している研究体制や制度が発展し始めたとしている。[6] 彼は一八九〇年を重要な転換点として、研究資金の拡大に重点をおき、それを基準にして研究体制の拡大を「成功」と位置づけている。

このブラスレィ論文はきわめて示唆的ではあるものの、農業研究の成功・失敗の判断基準はあいまいである[7]。ブラスレィは、制度面の拡大に重点をおいているが、単に制度面での拡大があるからといって、研究の成功とはいえない。さらにイギリスにおいて、農業研究の制度面を問題にするならば、農業研究でめざましい発展のあったスコットランドの動向は無視できないはずである。しかしながらブラスレィ論文では、スコットランドにはほとんど言及されていない[8]。さらに問題の焦点である農業研究自体の連続性あるいは農学の確立という点も、依然として不明なままである。そして、いずれの論文においても、対象となる時期を限定してしまっているために、所領知と純粋科学との葛藤や緊張関係は明確になっていない。

イギリスの農学史研究では、ブラスレィ論文をはじめとして、関連する研究において必ず言及される著書がある。それはラッセル（E. John Russell, 1872–1965）の著書 *A History of Agricultural Science in Great Britain*, London, 1966 である[9]。しかしこの著書はラッセルが亡くなる直前にまとめられたものであり、彼は完成した自著をみることなく死去してしまった（これは四九三ページに及ぶ大著であり、イギリス農学史を網羅している）。しかも生前にラッセル自身も語っているように、資料の制約などさまざまな限界があった[10]。さらに生前のラッセルの主要な活動の場が、三十数年にわたって場長を務めたロザムステッド農業試験場であったので、この著書も必然的にロザムステッドの展開を中心としたものにならざるを得なかった[11]。すなわち、ラッセルの著書はロザムステッド農業試験場の創始者ローズ（John Bennet Laws, 1814–1900）とその協力者ギルバート（John Henry Gilbert, 1817–1901）、そしてこの試験場の展開が中心となっているのである。その後も、一九九三（平成五）年のロザムステッド設立一五〇周年を記念して、G・V・ダイクによって、イギリス農学史において改めてこれらの人物の役割が強調されることになった[12]。

しかし、イギリス農学においてロザムステッドが果たした役割が大きかったことは確かであるが、ラッセルやダイクによって提示されるロザムステッドの姿はやや誇張されている。ブラスレィが批判するところでは、もしイギリス農学がロザムステッドを中心に展開したのであれば、ロザムステッドが多額の研究資金（個人的な寄付や政府助成）を集めることができたであろうし、そして多くの研究者を養成し、その研究実績によってさらに多くの研究者を引き寄せて拡大できたはずである。[13] しかしながら一八四三年の設立以来、少なくとも一九世紀後半には、そのようになっていない。

なぜそのようにならなかったのかという問題に対する答えも、すでに提出されている。その代表的なものはP・オールタによる説明である。オールタの著書によれば、一九世紀イギリスの科学研究のほとんどは政府助成をほぼ期待できない状況にあったのであり、農業研究ももちろん例外ではなかった。[14] したがってロザムステッドも同様の影響を受けたという。つまり、農業研究に対して政府助成が出されるような状況になかったので、ロザムステッドの拡大がなかったというのである。

ロザムステッドの姿が誇張されており、その拡大がなかったのは事実だとしても、しかし、農学の展開を説明しようとする場合に、政府助成の有無だけで説明できるのであろうか。たとえばドイツやアメリカでは、たしかに一九世紀後半という時期に、研究資金も研究者も集めることができた農業試験場が数多く存在しており、[15] 政府資金が投入されている場合が多かったといえるのだが、単にそれに依拠して農学の進展があったとは考えにくい。また逆に、イギリスでは一九世紀末に至るまで農業研究・教育に対する政府助成がなかったにもかかわらず、さまざまな機関で農学の進展がみられたのはなぜなのか。具体的にはロザムステッド自体や王立農業カレッジの展開をみればわかる。両者とも政府助成がなかったにもかかわらず、前者はリービヒ（Justus von Liebig, 1803–1873）との論争や、肥料・土壌研究とその資金源となる企業経営との緊張関係において、後者は教育方式をめぐる模索や、農業研究とカレッジ運営との緊張関係において、イギリス農学の形成に貢献した。つまり政府助成という「保護」がなくても、科学研究と組織運営との両立への葛藤があったことによって、農学の進展がみられたのである。

たしかに、一九世紀末になって政府助成によって大学農学部・農業カレッジ・農業試験場などの制度が整備され、農業研究・教育体制が急速に確立されたかのようにみえる。しかしながら政府助成があったからといって、農業研究・教育体制を急に確立できるものなのだろうか。科学全体の研究・教育体制についてもいえることであるが、資金があるからといって、それだけでその体制が実質的に機能することはない。実質的に機能する体制を築き上げるためには、資金以外に、たとえば多くの人材やそれまでの研究蓄積などが必要である。農業研究においても、政府が助成する以前の段階において、その研究業績や研究を担う人材が、ある程度、蓄積され養成されていることが必要だったはずである。そういった萌芽あるいは基盤となるようなものがなければ、農業研究・教育体制を確立し、それを継続していくことは、きわめて困難ではなかったかと考えられる。そしてそれゆえにこそ、イギリス農学の形成を跡づけようとするなら、ロザムステッドや王立農業カレッジに限定することなく、こうした基盤が形づくられるところまで遡って明らかにしていかなければならないのである。

二　目的と課題

ところで農学の厳密な定義にこだわるなら、おそらく一九世紀イギリスに現れる農業協会・モデル農場・農業コンサルタントなどは、その範疇から省かれるであろう。なぜなら、これらは知識の普及あるいは最良の実践の奨励に関係しているのであって、なぜ最良の実践であるのかを問うことはほとんどなく、最良の実践を生み出すためにどのような過程をたどったのかを問うこともほとんどないからである。[16] 農業コンサルタントは、専門知識を活かし、土壌や肥料の分析に携わる、さらにそれによって報酬を得るという点で、「専門家」であったといえるかもしれないが、必ずしも研究そのものに携わっていたわけではない。[17]

たとえば、一八五七年に王立農業協会の化学コンサルタント（consulting chemist）となったボウルカ（John Christopher Augustus Voelcker, 1822–1884）は、飼料や肥料の購買者がだまされていないかどうかを確かめるために、そのサンプルを分析するという専門的な職業に従事していた。この彼の仕事は「専門家」の仕事だといえるかもしれないが、研究といえるものではないだろう。[18] 他方、ボウルカの場合とは対照的に、ロザムステッド農業試験場のギルバートやケンブリッジ大学のビフェン（Rowland Harry Biffen, 1874-1949）は、独自の技術を駆使して、どのような現象が起こったのかを説明しようとした。そしてこの場合の説明とは、雑然とした知識の集積をめざすものではなく、同じ条件を満たすいくつかの事例から帰納した普遍妥当な知識の積み重ねをめざしたものであった。さらにそれ自体に利害関係はなかった。これは研究というべきものだろう。

しかしこのように研究をとらえ、研究としての農学の厳密な定義の範疇には入らないからという理由で、農学の進展に果たした農業協会や農業コンサルタントの役割を無視できるものではない。なぜなら、普遍妥当な知識の前提となる知識の集積を継続的に行ってきたのは、農業協会や農業コンサルタントであったからである。そして知識の集積という点では、農業協会や農業コンサルタント以前に存在した農業改良調査会や土地管理人などの存在も無視できない。むしろ、これらの制度や担い手の形成が前提としてあったからこそ、イギリスにおいて農学という科学の形成につながったと考えられるのである。

そのうえで、農業研究が報酬や技術の普及・奨励を目的としないとすれば、何を目的にして行われたのであろうか。農業コンサルタントであれば、その目的とするところは、依頼者が恩恵を受けるかどうかである。しかし農学者となると、その目的は異なる。農業研究に関する経済学的なアプローチによれば、「農業研究の主要な目的は、農業生産性を上昇させることである」とされる。[19] このアプローチの特徴は、研究成果が農業生産性の数字によって表すことができるという前提に立っていることである。つまり農学者は、研究開発に資金を使って新技術あるいは改良技術を生み出し、それが農民によって採用されることによって、土地・労働・資本投入の単位当たりの生産性を増加させることができるということになる。この視点に立つとすれば、最も効果的な農業研究とは、最小限の研究経費によって、生産性（すなわち、投入単位当たりの産出量）の最大限の増加をもたらすものであるということになる。

しかしながら、もちろん実際の農業産出量は、研究成果である技術水準のみによって決まるわけではない。短期的には天候あるいは病虫害によって影響を受けるかもしれないし、長期的には農民の目標の変化や農民による技術の採用率の変化によって影響を受ける。さらに農産物価格が低いときには、生産を拡大しようとする農民の意欲は減退し、逆に高いときには意欲は増進するので、経済環境によっても大きな影響を受ける。つまり、生産者を取り巻く自然環境や経済環境が安定あるいは一定していなければ、農業生産性の変化は研究成果を測りうる手段とはなりえない。実際には自然環境や経済環境は不安定であるので、研究成果が農業生産に影響を及ぼしたのかどうかを、農業生産性の増減で示すことは困難である[20]。したがって農業研究の目的が、農業生産性の上昇にあると仮定したとしても、それを実際に示すことはきわめて難しい。つまり経済学的なアプローチでは、研究目的の確定ができないことになる[21]。

しかしそうであるからといって、ラッセルも自著の序文で記しているように、農学と実際の農業の動きあるいは農業実践とを厳密に区別することも困難である[22]。とくに農学の歴史的な展開を考察しようとする場合、それらを区別することは不可能に近い。したがって、農業研究の成果を評価しようとする場合、実際の農業動向を無視することはできない。しかもイギリスの場合、農業の動向は地主所領の展開と密接に関わっている。各所領の農業改良とその調査に始まり、所領経営の実質的な担い手であった土地管理人の活動、農業改良のためのさまざまな試験、そのための試験場の設立、そして土地管理人を育成するカレッジの設立など、所領経営を通して、実際の農業から農学が形成される過程をたどっている。所領で培われた知の蓄積が農学へと結びつき、試験場やカレッジの設立によって、その制度化が図られた。そして一九世紀末以降に誕生する研究所や大学、さらに専門職や学会という組織も、それを発展的に継承したものなのである。

ラッセルが上記の著書を執筆した動機は、彼の書簡によれば、「政府助成の増加による農業研究（所）の拡大」

「農業研究者の増加」そして「農学の専門分科学化」を考究することであった[23]。彼は、急速に拡大して専門分科学化が激しく進行する農学を目の当たりにして、農学とはどのような科学なのかと考え、それを歴史的に考察しようとした。とくに専門分科学化によって、各分野のつながりが消えてしまうことに危惧の念をもち、農学の核となるべきものを考えようとした[24]。そしてラッセルは、研究所・試験場などの制度面、さらに研究者という研究の担い手という側面から、農学のあり方に疑問を投げかけた。もっとも、彼の著書は、イギリス農学に関する詳細な歴史的叙述にはなっているものの、農学に関する定義はどこにも見当たらない。おそらく彼は、前述のようにロザムステッド農業試験場を中心に考えているので、植物栄養学ないし土壌学が農学の核となると考えていたのであろう。つまり、彼のいう「農学の専門分科学化」は植物栄養学と土壌学以外の専門分野が発達し、農学とはかけ離れた分野がみられるということであろう。このように考えると、ラッセルの著書は農業研究史ではあるものの、包括的な農学史とは言い難い。本書は、ラッセルとほぼ同様の問題意識を有しながら、イギリス農学の歴史的な形成過程を通して、その特徴を考察するものであるが、ラッセルと異なる点は、包括的な農学の枠組みという観点から、その展開を明らかにしようとする点である。

では、その農学とは何か。たとえば、代表的な「農学」の定義をあげれば、「農業あるいは農業生産という人間の営みを維持発展させるという目的的行動についての知識の統一的体系[25]」であるとされる。この体系とはもちろん単なる知識の寄せ集めではない。つまり、この知識は一定の方法によって収集され、科学の原理に基づいて組織化されていなくてはならない。一般の科学と同様、農学は知識の収集、試験、組織化という過程をたどって形成される[26]。ただし、農業は労働のみではなく、土地のあり方とも大きく関わっているので、農学について考察する場合は、労働技術ばかりでなく、土地問題や土地制度にも関わらなければならない。この点で、本書の対象とするイギリスの場合には、「囲い込み」や所領経営との関連を見逃すことはできないことになる。

本書の基本的な視点は、農業研究・教育の展開を、こうした意味での農学の形成から評価し位置づけるということであり、とくに一八世紀末期から二〇世紀前期に至る農業研究・教育の展開に注目する。その時期のイギリスの農業研究・教育の展開は、とくに制度面での転換期に注目した場合、大きく五つに分けることができる。第一は一八世紀末期から一九世紀初頭にかけて、第二は一九世紀前中期、第三は一九世紀後期、第四は一九世紀末期から二〇世紀初頭にかけて、そして第五は二〇世紀前期である。

それぞれの時期を概観すると、第一期は、スコットランド（エディンバラ）に大学史上初めて農業教授職が誕生し、イングランドにおいても農業改良調査会が設立された時期であった。これらは主に地主所領における農業改良に対する関心の高まりによってもたらされた。この時期に農業分野において「統計学」（statistics）という用語が使われ始める。これはもともとドイツの影響によるものであったが、英語の用語として使われたのは、この時期の農業を通してであった。この時期の農業自体も著しい変化がみられ、イングランドでは第二次「農業革命」が進行し、スコットランドではイングランドの影響を受けて農業改良に対する関心が高まった。[27] 農業改良をめざす「所領知」の蓄積が開始された時期であった。それと同時に緊張関係の始まった時期でもあった。イングランドでは農業改良調査会と王立研究所の運営をめぐる対立と、調査・実験の成果を受け取る主体の交替という問題、そしてスコットランドでは農業講座の開設をめぐって、実用技術は大学に相応しくないという批判が起こる。

第二期は、所領知を担う主体である「土地管理人」が積極的に活動し、その土地管理人や地主によって、ロンドンに王立農業協会、サイレンセスタに王立農業カレッジ、ロザムステッドに農業試験場が設立された時期であった。所領経営において土地管理人や地主が投資行動と借地契約に基づいて、農業技術の導入を試みているが、それに応えるために農業改良に関する試験が積極的に行われた。そしてそれを反映した「農業化学」（agricultural chemistry）や「農業科学者」（agricultural scientist）という用語が、多くの農書で見られるようになった。農業の展開も「イギリス農業の黄金時代[28]」とよばれ、イギリス農業が隆盛を極めた時期であった。農業に関する試験は、あくまでも所領内の農業改良を目的としたものであったが、科学を意識した農業技術は飛躍的に向上した。王立農業協会の標語も

Practice with Science（第一期の王立研究所ではPractice and Theoryであった）となり、実践と科学との結びつきが強まった。しかしながら、イギリスでは実際の農業との関連が重視されたため、実験室内で生み出される化学の成果に対しては懐疑的であり、圃場試験を重視するロザムステッドとリービヒの論争は、それを反映したものであった。つまり、化学という純粋科学の進歩から影響を受けるものの、それとは一線を画するものであった。

第三期は、農業の展開において一般に「農業不況」期と称されている時期であるが、それまでの穀物作中心の農業から園芸・酪農へと「再編」[29]された時期であった。この時期には「農学」（agricultural science）という用語が、多くの著書で使用されるようになり、技術ではない科学という意識がみられるようになった。しかし農業再編の時期であったために、技術自体が変容を迫られた上に、これまでの所領知の蓄積と諸科学との間で徐々に緊張関係が生まれていった。所領知と農学の間で連続性をもつ場合もあったが、政府や農民の間では、経験知の信奉や実験室化学への不信は根強いものがあった。そしてこの農業再編期に、王立農業カレッジにおいて教育方式や運営をめぐって模索が続き、所領知の担い手であった土地管理人から、農業研究に携わる「農学者」の育成が始まる。

第四期は、一九世紀末に大学農学部、農業カレッジ、農業試験場が設立され、それが拡大する時期であった。農学の諸分野が形成されるとともに、農業研究に対する国家助成が本格的に始まった。全国的に研究技術体制が整備され、新たな技術が開発されて農業における生産性も高まった。この時期に品種改良から生まれた用語が、「遺伝学」（genetics）である。遺伝学は農学以外の分野にも大きな影響を与えるとともに、農学の再編を迫るものとなった。遺伝学の展開においては、農業への応用を目的として純粋科学としての確立をめざす考え方（ロザムステッド）と、実際の農業現場の経験から、純粋科学自体に疑問符をつける考え方（レディング）とが対立することもあった。もっとも、オックスブリッジでは農学は科学として位置づけられていなかった。しかし、一方で農業振興を目的とする国家助成の一環として、他方でドイツやアメリカに遅れをとっていた科学振興を目的とする国家主導の科学政策によって、農学の諸分野における研究・教育体制が整備されていった。その主体となったのが開発委員会であった。開発委員会によって整備された研究・教育体制は、研究課題や予算配分をめぐって混乱があったものの、現在もなお続いている。

第五期は、各分野の専門職（プロフェッション）が、研究機関や大学で養成されていく時期であった。これら専門職は、科学としての農学が後発であったために、学界で自らの研究者としての地位を確固としたものにするために、研究機関の役割の強化や学会の設立に積極的に関わった。専門職としての研究者の関心は海外へも向けられ、国際学会もいち早く設立された。とくにこの展開については、農学のなかでも所領知を継承したといえる農業経済学という分野において顕著であった。農業経済学会は研究者の集まりではなく、農民や官僚も加わった情報交換の場として位置づけられる。官僚も加わることによって、さらには戦争の影響もあり、学会は農業政策の下請け機関化してしまうが、イギリス農業経済学はアメリカやインドとも関係をもち、国際性を帯びることになり、戦後になって国際機関に人材を輩出することになる。

このように、試験研究機関・高等教育機関・学会などの制度は順調に形成されていったわけではない。新興の科学が伝統的な所領知と緊張関係に入る場合もあった。農業研究の成果が実際の農業の状況が変わることによって、生かされないこともあった。それゆえ、直線的あるいは単線的に農学は形成されなかったのだが、それでも農学のあり方と実際の農業の動向との間には、そして農学と他の諸科学との間には相互作用ないし相互関係が保たれていた。これによってこそイギリス農学の確立がもたらされたともいえるであろう。

農学の担い手という視点からは、第一期と第二期は現代的な意味での農学者が現れていない時期であった。この時期の農業研究の担い手は土地管理人であり、土地管理人が対象としたのは所領であった。この点で農学の確立過程において土地管理人と所領経営を見逃すことはできない。第三期・第四期・第五期においては農業研究者が本格的な研究活動を始動することになるが、農業研究者と土地管理人がまったく別の範疇に位置づけられたというわけではない。むしろ両者は連続性をもち、ほぼ同一のものとして扱われたこともあった。たとえば、サイレンセスタの王立農業カレッジは一九世紀後半においても、農業研究者ないし農学者を生み出したというよりも、優秀な卒業生は土地管理人になった。前述のように、この時期にサイレンセスタから日本に外国人教師が赴任しているが、外国人教師がめざしていたのは農業研究者ないし農学者の養成ではなかった。それが所領の土地管理人の養成であったとすれば、駒場農学校において旧幕藩体制の士族出身者が多かったことは、藩＝所領（の集合体）といういささか強引な結びつけをすれば、奇妙な重なりをみたといえるであろう。[30] さらにこの土地管理人という考え方は、現代のイギリス農業政策にも色濃く反映されている。[31] 現在の農業従事者は、とくに限界地では、農業生産による自然破壊よりも、農業を止めて自然保全を図る土地管理人としての役割が期待されている。それによる農業所得の減少分は直接所得補償が行われているのである。

本書では、第一期の一八世紀末期を観察と啓蒙の時代、第二期の一九世紀前中期を土地管理人と農業試験の時代、第三期の一九世紀後期を法則化と制度化の模索時代、第四期の二〇世紀初頭を農業科学政策による制度化の時代、第五期の二〇世紀前期をプロフェッションと国際化の時代とよぶ。しかし各時代において、その特徴だけが現れているというわけではない。たとえば、一八世紀末から一九世紀初頭にかけて、農業試験がまったく行われていなかったわけではない。それどころか、デーヴィ（Humphry Davy, 1778–1829）らによって農業実験や試験が活発に行われている（もっとも、デーヴィの実験や試験は「啓蒙」にかなり重点がおかれたものであった）。さらに、前述のように土地管理人という概念は、現在もなお続いている。つまり各時期は、あくまでその主要な特徴を考えると、上記のような時代の名称が考えられるということである。[32]

第Ⅰ部　観察・啓蒙の時代——一八世紀末期

第1章　農業改良調査会の設立と展開

イギリスでは一七九〇年代と一八一〇年代前後との二つの時期に刊行された *General Views of the Agriculture of Counties* という書名の、一連の各州別の報告書がある。全体で約百四十編という膨大なものである[1]。執筆者の多くは、各地方の農業家であり、そのために記述が不十分であったり、統一性に欠けていたりするものの、各々の地方の特徴がよく表現されている。イギリスでは、政府が全国的に農業調査を実施し、統計を作成するのは一八三〇年以降であるので、一八世紀末から一九世紀初頭にかけて作成されたこれらの史料は、その先駆的形態であるといえる。大規模な調査と報告書の作成が、政府の手に依らずに実施されたのである。

これらの調査と報告書の作成は、農業改良調査会（Board of Agriculture）によって行われた。農業改良調査会は、この時期を代表する農業論者であったシンクレア（Sir John Sinclair, 1754-1835）やヤング（Arthur Young, 1741-1820）によって主導されたことでも、著名である。しかしながら、その報告書が、農業史の研究において頻繁に用いられているにもかかわらず、この調査主体については、ほとんど知られていない。イギリスにおいても、農業改良調査会をテーマにした論文は、未刊の論文も含めて、わずかに三編にすぎない（もちろん単行本はない）[2]。わが国ではさらに少なく、椎名重明著『イギリス産業革命期の農業構造』（御茶の水書房、一九六二年）において十ページ程度で紹介されているにすぎない。刊行された報告書は、多くの研究で利用されているにもかかわらず、その作成母体については、ほとんど知られていないことを典型的に示しているのは、Board of Agriculture の翻訳語である。たとえば、「農業改良会」「農業調査会」「農業院」「農業改良委員会」などのさまざまな訳語があてられている。[3] Board of Agriculture が農業改良あるいは調査を中心に行う主体であることはわかるものの、それがどのように行われ、どのような評価を受けていたのかについては、ほとんどわかっていない。

ところで、一九世紀初頭のイギリス農業研究の展開は、H・デーヴィによる農業化学（agricultural chemistry）の研究が、大きな影響を与えている。このデーヴィが農業化学を始めるきっかけを与えたのが、農業改良調査会であった。デーヴィは農業改良調査会の要請に応えて、農業化学の実験や講演に携わったのである。この点でも、イギリス農業研究の展開をとらえようとする場合、農業改良調査会の役割を見逃すわけにはいかない。

一　農業改良と情報収集

農業改良調査会は正式名称を Board of Agriculture and Internal Improvement といい、一七九三年に設立され、一八二二年に解散する。この名称が示しているように、国内農業の改良を目的としており、正確に訳せば、「農業と国内改良」ということになるが、ここでいう改良は、主に農業を中心とした改良である。[4] 農業改良調査会は勅許状（Royal Charter）を得て、政府から助成金を受けとるが、政府機関ではない。もちろんまったくの任意団体というわけでもない。農業改良調査会の形態を明確にすることは困難であるといえる。その上、三十年にわたる存続期間に、その活動内容がめまぐるしく変化している。したがって、前述のように Board of Agriculture の訳語が混乱しているのである。しかしながら確かなことは、農業改良調査会は農業改良を目的にして、情報の収集と普及にあたることから出発したことである。たとえば、農業史家G・E・ファシル[5]はイギリス農書に関する研究において、このような特徴をもった農業改良調査会が出現したことを重視し、一連の自著の時代区分を、農業改良調査会の設立時点においている。[6] ファシルは農業改良調査会の設立を、過去の情報の集約であり、未来への情報の流布となる転換点であるとみなしている。

しかしながらイギリスにおいて、農業改良と情報収集とを結びつける構想が生まれたのは、農業改良調査会の設立が最初ではなかった。一八世紀後半の農業改良熱の高まりとともに、類似の構想が生まれた。さらに、それ以前にもハートリブ（Samuel Hartlib, 1599–1670）の著書 *An Essay for Advancement of Husbandry-Learning*, London, 1651 において、すでに、農業改良調査会と類似の構想がみられた。[7] しかしハートリブの著書が刊行された時期は、農業研究ばかりでなく、科学全体も未だ萌芽期にあり、構想の実現性は乏しかった。構想が現実味を帯びてくるのは、一八世紀後半のスコットランドにおいてであった。同様の構想を提案し、それを実践した中心的な人物が、マクスウェル（Robert Maxwell, 1695–1765）、ケイムズ卿（Lord Kames, Henry Home, 1696–1782）、そしてシンクレアであった。

次章でもみるように、スコットランドでは、すでに一七二三年において、農業知識改良家協会（The Honourable the Society of Improvers in the Knowledge of Agriculture in Scotland）という、農業および製造業者による改良運動の推進母体が設立されていた。この協会の事務局長（secretary）が、マクスウェルであった。マクスウェルはイングランドのタル（Jethro Tull, 1674–1741）と書簡を交わし、スコットランドでの「タル農法」の普及に貢献する。[8] マクスウェルは著書 *The Practical Husbandman*, Edinburgh, 1757 を発表しているが、これは多くの農業改良家との書簡によって構成されたものである。この著書のなかで、タル農法という新農法を普及していくにあたって、農業情報の収集と普及を担う機関が必要であることが説かれる。まさしく農業知識改良家協会が、その役割を担っていたことになるが、当時のスコットランドには、同種の協会や団体がかなり存在していた。[9] もっとも、これらの協会による情報収集とは、農業改良家による相互の書簡の往復という程度にとどまっていた。つまり情報を集めるために、調査を実施するという段階には未だ至っていなかった。

スコットランドでは啓蒙思想による「科学」の進展とともに、農業への科学の応用が、農業の協会や団体での主要課題となっていた。この時点で初めて、スコットランド各地の農業事情を調査する必要性が生まれた。農業事情をとらえた上でないと、科学を農業改良に結びつけることはできないからである。農業改良の指導的立場にいたケイムズ卿は、スコットランド各地の調査に取りかかる。そして約十年の期間を費やして、千近くの報告事例を収録した *Present State of Husbandry in Scotland, extracted from the reports made to the Commissioners of the annexted estates*, 4 vols., Edinburgh, 1778-84 という報告書を完成させる。ケイムズ卿は事例収集を実践してみせたわけであるが、このような事例を収集する A Board for Improving Agriculture の設置を実現するように、ハートリブの提案を引き合いに出して説いている[10]。さらに彼はこの Board の設立は、スコットランドにおいて必要性の高いものであるけれども、設立後の有効性となると、スコットランドよりも農業先進地のイングランドのほうが高いとも述べている。これは農業情報の質量ともに、イングランドのほうが多いと考えていたからである。

当時イングランドでは、ランカシアやヨークシアなどにおいて、すでに新農法の導入や普及を目的とする農業協会に類するものが、設立されつつあった[11]。しかしスコットランドと比較すると、イングランドの活動は小規模であり、地主の個人的な活動の域を出ていなかった。このためにケイムズ卿の主張は、先見性のあるものとなり、後のシンクレアの活動を予見するものであった。しかしながらこのケイムズ卿も実際の調査となると、事例の収集にとどまり、その事例を一定の基準に基づいて整理し体系化するまでには至っていない。ケイムズ卿は、優良事例の紹介をすれば、多くの農業者の啓発を導くであろうと信じていたので、その紹介に努めることこそが、Board の目的であると確信していた。ケイムズ卿によれば、Board の役割は優良事例数をできるだけ増やすことであって、それを整理し体系化していくことではなかった。

情報は農業改良という目的のために収集されているのであるが、それが整理され体系化されていなければ、目的に対する有効性を発揮できない。ここにおいて情報を整理するために、「統計」概念を導入し、情報の整理にあたったのが、シンクレアであった[12]。シンクレアは、当時のドイツから〝Statistik〟という用語を、イギリスに初めて導入し、英語のなかに〝statistics〟という用語を生み出した[13]。そして *The Statistical Account of Scotland*, Edinburgh, 1791–99という全二十一巻の調査統計書を刊行した[14]。もっとも、この統計書は厳密な意味で統計処理をした調査書ではない[15]。シンクレアの場合、統計とは項目を統一して、対象を数量的に把握することを意味していた。シンクレアによれば、当時のドイツで使われていた「統計」と異なる点は、イギリスの場合、対象を政治に限定するのではなく、自然誌・人口・産業など、かなり広範にわたる社会状況を対象にしていた点であった[16]。

この調査はスコットランド全体の八九三教区（parish）を対象に、約九百名の教区牧師を動員して行われた。調査は四つの課題（一　地理と自然誌、二　人口、三　生産、四　雑記）に分けられ、全体で一六〇項目にわたるものであった[17]。もっとも、イギリスにおいて項目を統一した調査が、この時初めてであったというわけではない。古くは中世イングランドにおいて、ドウムズディ・ブック（Domesday Book）の作成があった。これは国王による家臣の所領確認という目的で行われた土地調査である[18]。この調査は封建制の維持という目的に限定されていたものの、項目の統一性は保たれていた。一方、スコットランドにおいても、一七二〇年代に *Macfarlane's Geographical Collections* という、統計書に近いものが編纂されていた。これは地誌的な色彩が強く、教区牧師によって記述されたために、全体にわたって統一性があるとはいえないものの、項目の統一性はある程度保たれていた[19]。したがってシンクレアの調査は、項目の統一という点で目新しさはないものの、調査項目が広範囲にわたるものであるという点と、かなり数量化されているという点に大きな特徴があった。

シンクレアが大規模な調査を成し遂げることができたのは、農業改良家のみに頼るのではなく、教区牧師を調査に動員できたからである。調査は一七九〇年五月に開始されたが、当時、シンクレアはスコットランド教会の代議院（General Assembly）のメンバーであり、指導的な聖職者と緊密な関係にあった。その上シンクレアは聖職者の協会（牧師の未亡人・孤児のための年金協会 Society for the Benefit of the Sons of the Clergy）に対して、一七九二年に国王から二千ポンドの下賜金を引き出すことに手腕をふるった[20]。これによってシンクレアに対して聖職者は好印象をもったために、調査について彼らの協力を得ることができ、教区牧師の動員が可能となった。シンクレアは約九百人の牧師に対して、手紙と調査票を送付する。これら大量の郵便物のやりとりには多額の費用が必要となるはずであったが、シンクレアは当時の国会議員（彼は一七八〇年から一八一一年まで、ホイッグ党に所属する下院議員）に認められていた無料郵便制度（無料で郵便物を送受できる制度）を使って実施したため、全く費用がかからなかった[21]。このような方法を使ってシンクレアは、農業改良に関心をもっているわけではないが強固な組織をもっている教会組織を動員して、大部の調査統計書を完成させた。しかしこの調査統計書が大部であったにもかかわらず、比較的短期間で完成をみたのは、以上のような内部的な要因ばかりではない。統計書を取り巻く外部的要因もあった。それはフランス革命の勃発と、それに続く戦争であった。これがシンクレアの危機意識を増し、調査の進展を促した。とくにシンクレアにとって、戦争遂行のために人口と食料の把握は急務であった[22]。統計書の作成の背景には、これらの要因も大きな影響を与えていた。

こうして短期間のうちに農業生産を項目別にして、数量的にとらえるという試みが行われた。しかしながらそれぞれの地域で、どのように農業が展開しているのか、あるいは、どのようにして農業改良がなされているのか、この調査ではとらえきれていない。この調査では、展開過程をとらえることは困難であった。ここにこの調査の限界があったが、これは短期間に実施されたからというだけでなく、農業改良に無関心な教区牧師を動員していたという理由もあった。これらの点を的確に指摘していたのが、自らも聖職者であったマルサス（Thomas Robert Malthus, 1766–1834）である。マルサスは次のように指摘した。

サー・ジョン・シンクレアがスコットランドで配布した賢明なアンケートと、彼が地方で集めた貴重な報告は、彼に最高の名誉を与えており、これらの報告はスコットランド牧師の学識・良識および広い知識の金字塔として長く残るであろう。（中略）しかしこの調査報告が農業の大家によってなされたとしても、たしかに多くの貴重な時間は節約できるであろうが、そこから得られる知識は決して満足すべきものではないであろう。というのは、もし二、三の付随的な改善を加えた上で、この報告が過去百五十年間の正確で完全な登記簿を組み込んでいれば、それは計り知れない価値をもち、一国の内情について、これまで世上に現れたことのないようなすぐれた描写となっていたはずである。しかし、いかに努力したとしても、この最後のもっとも重要な改善はなしえなかったであろう。[23]

マルサスは静態的な調査としては、非常に評価しているものの、これが動態的な調査報告であれば、さらによい成果が得られたであろうと語る。マルサスは、百五十年間という長期の設定を想定しているが、そのような長期の設定は、マルサスも述べているように、当時の情報量から考えてほとんど不可能であった。マルサスもこのような調査に基づく研究は、未だ揺籃期にあると考えていた。しかしながらシンクレアの調査報告は一定の評価を受け、次の農業調査への手がかりを提供するものとなった。

二　農業改良調査会の設立

シンクレアはスコットランド全域を対象にした大規模な農業調査を、イギリスで初めて手がけた。この成果は全二十一巻の統計書として刊行された。シンクレアはこのスコットランドでの成果をふまえて、イングランドでも同様のことをしようと考えた。これが農業改良調査会を設立するきっかけであった。しかし単に調査だけを実施するならば、イングランドでもスコットランドにおけると同様、シンクレアの個人的な活動に依拠すればよいのであって、Board を設立する必要はない。農業改良調査会を設立する背景には、調査の実施以外の要因があった。それは

Board が主体となって農業改良の実験を行い、その成果を普及していこうとするものであった。農業改良調査会に関する従来の研究は、この実験という側面を見過ごしている場合が多い。しかしシンクレアの行動をみれば、農業改良調査会の設立に先立って、調査と同様、実験や普及にも関心をもち続け、それを実践しているという側面があった。[24]

シンクレアは一七九一年にイギリス羊毛改良協会（Society for the Improvement of British Wool）を設立していた。当時は、ヨーロッパ全体にわたって良質の羊毛の需要が高く、そのため羊の品種改良が必要とされていた。この協会はこのような要請に応える形で設立された。[25] シンクレアはエディンバラで開催された協会の設立集会で演説を行い、そこで羊品種や外国の羊飼育の情報を収集する必要性を説く。[26] この協会は、このような農業改良に関心をもつ人々が集まり、一六名の理事が運営にあたった。理事には、シェフィールド卿（Lord Sheffield, 1735–1821）やバンクス卿（Sir Joseph Banks, 1743–1820）[27] らが含まれていた。また当時の国王ジョージ三世（George III, 1738–1820）が、協会の後援者となっていた。[28] これら農業改良に関心のある地主や国王の助力によって、協会は多くの地域や外国から羊品種を取り寄せている。協会はそれをスコットランド内の農家に配り、品種改良や飼育試験が行われた。[29] この協会の事業を通して、スコットランドでチェヴィオット（Cheviot, イングランドとスコットランド間の丘陵地帯）種の羊が普及した。

しかしながら当時、もちろん育種学という科学は確立していなかったので、その改良と普及は、家畜改良家ベイクウェル（Robert Bakewell, 1725–1795）らによって、経験的に行われているにすぎなかった。[30] それは育種学的には、異系交配（outcrossing）に近親交配（inbreeding）の概念を加えた程度のものにすぎなかった。[31] しかもこの方法でさえ、ベイクウェル自身が技術的に説明できたわけではなく、ヤングの著書によれば、あくまで経験的に習得することによって、普及しているものであった。[32] しかしながら技術的には未熟で経験に頼るものであったにすぎないが、その育種は「進化論」に影響を与えた。動物学のロジャー・ウッドによれば、ベイクウェルの育種はダーウィン

(Charles Robert Darwin, 1809–1882) の進化論に対して影響を及ぼしたという。ウッドは「ダーウィンは、ベイクウェルおよび彼の牧場の拠点であるディシュリーの牛や羊について語っているだけでなく、他の多くの育種家についても名前を出して説明している。ダーウィンは牛についてはコリング兄弟とファウラーの仕事に、羊についてはウェスターンとエルマンの仕事に関心をもっていた[33]」と述べる。ダーウィンはベイクウェルや、ベイクウェルの弟子であったコリング兄弟 (兄 Robert Collings, 1749–1820, 弟 Charles, 1751–1836) による家畜改良に関心をもっていたようである。ただし、ダーウィンは著書『種の起源』において、コリングをコリンズ (Collins) と誤記していた[34]。コリング兄弟は短角牛の育種家として有名な牧畜業者であったにもかかわらず、その誤記が『種の起源』の初版 (一八五九年) から約百四十年間も見過ごされた。つまりダーウィンの『種の起源』は、実際の家畜改良家や育種家にとって、それほど関心のあるものではなかったようである。そして短角牛の品種改良が「遺伝学」的に明らかにされるのは、遺伝学者のライト (Sewall Wright, 1889–1988) によってメンデル的分析がなされる一九二〇年代であり、その後一世紀半を待たなければならなかったのである[35]。

ところで、スコットランドにおける羊品種の改良は急速に進み、その速さはシンクレアの予想をはるかに上回ったようである (現在の羊品種の原型は一九世紀につくられた[36])。スコットランドでは経験的な品種改良が頻繁に行われ、それにともなって牧草地の拡大と「囲い込み」も急速に進んだ。その結果、スコットランドの高地地方の人口減少が進み、大きな社会問題となった[37]。そこで羊品種をめぐる試験や普及は、農業改良の浸透をもたらすが、その結果が社会にどのような影響を及ぼすのか、あるいは、どのような社会状況になれば、農業改良が促進されるのかを突きとめなければならなかった。シンクレアはこれらの問題に対応するために、農業改良調査会の設立を呼びかけた。シンクレアは「わが国の羊および羊毛の改良ばかりでなく、土地の耕作あるいは放牧地としての利用などの問題についても、すでに私的な一組織では、対応が困難となっている。農業改良調査会を設立しなければ、農業改良はできなくなってしまうのである[38]」と訴えた。羊品種や羊毛の改良を先導したイギリス羊毛改良協会は、すでに一七九四年に実質的な機能を停止していたが、それはシンクレアの関心が、農業改良調査会の設立へと向かったためであった。

シンクレアは農業改良調査会の設立にあたり、首相ピット（William Pitt, 1759–1806）に対して、年間三千ポンドの政府助成を認めさせた。この助成金の支出については、ピットが農業改良にとくに関心があったというわけではない。当時イングランドは、戦争によって通貨不足に陥っていた。そこでシンクレアが仲介役となって、スコットランドの銀行家グループから資金を調達することに成功した。このシンクレアの功績が認められ、その見返りとして政府助成金が支出されたのである。[39] このような経緯によって助成金が支出されたために、ピットは農業改良調査会が直接的に農業政策と結びついたものであるとは考えていなかった。[40] もちろん農業改良調査会に行政的な権限はまったくない。シンクレアは農業改良調査会を設立して、羊毛生産の改良を促進し、それを手始めに多くの農業改良を手がけていこうと考えた。シンクレアによれば、農業改良調査会は「産業や実験の精神を刺激する」場であり、そのために農業情報を収集し、農民に十分な情報を与えるところであった。[41]

このシンクレアの意図にそって、政府の助成金三千ポンドの使途は、七項目に分かれていた。

一	事務所賃貸料、事務局長（A・ヤング）と事務員二人の賃金	五百ポンド
二	設備備品類の費用	二百ポンド
三	海外通信費と外国文献収集費	三百ポンド
四	調査員の派遣費用	五百ポンド
五	調査報告の印刷費と配布費	五百ポンド
六	イングランドの統計書作成費用	五百ポンド
七	雑　費	五百ポンド

この項目分類は、一七九六年に出版された Sinclaie, Sir John, *Account of the Board of Agriculture and Its*

Progress for Three Years after Its Establishment, London に掲載されている。もっとも、シンクレアの当初の計画では、助成金は三千ポンド以上と見積もっていたようで、一七九三年に出版された Sinclair, Sir John, *Plan for Establishing a Board of Agriculture and Internal Improvement*, London においては、これらの項目以外にも、

一　羊品種の試験費　千ポンド
二　羊毛改良の試験依頼費　千ポンド
三　牛馬品種の収集費　千ポンド

が含まれていた（ただし、雑費の五百ポンドは含まれていない）。つまり、当初は約二倍の費用が見積もられていた。さらに、この最初の予算計画からも明らかなように、シンクレアは農業改良調査会について、調査だけでなく試験も行う場として構想していた。しかしながら、政府助成金の金額の都合から、この構想の実現は困難となり、農業改良調査会は調査を中心にして出発せざるを得なかった。

農業改良調査会はロンドンで設立され、設立時は会長（president）のシンクレアと創設会員とから構成された。全会員数は三一人で、爵位をもつ一四人と、平民で下院議員の一六人、主教（bishop）一人という構成であった[42]。このなかには、ノーフォークのコーク（Coke, Thomas William, Earl of Leicester of Holkham, 1752–1842）、ベッドフォード公爵（5th Duke of Bedford, 1765–1802）、シェフィールド卿、バンクス卿、サマヴィル卿（Lord Somerville, John Southey, 1765–1819）、エグレモント卿（Lord Egremont, 1751–1837）、グラフトン卿（Lord Grafton, 1735–1811）、カリングトン卿（Lord Carrington, 1752–1838）という、当時の農業改良に熱心で著名な地主がほぼ含まれていた。もっとも、彼らは農業改良に熱心であったとはいえ、すべて地主ジェントリィないし貴族であったので、その農業知識は、地主（landlord）として獲得されたものであり、借地農（farmer）として獲得されたものではない。農業改良調査会の事務局長となったヤングは、創設会員がほとんど実際的な農業知識をもっていないことを指摘している[43]。たとえば、これら会員の多くは、犂（plough）の使い方をほとんど知らないなどであった[44]。もっとも、ヤング自身も、農業者として

成功したわけではなかったので、実践的な知識を豊富にもっているというわけでもなかった[45]。農業改良調査会はこの欠点を補うために、創設会員によって名誉（＝運営権をもたない）会員が選出された。名誉会員は農業経営に熱心な地主ジェントリィと借地農とから選出され、農業改良調査会との通信を通じて、農業実践に関する情報を数多く提供した。さらに、名誉会員は十ギニーの寄付金を農業改良調査会に支払い、それと引き換えに、農業改良調査会で刊行される出版物を受け取った。これら名誉会員は、最盛期には約五二〇名を数えるまでになった[46]。

農業改良調査会は、書類上は一年のうち九ヶ月間、その業務に携わることになっていたが、実際は四ヶ月から六ヶ月であった。これは地主ジェントリィが地元での職務の関係で、ロンドンに集まる機会が限られていたためと、会長シンクレアの予定が優先されたためであった。農業改良調査会は、会員による組織という体裁をとっていたものの、実質的にはシンクレアの意向がかなり反映されていた。シンクレアは自分が必要と認めたときに会議を招集することもあり、ヤングはシンクレアが農業改良調査会を自分の私的所有物と考えていると非難している[47]。各地からの通信も、ほとんどシンクレア宛となっていて、ヤングから苦情が出ているが、シンクレアはスコットランドと同様の方法で、農業改良調査会を運営していけると考えていたようである。シンクレアはまず、イングランドの教区ごとの統計書を作成することをめざす。しかしながら、スコットランドでは可能であった教区牧師の動員と無料郵便制度の利用は、イングランドではできなかった。まず、教区牧師の動員に関しては妨害があった。カンタベリー大主教が首相ピットに圧力をかけ、このような調査は十分の一教区税に関する調査になってしまうとして、調査を阻止したのである[48]。また無料郵便制度も、農業改良調査会は政府機関ではなかったので利用できなかった。農業改良調査会の形態をどのように規定するかで、当時の法律家は悩んだようである[49]。シンクレアはBoardという用語を用いて、公的な響きをもたせたかったようであるが、ピットをはじめとする政府関係者は、行政との関係は全くないものととらえていた。実際に政府によって、一八〇一年に教区ごとの作物調査が実施されたが、農業改良調査会は全く関与していない。しかも政府は農業改良調査会を情報源として利用することもなく、農業改良調査会の報告を「各々特定の教区に関する個人的な知識に依存しており、不完全にしか調べられていないので、一般的な結論を出す上で頼りにならない[50]」とみなした。

このような状況のもとでは、スコットランドと同様に、項目を統一し、広範囲に調査を実施し、統計書を作成することは無理であった。そこで農業改良調査会は項目を統一した調査という方法ではなく、各州別に調査を実施し、その報告を行っていくという方法に切り換える。もっとも、シンクレア自身は一七九六年に、設立当時からこのような調査方法をとっていたと述べ、その監督に自分があたることが承認されていたと述べている[51]。シンクレアは、宗教界や政府の支援が得られないのは、あらかじめ予想していたようであり、農業改良調査会の設立以前にすでに、ほとんどの州の調査担当者（客観的に地域を観察できるという理由で、ほとんどは調査地域以外の人）を任命している。ヤングはこの任命についても、シンクレアの独断であると非難している[52]。

各州別の調査報告は、それぞれの調査者自身に大きく依存する形態で進められた。報告書は、一般的に *General Views of the Agriculture of Counties* という書名で、調査担当者名で出版された。シンクレアは一七九四年三月までに、各州別の報告書がすべて提出されるよう望んでいた。シンクレアは短期間で全体像をつかみ、早急に農業改良に着手したかったようである。そこでイングランド・ウェールズ・スコットランドの八十州に、それぞれの調査者が派遣され、調査者は一週当たり五〜十ポンドの必要経費を受け取り、それぞれ担当州を五〜六週間で回った（一人で二〜三州を受けもっている場合もあった）。一七九四年を目途に提出された報告は、いわば草稿の体裁をとっており、それには批評を付け加えるために、余白が設けられていた。そしてこの草稿は農業改良調査会を通じて回覧され、修正が加えられていった。しかしながら、これらの草稿は短期間での完成が要求されたために、実際の調査は一七九三〜九四年の冬期にしかできなかった。したがって調査においては、調査者が実際の作物の分布や品質を確かめることはほとんどなく、もっぱら農民からの聞き取り調査に頼らざるを得なかった。その上、調査者のなかには、情報の正確さに関心を払わない人もいた。この点をマーシャル（William Marshall, 1745–1818）は批判し、このような報告書を作成する場合には、まずその担当者の能力や経験を明らかにするように求めた[53]。さらにマーシャルは各報告書に一貫性がなく、そのためにむしろそれぞれの地域特性も明らかになっていないと指摘する。実際に各報告書はその担当者によって、出来不出来の差が激しいものであった。たとえば、当該の州の特徴についてはほとんど触れず、当時の農業の一般形態だけを表現している報告（Pearce, W., *General View of the Agriculture of the County of Berkshire*, London, 1794. 以下の書名は、州名だけを記す）、その州の状況について書いたというよりも、その州に対する助言を記しただけの報告（Stone, T., *Huntingdonshire*, London, 1793）、いくつかの課題だけを過大に記した報告（Webster, J., *Galloway*, Edinburgh, 1794）などがみられた。したがって一七九三～九四年に出版された調査報告書は、内容に問題のあるものが多いために、農業改良の材料として使うことは無理であった。

　そこでシンクレアとヤングの判断で、調査担当者を変更して、再調査をするか、あるいは、報告書を徹底的に修正するかして、再度、報告書の作成が試みられた。この結果、ほとんどの州で、結果的に報告者を異にする調査報告書が二つ、あるいはそれ以上、出版された。さらに改訂版なども出されることになり、調査報告書の数は、膨大なものとなった。結局、修正された報告書は一八一〇年前後に出版されたが、それらは一応、章立てだけは、一七章と付録というように、統一性が確保された[54]。しかしこの修正版においては、各章ごとに、できるだけ多くの事象を詰め込もうとした（修正版の報告書の多くはページ数が多い）ために、章ごとの内容に食い違いのあるものもあった。たとえば、これはヤング自身についてもあてはまることであったが、Young, A., *Oxfordshire*, London, 1809 では Davis, R., *Oxfordshire*, London, 1794 という以前の報告書や地方ジェントリィの文書から、断片を寄せ集めて継ぎはぎをして、それに会話や観察をはさみこんでいる。このためこの報告書には、マーシャルも非難したように、互いに矛盾する資料が掲載されるということが起こってしまっていた[55]。さらにヤングの報告書のみでなく、他の報告書でも同じような欠陥が生じたのは、編集上の問題とともに、回覧される草稿に対して批判的な判断が下せる会員が少なかったためでもある。多くの会員は草稿に対して、簡単な批評を加えるにとどまった。この結果、多くの報告書は地域特性が記述されたままとなり、それに対する分析が加えられることはほとんどなかった。その典型的な例は地代の分析であった。農業改良にとって、地代の分析は必要不可欠であったにもかかわらず、ほとんどなされていない。ヤングによれば、地代の問題は政治的な問題に関わるので、農業改良調査会の趣旨からは外れるとして、それに言及することが躊躇された[56]。このように多くの欠陥をもっていた調査および報告であるが、それらが歴史的な意義を全くもっていなかったということはない。これらの報告書は、当時の農業および農業研究を考察する上で、またとない史料となっている。周知のようにテーヤ（Albrecht Daniel Thaer, 1752-1828）は農学の体系を作り上げる上で、これらの報告書を重要な資料とした[57]。

しかし短期間に膨大なものを出版した結果、農業改良調査会は財政的な問題を抱えることになった。調査経費は当初の見積りをはるかに上回り、最初の三年間で調査のみで六千ポンドが支出された。この費用には政府助成金に加えて、名誉会員の寄付金もあてられたが、一七九四年と九六年にはすでに農業改良調査会は赤字となった。しかも政府の財政難によって、一七九六年から三年間、助成金は年間千ポンドへと減額された[58]。こうして深刻な財政難に陥った結果、一七九六年六月にシンクレアは農業改良調査会の事務所を一旦閉鎖し、スコットランドへ戻った。そこで九人の一般会員（創設会員とほぼ変更がないものの、年ごとの会議に、ほとんど出席していなかった五人を解任して、その代わりとなる五人を、名誉会員から選出した）が、シンクレア不在のままで臨時会議を招集し、とりあえず調査に関する費用をすべて削ることを決定した。しかし、この時点では調査費は削ったものの、まだ印刷費は削られていなかった。そして一七九八年の一般会員による会議において、会長選挙が実施された。この選挙においてシンクレアは一票差でサマヴィル卿に敗れ、会長職を退き、それ以後一八〇六年に再選されるまで、農業改良調査会との関係をほとんど断った。

シンクレアが会長職に就いたのは、一七九三～九八年と一八〇六～一四年の期間であった。そしてこれら二つの時期が、農業改良調査会において調査報告書が活発に出版された時期でもあった。しかし膨大な量の出版物は、農業改良調査会の存立を危うくするという結果を招いた。シンクレアの退陣とともに、農業改良調査会はその方針の変更を迫られることになった。サマヴィルは調査や報告書の価値を認めていたものの、経費節減のために、それらを極力なくす方向へと方針を転換していったのである[59]。

三　農業改良調査会と王立研究所

サマヴィルの会長在任期は一七九八〜一八〇〇年である。サマヴィルは調査活動を抑えて、単に農業改良調査会を存立させていくだけでよいと考えていたわけではない。サマヴィルは自分の考え方を、農業改良調査会に反映させようとする[60]。彼は自分の所領であるサマーセット領で熱心に農業改良に努めた人物であった。その足跡は広範囲にわたり、犂の改良・土壌改良・羊の品種改良・スミスフィールドクラブ（Smithfield Club）の設立・家畜共進会の実施など、この時期以降の農業試験のきっかけを与えた事業を数多く手掛けた[61]。また会長在任中に、農業試験に対する表彰を始めた。サマヴィルはシンクレアが行ってきた方法をやや批判的にとらえ、

しかしながら、農民は読み書きのできる階層ではない。（中略）したがって、多くの出版物は書棚で売れ残ったままとなっている。要するに、出版を一時中断しなければならない。そして実践と理論（Practice and Theory）とがお互いに協力しあっていけば、農業改良調査会をうまく運営していけるのである[62]。

と語っている。サマヴィルは、シンクレアによって着手された調査やその報告書が、どの程度、農業改良に役立っているのか、疑問を呈し、より直接的に農業改良調査会が農業改良に携わっていくべきであると説いた。しかしシンクレアの調査をまったく否定したわけではなく、農業試験を通して調査結果を理論化し、実践に役立てていくこ

とを提唱した。[63] サマヴィルの根本理念であるPractice and Theoryは、この後、農業研究の進展にともなってPractice with Scienceとなり、一九世紀イギリス農学の中心的な理念となっていった。

こうして設立当初、調査を中心としていた農業改良調査会の活動は、試験を中心とする活動へと変容を遂げていった。しかし主要な活動が調査から試験に変わったからといって、財政難が解消されるわけではなかった。今度は試験活動の資金を確保することが問題となった。この点をめぐって従来の先行研究においては、農業改良調査会は試験活動に着手することができず、挫折してしまったとされている。[64] しかしながら、このとらえ方は、農業改良調査会と王立研究所（Royal Institution）[65] との関係を見逃している。

王立研究所は一七九九年にラムフォード伯爵（Count Rumford, 1753–1814）の提唱によって設立された。[66] その目的は知識を普及し、新しい有益な機械の発明ならびに改良を、広範かつ迅速に導入することを促進し、また科学や実験に関する講演を通して、技術や工業を改良すること、そして人々に便宜を与える手段を教えることであるとされた。[67] この研究所は寄付金によって設立され、バンクス卿を委員長（president）とし、ラムフォード伯爵を幹事（manager）とする運営委員会が運営にあたっている。そしてガーネット（Thomas Garnett, 1766–1802）が「実験哲学、力学、および化学」（Experimental Philosophy, Mechanics and Chemistry）の講演を始めることによって、研究所はその実質的な活動を開始した。[68] 研究所には、実践的な知識の普及と科学の応用に関心をもつ人々が集まった。これらの人々を大別すると、以下の四つに区分できる。[69]

一　寄付金によって、その地位と特権を獲得した所有権者（proprietors）
二　所有権者のなかから選出された運営委員（governors）
三　一般会員
四　一般視聴者

このなかで研究所の活動の中心となるのは運営委員であった。設立当初には、一九名の運営委員がいた。そしてそのうち一四名が農業改良調査会の創設委員である地主であった。もちろんこのなかには、シンクレアもサマヴィルも含まれていた。つまり農業改良調査会の主要な委員が、寄付金の支出と科学知識の享受とを交換に、新たな研究所を設立したといえる。運営主体という点では、農業改良調査会と王立研究所とはほぼ同一であったので、この二つは運営上、無関係ではなかった。それどころか、王立研究所は実質的に農業改良調査会の農業試験所とでもいうべきものとして出発したといえる。

一方、農業改良調査会ではサマヴィルが病気になったため、会長を辞任する意向を示した。その後、ヤングの提案でカリングトン卿が会長となった（投票結果は、カリングトンが一一票、サマヴィルが五票、シンクレアが四票であった）。このカリングトン会長在任中に、農業改良調査会と王立研究所との関係は一層深まることになる。それはカリングトン卿が王立研究所の所有権者でもあったことと、デーヴィを王立研究所に採用した中心的な人物であったことにあらわれている。このデーヴィと、王立研究所の提唱者であるラムフォード伯爵との結びつきはすでに以前からあった。デーヴィが一七九九年に執筆した「熱」に関する論文が、ラムフォード伯爵の考え方と類似していたので、伯爵の注意を引いたようである。[70]デーヴィはガーネットの後を受けて、一八〇二年に王立研究所の化学教授となった。[71]そして農業改良調査会やその会員の要請に応じて、農業化学の講演、土壌分析、皮なめし法の実験などに取り組んだ。[72]デーヴィは農業改良のために化学を応用するという発想で、これらのことに着手した。このようなデーヴィの発想は、これ以前の農業研究にはなかったものである。もっとも、一七世紀後期に王立協会（Royal Society）が、農業への科学の応用に取り組んだ前例があったが、それは非常に短期間で終わったために、実際の農業に対する影響はほとんどなかった。[73]もちろんその後の農業研究に影響を与えることもなかった。[74]この点でデーヴィの場合とは異なっていた。さらにデーヴィは、同時期のプルーストリ（Joseph Priestley, 1733–1804）やラヴォアジエ（A. L. Lavoisier, 1743–1794）と同様、アルカリ金属およびアルカリ土類金属の発見や塩素の単体性についての研究など、多くの化学における貢献をしている。[75]しかしデーヴィがこれらの化学者と大きく異なる点は、その発見や研究が農業改良とどのように結びつくのかを考察したことであった。デーヴィはイギリス（英語圏）で初めて農業化学（agricultural chemistry）という用語を使い、その研究を進めた[76]。

デーヴィは一八〇二年から農業改良調査会の依頼で農業化学の講演をはじめ、それは一二年まで続けられた。さらに一八〇三年には農業改良調査会の名誉会員となり、同年に農業改良調査会の会員の所領を中心に、土壌調査の旅行を行った[77]。一八〇五年には農業改良調査会の内にも土壌分析室が設けられ、それはデーヴィの公開実験室としても使われた[78]。デーヴィは農業を「肥料が植物体に転換する作用の体系」であるとみなし、土壌と植物成長との化学的・物理的側面を分析する。この点でデーヴィは化学的・物理的な土壌分析の方法を生み出したイギリス最初の化学者であるといえる[79]。デーヴィの講演は、主に土壌分析の成果に基づくものであったが、植物成長にとって重要な物質は、腐食質と同様、塩類・アルカリ類・石灰などの鉱物質であると説いた。当時、ラヴォアジェはアルカリ金属が植物の成長過程で生み出されると考えていたが、デーヴィはアルカリ金属が植物の根を通して、土壌中から吸収されると主張した[80]。

デーヴィは実験によって得られた成果によって、農業改良の方法を見出していくという方法をとっていたが、それによって農業化学の発展に大きな貢献をした。これは農業改良調査会の要請なしには考えられないことであった。こうして農業改良調査会と王立研究所は密接な結びつきをもち、一八二〇年（デーヴィが王立協会の会長となった年）頃に、農業改良調査会と王立研究所を統合しようという動きが出た[81]。しかしこれは結局、実現しなかった。統合できなかったのは、これら二つが一八二〇年頃までには、大きな変容を遂げていたからであった。

王立研究所では、農業改良調査会における調査の場合と同様、実験を行い、さらに（実験）講演を行っていくために、かなりの経費がかさみ、財政状態は良くなかった。王立研究所は寄付金でまかなわれていたとはいえ、実験やそれにともなう調査や資料収集に、多大の出費を必要とした。王立研究所の財政が赤字を出さずに済んだのは、設立後の二年間にすぎなかった。三年目の一八〇一年には、総収入三四七四ポンドに対して、総支出は七〇七八ポ

表 1-1　王立研究所の運営委員に占める割合の推移

構成割合／時期	功利主義者（%）	改良地主（%）	運営委員総数（人）
1811-16 年	12.3	47.9	73
1816-21	16.9	32.5	77
1821-26	23.3	27.5	80
1826-31	37.3	17.3	75
1831-36	37.5	8.3	72
1836-41	43.0	5.5	72

資料：Berman, Morris, *Social Change and Scientific Organization*, Cornell Univ. Press, 1978, p. 115 より作成。

ンドに達し、大幅な赤字を出した。それ以後、このような赤字状態は恒常的となる。[82] つまりデーヴィが農業化学の研究に従事している間、王立研究所は慢性的な赤字を抱える組織となり、農業改良調査会との統合の動きのあったのは、その赤字状態が頂点に達したときであった。この時点で王立研究所は、農業改良調査会と同様、変容を迫られた。一八二〇年頃から王立研究所の運営に携わる運営委員は、農業改良調査会の地主層よりも、製造業者や鉱工業者が中心の功利主義者が次第に多くなり、一八二〇年代後半にその割合が逆転してしまう（表1-1）。そしてデーヴィの後任となったファラデー（Michael Faraday, 1791-1867）は「公開講座」に着手する。[83] ファラデーは実験化学や電磁気学の分野で大きな功績をあげていたけれども、この研究成果の受益者はもはや農業改良に熱心な地主層ではなかった。この受益者は製造業者や鉱工業者であり、これらの人々は力学や化学などの知識の提供や、技術に関するコンサルタントを求めていた。これに応える形で王立研究所は、製造業者や鉱工業者を対象とする公開講座を開くことによって、収支のバランスを改善し、危機的な財政状態を乗り越えることができた。つまり、王立研究所は農業改良のための研究所から、鉱工業一般に対して知識や技術を提供する研究所へと変容を遂げていったのである。[84]

王立研究所がこのような変容を遂げていく一方で、農業改良調査会もまた変化していった。農業改良調査会ではカリングトン卿が一八〇三年に会長を辞任した後、シェフィールド卿が会長職を引き継いだ。シェフィールド卿の会長在任中には、農業改良調査会はそれまでの事業を単に継承するだけで、事業については目立った動きはなかったものの、彼は農業改良調査会の収支を改善するために、東インド会社（the East India Company）の社債を購入している。[85] この社債による収益は、収支バランスの改善に貢献し、一八〇六年に農業改良調査会の収支は約四千ポンドで均衡を保っていた。そして同年に「神妙にしている」という条件で、シンクレアが再び会長に任命された。[86] 「神妙にしている」とは、財政の危機を招くような調査は行わないということを意味した。シンクレアはその会長就任演説において、過去の会長就任中に多くのことを学び、現在の収入で大事業を続けるのは困難であることを、十分に認識していると語った。[87] しかしシンクレアにとっては、相変わらず財政的な問題よりも、以前、手がけた調査の完成のほうが優先度の高いものであった。

シンクレアは就任演説とは裏腹に、再び調査を始め、報告書の作成にとりかかる。調査には各州当たり二百～三百ポンドが必要とされ、一八〇八年に調査全体で二千ポンド以上が費やされた。一八〇六年に約四千ポンドで均衡を保っていた収支バランスは徐々に崩れていき、〇八年末には東インド会社の社債をすべて売り払わなければならなかった。ここまで収支が悪化しても、シンクレアは農業改良調査会の報告書の販売によって、まだ収支バランスを維持できると考えていた。しかし一八〇七年の農業改良調査会の会議報告では、最近の数年間で出版物の印刷に四千五百ポンドの経費がかかったにもかかわらず、それらの出版物の販売額は、七六二ポンド一八シリング五ペンスでしかなかったと報告されている。さらにこの程度の売上げしかなかったので、一八一〇年末にはこの出版物を扱っていた書籍商が、大量の在庫を抱えて倒産するという事態が起こった。そしてシンクレアの会長在任末期には、これ以上の印刷が不可能という状態にまで追い込まれる。[88] シンクレアは再び農業改良調査会の財政上の危機を招いたという理由で、一八一四年に会長を退く。農業改良調査会はそれ以後、財政上の危機的な状況を脱することができなかったため、デーヴィの講演以来、続いていた農業化学の講演は一八一四年に中止され、報告書の印刷・出版も一六年には完全に中止されるに至った。

しかし中止に至ったのは、単に財政的な理由だけではなかった。農業改良調査会に集まった農業改良に関心をもつ地主は、シンクレアの辞任頃から、ナポレオン戦争後の農業不況（農産物価格の下落）によって、農業改良への意欲を失いつつあった。これらの地主は農業改良調査会に対して、農業改良の調査や知識を求めるのではなく、政府への圧力団体となることを求めるようになる[89]。このような動きに対して、ヤングはむしろ農業不況に関する大規模な調査に農業改良調査会が着手すべきであると説いた。しかし一八〇九年以来、ヤング自身は徐々に視力を失い（一八一一年には完全に失明する）、すでに職務の遂行が困難な状態となっていた[90]。そして一八一五年以降、農業改良調査会の地主層は保護貿易論者と結びつき、それまでの農業改良への活動を停止していく。一八一九年には農業改良調査会は何らの計画や活動にも着手していないという理由で、政府助成金を返還するに至った[91]。しかしながら農業改良調査会全体が同じ論調に流れていったわけではない。というのは農業改良調査会の内部では、農業不況について意見の違いがみられたからである。シンクレアやヤングは農業不況の原因を、通貨不足による農産物需要の減退や、農業経営への銀行貸付の減少に求めていた。これに対してヤングの後に農業改良調査会の事務局長となったウェッブ・ホール（George Webb Hall）は、その原因を安価な外国農産物の流入ととらえていた。またシンクレアやヤングは、イギリス国内の経済状態に農業不況の原因を求めていたが、これに対してホールは、輸入農産物の影響を強調し、保護貿易の必要性を主張した。当初は見解の相違にすぎなかったものの、徐々に後者の意見が大勢を占めるようになり、農業改良調査会と保護貿易論者との結びつきは、一八二〇年のヤングの死去によって決定的なものとなった[92]。そして一八二一年に政府から農業改良調査会に対する助成金の打ち切りが通告された。それでもシンクレアは寄付金による農業改良調査会の存続を訴えたが、それに応えて集まった金額はわずか一〇六ギニーにすぎなかった。こうして一八二二年に農業改良調査会は解散せざるを得なくなり、約三十年間にわたった活動を終える。

農業改良調査会の解散以後、農業振興活動は保護をめざす政治運動と化して、農業研究は停滞する[93]。しかし工業化・都市化の進展によって食料需要が高まる一八三〇年代後半になって、農業改良への関心が再び高まり、農業協会が設立される。これが「イングランド王立農業協会（Royal Agricultural Society of England）」の設立である。この協会は農業改良調査会の限界を意識的に避けようとする傾向をもっていた。つまり協会としては、政治問題化していた穀物法問題との関わりをできるだけ避け、協会の会長権限を縮小して、その運営を月例会主体で行っていくことにした[94]。したがってこの協会で扱われる問題は必然的に農業技術問題が多くなり、しかも会長の意向で議論の対象となる問題が左右されるようなことはなかった[95]。

農業改良調査会は解散後も、それ以降に設立された農業協会などに大きな影響を与えた。もちろん、その後の農業研究の展開に与えた影響は非常に大きいものであった。さらに影響はイギリスのみでなく、諸外国の農業研究にも及んだ。たとえば、農業改良調査会の活動は、ナポレオン統治下のフランス統計の基礎として模倣され、またシンクレアとヤングを通じて、アメリカの農業発展に大きな影響を与えた[96]。農業改良調査会による調査や公開講座は、農業試験による法則化や体系化という段階にまで至っていないが、農業観察や技術の啓蒙普及という方法を確立し、農業研究の展開に貢献したといえる。

四　おわりに——調査・実験主体の課題

以上、この章では一八世紀末から一九世紀初頭にかけて、農業改良調査会の展開を考察した[97]。農業改良調査会はシンクレアがスコットランドで実践した調査や実験をモデルにして設立され、政府助成金を受けたものの、政府機関ではなく、地主が運営にあたる調査・実験主体として構想された。しかし多くの障害によって、当初予定していたスコットランドと類似のものを、イングランドに設立していくのは、きわめて困難であった。農業改良調査会は当初の構想とは異なり、まず各州別の調査報告を中心に行った。とはいえ、その調査は大規模なものとなり、農業改良技術の普及や伝播に大きな役割を果たした。しかし農業改良調査会は順調に進展していったわけではなかった。財政問題をきっかけにして、その様相を変えていった。調査活動はその成果を出版物として販売する、あるいは、寄付金と交換するという方法以外に、継続する道がなかった。出版物を必要とする階層（主に地主層）が限定されていた上に、その必要性がなくなれば調査の継続は不可能であった。このため農業改良調査会は慢性的な赤字状態が続いた。このように民間による農業調査の困難性から考えて、それ以後、国家（公共）が農業調査に乗り出すようになるのは、いわば必然であったといえる。

一方、実験については、新しい主体（王立研究所）の運営に農業改良調査会が深く関与した。農業改良に関心をもつ地主の要請に応じて、デーヴィが初めて農業化学の講演や公開実験を行った。彼は主に植物と土壌との関係を分析し、多くの発見や発明を行った。イギリスではこのデーヴィの研究がきっかけとなって、化学を中心とする農業研究が展開し、一九世紀中期にはリービヒの影響もあって、農業化学という科学が形成される。王立研究所でのデーヴィによる実験を財政的に支えたのは、実験の成果と交換に提供される寄付金であった。この研究所は実験対象が農業から鉱工業・製造業へと移行することによって、その存続がようやく可能となった。農業を対象とする実験を繰り返している限りでは、慢性的な赤字が続くのだった。この点でもそれ以後、農業を対象とする実験や試験に国家が乗り出すのは、農業調査の場合と同様、当然のこととなった。

結局、農業に関する研究には、多額の出費が必要とされたが、改良地主層の負担では補いきれなかった。そして地主層が農業改良への意欲を失うとともに、調査・実験主体は消滅するか、変容していく。地主層は、農業保護への活動が政治運動化していくとともに、国内農業の改良よりも、むしろ農産物貿易問題や植民地問題に強い関心を示すようになった。しかし、このようになったからといって、一八世紀末以来の農業改良調査会の活動が無意味であったというわけではない。一八世紀末の農業改良調査会の活動は、イギリス農学の形成へのきっかけとなり、その後の農業研究の展開を決定づけている。

農学の体系化は、周知のように、イギリスの事例を手がかりに、ドイツのテーヤによってなされた。しかしイギリスにおいても、この時期に体系化の試みが、全くなかったわけではない。シンクレアは一八一七年に *The Code of Agriculture*, London を刊行して、体系化を試みている。[98] しかしこの著書は、シンクレアのそれまでの調査や実験を要約したものにすぎず、各章がつながりをもつ体系的なものとは言い難い。もっとも、この著書が全く意義をもたなかったとはいえない。なぜならこの著書こそ、シンクレアが農業改良調査会を設立し収集した情報の集積そのものだからである。多くの農業情報が集積されることによって、この情報が容易に次代へと伝えられることになり、農学形成への道を開いたのである。

第2章　スコットランドの農業研究——諸科学との関係

前章で見たように、農業改良調査会の設立は、シンクレアによるスコットランドでの活動がモデルとなっていた。この事例が示しているように、イングランドの農業研究はスコットランドのそれから、大きな影響を受けていた。この点でイギリスの農業研究の展開を考察する場合、スコットランドでの農業研究の展開とイングランドとの関係を見逃すことはできない。とくに一八世紀末以降における影響には顕著なものがあり、イングランドの農業研究は、一八世紀末スコットランドにおける農業研究に始まるといっても過言ではない。スコットランドでは、周知のように一八世紀に文学・歴史・哲学・社会思想などの分野において知的活動が盛んとなる。その原動力となるのが、いわゆるスコットランド啓蒙主義運動であるが、この運動には農業研究活動も含まれていた[1]。当時のスコットランドの知的活動には、アダム・スミス（Adam Smith, 1723-1790）による経済学の発展も含まれているように、その後の科学に大きな影響を及ぼしたものが多く、農業研究もその例外ではなかった。

一　農業化学の萌芽

一八世紀初期のスコットランド農業は、その隣国であるイングランドに数世紀遅れていたとされる[2]。スコットランド農業にはインフィールド・アウトフィールドシステム（infield-outfield system）という耕作体系があった。そのインフィールドにおいて、土地の割替（耕地を耕作者数に応じて一定の年限ごとに交替に割り当てる）が残存するラン・リグ（run-rig）という混在耕地の制度があった。インフィールドは全耕地の約五分の一から三分の一を占め、そこではある年の春に施肥をし、大麦→エン麦→エン麦、あるいはエン麦→エンドウ豆→大麦などという輪作が行われていた。施肥は任意の一つの穀物に対するものであり、ほぼ三年に一度であったので、地力は貧弱であった。一方、インフィールドに比べて広い面積を占めていたアウトフィールドでは、そのうちのわずかな耕地に穀物（主にエン麦）が連作されるだけで、地力が衰えるにしたがって七〜八年間にわたって休閑し、同一の耕地で輪作を繰り返しているわけではなかった。したがって役畜となるはずの牛馬は、飼料が欠乏しているために越冬がきわめて困難な状況にあり、そのために農業生産力は著しく低かった。

しかし一八世紀半ば頃になると、スコットランドの低地地方（low land）では、ラン・リグ制度が衰え、さらに耕地の集中が始まる。そしてこの頃、合邦（一七〇七年）によってイギリスの重商主義体制下に入ったスコットランド農業は、穀物法の効果を享受し始めることになる。とくに貨幣・銀行制度や流通部門の整備・発展は、土地と農産物の価格の安定化をもたらす一方で、その騰貴も引き起こすようになり、農業が貨幣的利益の源泉として着目されるようになる。物納の地代は次第に金納化し、その資金が土地の改良へと向けられた。さらに道路建設などによって、石灰などの肥料の入手が容易となり、土地改良が進んだ[3]。こうした改良への動きは、旧来の地主層によって担われた。耕地の集中も、イングランドとは異なり、原則として農民による保有権の観念はなく、小作権が不安定であったために、農民の抵抗をほとんど受けることなく、旧来の地主層によって進められた。スコットランドでは、旧来の地主層に銀行家・法律家・商人（とくに低地地方）が加わり、改良運動（improving movement）が進められ、これらの人々がスコットランドの「農業革命」の推進主体となっていった[4]。この推進主体は、アダム・スミスが述べているような「後進意識」をバネにして、改良運動を推し進めていった。スミスが「スコットランドは、国そのものがイングランドよりもはるかに貧しい。それればかりか、この国がより良い状態へと前進している歩調も（明らかに前進しているとはいえ）ずっと緩慢で遅々としているように思われる[5]」と述べているように、スコットランドの後進意識は根強く、それがむしろ改良運動を支えていた。そしてこの改良運動のバイブルといえるのが、スミスの『諸国民の富』であった[6]。

改良運動の母体となった最初のものは、一七二三年にエディンバラで結成されたスコットランド農業知識改良家協会であった。この協会では、スコットランドの製造業が低い水準にある上に、農業改良および土地改良が無視されているという考えのもとで、その原因は「それらを職業としている人々の技術不足や、改良への奨励策がない[7]」ためであるととらえた。協会は製造業・農業の振興をはかる目的で、約三百人の会員によって結成された。協会員の職業および身分は、表2-1のような構成であった。爵位・官職の保有者、地主、弁護士が多くを占めていたが、これらの多くはイングランドでそれぞれの知識を得て帰郷し、農業改良を実践するか、あるいは、その理解者となった人々であった。

そして協会の活動方針として、

一　農業に関する様々な課題について、広く意見を求め、その成果を農業経営者に理解しやすい文書にすること。

二　協会活動はできる限り実状にあったものにし、スコットランドで、まだ実施されていないことに着手する場合には、その違いを明確にすること。

などが決定された[8]。

この方針に基づいて、イングランドのJ・タルによって、当

表 2-1　協会員の職業・身分構成

職業および身分	人数（人）
爵位・官職保有者	117
地主・農業経営者	99
弁護士	58
医　師	7
大学教授・学者	6
商　人	4
エディンバラ市長（および経験者）	3
官　吏	3
造園業者	2
書籍商	2
技　師	1

資料：*Select Transactions of the Honourable the Society of Improvers in the Knowledge of Agriculture in Scotland*, Edinburgh, 1743, pp. xviii–xxiii. および菊池紘一「一八世紀スコットランド農書史概観」（『社会経済史学』第51巻2号，1985年），64ページ。

時すでに試みられつつあった新農法が検討された。これはタル農法がイングランドで広がる以前のことであった。協会の事務局長であるR・マクスウェルとタルとの間で書簡が交わされ、新農法の情報がスコットランドへ伝わった。スコットランドではこの往復書簡が活字となり、*Select Transactions of the Honourable the Society of Improvers in the Knowledge of Agriculture in Scotland*, Edinburgh, 1743 として刊行された。さらにマクスウェルは著書 *The Practical Husbandman*, Edinburgh, 1757 を刊行した。この二つの著書によって、タル農法がスコットランドで紹介された。そしてイングランドでの動向とは別に、タル農法はスコットランドから、イングランド国境へと、南に向かって徐々に伝播していった(9)。

しかしながら、タル農法は新農法として伝播の動きをみせたにもかかわらず、マクスウェルの著書が出版された同年の一七五七年に、エディンバラ大学のヒューム（Francis Home, 1719–1813）によって、タル農法が批判された。批判はヒュームの著書 *The Principles of Agriculture and Vegetation*, Edinburgh のなかで展開された。

タルは当時、進歩しつつあった動物生理学の考え方（とくにハーヴェ［William Harvey, 1578–1657］の血液循環の原理の影響を受けていた）を、植物生理のメカニズムの説明に適用し、さらに作物・土壌などを対象にした総合的な原理の確立をめざしていた(10)。そしてタルはその原理が、「畜力条播」（畜力を利用して種をまくこと）や「中耕」（作物の生長期間中に条間を耕起する作業のこと）として、実践と結びついた形で実現できると確信していた。タルは、drill husbandry などの新技術を発明したわけではなかったが、自ら考案した原理を新農法（New Husbandry）と名づけ、古代からの経験に基づく旧農法（Old Husbandry）と区別した(11)。タルがめざした畜力条播機（drill-plough）や畜力中耕機（hoe-plough）を使った農法は、実際に広がることによって、その技術的・経済的優位性が確認された。しかしヒュームは二つの点でタル農法を批判した。一つは、タルが新農法を生み出す出発点とした作物生育の原理、つまり、作物の根が動物の口の役割をもち、土壌の微粒子を食物として摂取するという説であった。もう一つは、この原理に基づいて土壌の粉砕をすることによって、土壌が微粒子化し、その結果、肥料としての効果があり、連作が可能になるという説であった。ヒュームは著書のなかで、「タルがもし化学者であったなら、土壌はすべての植物のほんの小さな部分すらも構成しないことがわかったであろう[12]」と語り、さらに次のように批判した。

犂の機械的な作用による土の粉砕は、タルが主張するように、植物体が成長するための主要な手段ではない。それは以下の二つのことから明らかである。一つは、微粒な軽しょう土でさえ、休閑することが望ましい。もう一つは、休閑地は全く平らにしておくよりも、畝を作っておくほうが、より多くの収穫があがるということである[13]。

ヒュームはタル農法を化学的な立場から批判し、そのうえで農業の原理を化学的な側面から探究していこうとした。このヒュームの批判をきっかけにして、農業分野において「化学」の存在が大きな役割を果たすようになる。これはH・デーヴィの場合と同様、一九世紀の農業研究が、化学分野を中心に展開していくきっかけを与えることになった。

ヒュームが農業の原理を明らかにしようとした背景には、タル農法への批判もさることながら、スコットランドにおける科学教育の展開があった。ヒュームはエディンバラ大学で医学を学んだ後、七年戦争（一七五六〜六三年）で軍医としてフランドルに赴き、その勤務の合間にライデン大学で研究を重ねた（一七五二〜五八年）。そしてスコットランドに戻って、一七六八年にエディンバラ大学の薬物学（Materia Medica）教授に任命され、九八年まで約三十年間もの間この職に就いた[14]。ヒュームが影響を受けたオランダ、とくにライデン大学は一七世紀初頭からイギリスと密接な関係をもち、ベーコン（Francis Bacon, 1561–1626）やボイル（Robert Boyle, 1627–1691）らのイギリス経験主義哲学の影響を受けていた。そのライデン大学はブールハーフェ（Hermann Boerhaave, 1668–1738）の指導のもとで、ヨーロッパ有数の医学教育の拠点となり、すでにスコットランドからも多数の学生が留学していた[15]。そしてブールハーフェ医学を基調とする医学教育が、スコットランドの大学改革をもたらした。たとえば、教授が学生のあらゆる事柄の面倒をみるリージェント制の解体から、専門教授職の設置への移行であった[16]。そしてエディンバラは徐々にライデンに代わり得るような医学教育の中心として成長する。とくにエディンバラ大学の医学教育の特徴は、十分な薬学の知識を習得させることであり、化学は医学の補助学と位置づけられて、重要視されたことであった[17]。ヒュームは大学改革が進行するなかで、このような教育を受け、その後のスコットランド医学を担っていった[18]。ヒュームの化学はこの医学の発展に必要欠くべからざるものとなった。

ヒュームの著書 *The Principles of Agriculture and Vegetation* は四版を重ね、フランス語やドイツ語にも翻訳された。ヒュームはこの著書のなかで、農業の中心課題は植物栄養であると語り、全体を五つの章に分けて考察している。その五つは、一　様々な土壌の特質、二　様々な堆肥の特質、三　堆肥の植物への作用、四　耕作方法、五　雑草などの作物生育への障害、である。タルに対する批判の要点となる「土壌」の説明から始め、植物の成長にとって、堆肥・耕作方法・雑草などが、どのように作用しているのかを、化学的な側面から説明している。そしてこれらの説明は、机上の論理だけでなされているのではない。その内容はほとんどが実験結果の記述となっている。ヒュームは医学を学ぶ過程で科学的な姿勢を身につけていたので、それを活かして農業においても、その原理の発見には、「実験」が必要不可欠であると考えていた。彼は著書の最後で、「農業の最大の障害は、農業の合理的体系が依拠すべき実験が欠如していることにある」と説き、スコットランド農業に最も必要とされているのは、実験的農業の精神の高まりであると提言する[19]。ヒュームはタルの精神を批判的に継承し、実験の重要性を説いたのであり、この提言によって、ヒュームはイギリス農業化学の先駆者のひとりに数えられることになる[20]。

そしてヒュームが期待を寄せた（農民が執筆した）実験書が、ヒュームの著書の五年後に出版された。それはディクソン（Adam Dickson, 1721-1776）[21]による *A Treatise of Agriculture*, Edinburgh, 1762 であった。ディクソンはタルに対して、ヒュームと同様の批判を行っているが、おそらくヒュームの学説に基づいて執筆したためであると考えられる。しかしディクソンは、ヒュームの説明に満足していたわけではなかった。ヒュームが化学実験を強調し、その著書が土壌から始まっていることを批判している。[22] ディクソンは、もし化学者が植物の構成要素を示せるならば、その植物の栄養物は、同じ植物の構成要素であることが、当然わかるはずであると主張する。[23] つまり、書物は農作物自体の説明から始めるべきであるというのである。したがってディクソンの著書は土壌から始めるのではなく、植物の説明から始まり、後は農機具、肥料、土壌という構成になっている。さらにイングランドにおける農業事情についても、著書のなかで詳しく紹介される。その中でも、とくに輪作の問題に関心を寄せている。ディクソンは、「ノーフォーク農法」[24] の観察から、輪作体系に関心をもち、土地利用度の著しく低いスコットランドにおいて、その土地に適合した農業体系を見出そうと模索している。この著書はスコットランドにおいて輪作体系に関心をよせた最初の農書となった。しかしヒュームの方法論を活かして、輪作体系を化学的に解明するという点にまでは至っていなかった。

二　化学の進展と農業改良

ヒュームに始まる化学的側面からの農業の解明は、同僚のカレン（William Cullen, 1710-1790）によって、さらに進展する。[25] カレンは一七五六年にエディンバラ大学の化学教授となり、医学とその教育に浸透していたブールハーフェの伝統からの訣別を宣言し、それまでのエディンバラ大学の研究体制を否定する。具体的には化学が医学から独立することであった。[26] そして化学の独立性を唱えるカレンの行動が、農業改良者の運動をはじめとするスコットランド啓蒙主義運動の要請に合致すると評価される。カレンによる農業に対する化学の応用とその成果（その他にも、繊維産業の漂白工程や食塩の精製）は、啓蒙主義運動を推進していた地主層の要請に対して十分に応えることができたからである。[27]

カレンの農業に関する著述は、大きく二つに分けられる。一つは、一七四〇～五〇年代の講義の要約である Reflexions on the Principles of Agriculture and Remarks on the Principles of Agriculture に代表され、もう一つは、一七五〇年代後半以降の講義と Lectures on the Chemical History of Vegetables に代表される（カレンには、農業に関するまとまった著書はなかった）[28]。前者は、農業に関する彼の実験とその考え方をまとめたものである。実際の講義では、主に農業技術に関係する化学についての講義と実験が行われた。その内容は、植物栄養の化学的基礎、土壌改良の化学的方法、植物成長に必要とされる土壌の熱の問題、植物成長に必要な土壌成分の問題などであった。これらはすべて、カレン自身の帰納的方法や実験的方法によって説明されている。後者は、エディンバラ大学の医学教育の特徴である薬物学教育の延長上にあるものであり、植物成長の化学的基礎の説明に主眼がおかれている。カレンは化学を通して植物成長の原理を探究する一方で、学生に対しては、その前提となる植物の名称分類などの博物学（natural history）的な知識を習得するよう求めていた。カレンの植物に関する農業化学は、薬物学にその原点があったため、植物の形態や分類の知識を必要としたためであった（エディンバラ大学の博物学講座は一七六七年に設立された）。

カレンの講義や著述は、啓蒙主義運動を推進した地主によって受け入れられた。カレンの場合、ケイムズ卿[29]との交流が重要である。ケイムズ卿は、当時、エディンバラでさまざまな学問分野について研究討議する協会であったエディンバラ哲学協会（Philosophical Society of Edinburgh, 一七三二年に設立）の中心的な会員であった。その会員の立場からカレンに対して、農業に関する問題を数多くの書簡で送っている。これに応えてカレンは自分の論文を協会に送り、協会でそれが朗読され、討議の資料となった。協会における論題はさまざまな分野にわたった（表2-2）が、医学の次に多く取り上げられたのが、化学と農業改良であった。協会には医学・化学・農業改良やその隣接分野に関心をもつ人々が集った[30]。前述のアダム・スミスをはじめ、地質学のハットン（James Hutton, 1726-1797. ハットンはウォリックシアの所有地で一四年間にわたって農業経営の経験があった[31]）、化学でカレンの後継者となるブラック（Joseph Black, 1728-1799）[32]らである。ケイムズ卿も自ら *The Gentleman Farmer*, Edinburgh, 1776 という著書を出版し、農業改良に関心を寄せる哲学者であった。エディンバラ大学をはじめとするスコットランドの大学教授は、この協会と密接な関係をもったが、その代表例がカレンとケイムズ卿との関係であった[33]。農業改良運動の指導的な立場にいたケイムズ卿は、著書の序文において、次のように語る。

この国は人口が増えつつあり、供給できる農産物は十分ではないが、技術と勤労によって肥沃にできる土地は豊富にある。本来、農業に恵まれた州において、不毛さの故でなく、怠惰の故に、雑草以外に何も生まない土地が多く残っているのは、悲しむべきことではないか。（中略）スコットランドの状況は、四十年前とどこが違うのか。地主の役割は、寛大な処遇、指示、範例、そして報酬によって、借地農のなかに競争的模倣心（emulation）を喚起することである。それが地主にとって利益となり、名誉となるのと同時に、スコットランドにとっても利益となる[34]。

ケイムズ卿は自著の題名にジェントルマン（地主）という名称を付けることによって、農業改良の主体を明確にした上で、「競争的模倣心」の必要なことを強調する。ケイムズ卿の著書のなかでは、随所に競争的模倣心という用語がみられる[35]。それはスコットランドの農業改良は単にイングランドの模倣であってはならないのであって、模倣してそれを追い越していくようなものでなければならないという意味でもあった。ケイムズ卿は、まさに化学の農業への応用を、競争的模倣心の一環として位置づけているのである。

さらにケイムズ卿はエディンバラ大学において、カレン

表 2-2　哲学協会における分野別の議題数

学問分野	議題数
医　　学	62
天 文 学	2
技　　術	5
物 理 学	7
化　　学	9
気 象 学	1
農業改良	6
地 質 学	3
植 物 学	5
そ の 他	15
合　　計	115

資 料：Emerson, Roger L., The Philosophical Society of Edinburgh, 1748-1768, *British Journal for the History of Science*, vol. 14 (1981), p. 153 より作成。

の後継者ブラックとも交流を深める[36]。ブラックは一七六六年にカレンの後任の化学教授となり、九七年まで、ヒュームとほぼ同様の時期を約三十年間にわたって在職する。エディンバラ大学は一七六〇年代以降、ブラックの研究によって化学分野の興隆期を迎えることになる[37]。とくにブラックは石灰水の研究を通じて、その薬理作用という点から、肥料や漂白剤としての効果に関心をもつ。そして石灰が農業や織物業で発揮する経済的な価値に注目した[38]。この研究水準の高いことは、デーヴィが一八一三年に出版した著書 *Elements of Agricultural Chemistry*, London において、次のように述べていることからもわかる。

農業論者の先人たちは、石灰・石灰岩・泥灰土の性質やその効果について、何ら正しい考えをもっていなかった。そして、これは当時の化学が不完全であったために、必然的にたどった結果である。石灰分は錬金術師によって、燃えて可燃性の酸と結合する特有の土壌とみなされていた。イーヴリン、ハートリブ、リスルは、それぞれの農書において、それを単に冷涼な土地において有用な熱い肥料としか特徴づけられなかった。エディンバラのブラック博士こそ、この物質について明確で基本的な知識を、最初に見出した人である。一七五五年頃、この著名な教授は厳密な実験によって、石灰石・大理石・チョークは、原理的に気体の酸と結合した土壌から成ることを証明した。酸は燃えて四十パーセント以上が消失し、石灰はこの結果、苛性化する[39]。

ブラックはこれによって苛性化の理論を確立したが、デーヴィはブラックの功績の大きさを称賛した。カレンとブラックによって発展した化学は、農業改良に貢献し、その一方で地主層の支援を受けて、化学研究も進展した。エディンバラ大学における化学分野の制度的な独立は、一八世紀中には実現しなかった（カレンもブラックも、厳密には、Medicine and Chemistry の教授である）ものの、化学の研究・教育はエディンバラ大学の名声を高めるものであったことは確かである[40]。

三　高等農業教育の萌芽

農業改良の基礎的な分野とみなされた化学は、エディンバラ大学を中心に発展する。農業改良に寄与する化学研究の成果が蓄積される一方で、改良主体となる地主層を教育しようとする欲求も高まる。すでに一八世紀の半ばにおいて、農業の大学教育に関する構想が出されていた。スコットランド農業知識改良家協会の事務局長マクスウェルは、農業分野の大学教授が存在しないことを残念に思い、もしこのポストが設置されれば、それは農業の科学的原理を理解した農業者（実際に農業に携わっている者）によって担われるべきであると説いた[41]。しかしマクスウェルは、このようなポスト、あるいは、大学が設立されることについては悲観的であり、「おそらく、われわれの時代には、権威のある農業カレッジ（College of Husbandry）はできないであろう[42]」と述べていた。当時はまだ農業に対する化学の応用や先進事例の収集という段階にとどまり、農業を一つの科学分野としてとらえ、それを専門的に扱うカレッジを誕生させるには、時期尚早であると考えたのであった。

しかしマクスウェルの提案は、単なる空想に終わらなかった。大学での講義ということであれば、カレンによって化学の応用とはいえ、すでに農業に関する講義が始められていた。この講義はケイムズ卿がカレンに勧めて、一七六八年から実現したものであった。カレンは薬物学の延長である植物学の知識に加えて、農業への化学の応用に強い関心をもっていたため、講義の担当者として適任であった。ここに高等教育という場における農業講義の第一歩が記された。しかしながら、この講義が継承されることによって、その延長上に独立した農業講座の設立が実現するわけではなかった。カレンは単に農業への化学の応用を講義していたにすぎない。その上、その後カレンは一七六六年にエディンバラ大学の理論医学、七三年に臨床医学の教授となり、医学分野の道を歩むことになったので、教育において農業とは無関係となっていった[43]。

ケイムズ卿に代表される農業改良家は、化学分野に関してはカレンの後継者のブラックに講義や講演を求めた。それと同時に、化学以外で農業の隣接分野から、農業に関連する講義や講演を望んだ。その要請の対象となったのが、エディンバラ大学の博物学（natural history）教授ウォーカー（John Walker, 1731–1803）であった[44]。そしてウォーカーは一七八八年に高地地方農業協会（The Highland and Agricultural Society）の会員に対して、農業に関する講演を始める。高地地方の農業は、他の地方と異なる歴史的背景をもっていた。スコットランドの高地地方は一七四五年のジャコバイトの反乱と、その後の平定政策によって、政治的安定と低地地方への同化の基礎となる経済改革とが求められていた[45]。この経済改革の中心的な事業が、ジャコバイトの反乱に加わった領主の所領を没収し王領地に併合した後で行われた農業改良であった。したがって高地地方の農業改良家の役割は、低地地方に比べて、きわめて重要なものとなり、その中心的な人物がケイムズ卿であった。

高地地方農業協会は、高地地方の農業発展を目的に、一七八四年にエディンバラで設立された。この協会は設立当初から、農業教育の必要性を強調し、農業知識の伝播や情報の交換の場として運営された。このような協会は、農業知識改良家協会が設立された一七二三年以来、八四年までで一四を数えている（図2-1）。そのなかでも、当時最も活発な活動をしていたのが、一三番目に設立された高地地方農業協会であった[46]。この協会の要請に応えてウォーカーは講義を始める。ウォーカーは博物学を専門としていたので、幅広い知識をもっていた。彼は博物学を気象学・水文学・地質学・鉱物学・植物学・動物学という六部門に分け、それぞれの農業への応用について講演している。もっとも、この講演には化学はまったく入っていなかった[47]。化学がまったく考慮されていないということはなかったが、農業改良に対する化学の応用ということでは、明らかに一線を画していた。この点でウォーカーの講義は「実用性」に乏しいものと映った。

ウォーカーは、エディンバラ大学における博物学の講義においても農業を取り上げ、植物、農業、草地と家畜の管理、植林、園芸の順に講義を行っている。この講義内容によれば、彼は農業を主に植物学のなかに含まれるもの

図 2-1　スコットランドの農業協会の分布（1724-1784 年）

資料：Boud, R. C., Scottish Agricultural Improvement Societies, 1723-1835, *Review of Scottish Culture*, vol. 1 (1984), p. 74.

と考えていたことがわかる。[48] リンネ（Carl von Linné, 1707-1778）に代表される植物学が全盛期をむかえていた当時、博物学の中心は植物学であった。[49] さらに農業の中心的な課題が植物栄養であったことから、農業の講義において植物学が中心となるのは、いわば当然のことであった。ウォーカーの研究の集大成は、その死後に刊行された *An Economic History of the Hebrides and Highlands of Scotland*, Edinburgh, 1808 という全二巻からなる大部の著書であった。これはウォーカーによる研究の総括といえるものであったが、内容はヘブリジーズ（スコットランド北西部の諸島）と高地地方における農業全般の観察記録である。[50] 図2-1によれば、ヘブリジーズでは農業協会がまったく形成されていなかったので、農業改良があまり意識されていなかったといえる。

ウォーカーの研究総括は農業実態の観察であり、その収集であった。博物学一般がそうであるように、できるだけ多くの事物を観察・収集し、それを分類することに、主眼がおかれていた。博物学は一九世紀前半においても科学と異なるものであるという認識はなく、一般的な用法では博物学・科学・自然哲学・自然の知識などの用語が混然一体となって使われていた。[51] しかし農業分野においては、観察・分類という段階から新たな段階に進もうとすれば、前章で述べたように、シンクレアの業績についてマルサスが指摘したような動態的な分析がなければならない。つまり歴史的な考察がないと、事物の多様性の背後にある原理の発見には至らない。さらに原理の発見がなければ、それを実際に応用することは困難である。この点でウォーカーの講義は実用的な価値に乏しかったといえる。[52] ウォーカーは農業改良の問題を通じてケイムズ卿の友人となり、その支援を受けていた。しかしながら、それに応えてウォーカーが提示できたのは、博物学によって観察し収集し得た現象や事例であり、農業改良のための原理ではなかった。[53] もちろん、ケイムズ卿自らも語っているように、農業改良のために事例を収集することは重要であるが、農業を教えようとする教授には、観察や収集以上のことが求められた。

そこで、こういったことに応える農業教授の誕生がまたれる。それでも一応、ウォーカーの講義や講演は農業講座開設のきっかけを与えるものであったため、ウォーカー自身も農業教授の候補者になっている。しかしながら結局、ウォーカーは博物学教授（一八〇三年に死去するまで在職）にとどまり、農業教授にはなれなかった。[54]

四　農業講座の創設

ケイムズ卿と高地地方農業協会は、ウォーカーの講義の実績に基づいて、エディンバラ大学に農業講座（Chair of Agriculture）の開設を提案する。そして下院議員のプルトニィ（William Pulteney, 1729–1805）[55]の援助によって、一七九〇年に農業講座が創設される。[56]プルトニィはエディンバラのタウン・カウンシル（town council, 町議会）に一二五〇ポンドの寄付をして、その四パーセントの利子部分となる五〇ポンドを教授の年俸とすることにした。それまでエディンバラ大学のすべての講座は、国王（Crown）あるいはタウン・カウンシルの、いずれかがパトロンとなって設立されていた。[57]しかし農業講座は、初めて個人の寄付によって設立された講座となり、さらに大学内に開設された農業講座としては、世界で最初となった。教授には、キンロスシア（Kinross-shire）近郊で農業経験がありエディンバラ大学で医学の学位を取得していたコヴェントリィ（Andrew Coventry, 1764–1832）[58]が任命された。

しかしこの農業講座の開設と教授の任命は、それまでのエディンバラ大学の慣例通りではなかったことから、順調に進んだというわけではなく、大論争が起こった。エディンバラ大学ではタウン・カウンシルがパトロンとなり、その人事権と財政権はタウン・カウンシルの管轄事項となっていて、教育政策もその権限内にあった。[59]このために大学の参事会員（bailie）は、個人による講座の設立がタウン・カウンシルの権限を侵害しているのではないかと恐れた。

さらにウォーカーも農業講座の教授に任命されなかったことから、農業講座が博物学という自然に関連した分野を包括的に教えている自分の権利を侵害すると抵抗した。このウォーカーの批判に対して、当時の植物学教授ラザフォード（Daniel Rutherford, 1749–1819）[60]は、ウォーカーの説明によれば、博物学教授が植物学を教える権利ももっているることになってしまうと反論する。ラザフォードの発言は、当時、博物学という包括的な分野から、各分野が分科する過渡期にあったことと関係していた。コヴェントリィは、ラザフォードの反論に同調して、自身の担当講座の独自性を強調し、他の分野とは異なる農業課程を講義すると強調する。[61]もっとも、この講座間の論争は、各分野の独立性という問題だけから生じているわけではなかった。というのは、エディンバラ大学の教授報酬は学生の授業料に大きく依存していたため、各教授は新参の競争相手の出現に脅威を感じたという報酬の問題があった。論争は激しさを増していく。農業分野は博物学と同様、他分野にまたがる特徴をもっていたので、他分野の教授からは快く思われていなかったからである。

コヴェントリィは一八〇八年に講義録として、*Discourses Explanatory of the Object and Plan of the Course of Lectures on Agriculture and Rural Economy*, Edinburgh を刊行している。その内容は同僚との分野論争から離れられないものであった。全体で一八八ページの冊子であるが、約三分の一は農業課程の特徴と課題にあてられている（その他は、農業や家畜管理の概要である）。コヴェントリィの説明は農業という分野の境界を意識しすぎたものとなってしまっていた。たとえば、自分自身は植物学の分野にとくに関心を払っているというわけではなかったものの、植物学のなかの農業に関する部分にだけは関心があるという説明をしている。[62]その際、「実用性」という基準で切り分けるという。そうすることで植物学の分野ばかりでなく、実用的な価値に重点をおきつつ、農業分野の独自性を強調しているのである。しかし皮肉なことに、独自性を強調すればするほど、多くの他分野との関係が密にならざるをえなかった。

さらにコヴェントリィが実用性を強調するのは、農業分野の独自性のためばかりではなく、彼の講義の聴講生とも関係があった。というのは、聴講生は年齢が若く（入学時は一四歳）、しかも将来、農業の研究者をめざしているのではなく、農業経営者となるのを目標としていたからであった。[63]このような聴講生にとって、実用性を強調する講義のほうが、親しみやすいものとなるのは当然であろう。しかし実用性の強調は、多くの他分野との関連性をますます生じさせることになり、当時のエディンバラ大学の講義形態としては、許容されないことであった。コヴェントリィは、自分の分野の独自性と他分野との相互関連性とを両立させなければならないという問題に直面する。実際の講義では、自分の分野の基礎となっている化学と植物学などを尊重し、聴講生に対してこれらの科目を受講するよう勧めている。そういった基礎に立って、農業の実際と（デーヴィによってもたらされた）農業化学の最新情報とについて講義を行っている。[64]

コヴェントリィは一七九〇年（就任時は二六歳）から一八三一年（死去の前年）まで、約四一年間にわたって農業教授職にあった。この在任中に当初、農業講座の受講生は約七十人いたが、最終的に、約三十人に減少してしまう。しかし半数以下に減少したとはいえ、ナポレオン戦争終結以後の農業不況や、農業講座の受講が卒業認定と聖職就任とのいずれにも関係がないことなどを考慮すれば、この減少はいわば当然の帰結であった。受講生の減少は農業講座の衰退を決してあらわすものではない。むしろ自発的に農業を学びたいという聴講生が、なお存在しているとみるべきであろう。

コヴェントリィは農業講座で教える一方、研究面でも貢献している。具体的にはエディンバラ大学の化学実験の方法を継承して、土壌分析を行った。エディンバラ東部に位置する東ロジアン地方の農業報告書によれば、スコットランドで行われた初めての土壌調査に、コヴェントリィの指導があったことが記されている。[65]王立研究所のデーヴィも、著書 *Elements of Agricultural Chemistry*, London, 1813 の序文において、次のように言及している。

スコットランド農業報告書（General Report of the Agriculture of Scotland）は、私がこの講義録を出版する前には手に入らなかった。もしそれが手に入っていたならば、私はその中に書かれている多くの意見、とくにエディンバラ大学の賢明な農業教授の意見から、多くを得ていたことであろう。そうすれば私は非常に満足して、彼の経験から得られた化学の学説の重要性を長々と論じたことであろう[66]。デーヴィによれば、農業報告書には、エディンバラ大学農業教授によって書かれた示唆に富んだ学説が掲載されているという。しかしその情報が伝わらなかったので、学説を利用できなかったと残念がっている。コヴェントリィは土壌調査を通じて、多くの農業知識を蓄積し、それはデーヴィの農業化学にも貢献できるはずのものであった。

しかしコヴェントリィの教育・研究面における貢献があったとはいえ、農業分野の独立にはつながらなかった。農業経営者をめざすほとんどの学生にとって、有益と考える専門知識は、大学ですでに開講されていた化学・植物学・地質学などの講義に出席することで得られた。したがって学生にとって農業講義を受けることの意義は、実用技術（practical art）を学ぶことに限定されてしまう。これについてコヴェントリィの同僚の多くは、実用技術を教える分野は、大学で研究するのに相応しくないものであると批判した。こうして大学における農業分野の位置づけは常に問題視され、それが頻繁に議論の対象となった[67]。

一九世紀になって農業不況下でイングランドの農業経営者が打撃を受けた反面、スコットランドの、とくにロジアン地方の農業経営者は打撃を受けることがなかった。このためにロジアン地方の農業経営は、イングランドの注目を集めるようになる。これはイングランドとスコットランドとの間における農業の影響という点で、一八世紀のパターン（農業先進地イングランドからスコットランドへの影響）の逆転を意味した。スコットランドの一部からイングランドへ農業技術情報がもたらされるという現象が現れ始めたのである。こういった現象を背景にして、エディンバラ大学の農業講座は存続し続けた[68]。初代教授のコヴェントリィが退職した後、コヴェントリィの学生であったロウ（David Low, 1786–1859）[69]が跡を継ぎ、一八三一年から五四年まで在職する。ロウはコヴェントリィの土壌調査や分析を継承し、*Elements of Practical Agriculture*, Edinburgh, 1834という（土壌の章から始まる）著書を刊行する。さらにロウは家畜繁殖にも関心をもち、*The Breeds of Domestic Animals of the British Islands*, London, 1842を刊行して、その知識の収集に努めている。ロウの教授在任中の後半は、家畜育種に関する貢献が大きく、この分野における多くの経験的な知識の収集を行っている。[70] ロウの後任は、ウィルソン（John Wilson, 1812-1888）[71] であり、一八五四年から八五年まで教授の職にある。ウィルソンは著書 *British Farming*, Edinburgh, 1862 を刊行している。[72] この著書は二部構成をとり、第一部をイギリス農業史の概説にあて、第二部は Practice of British Agriculture という項目で、土壌の説明から始めている。ロウもウィルソンも、土壌を中心とする農業知識の収集という、農業に関するコヴェントリィの方法を受け継いでいた。

五　おわりに——独立科学の端緒

スコットランドの農業研究は、一九世紀イギリスの農業分野に大きな影響を及ぼしていく。たとえば、スコットランドの経験がシンクレアによって農業改良調査会の設立へとつながり、ヤングの活躍を導き出す。これ以外にも顕著な事例としては、スコットランドの農業化学者ジョンストン（James Finlay Weir Johnston, 1796-1855）[73] が、リービヒと親交を深め、その研究成果はイングランドやオランダなどに大きな影響を与える。[74] スコットランドで培われた農業研究の手法は、多くの地域で継承されていく。この技術普及には「土地管理人」も大きな役割を果たすことになる（第3章）。

しかしながら、スコットランドはこのような大きな影響を与えながら、一九世紀において農業研究の中心地とはなり得なかった。[75] この原因の一端は、エディンバラ大学の農業講座をめぐる問題に現れている。エディンバラでは農業教授といっても、大学内で研究・教育に没頭していたわけではなく、学外の求めに応じて、啓蒙や普及活動をしなければならなかった。さらに学生は低年齢であったため、大学に対して研究・教育の場というよりも、むしろ専門職業学校としての役割を求めた。その一方で教授のほうも、自分の講義に出席した学生が支払う謝礼からしか報酬を得られなかったために、研究者を組織的に養成することは、きわめて困難であった。このような理由によって、スコットランドにおいては、専門職業的な研究者を養成する場の形成が妨げられたのである。

一八世紀末スコットランドにおける農業研究の展開は、一九世紀イギリスにおける農業研究者の育成をもたらしたとはいえなかった。しかし、エディンバラ大学の研究上の影響は大きかったとともに、農業講座設立までの経緯も示唆に富むものであった。それは大学改革と密接な関係にあったからである。農業研究に携わったカレン、ブラック、ウォーカー、コヴェントリィらは、各々がエディンバラ大学の制度改革とともに歩んだ人物であった。この意味でスコットランドの農業研究の展開は、大学の制度改革をともなうものであったといえる。エディンバラでの動きをきっかけとして、農業分野は他の科学分野の応用や自然の観察にとどまらず、実験による原理の探究へと進展し、単なる技術学ではない独立した科学として歩み出した。エディンバラ大学において、農業が独立した科学分野となったとまではいえないものの、その端緒となったことは確かである。

第II部　土地管理人と農業試験の時代——一九世紀前中期

第3章　農業知識と土地管理人の役割

　イギリス農業研究は、観察・啓蒙・実験という一連の展開を経て、発展していく。本章では、これらの農業研究を担った主体、あるいは、その受容者について考えていきたい。たとえば、農業改良調査会によって刊行された膨大な農業報告書が、どのような人々によって作成され、読まれたのか、あるいは、農業化学実験の成果がどのような人々によって受容されたのか、という点である。つまり観察・啓蒙の主体や実験の主体ということである。これまで、この点に関するおおかたの見解は、地主あるいは借地農というものであった（借地農は farmer の訳語である。当初イングランドでは farmer は借地人を意味したが、一般に英語圏の国々では、独立自営農と借地農の双方の名称として使用されている）[1]。しかしながら農業報告書の著者について、あるいは、化学実験の成果の導入者について詳しくみると、一つの共通点のあることがわかる。その共通点とは、大部分の人々は「土地管理人」（地主所領の管理人）という職業に就いていることである[2]。しかもA・ヤングをはじめとして、W・マーシャル、ケント（Nathaniel Kent, 1737-1810）ら当時の著名な農業論者も、ほとんどがその生涯において、土地管理人となった経歴をもっている。農業改良調査会が存立していた時期から、イギリスでは農書の出版点数が急速に多くなるが、これらの著者の多くも土地管理人なのである。

　しかしながら経済史・農業史家のH・ハバカクが「土地管理人こそが、一八世紀の農業発展（農業技術の著しい進歩のあった時期）の鍵となるものであり、彼らは概して改良農法の重要な普及者であった[3]」として問題を提起し、その重要性を強調したにもかかわらず、ハバカク以後、土地管理人に関する研究はあまり進展していない。わずかに研究成果が出されているものの、とくに土地管理人と農業発展との関連や展開について述べたものはほとんど見当たらない[4]。イギリス近代農業史研究者の多くが、土地管理人の記録である農書を拠り所にしているにもかかわらず、土地管理人自体の研究が停滞しているといえる。たしかに土地管理人に関する研究は、きわめて難しい。なぜなら土地管理人が地主に従属する単なる代理人にすぎない（それは疑惑や偏見の対象となることもあり、「管理人の仕業」という表現が不正と汚職の同義語であることもあった）とみられているからである。その上、土地管理人の職務が驚くほど多岐にわたっていたため、その評価がきわめて困難だからである。しかし、職務の評価が困難であるとはいえ、著名な農業論者の業績から考えて、土地管理人が所領の日常業務に携わりながら、数多くの農書を執筆し、さらに画期的な施策を行い、農業進歩の推進者となっていたことは間違いない[5]。

本章では、まず一八世紀において所領管理を担当した人々（家令）が、土地管理の専門家となっていく過程、あるいは、所領管理および土地管理専門の事務所が設立されていく過程について考えていく。次に、土地管理人が主体となって、土地改良を中心とした農業改良が推進されていく過程を明らかにする。そして一九世紀の土地管理人が農業の進展とどのような関連をもっていたのかを明らかにしていく。その際本章では、主に土地管理人によって著された農書を資料とする。農書によって土地管理人の全体像を把握できるわけではないが、少なくとも土地管理人の存在そのものを明らかにできるはずである。

一　土地差配人の役割

一八世紀イギリスにおいて、地主の所領を管理していた人々は一般的に steward（家令）とよばれる。land agent

という用語が広く使われるようになるのは、一九世紀になってからである（以下では、steward と land agent とを区別するために、前者を土地差配人、後者を土地管理人とする）[6]。一八世紀末にケントは、その著書において、professional man という用語を使用して、その専門職業化を強調している[7]。一九世紀半ばにはカード（James Caird, 1816–1892）[8] が「すべての大所領では、適切な資質をもった管理人を選抜することが、最も重要である」[9] と語っているように、所領管理を専門的に行う人々への需要が高まっている。一九世紀になって土地管理という職業を専門職とみなしていこうとする動きが進み、その結果、agent という用語が使われ出す。もちろん steward という用語が消えてしまったわけではない。またこれらの用語以外にも、担当する業務や地域の違いによって、bailiff, ground officer, clerk, commissioner などの用語もみられ、さらにスコットランドでは、factor という用語も使われている。

一八世紀中期にイングランドに存在した多くの所領は、そのほとんどが一個人によって経営される形態をとっていた。かなり大きな所領の場合でも、使用人は存在するものの、その使用人を監督する、ただひとりの執事によって運営されていた。地主が一ヶ所以上の所領を所有する場合には、所領の管理人を雇用していたが、その管理人の多くは会計士あるいは事務弁護士（主に solicitor）であった。もっとも、管理人をおくという体制が一般的にみられるというわけではなく、それぞれの所領でさまざまに異なる形態の管理が行われていた[10]。管理人をおいたのは比較的大きな所領の場合であったが、小所領の場合は、地主が運営のすべてを行っていた（農業管理の助手あるいは地代徴収人を一人程度、雇用していた）。しかし、当時の経営形態は、金銭計算でさえ、きわめてずさんなもので、通常はメモ程度しか付けられず、経営体として確立しているとは言い難かった[11]。さらに大所領の場合でも、地主の自己資本と借地農の提供した他人資本との区別さえついていないという状態であった。

家令の役割は所領の規模や事業形態によって異なるが、一八世紀中期頃には、かなり多様なものとなった。地主の農場・邸宅・庭園の管理をはじめ、地代の徴収、境界の測量、会計簿の作成、使用人の監督などに責任をもち、時には選挙代理人も兼ねた。一八世紀においては、地主はこの家令に事務弁護士を好んで雇用した。家令の仕事内容が多様になってきていたとはいえ、家令にとって所領運営の根本は、地主と借地農との法律上の関係の遵守であった。とくに借地農に法律を遵守させることが重要であったので、家令にとって多方面にわたる農業知識はそれほど必要とされなかった。しかし一八世紀後半からの農業発展の時期に、農業論者は「事務弁護士は農業を理解していない」と非難し、家令とするには好ましくないと言い出し始めた[12]。こうして家令として事務弁護士の雇用が徐々に減り、それに代わって借地農・測量士・建築士、ときには退役軍人といった人々が、この職に就くようになった。そのなかでも借地農出身者は農業の経験もあり、所領の事業に積極的に取り組む可能性があるとみられた[13]。所領経営は法律を遵守していれば済むというものではなくなるにともない、土地管理や農業改良に取り組める専門的な人々を必要とし始める。しかもこの専門的な人々は、法律的・財政的な側面を監督するだけでもなく、また土地管理という限定的な業務を担当すればよいというものでもなく、所領全体の経営が遂行できる人であることが望まれるようになる。

所領管理人が誕生する歴史的な背景は、もちろん農業の展開と大いに関わっている。イギリスでは一七世紀後半に東部地方を中心とする軽土質の地域において、栽培牧草とカブの導入という「ノーフォーク農法」の普及がみられた（イギリスの中部・西部地方は粘土質であるため、ノーフォーク農法の普及はみられず、穀物作が衰え、牧畜への転向が顕著であった）[14]。新たな農法の普及によって、一八世紀には冬期にも家畜が飼育できるようになり、家畜の生産量が増加する一方で、家畜の糞尿によって地力も向上し、穀物の生産量が飛躍的に増加した。このノーフォーク農法のような新農法を採用するにあたって、耕地の境界が明確でない相互に入り組んだ開放耕地（open field）は障害となった。そのために一八世紀には「囲い込み」が盛んに行われるようになった。囲い込みは一六世紀にも盛んに行われたが、一八世紀のそれは穀物作が中心であり、議会の法令を通じて行われたこと、そして囲い込み後も新農法の採用によって労働力需要が増加したという特徴をもっていた[15]。議会で承認された囲い込みの件数は、一八世紀前半では年平均三～四件、面積で約五千エーカー程度であったが、一八世紀後半には年平均四四件、面積で約八万エーカーに達した[16]。その上、大地主は官職を得ると同時に、世襲財産の分散や売却を防止するために「家族継承財産設定」（family settlement）とよばれる法的措置を講ずることが可能となり、各所領はますます拡大した[17]。家族継承財産設定によって、このような大土地所有は一八七〇年代に至るまで継続された。一九世紀においては、いわゆる地主貴族は通常一万エーカー以上の土地を所有し、ジェントリィとよばれる人々は少なくとも一千エーカー以上の土地を所有していた。一八七〇年代の土地調査によれば、イングランド・ウェールズにおける貴族・ジェントリィ階層の土地所有者は四二〇〇～四三〇〇人で、土地所有者数全体の〇・四～〇・五パーセントにしかすぎなかったが、これらの人々はイングランドとウェールズの約五五パーセントの土地を所有していた[18]。

土地資産の蓄積が一八世紀後半から一九世紀前半にかけて、地主貴族や富裕なジェントリィによって進められた。そしてそれが進展するにともない、所領の管理を専門に担当する人々に対する需要が生まれた[19]。実際に農業経営に携わったのは借地農と農業労働者であったが、大地主自らが所領全体の管理を担うわけではなかったので、地主に代わって所領管理をする人々が必要とされた。地主貴族の所領、とくに大所領では多様な事業を行っており、農業に加えて、林業、鉱業、運輸業など、多方面にわたる産業を含むものであった。したがって所領の管理には、経営能力はもちろんのこと、広範囲の技術的な知識や経験が必要とされた。所領の差配人として採用されるには、農業に関する知識（荒蕪地の開墾、灌漑・排水・築堤の方法、運河の建設、道路の設計と修繕、橋梁・製粉機・発動機の建造、農場の建造物の建築など）に通じ、会計上の処理に精通していなければならなかった。しかし実際には、全般にわたって熟達しているという人は皆無といってよく、差配人の多くは実際の職務に就いてから、必要な知識を得て、経験を積んでいくというのがほとんどであった[20]。

しかし、この差配人がまったく経験だけに頼って職務をしていたわけでもない。すでに一八世紀の前半までに、所領経営においては専門的な土地測量査定士（land surveyor）が雇用され、出納簿の記帳によって経営管理は詳細なものとなり、管理水準は向上していた。前述のように新農法の採用にあたって囲い込みが必要となったが、その際に土地の測量や査定が必要なことから、土地測量査定士という職種の人々も増加した。[21] なかでも、農業進歩に多大な貢献をしたロレンス兄弟の事例は、その代表的なものであった。彼らは囲い込みの積極的な推進者であったが、とくに土地測量査定士であった弟のエドワード・ロレンス（Edward Laurence, ?–1740 or 1742）[22] は、一七二七年に *The Duty of a Steward to his Lord* という著書を著して、差配人の職務を明確にした。これはノーサンプトンシア（イングランド中部の州）での約二十年間の経験に基づいて書かれ、バッキンガム公爵（Duke of Buckingham）の差配人によって利用されることを目的に著されたものであった。

この著書では農業技術や土地改良の方法のみではなく、具体的な土地管理の方法も記されている。ロレンスが中部の州の在住者であったために、先進的とされたノーフォーク農法に関する記述はみられない。そのために、カブとクローバーは輪作体系のなかの作物とはみなされていないが、土地改良にとって重要な作物として位置づけられている。[23] つまり、カブやクローバーの導入は施肥や排水と同様の扱われ方で、土地改良に貢献し地力を維持するものととらえられている。また農地についても、小保有地を集めて大規模な農場にする利点が強調され、開放耕地や共有地の囲い込みの効果が説かれている。そしてその前提条件として、所領の差配人が率先して、個々の断片的な囲い込みを防止し、コピーホールド（謄本土地保有）をリースホールド（定期借地）に切り替えて、土地が混在しているフリーホールド（自由土地保有）を買い上げてしまうよう強調している。

コピーホールドは一六世紀末頃から、土地保有上の保証がマナー領主裁判所（典型的なマナー［manor, 封建領主の所領経営の単位］は領主直営地と農民保有地で構成されていたが、その中のマナー裁判所は領主が有していた）でしか得られなかったものであり、一般的にコモン・ローによる保護は得られなかった。このコピーホールドは、領主が多額の地代取得を目的としたリースホールド（契約により地代額が自由に決められる）に転化しつつあったが、このような傾向はロレンスの著書が出版された頃に、イギリス全土にわたって広がりつつあった。リースホールドは当初、複数世代借地（leasehold for lives）であり、借地農は借地契約でうたわれた世代（三世代）の存続期間中は相続する権利をもっていた。したがって地主のほうは、地価高騰時に地代を引き上げることができないし、その一方で借地農は、契約期限の末年には略奪農法を行い、そのために地力が減退してしまうという欠点をもっていた。そこで定期借地（leasehold for years）が生まれた。これは借地期限を七〜二一年間に設定するものであった[24]。しかし耕地を、次の借地人にとって良好な状態に保つためには、これだけでは不十分であり、借地契約には借地農の耕作の自由を制限する条件が規定されていた。それは借地契約において、借地農が作物栽培および土地利用などに関して、詳細な点に至るまで守るべき義務や制限が盛り込まれ、それに違反した場合の厳密な罰則規定も設けるというものであった。

このような契約を交わすことによって、地代の増収を目的にした農業改良が試みられるようになる。この点では借地農よりも地主に、その主導権があったといえるが、地主は農業改良に直接携わることはなかった。ロレンスは土地差配人に対して、「農耕における最良かつ最新の改良方法を理解できないような借地農を、どのような場合でも指導できるように、農村事情を完全に熟知している」よう求めた[25]。つまり、土地差配人は所領の地代収入のみに注意を向ければよいというものではなく、作物栽培や土地利用に関しても、関心を寄せざるをえなかったのである[26]。その上、ロレンスの著書が出版された頃の一七三〇年代から五〇年代にかけて、穀物価格の低落がみられた[27]。そのために生産費用を軽減しようと、土地差配人による土地改良への関心が、いやがうえにも高まった[28]。

エドワードの兄ジョン・ロレンス（John Laurence, ?–1732）[29]は聖職者であった（当時の一般的な傾向として、聖職者も小所領の管理を行った）が、弟によって提供されたデータに基づき、一七二六年に *A New System of Agriculture* という著書を刊行する[30]。このなかで、開放耕地は農業進歩の障害とされ、囲い込みと共有ではない個別所有こそが、生産の増進と地代の増加をもたらす最良の方策であるとしている。囲い込みは小屋住農などの零細な土地保有者を苦しめるものではなく、耕作方法の改善と牧畜の導入をもたらすものであり、むしろ労働力の需要を喚起するものであるとされる。さらに、垣根や壕の建設という仕事が生まれることによって雇用機会が増加し、多くの恩恵をもたらすであろうとしている。もちろん、これらの推進主体となるのは土地差配人であった。ジョンは囲い込み賛成論者であったが、当時、もちろん囲い込み反対論もあった。[31] たとえば、クーパー（John Cowper）は著書 *Essay proving that Inclosing Commons and Common-Field-Lands is Contrary to the Interest of the Nation*, London, 1732 において、囲い込みによって零細なフリーホールダー（自由土地保有者）が減少しているという事例をあげて、囲い込みに強硬に反対している。[32] 囲い込みに関する論争は長く続くが、結局、賛成論が優勢となっていった。[33]

このような展開のなかで、エドワード・ロレンスによって強調された土地差配人の役割は、さらに重要視されるようになり、新たな農書が誕生するきっかけとなる。新たな農書の代表的なものが、モーダント（John Mordant）による *The Complete Steward : or the Duty of a Steward to his Lord ... Also a new system of Agriculture of Husbandry*, 2vols., London, 1761 である。この農書は、エドワード・ロレンスの著書の説明があまりにも簡略すぎるとして、さらに詳細な説明を付け加えて、項目をアルファベット順に並べ、全体的に辞書のようなスタイルをとっている。[34] つまり、土地差配人が手引書として使えるように書かれたものである。その内容は、農業に関する事項では、ロレンスの著書に比べるとかなり付け加えられており、それとともに定期借地の厳密な借地契約書のモデルが掲載されている。ちょうどこの頃には、契約書は印刷されたものが使用されるようになっていた。モーダントの著書から、一八世紀中期には土地差配人の職務はかなり多岐にわたっていたことと同時に、その役割がかなり明確になりつつあったことがわかる。

しかしその役割が明確になりつつあったとはいえ、専門家として土地差配人を養成する場は未だなかった。多くの所領においては、ある程度の資産と経験をもつ借地農、法律家（lawyer）、カントリー・ジェントルマン[35] あるいはヨーマンの子息が、専業としてではなく、臨時に所領管理を行うというのが一般的であった。法律家が差配人として求められた理由は、前述のような借地形態の転換によって、法律上の問題がしばしば生じたからであった。しかし当時の農業論者は、法律家に対して「農業を理解していない」という偏見をもっていたために、地主に対して法律家が差配人となるのは好ましくないと忠告している。法律家は農業に無理解であるために、農業改良の実施に反対することが多いからというのである。[36] この点では借地農、カントリー・ジェントルマン、ヨーマンの出身者であれば、農業の経験をもっているために、農業改良にも積極的に取り組む可能性があるという。

土地差配という臨時の職務に対する報酬は、一八世紀初期において、年に約四百ポンドという高額のこともあったが、それは例外的な場合であった。[37] 一般的には仕事の内容に応じて、五十ポンドから二百五十ポンド程度であった。報酬の支払いでは、地代の額に応じて、一ポンドにつき二パーセント、あるいは六ペンスというような歩合制をとることもあった。[38] 差配人となった農業従事者にとって、これはいわば一定の所得保障となり、とくに農産物の不作時や農産物価格の下落の際には有効なものとなった。しかしそうであるからといって、自ら従事している農業をやめて、専門の差配人となるには不十分な報酬額であった。差配人は一般的に不十分な報酬を補うために、土地の売買や高価な貸借の交渉や斡旋を行い、その代価として手数料を受け取った。通常この手数料は、取引総額の一パーセントとされた。差配人はこのような臨時収入の機会を数多くもっていたのである。[39]

しかしこれは、たとえば、借地農にとって不利な契約を強引に押し進める、あるいは会計勘定をごまかすといったことなど、不正を生み出す要因ともなった。しかもこれらの不正の実態はほとんど明らかにされることがない。このことが差配人という職業に対する疑惑と偏見が生まれる原因ともなった。差配人の仕事は多種多様にわたっていたために、厳正で統一的な行動がとれず、職業上の同一性を保持することは困難であった。あるアイルランド人は、「地主のなかには、立派な人も時には存在するが、差配人はどれもこれも悪者である」と語っている。[40] アダム・スミスは、差配人に対して疑惑と偏見をまじえて、

この国は（まじめで勤勉な借地農が、自分たちの資本と技術を活かして、農業に従事し、同時に、彼らが自分たちの利益にしたがって耕作しているという状況とは異なり）、腐敗した経営によって農業を衰退させてしまうような、

怠惰で放蕩な土地差配人であふれるであろう。[41]

と警告を発している。[42]

二　土地管理人と農業知識

スミスが警告を発する一方で、農業社会の変動にともなって、差配人の役割は着実に重要性を増しつつあった。やがて所領経営の専門家として認められるような人物が現れる。その代表的な人物がケントであった。[43]ケントはハンプシアの生まれ（一七三七年）であったが、一七五〇年代中頃から書記や秘書の職に就き、一七六三年頃から約三年間、この職業の関係でオーストリア領ネーデルラントに滞在して、「フランドル農法」に関する見聞を広め、その知識を蓄えた。そして一七七〇年頃からノーフォークに居住し、農業改良やその指導をはじめ、多くの関連事業に関わった。これらの経験をふまえて、著書 *Hints to Gentlemen of Landed Property*, London, 1775 を出版している。この著書によれば、ケントの主な活動は、所領の管理運営をはじめ、所有地の見積り評価であり、後には土地売買の仲介といったことまで行っていた。ケントは所領管理を依頼された場合、まず所領を視察し、どれだけ収入が見込めるかという作業、つまり測量査定（survey）、見積り評価（valuation）、評価見直し（revaluation）という一連の業務に着手した。たとえば一七七五年から七六年にかけて、ケントはグロスターシアのハードウィク（Hardwicke）伯爵の所領において、伯爵とともに農地の整理統合や評価の見直し（排水事業も含む）を行い、地代の大幅な増収を達成している。[44]見積り評価という業務には、分散している所領を合理的で収益の見込めるように配置するという作業も付随し、その上、種々の農業改良も構想しなければならなかった。そして何よりも重要なのは、借地人との貸借契約の策定であった。ケントは、所領の営農活動にとって貸借契約が非常に重要な影響を与えると考えていた。たとえば、彼は次のように語っている。

貸借関係を拒否している地主は、単に借地農を服従や従属の状態においておきたいためだけであり、そのような行為は許しがたいものである。なぜなら、そのような地主は単純な満足を求めているだけであり、実質的な利益や地域の進歩や繁栄に寄与しようとする考えは、もちあわせていないからである。[45]

ケントは、貸借契約の条項を通じてのみ、地主が望む（実質的には差配人が望む）農業改良事業を借地人に促すことができ、その結果、地代の増収がもたらされると確信していた。ケントの著書では、一七七〇年代にすでにコックス（Charles Cocks）卿のグロスターシアとウスターシアの所領において、ケントが関わった契約条項に基づいて借地人が農業改良事業に着手した事例をあげている。[46] こういった事例は、その後も数多くみられ、ケントの著書によれば、一八世紀末においてイングランドの東部地方では、定期借地の契約条項がかなり浸透し、その結果、農業の経営基盤が安定し、最近の五十年間で評価額が倍増した所領が数多くあったという。[47] さらにケントは後に、ノーフォークのコーク（Coke）家の所領管理も手がける。[48] この所領では契約条項によって、初めてマーリング（marling. 施肥として泥灰岩を土壌に入れること）が推進される。[49] マーリングによって多くの土地が肥沃な耕地となるが、その負担は借地人が負っているので、契約条項は大きな影響力をもっていたといえる。[50] そしてノーフォークの契約条項には、借地人が遵守すべき輪作方式として、二一年間の貸借期間を通じて、耕地全体を六つに分割し、輪作を行うように明記された。第一にカブあるいはソラマメ、第二に春作穀物、第三と第四に牧草、第五に小麦、第六に春作穀物、という六輪作が原則とされる（これにはケントのネーデルラントでの経験が活かされる）。[51] 契約条項に明記された輪作などの新農法を推進していくには、当然、囲い込みが必要であった。輪作をはじめ、建築物や排水などの農業改良を行う前提条件となったのは、囲い込みであった。ケントは一七七〇年代から九〇年代前半までの実際の経験を通して、囲い込みの有効性を強調し、その法手続を簡素化して囲い込みの促進を図った[52]。さらに囲い込みとともに、ケントが強調するのは排水事業であった。彼は一七六〇年代末にリンカンシアの沼沢地の排水事業に関わっていたが、その経験に基づいて、著書のなかで、排水は土地改良の第一であると強調している。もっとも、排水技術に関しては未だ発達しているとはいえず、ケント自身の技術も未熟なものであった[53]。

ノーフォークのコーク家の所領においては、ケントによる契約条項がその後の貸借契約および農業形態の基準となった[54]。契約条項には、地主の意向を受けて営農の基準が盛り込まれ、それによって借地人が大きな影響を受け、農業改良を推進する上での重要な指針となった。ケントによって示された農業体系の枠組みは、一九世紀前半にコーク家の所領管理人となるブレイキィ（Francis Blaikie）によって引き継がれ、ノーフォークの先進的な農業体系として、イギリス全土において著名なものとなっていく[55]。ケントの活動は徐々に専門化していき、ある特定の所領において専属で雇用されるのではなく、多くの所領を対象にして業務を請け負っていくという方法を取るようになる。これが土地差配人から土地管理人への変容過程であった。ケントは一七八八年頃に、後に農業改良調査会の土地測量査定士となるクラリッジ（J. Claridge）とピアース（W. Pearce）[56]とともに、ロンドンで共同の事務所を構えて、管理業務を請け負うようになる。ノーフォークのコーク家の所領管理も、この事務所が請け負った業務であった。彼らは主にロンドンから、管理を請け負った所領に出張し、その所領の差配人と協力して業務にあたった、あるいは差配人を監督・指揮して管理業務にあたった。その報酬は固定給ではなく、業務に応じた歩合制による手数料という形態で受け取っていた。一七九〇年代末から管理を請け負ったエグレモント（Egremont）伯爵の所領では、管理料として確定地代額あるいは純収入額の三・五パーセントを受け取った。この歩合が彼らの事務所の基準額となった[57]。

彼らの事務所の業務は、ケントが単独で活動を行っていたときの業務のほかに、土地の評価・見積りに関連して、土地売買の仲介という業務が加わる。一八世紀末以降には、測量査定士が手数料制に基づいて、土地の見積り・評価を行い、管理業務にまで進出するようになったが、それと同時に、土地取引の増大に対応して、測量査定士と不動産仲介業が相互に結びつく傾向にあり、ケントの事務所と同様の業務を行う同業者が増加する傾向にある。[58] このような状況のなかで、土地管理人の出自やその養成の方法が、土地差配人のそれとは大きく異なるものとなる。

土地管理人は土地差配人とは異なり、ある程度の資産をもって、経験さえ積めばよいというものではなくなる。一九世紀初頭に、土地差配人に関する著書を著したジョン・ロレンス（John Lawrence, 1753–1839）は、農業に関連するあらゆる知識に精通し、経済・統計・会計・銀行業務などに習熟していなければ、土地管理人として採用されないとしている。[59] ロレンスの著書は土地管理人の理想像を描いたものであり、かなり誇張されている。ジョン・ロレンスは、エドワード・ロレンスやモーダントによって描かれた土地差配人像を継承し、それをどのようにして現在に通ずる職業にするかと考えたようである。[60] 彼の描く土地管理人像は誇張されたものであったとはいえ、少なくとも土地管理人はかなりの農業知識の蓄積をしなければ、管理業務を行うことはできなかったのは確かである。その代表的な事例がケントということになる。しかしケントばかりでなく、一九世紀初頭のイングランドにおける著名な（あるいは評判の高い）土地管理人は、農業知識の蓄積が必要とされるようになる。

土地管理人はどのような方法で農業知識を獲得していったのであろうか。当時の著名な土地管理人には、コーク家の管理人ブレイキィをはじめ、スニード（Ralph Sneyd）の管理人トンプソン（Andrew Thompson）[61]、グラハム（James Graham）卿の管理人ユール（John Yule）[62]、ピール（Robert Peel）卿の管理人マシューズ（John Matthews, 1773–1848）らがいる。彼らには一つの共通点があった。それはスコットランドの借地農出身であるという点であった。また、ダラム伯爵（Earl of Durham）の管理人モートン（Henry Morton）のように、イングランドとスコットランドの国境地域であるノーサンバーランドの借地農出身で、スコットランドで教育を受けた人もいた。[63] いずれにしても彼らの多くは、一八世紀後半期のスコットランドにおける先進的な農業知識を吸収し、それを蓄積していた。彼らはいわゆる学校という場において、先進的な農業知識を獲得したわけではなかったが、スコットランドの農業協会や実際の農業経験を通して、農業知識を十分に備えていた。

このような人々を通して、イングランドに多くの農業知識が持ち込まれた。とくにその代表的なものは、ケントによって土地改良の第一とされた排水技術の展開である。排水技術は、一八世紀から一九世紀にかけて、暗渠排水に関する技術の進歩をみた。[64] 暗渠排水は一八世紀中期にイングランド中部（粘土質土壌）において、エルキントン（Joseph Elkington）によって経験的に行われていたものである。しかしこれはまったく経験的な手法であったために、技術の拡がりをもたなかった。エルキントンの方法に注目し、その方法を観察し、報告書にまとめ、普及に大きな影響をもたらしたのが、スコットランドの土地測量査定士ジョンストン（John Johnstone, 1791-1880）である。ジョンストンは、一七九六年にスコットランドの高地地方農業協会および農業改良調査会からエルキントンのもとに派遣され、その調査報告書を提出し、その後に出版する。この著書は、一七九七年にエディンバラにおいて、*An Account of the Most Approved Mode of Draining Land ; according to the system practised by Mr. Joseph Elkington* として、一八〇一年にはロンドンにおいて初版の書名を変更して、第二版 *An Account of the Mode of Draining Land, according to the system practised by Mr. Joseph Elkington* として出版される（第二版は、明渠排水の項目がなくなっている一方で、図版がかなり加えられている）。この著書のなかでは排水は、湧水による湿潤地のものと雨水による湿潤地のものとに分けられ、後者の排水はすでにかなり解明されているとして、前者の排水に説明の重点がおかれている。排水の問題は農業において重要視されていたにもかかわらず、複雑である上に難解であるために、多くの農業論者や農業家は、他の農業技術と比べて、かなり遅れをとっていると考えていた（農業改良調査会においては、排水問題が最も重要な課題のひとつであった）。[65] したがってジョンストンの著書は、エルキントンの方法を観察したものにすぎないとはいえ、暗渠排水技術の進展に大きな影響力をもたらすことになった。[66] この影響力が大きかったことは、当時の農業改良調査会に提出された多くの農業調査報告書において、多くの地域（主にイングランドの東部と中部）で暗渠排水が試みられていると報告されていることからもわかる。[67] しかしながら暗渠排水の技術は、未だ科学的な裏づけのあるものではなかったために、多くの土地管理人はジョンストンの著書を頼りに、試行錯誤を繰り返した。

この暗渠排水の事例に限らず、土地管理人は他の農業技術についても、農業改良調査会や農業協会という組織や団体を通じて、あるいは著書によって農業情報を得て試行錯誤を繰り返した。コーク家の所領のように、先進的な農業技術を実践している所領を、実際に視察するという場合もみられた。さらに王立研究所のデーヴィによる土壌分析の成果についても、同様のことがいえた。第1章でみたように、デーヴィは一八〇三年に農業改良調査会に関係する所領を中心に、土壌調査旅行を行い、その分析方法を組み立てた[68]。そしてその分析方法は、王立研究所を通じて伝播した[69]。もちろん、そこで大きな役割を果たしたのが土地管理人であった。とくにこの傾向は大所領において顕著であった[70]。

前述のように著名な土地管理人は、当初、スコットランドで農業知識を身につけ、それからイングランドの大所領の管理人となっていた。しかしイングランドの所領における土地管理人のすべてが、同様の経歴をたどっているとは考えられないし、この後もスコットランド出身者が継続して、土地管理人の多くを占めていたわけでもない。イングランドでは土地管理人の需要の増加にともなって、その養成に関して土地管理人事務所が大きな役割を果たすようになる。一九世紀初頭では土地管理人を専門的に養成していく場はなかった。そこで農業改良調査会の調査に基づいて、ノーフォーク、ハートフォードシア、エセックスなどの農業改良の先進事例を普及するという目的で、土地管理人を養成してはどうかという意見が現れる[71]。あるいは、専門的な機関を設立して土地管理人を養成してはどうかという意見も現れる[72]。しかし、土地管理人の養成において重視されるべきは経験だけだという理由で、その実現には至らなかった。

そこで、土地管理人の養成について実質的な役割を果たしたのが、土地管理人の事務所であった。土地管理人をめざす青年は、土地管理人事務所で年季奉公を行い、その後に所領に採用されるという方法がとられる。当時の著名な土地管理人事務所といえば、クラトン（Clutton）、スタージ（Sturge）、スクエアリ（Squarey）、ウーリ（Wool-ley)、スミス（Thomas Smith）、ロック家（the Locks）などであった[73]。これら事務所の経営者は、自分の事務所で年季奉公をした青年を、土地管理人の職に就けて、所領の要望に応えようとする[74]。さらにこのような養成方法が進展していくなかで、この職業の世襲も起こり始める。結局、世襲は従来の養成形態と重なりをもち、土地管理人事務所の奉公人が、その管理人の子息や甥であるということがかなり多くみられるようになる[75]。その結果、土地管理人の名門とされる家が、数多く存在するようになり、彼らの雇用主である地主の世襲形態と類似の形態をとるようになっていった。たとえば、前述のスタージは、ブリストルにおいて親子三代にわたって管理人を勤め、ノーサンバーランドのチャールトン（Charlton）家の管理人ディクソン（Dixon）家は四代にわたって勤め、そしてベッドフォード公爵（Duke of Bedford）のフェン所領の管理人ウイング（Wing）家は五代以上にわたって勤めている[76]。

一九世紀前半期の土地管理人は、ほとんど学校教育を受けることなく、農業知識を獲得する。土地管理人自身は実践的な人間であることを自負していたので、科学的な知識をほとんどもっていないことを自ら認めていた。ユールがグラハム卿に語ったところによれば、土地管理人の実践的な知識は、「ゆりかごに入っているときから」土地によって育まれたものであり、経験の積み重ねによって知識が獲得されているという[77]。有能な土地管理人の能力は多様で豊富なものであったが、この能力の根本にあるのは、経験によって得られた農業知識であった。「農業は土地管理人教育の入門書である[78]」とされ、農業実践を基本にして、この職業が成立していたといえる。しかしながら農業の進展にともない、土地管理人としての職務を遂行するには、科学的な知識をまったく無視するというわけには行かなくなる。科学的な知識については、書籍・雑誌・新聞などを通して、あるいは中央や地方の農業協会を通じて獲得されていくことになる[79]。

土地管理人の役割が社会的に認められるにともなって、土地管理人に対する社会的な認識は大きく変化した。たとえば、一九世紀前半に経済学者マカロック（John Ramsay McCulloch, 1789-1864）は、次のように語っている。

一般的に所領（あるいは国家）においては、地主が不在であるために、借地農が喜んで交渉できるような知的な土地管理人に、経営が委ねられることによって、非常に良い状態になることができる。[80]

一八世紀後半に、アダム・スミスが下した低い評価とは、かなり異なったものとなり、その役割が好意的に受け止められるようになる。所領経営の発展は土地管理人の協力がなければ達成できないことになりつつあった。[81] たとえ借地農が土地管理人を無視して地主と直接交渉しようとする場合でも、地主は土地管理人と協力して所領全体の運営を遂行し、少なくとも地主が資金支出の最終決定だけをすればよいという体制をつくることが必要であるとされた。[82] カードは賢明な土地管理人を雇用することの重要性を説き、「無知な地主ほど、自分の所領管理のために事務弁護士あるいは無能な人を雇用しがちである」と指摘した。[83] しかし土地管理人がその役割を果たし、所領の変化や発展があったとしても、その役割を厳密に評価することはきわめて困難である。あえてこの目安となる基準を探すとすれば、所領がどの程度、経済的に効率よく運営されたかどうかである。[84]

三　土地管理人と科学的な農業

カードは一九世紀の半ば頃に出版された著書において、無能な土地管理人は農業社会の厄介者であると記した。カードによれば、良い管理人とは生産性を向上させるような改良の基礎を確立し、「活動的で知的な借地人」から、より多くの地代を徴収できる人であるとされる。さらにカードは「所領に経験豊富で分別のある管理人がいれば、経験のない無能な管理人が二百ポンドで行う仕事を、百ポンドでやり遂げる」と語った。その具体的な事例として、ハザートン卿（Lord Hatherton）の管理人ブライト（Bright）という人物をあげる。このブライトは回転ハロー（犂で起こされた土塊を砕き、耕地をならす機械）や畝を固める機械を発明したばかりでなく、ハザートン卿のスタフォードシアの所領では、資産と産出高がともに二倍になったと記されている。[85] カードとほぼ同時期に、モートン（John Lockhard Morton）もその著書において、無知な管理人ほど、科学的な知識もなく、土地に関する知識ももたず、「自分の仕事といえば、借地農から法外な地代を強制的に取り立てることである」と考えていると非難している。[86]

有能な土地管理人となるには、まず「活動的な人物」である必要があった。[87] 一九世紀半ば頃になると、管理業務を担当する所領は、地主貴族の相続や結婚、あるいは土地売買の結果、分散してしまって各地に点在していることが多かった。そのために土地管理人は絶え間ない出張を余儀なくされた。その典型的な事例がディルストンのグレイ（John Grey of Dilston, 1785–1868）である。[88] グレイは一八三三年にグリニッジ・ホスピタル所領の管理を引き受け、その後三十年間にわたって管理運営にあたっているが、その所領は広範囲に分散していた。そのために東はニューカッスル、西はカーライル、北はベリック・オン・トウィードへと、絶えず出張しなければならなかった。グレイは後に、その当時のことを振り返って、「私は常にすべての農場と圃場を見てまわり、毎夜、帰宅してからも、馬力の代わりに水力を用いればどうかなど、様々な農業に関連する問題について、その効率と性能などに関する報告書を書いていたものであった。これは誰にでも容易くできるというものではなかったが、私は鍛えられ、馬上で七～八時間を過ごすことなど、たいしたことではなくなってしまった」[89] と語っている。

グレイはこのような過酷ともいえる活動に基づいて、「国家の産業の最も重要な部門」である農業の発展を、「無知な農民の偶然の発見」に委ねるべきではないと語り、農業は実験や科学に基づくべきであるとして、科学的な農業の必要性を訴える。もちろん彼自身も精力的に農業改良に取り組んだ。[90] 彼は自分も農業改良の担い手であるという意識が強く、*Journal of Royal Agricultural Society of England* 誌の初期の巻に、数編の論文を寄稿して、建物や肥料などの農業技術の進歩に寄与する。[91] グレイは（一八六八年の死去に際して）「イギリス農業の指導者であり、土地所有に関する職務遂行の手本や事例によって、最良の農業を示すことのできた教師」とされ、当時の代表的な農業論者として広く認められることになる[92]。

しかし農業改良をめぐって、当時の土地管理人ないし農業論者の意見だけが正当化されていたわけではなかった。一九世紀前半における農産物価格の低迷期の後に、グレイのような土地管理人と地主の間で、農業改良をめぐる意見の食い違いが生まれた。一八四六年のイングランド王立農業協会のニューカッスル会議において、クリーヴランド公爵（Duke of Cleveland）は、過去の農業不況のもとで、土地資源には経済的な限界のあることがわかったので、農業改良にも自ずと限界のあることが明らかとなっていると語った。グレイはこの意見を批判して、未利用地や借地可能な土地が存在する限り、農業改良は可能であり、継続して行うべきものであると反論した。地主層は一九世紀前半における農業不況期を経て、一八四六年の穀物法の撤廃以後、農業改良に対する関心を失いつつあった。それに対してグレイのような土地管理人は、引き続き農業改良への意欲をもち続けた。この土地管理人の農業改良に対する意欲が、この時期以降の一八五〇年頃から七〇年代前半にかけて、イギリスで農業生産力の増加をもたらし、「イギリス農業の黄金時代」につながっていく。もちろんその推進者として、地主に代わる土地管理人の役割は重要なものとなっていく。

ビーズリ（John Beasley）によれば、土地管理人は活動的であると同時に、「多才」であることが望まれた。良い管理人とは、「建築家として、建築物の建て方を理解し、その建築過程を経済的に進める方法を十分に知っており、（中略）技術者として、工事を十分に計画し管理ができ、排水工事も理解でき、また化学者でもあり、地質学者でもあるような人であった[93]」。土地管理人の役割は、農産物価格の下落に耐えられるように、所領内の農業生産性を上昇させることであった。そのために土地管理人がとくに重視したのは、排水施設や農場の建物などの改良であった。さらにこの他にも、人造肥料、新しい飼料、改良農具などの「科学的な手法」を積極的に取り入れることが必要であり、混合農業（mixed farming, 耕種と畜産とがお互いに補完するような農業体系）の強化が求められた[94]。混合農業の導入によって、圃場の排水と堆肥や人造肥料の使用が穀物の増収をもたらし、増加した穀物は新しい飼料とともに家畜に与えられ、さらに畜舎の建設や堆肥の保存によって圃場はさらに肥沃となり、混合農業はより一層の拡がりをみせるという展開をとった。土地管理人グレイは新しい農業技術の普及を推進していくために、自分のことを「借地農にとって案内者であり、哲学者でもあり、友人でもある」と述べ、借地農のために所領内に農業協会、農民クラブ、図書館などを設置している[95]。

混合農業の拡大とともに、土地管理人は借地農に対する管理を一層強化していく。グレイの場合は所領において、従来まで慣例的に続けられていた借地農の選抜方法を廃止し、新たに厳密な選抜方法を導入する[96]。多くの土地管理人は、穀物法廃止のような「いかなる変動に出会っても、対応できるような借地農」を見つけようとした。有能な借地農を見出すために、たとえば、未だに複数世代借地が慣行として続いている所領においては、老齢の借地農やその子息に対して、土地管理人の提案で年金を給付して、離農させた（ベッドフォード公爵の所領）[97]。借地農の選抜が厳しくなるにしたがい、当然、その契約書も厳密なものとなった[98]。契約書には借地農が連作することの禁止が明記され、生け垣・排水溝の雑草の除去などを行うように詳細にわたって記述された。そして借地農による排水事業や施肥などの改良事業に対して、一定の補償を与えるという「借地権」が契約条項に明記された[99]。もっとも、当初においては、カードによれば、借地権は不安定なものであり、そのために大所領では、貸借期間を長期に設定することによって借地農を確保しているという[100]。ユールやグレイは、資本をもつ借地農を所領に雇い入れるためには、長期の借地期間の設定が必要であると強調している[101]。なぜなら、排水事業が農業改良の基礎であると考える土地管理人にとって、短期借地としたのでは、この事業が投資に見合った収益を得られないので、農業改良にとって不都合なものとなるからであった。

一八四〇年代と五〇年代における、農業技術に対する多くの関心は、排水と肥料の問題に集中した[102]。土地管理人もその例外ではなく、とくに排水問題については強い関心を示した（土地管理人は農場の建物に関する問題にも強い関心を示した）。土地管理人は、主に農業協会を通じて、排水技術に関する多くの情報を吸収し、それを所領経営に生かそうと試みた。一八三〇年代前半にはスミス（James Smith of Deanston, 1789–1850）[103]が、それまでのエルキントンやジョンストンによる経験的な排水技術を継承して、*Remarks on Thorouth Draining and Deep Ploughing*, London, 1831という著書を刊行している。これは主にスミスの経験に基づいて著されたものであった。スミスの農場のあったスコットランド中東部は粘土質土壌であり、そこで暗渠排水を行うとともに、暗渠排水の不可能な場所では心土犂によって下層土を破砕し、それによって排水を行うという方法がとられていた。この二つの方法を組み合わせることによって、表土の肥沃性が失われることはなかった。一八四六年頃までにスミスの著書は約二万五千部が売れ、それとともにスミスのウエスト・パースシア（West Perthshire）の農場も注目されるようになり、ヨーロッパ大陸およびアメリカからも多くの人が視察に訪れた。スミスの方法はディーンストン方式と呼ばれ、当時の排水技術に大きな影響を与え、これによって暗渠排水が一般的に普及することになった[104]。

スミスの暗渠排水は浅溝で行われたが、その後、深溝のほうが効果があるという理由で、土木技師パークス（Josiah Parkes, 1793–1871）[105]が深溝暗渠排水（暗渠の深さは四フィート以上）を唱える[106]。パークスは一八四三年にイングランド王立農業協会のコンサルタントとなり、同年に発表した論文において、その多くの事例を紹介している[107]。さらに一八四六年におけるイングランド王立農業協会のニューカッスル会議において、深溝暗渠排水は効率が良く、経済的にも優れていると報告する。このパークスと親交のあった土地管理人は数多く、そのなかでも、パークスがその能力を認めたトンプソンやノーサンバーランド公爵の土地管理人テイラー（Hugh Taylor）らは、パークスと技術交流を深め、所領での排水をパークスに委任している。しかしその一方で、土地管理人ウェブスター（William Bullock Webster）が、パークスによる深溝暗渠排水は重粘土質の土壌においては効果がないと報告し、パークスを批判する。ウェブスターの主張は、粘土質土壌では、地下水が問題となるのではなく、雨水が地表面に溜まることが問題となるので、深溝は効果がないということであった[108]。

深溝をめぐる論争があるなかで、イングランド王立農業協会の指導者のひとりであったピュージ（Philip Pusey,

1799-1855）[109]は、一八五〇年に発表した論文において、パークスとウェブスターの両人はともに排水技術に貢献しているると述べる。つまり、パークスのそれは泥炭地での経験に依拠しているため、地下水が基本的な問題となり、それゆえに、深溝暗渠排水に意味があるとしている。[110]両人の技術は土壌の違いに大きく左右されるので、地域性をふまえて技術を適用することが重要であるとする。この後、一九世紀後半には、ウェブスターおよびパークスへの批判が交互に現れているが[111]、ピュージの指摘のように、これらの考え方のどちらも根本的に誤りがあったというわけではなく、それぞれの排水渠が設置された地域の土壌が異なっていたという問題なのであった。

排水問題は土地管理人の重大な関心事であり、所領を経営していく上で、重視すべきことであった。またそればかりでなく、雇用主である地主に対して、農業改良に着手することを説得するにあたり、最も重点をおいたものでもあった。なぜなら、その効果が比較的わかりやすいものであり、地主を説得するのに最も容易なものであったからである。[112]その一方で、暗渠排水の技術が複雑になるにともない、借地農が排水工事に手を出すと、その施設は不完全なものとなりがちであった。そこで、土地管理人は専門の排水技術者を雇うように、地主とともに借地農も説得しなければならなかった。[113]たとえば、一八五〇年にメルバーン（Melbourne）卿の所領において、その管理人フォックス（Fox）は約千エーカーの土地の排水をめぐって借地農の説得に手間取った。しかし結局、排水技術者を雇い入れることに成功し、その経費の五パーセントを手数料として受け取った。[114]このように土地管理人は地主と借地農の双方を説得し、それぞれに農業知識を提供しながら、農業改良を進めていった。農業改良の実践は、地域性という枠に縛られていたとはいえ、単に経験に依存するものではなく、実験の成果という裏づけのあるものとなっていった。土地管理人の役割の中心は、依然として地代の徴収と借地人の選抜であったとはいえ、それればかりではなく、農業改良の実践、あるいは、その裏づけとなる農業知識の進歩や普及にも関心を向ける必要があった。

そして土地管理人を採用する際には、新しい農業知識を習得できる可能性のある人、あるいは、すでに習得した人物が望まれるようになる。排水技術にとどまらず、たとえば、ウェイ（James Thomas Way, 1821-1884）によって提供される土壌分析の成果[115]、あるいはJ・B・ローズやJ・H・ギルバートによって提供される肥料に関する情報は、経験に頼る年季奉公や世襲に頼っていては習得が困難であった（これらの農業知識については第5章）。そこで土地管理人を育成する学校設立への要求が高まってくる。この要求に応えたのが、サイレンセスタに設立された農業カレッジであった[116]。この農業カレッジは一八四五年に設立されるが、それ以前にもケントで農業カレッジを設立しようとする動きがあった。しかし、設立のための寄付を求められたウェリントン公爵（Arthur Wellesley, Duke of Wellington, 1769-1852）は拒否し、結局、設立できなかった。その拒否の理由は、農業改良は経験の所産であり、理論や科学の必要性は認められないということであった[117]。地主の意識では所領内で行われている農業は経験に基づくものにすぎなかった。しかしながら、実際に農業経営に携わっていたのは地主ではなかったので、その意識は農業の進歩に何が必要であるのかという考えからはほど遠いものであった。

四　おわりに——所領知の担い手

一八四〇年代になって、土地管理人や借地農は農業経営において経験のみに頼るのではなく、理論や科学を必要とするようになっていた。その一方で地主も農業を発展させていこうとすれば、理論や科学の素養をもつ土地管理人や借地農を必要とした。とくに地主の所領においては、土地管理人の果たす役割は大きく、地主は好んで有能な人材を求めるようになる。サイレンセスタの農業カレッジの設立趣旨は、農民の子弟の教育であって、土地管理人の養成のために設立されたというわけではないが、卒業生には土地管理人が多く、結果的に養成機関のひとつとなる[118]。もっとも、このようなカレッジを数多く設立する必要はなかった。なぜなら一八七七年現在の推計でも、イングランドに存在する所領の約三分の二は、わずかに約六十名の土地管理人によって運営されていたからである[119]。つまり、土地管理人はそれほど多くを必要としたわけではなかったので、養成機関はひとつで十分であった。一九世紀末においても、土地管理人の養成に関して議論され、次のように結論づけられている。

土地管理人は、予備教育・一般教育・科学教育に加えて、農業と土地測量についての理論的な訓練と、所領事務所や農場での実践的な経験と、これらのことを行う技術が依拠している科学（数学、化学など）について専門的な教育を受ける必要があると思う。つまり、土地管理人になりたいと思う青年は、大学生程度の平均的な教養と知識を身につけることに加えて、農業カレッジあるいは実用的な知識を専門的に教えるカレッジで講義を受けるべきである。それから事務所か農場で、実際の経験を積む時間をもつべきであると思う。すなわち医者が医療技術を実践する資格を得るのと同様に、弁護士が法律を扱う資格を得るのと同様に、土地管理人も専門的な資格を得るようにすべきである。[120]

土地管理人は一九世紀半ばに、かなりの専門的な知識を身につけることが求められるようになる。この一方で、多くの農書によれば、一九世紀半ばには地主は農業協会などに参加していたにもかかわらず、実質的に農業を指導ないし経営する能力を失い、農業の進歩に対して積極的な貢献ができなくなっていた。つまり「地主はしばしば自分の職務の知識なしにそれを行い、そして自分の無能力がわかって、すべてを管理人に委ねている」という状態になっていた。[121]こうした地主の動向は、土地管理人が専門的な知識を習得することが、ますます必要とされる所以でもあった。

土地管理人が当初、農業に関する情報源としたイングランド王立農業協会では、一八四〇〜五〇年代においては排水と肥料の問題を中心に議論がなされることが多かった。一八六〇年代以降は、それらの課題をめぐる実験報告や、それぞれの地域における調査報告が多くなっていく。この動向と歩調を合わせて、土地管理人は排水や肥料に関する知識を蓄え、農業の進歩に貢献した。一八六〇年代になって土地管理人は借地農に対して、借地契約のさらなる厳守を求めるようになる。なぜなら、この時期の農業状況は、農産物市場において穀物価格が停滞したままである一方で、畜産物価格は上昇するので、借地農は当然、混合農業の畜産部門に次第に比重をおくようになるからである。[122] 土地管理人は部門に重点をおく耕種契約内容を履行するように、借地農に対して厳しく求めた。しかしその一方で、状況の変化に応じて契約内容の見直しや修正も必要とされた（もっとも、イングランドの中部や北部は畜産地帯であったので、契約の継続性が保たれた）。しかしながら、経済効率を無視してそれまでの慣行にこだわる土地管理人がいる所領では、契約内容の変更はみられず、借地農はそれに頑強に抵抗した。[123]

土地管理人や借地農は、徐々に科学への信頼を強めていくようになるが、実際の農業生産の増加は、農業研究の成果によってもたらされたというよりもむしろ、それまで先進的な農業地域で行われていた輪作や簡単な排水方法が導入されることによってもたらされた。[124] しかし輪作や排水方法に頼り続けようとする土地管理人は、新技術の導入を図りたい借地農の目には、慣行にこだわっているとしか映らなかった。新しい農業知識の導入をめぐる土地管理人と借地農の考え方には、未だ不明瞭な点は多いが、土地管理人のなかには、「イギリス農業の黄金時代」が過ぎ去るとともに農業改良への情熱を失い、農業以外の産業経営（たとえば、鉱山経営や運輸事業）にその手腕を発揮する道を見出していくことになる人も現れる。[125] 総じて土地管理人は、主に所領経営の維持や安定を目的にして活動していたとはいえ、一八・一九世紀の農業知識の進展に果たした役割は大きなものであった。この意味で当時の農業発展の推進者として、地主や借地農だけでなく、土地管理人もその一翼を担ったといえるのである。

また土地管理人の活動を通して所領運営も徐々に変化し、経営体として確立する方向へと向かう。たとえば、A・ヤングがその著書で取り上げた「適正比例律の概念」（農業経営収益を最大にするために、経営内の各部門間、各経営要素ないし生産手段間における比例を適正に保つという概念）や「複式簿記の導入」などは、まさにこの変化を象徴するものであった。[126] この意味で所領は大きな変化を迫られ、それまで地主が依拠していた所領は単に消費を支えている単位であるという伝統的な考え方が稀薄となり、経営の単位であるという認識が強くなっていった。

第4章　所領経営と農業

前章では農業知識の進展に土地管理人が重要な役割を果たしたことを述べた。一八世紀末から一九世紀初頭にかけて、所領経営を担っていた土地管理人は、土地管理技術の専門家となり、イギリス農業の推進者となった。土地管理人は多くの農業実験を行い、農業知識の普及や農業改良に着手した。もちろん、これらの展開はイギリス農業ばかりでなく、イギリス農学にも大きな影響を与える。しかしながら土地管理人は、イギリス全体の農業や農学の発展のために、さまざまな実験や改良に携わっていたわけではなかった。彼らの目的は自分が雇用されている所領の経営・発展であった（所領の経営・発展が、農業の発展とほぼ同一の時期もあるが、農業が有力な投資先でなくなる一九世紀後期においては、それらに乖離がみられる）。つまり、土地管理人は農業技術的な側面に携わり、その発展に努めたばかりでなく、所領経営・経済的な側面にも大いに関係し、その発展に貢献した。むしろ正確には、所領経営・経済的な目的のために、農業技術に携わったといえる。

本章では土地管理人が農業知識の進展をもたらす過程で、所領経営がどのように関わっていたのかを考察する。前章でみたように、土地管理人は主に一八世紀後半から一九世紀前半にかけて出現するが、この時期は農業産出量が飛躍的に拡大する時期でもあり、所領経営において、土地管理人の関わる農業改良が広範に実施された[1]。この農業改良事業の中心は、土地をめぐる改良、とくに「囲い込み」であった。一八世紀後半から一九世紀前半にかけて、囲い込みの件数が急増するが、それは所領の経営状況が反映されたものであった。農業改良を実施するにあたり、所領経営においては地主・借地農という二者の関係ではなく、土地管理人の出現にともない、これを加えた三者の関係が重要となる（多くの経済史研究では地主・借地農・農業労働者の三者の関係が問題とされるが）。この関係を端的に表すものが、借地契約（契約書は、三者連記の形態をとった）であった。一八世紀後半から一九世紀前半にかけて借地契約はその形態が大きく変化し、それが農業改良に反映されることになる。本章においても、主に当時の農書を資料とするが、これらの著者たちはほとんど、土地管理人の経歴をもっていたので、農書はその経験が反映されたものであるという前提に立っている。[2]

一　所領経営と投資行動

一八世紀中期頃には、所領では地主が固定資本を提供し、借地農が運転資金を提供するというおおまかな分担がされていた。[3] 借地農は資金の提供に対して、かなりの保証がなされていたが、それは資金の約十パーセントあるいはそれ以上にのぼった。その一方で、地主が受け取る地代は、土地の資本価値の三〜四パーセント以上となったことはほとんどない。[4] もっとも、実際にはこの負担割合は明確ではなく、しかも地域によってかなりの差異があった。地主が農場の建物の修繕費だけを負担するという地域もある一方で、地主が物財に関するものをすべて負担し、借地農は労働を提供するだけという地域もあった。また借地農が修理費を負担するが、それは数年間にわたる地代の減額で埋め合わされるという地域もあった。[5]

この地主と借地農との負担割合は固定していたわけではなく、その時々の経済状況の影響を受ける。つまり経済好況期には、地主は固定資本の一部あるいは全部の負担を借地農に転嫁しようとするが、借地農は地主に対して運転資金の一部を負担するように要求することはほとんどなかった。一方、経済不況期には、地主は既存の地代水準を維持しようとして、運転資金の一部を負担する必要が生まれ、借地農に対して資金を貸し付ける場合もあった。さらに経済不況期に借地農の地代が滞れば、徴収の延期も必要になった[6]。このように経済変動に応じて、負担割合は柔軟に変化した。

地主の資産は土地・建物・垣根・道路・堤防などであり、これらはすべて維持費を必要とし、借地農がその一部を負担していた。ところが、一八世紀後半から一九世紀前半にかけて、これらの既存の資産形成以外に新たな投資を迫られることになった。それは囲い込み・排水・建築（改築）という三つの大きな投資であった。これら三つの投資がイギリス農業にとって重要な意味をもったことはいうまでもないが、実際にもかなりの資金が投入された。一九世紀中期に農業産出量の増加がもたらされたのは、この三つの投資による影響が大きい。

イングランドでは種々の農業改良は、土地が集中し整理統合されることに依拠すると信じられていた[7]。ケントやノーフォークのような地域では、一八世紀後半までに土地の整理統合という状態がすでに達成されていたために、イングランドの多くの地域ではその後、整理統合を進展させていかなければならないと考えられた。これは囲い込みによって達成されるものであり、囲い込み自体は一六世紀以来、ほぼ絶え間なく続いていた。一八世紀後半からは法律の施行によって、さらに多くの囲い込みが行われた。一七五〇年から一八四九年までに四〇三六件の法律が通過し、そのうちの約三分の二は開放耕地を対象にしたものであった[8]。地主は法的な根拠のもとで囲い込みを推進したが、それが経営的に採算の合うものであったのかどうかは、疑問の余地がある。囲い込みに関する費用額の全国平均は、一七六〇年代にはエーカー当たり約一三シリング、九〇年代には約三一シリング、一八〇〇〜一五年頃には約四三シリングであった[9]。この金額は全国平均であり、それぞれの地域で数字には幅があった。たとえば、オックスフォードシアではエーカー当たり約二五シリングであり、ウォリックシアでは一七六〇年代に約一一シリング、九〇年代に約三四シリング、一八〇一年以降は約六二シリングであった。バッキンガムシアでは一七六〇年代に約一七シリング、九〇年代に約三九シリング、一八〇〇年から二〇年頃までは約四ポンドであった。もっとも、これらは法手続きに必要とする費用（囲い込み委員会に支払う手数料）などの制度上必要とされる金額であり、実際には垣根をつくり、溝を掘る費用などの関連費用が加わり、最終的な費用は約二倍になった[10]。

ヤングは囲い込みの費用を、エーカー当たり約十ポンドであると記している。一方、一八世紀末に農業改良調査会が提示した金額は、約一ポンド八シリングである。ヤングの見積りはかなり高額であったが、彼は農業改良調査会の金額のほうが、かなり低く見積もっていると主張している[11]。一七四〇年から一八四四年までに、イングランドでは約四百二十五万エーカーの土地が囲い込まれたが、それに対して少なくとも約六百二十五万ポンドが費やされたと考えられ、それを平均するとエーカー当たり約一・五ポンドになる[12]。この数字によれば、農業改良調査会によって提示された金額のほうが妥当性をもっている。おそらくヤングの見積額が高いのは、共有地あるいは荒れ地を対象にした囲い込みの場合であって、多額の費用を必要とした場合に基づいていたからであろう。大地主のなかには、囲い込みの資金を融通できる人もいたが、多くの地主はそうではなく、とくに小地主の場合は、囲い込みに先立って土地を売却することによって、囲い込みの資金を調達していた地主もいる[13]。

一方、排水に関する費用は、エーカー当たり四〜八ポンドである。囲い込みの費用よりも、かなり割高であった。しかしながら地域的にも時期的にも、その費用は囲い込みほどの変動はなく、ほぼ一定していた。ケントの著書によれば、一七七五年ではエーカー当たり五ポンド未満であった。カードの著書によれば、一八五二年に至っても、たとえばノーサンプトンシアでの粘土質土壌での暗渠排水では、エーカー当たり四ポンド一〇シリングの費用が必要であったという[14]。そして排水は囲い込みと異なり、地主による投資だけではなく、民間会社や政府の資金が投入された。排水は一九世紀中期に全国的に注目され始めるが、中期の約二五年間で合計約二千四百万ポンドが投資され、そのうち半分の約一千二百万ポンドが地主から、約八百万ポンドが民間会社から、約四百万ポンドが政府から投入された[15]。

建築に対する支出は、囲い込みや排水に比べると、一八世紀にはほとんどなかったといってよい。しかし囲い込み以後の新農場の建設などによって、新たな建物が構築され、改修が行われたので、ナポレオン戦争（一七九九～一八一五年）後の一八二〇年代以降から建築熱が高まった。その投資額は全国的にみて、地代総額の六～一五パーセントであったとされる。年間エーカー当たりに換算すると、金額は三～五ポンドである[16]。

ところで、このような農業改良に対する地主の投資は、その資金の準備状況とともに、それによってもたらされる利益によっても左右される。つまり、地主が投資対象としていた政府債券の利子率、イングランド銀行ないし東インド会社の持ち株の利子率が高い時には、囲い込みに対する投資は行われなかった[17]。実際に一七六〇年代後半から七〇年代にかけての低金利の時期には、法的手続きがとられた囲い込み件数が増加し、八〇年代の高金利の時期には、その件数が減少している。もっとも、一七九〇年代から一八〇〇年代にかけてのナポレオン戦争期には、高金利の時期であったにもかかわらず、囲い込み件数が増加したという時期である[18]。これは小地主の大部分（借地農も含めて）が利子率に敏感に反応しているものの、それに対して資金的に余裕のある大地主が、囲い込みの費用の多くを当座の預金から捻出したか、あるいは荒れ地の売却によって調達したためである。さらにナポレオン戦争期には、大地主であろうと小地主であろうと、囲い込み以外の農業改良に投資をすることがなかったためである。

農業改良に対する投資から期待できる地代は、もちろん変動した。地代は投資対象によっても異なっていた。一般的に囲い込みへの投資から期待できる地代の上昇は比較的大きく、それに対して排水や建物に対する投資は、地代の上昇がそれほど期待できなかった。囲い込みから期待できる地代の上昇は、囲い込まれた開放耕地の面積や、共有地や荒れ地の利用価値に依存していた。囲い込まれたとしても、土地が痩せて利用価値が低ければ、地代の上昇は期待できない。囲い込みによって地代がそれまでの三～四倍になるという例外的な地域もあったが、平均的には約二倍の上昇であった。地代上昇の程度は地域によってかなり異なっているものの、囲い込みによる地代上昇はかなり高いことは確かである。たとえ溝や道路の建設に費用がかかったとしても、囲い込みは十分投資に見合っていた。これに対して排水から期待できる地代上昇は、約三パーセントを上回ることがなく、かなり低かった。当時は地代が高くなるだろうという意見もあったが、実際には排水への投資は採算の見合うものとはいえなかった。[19]大多数の地主はたとえ排水事業を実施したとしても、地代上昇はほとんど見込めなかった。たとえば、ベッドフォード公爵の所領では、一八四二年から六一年までの間に、排水の投資から期待できる地代の上昇は、ベッドフォードで約二・四パーセント、デボンシアで約二・三パーセント、ソーニィで約八パーセントであった。[20]約二倍の地代上昇のあった囲い込みに比べて、排水は地主にとって、それほど魅力的なものではなかったのである。

採算に見合った囲い込みは、それが進展することによって、一般に農業規模が大きくなると思われている。しかし実際には、それほど単純なものではなかった。囲い込みは農業規模に対してほとんど影響をもたらさなかったという指摘もある。たとえば、ノーサンプトンシアでは囲い込みの後、ほとんどの土地はそれまでの借地農に配分された。コーンウォール・カンバーランド・ダービーシア・デボン・ケント・ランカシア・ミドルセックス・ノッティンガムシア・オックスフォードシア・ラトランド・シュロップシア・サリー・サセックス・ウエストモアランド・ウスターシア・ヨークシアなどの多くの州では、ノーサンプトンシアと同様の傾向がみられた。[21]むしろ囲い込みによって農業規模に変化がみられた地域のほうが限定されていた。大農や進歩的な農業で著名なノーフォークやノーサンバーランドにおいてさえ、重粘土質の土壌や痩せた土壌の地域では、囲い込みの後でも小保有農（owner-occupier）が多くみられた。[22]

イングランドにおける小保有農は、一七世紀後半には耕地の約三三パーセントを保有していたが、一八七〇年代までには一〇〜一二パーセントに低下する。もっとも、伝統的な見解にしたがえば、一七五〇年頃に小保有農はほぼ消滅に近い状態となり、その後、再び現れるのは、一九世紀後半になってからであり、大所領の解体とともに増加したとされている。[23]つまり一八世紀に小保有農は徐々に自分の保有地を失い、借地農あるいは賃金労働者へと変わっていったということである。しかしながら多くの地域では、囲い込みが農業規模に対してそれほど影響をもたらさず、小保有農の残存がかなりみられた。カードは著書において、イングランドでは、西の方向へ進むにつれて、植林地が多くなり、牧草地に適した土地となっていく。囲い込み地が小さくなるにつれて、農業の規模はそれほど大きくなく、農民の数は多くなる。（中略）各州における平均的な農業規模は、東部地域の耕種農業では四三〇エーカー、ミッドランドや西部地域の混合農業では二二〇エーカーである。[24]

と指摘している。概括的ではあるが、実際にミッドランド南部、イースト・アングリア、南部の各州では、五百エーカー以上の農業規模がみられる（囲い込みに関する伝統的な見解は、これらの地域を事例にする）[25]ものの、北西部、ミッドランド北部、南西部、リンカンシアの沼沢地では、百〜百五十エーカーないしそれ以下の規模の農業が優勢であった。

これらのことから農業規模の変化は、囲い込みによってよりも、むしろ資本の投下量、とくに借地農による資本投資が大きな影響をもっていたのではないかと考えられる。地主と借地農の資本分担についてはすでに述べたが、全体的な資本投下量は徐々に増加していた。一八世紀では一般的に資本投資はエーカー当たり一〜四ポンドであった。それが一八世紀末から一九世紀初期にかけて、一・二〜二倍程度に増加し、さらに一九世紀中期にはエーカー当たり一〇〜一二ポンドの資本投資が望ましい水準となっている。最低でも約八ポンドでなければ、土地を十分に利用しているとはいえないとされた。そして借地農の資本力にあわせて、農業規模が維持されれば、農業進歩がかなり期待できるであろうと指摘される。[26]しかし実際には、このような水準に達している借地農はノーフォークのコーク所領など、ごく限られた所領にしか存在しなかった。[27]

地主は借地農が十分な資本を獲得できるような体制を作り上げなければならないという問題を背負うことになる。エディンバラ大学の（第二代）農業教授D・ロウ（一八三一〜五四年に教授）によれば、地主と借地農との関係において最も重要なことは、借地農が必要とする資金を、地主が地代として取り立ててしまわないように、借地をめぐる地主の要求を制限することであるとしている。[28]実際には借地農が資金を手に入れる方法はさまざまで、たとえば、借地農が資金の融資先を銀行に求める場合（エセックスの事例）、地主自身が借地農に資金を融資する場合（バークシアの事例）などがあった。[29] 銀行からの融資は、ナポレオン戦争期には比較的円滑に行われたが、戦後はこの資金が不足した。[30] 地主が融資するというのは、実際には排水・建物に関する負担を地主が負うことを意味した。しかし地主がこのような負担を負うとしても、借地農は資金的に行き詰まることが多く、農業論者が見積もる理想的な資金額と、借地農が調達できる実際の資金額には、かなりの開きがあった。[31]

このような状況にあったので、地主は一般に資金の融資を行うよりも、地代の減額を選ぶ傾向にあった。しかしこれで借地農にとって良い条件が整ったとはいえなかった。「資金の貸し手（地主）は、自分の資本が借地農の資本と同様に、消えてしまうのではないかと恐れ、資金の借り手（借地農）に圧力をかけている」[32] という状況にあり、実際には地代の軽減もそれほど進まなかった。[33] カードは、ウィルトシアやノーサンプトンシアにおいて、十分の一税の金納化と農産物の高価格化によって、草地から耕地への転換が進み、借地農は多くの借入をしているものの、排水や建物への投資はほとんど進展していないと指摘し、さらに次のように述べている。

一般的に、耕種農業は草地農業よりも資本の必要がないと考えられ、十分な資本をもたない借地農が、穀物の収穫をあてにして耕地に入った。しかし耕地では十分な資本がなければ、経営は成り立たないものなのである。[34]

農業規模の拡大や農業改良の進展は、借地農の資本に依存していたが、実際には農業論者が考えるようには展開していなかったのである。

二　所領経営と借地契約

囲い込みは農業規模に対して、それほど大きな影響を与えなかったとはいえ、借地農にとっては土地を自由に利用することを可能にした。これによって借地農が地代の上昇分を支払うことが促進された。借地農は土地に関して独立の権利を獲得でき、領主裁判所によって強制されていた伝統的な農法（三圃式・穀草式）に縛られるのではなく、利益の最も見込める農法（輪栽式）を模索できるようになったからである。しかし、そうであるからといって、借地農が新作物へと大規模に切り替えるなど、農業改良を積極的に取り組んだというわけではない。ここにおいて地主と借地農の間で交わされる借地契約が、大きな役割を果たすことになる[35]。

一八世紀後半から一九世紀前半にかけて、多くの農業論者あるいは土地管理人は長期借地契約の重要性を強調し、長期契約を交わさない地主を非難した。彼らは農書において、農業改良に着手し進歩的な農業を行うには、二一年間の借地契約が必要であることを力説した[36]。そしてこのような契約という保証がなければ、借地農が農業改良に必要な資本を投資することは期待できないと主張し、短期の契約は十分な保証とはならない上に、契約を交わすことのない慣行的な土地保有などは進歩的な農業の障害になると語っている。慣行的な借地形態は一八一五年頃から減少したが、それはこのような借地形態が経済的に有効ではないと認識されるようになったからである[37]。もっとも、長期の借地契約がそれまでに存在しなかったわけではなく、三世代あるいは九九年間の借地契約があった。これらの契約は、借地農にとっては農業改良への意欲をもつことができ、地主にとっては確実に地代が徴収できることを意図して結ばれるものであるとされた。しかし実際には、農業改良の成果に応じて、地主側が地代の引き上げをする場合の阻害要因となり、他方で借地農側は、連作を繰り返すことによって、地力の維持は考慮しなくなり、とくに借地契約の最終年には、いわゆる略奪農法を行った[38]。これによって、とくに地主側は長期の借地契約を結ぼうとしない傾向にあり、借地農も長期の経営計画を立てることはしなかった。

　一八世紀後半における期間限定の借地契約の導入については、農業規模や農業形態の特徴によって、それぞれ異なっていた。農業改良調査会の報告書によれば、まったく契約を結んでいない州（カンバーランド・ウエストモーランド・ウスターシア・ベッドフォードシア）、広範に契約が結ばれている州（シュロップシア・グロスターシア・スタッフォードシア・バッキンガムシア・ウィルトシア・ハンプシア・サリー・ケント・コーンウォール）、契約が放棄される途上にある州（ウエストライディング・ノーフォーク・エセックス・ダービーシア・ドーセット）というように、地域によってさまざまであった[39]。しかしながら、全体的に大所領においては、地主は地代の損失や資産の損害に対する保護手段として、借地契約を結ぶ傾向にあった。そしてこの借地契約によって、さまざまな農法が広まった。たとえば、耕地拡大のための永久牧草地の規制、マーリング、ライミング（liming，石灰を土壌に入れる改良法）、輪作体系の導入などであった。とくにノーフォークのコーク所領では、進歩的な農業の促進を目的に、一七八八年までに二一年契約が三九件も結ばれ、一六件の一八〜二〇年契約が結ばれた[40]。しかし一八世紀末には長期契約は進歩的な農業にとって効果がないと判断されるようになり、結ばれなくなった[41]。借地契約が広範に交わされていたウィルトシアなどでは、一九世紀初頭にそれまでの長期契約から、短期あるいは一年ごとの契約へとかわっていった。

　一年ごとの契約という形態は、一九世紀前半にはそれまで契約を交わすことがなかった地域であったウスターシアなども巻き込み、多くの州（ヨークシア・レスターシア・ノーサンプトンシア・ハンティングドンシア・ミドルセックス・バークシア・サマセット）で広がり、一般的な契約形態となっていった。長期契約にかわり、短期、とくに一年ごとの契約に移行するのは、地主にとっても借地農にとっても、契約時の経済状況によって、契約内容がかなり左右されてしまうことがわかってきたからであった。つまり、ナポレオン戦争期におけるような農産物（主に小麦）価格の上昇期には、地代を引き上げたい地主にとって、長期の契約は不利になった。一七九〇年代に長期の契約を結んだ借地農は順調に発展したが、地主は地代が固定されていたために、農産物価格の上昇の恩恵や利益の獲得に結びつかなかった。したがって二一年契約が終了した後、地主は契約を更新しようとしなかった[42]。逆にナポレオン戦争後の一八二〇年代におけるような農産物（主に小麦）価格の下落時には、地主は地代未払いに対して、地代減額以外に対策をもっていなかったので、結局、契約放棄が起こることになった。その一方で借地農は、当然、農産物価格の下落時には、長期の契約を交わしたがらない。そこで一年ごとの契約が定着していくことになった。

この契約形態の変化からみれば、農業論者が主張したような、長期借地が農業改良を保証していたという点には疑問が生まれる。つまり農業改良に関して、契約の長期・短期はあまり問題ではない。むしろ当然のことながら、契約の内容こそが重要であり、注目されなければならない。一八世紀後半頃になると、農業論者は詳細で厳密な契約を交わすように強調し、それが農業進歩につながるとしていた。しかし一九世紀初頭には旧来の詳細な契約項目は、すでに受け入れられなくなる。たとえば、一八〇一年にJ・ロレンス[43]は、自著である土地管理人の手引書 *The Modern Steward*, London において、契約書ではいくつかの一般的な項目に留める方が、借地農が自分の裁量をできるだけ自由に発揮できることにつながり、望ましいことであると記している[44]。さらに、この当時には農業改良にあたって、契約書（契約目的は、借地農の不正行為から地主の資産を保護することだけでなく、地力を維持することも含まれる）では、地力の低下を防止するために伝統的に維持されてきた古い契約項目（休閑の施行、穀物連作の禁止など）を徐々に削除することが重要になっているとしている。したがって長期契約においては契約項目をできるだけ少なくする傾向にあった。この項目を少なくするという傾向は、少なくするということ自体に意味があったので、農業改良を促進するために新たな項目を挿入することにはつながらなかった[45]。

しかし一八世紀末に至って土地管理人の主導のもとで、進歩的な項目が契約に挿入されるという事例もみられた。たとえば、コークの所領では一七六〇年代以降、契約項目において四年輪作が追加され、九〇年以降には六年輪作が追加された。これはヘレフォードシアやミッドランド西部においてもみられる現象であった[46]。進歩的な契約項目は、もちろん地主と借地農の合意のもとで結ばれ、実施されるが、その促進要因となったのが、一年ごとという短期の借地契約であった。一年ごとの借地契約によって、農業変動への対応が容易になるので、地主と借地農の双方にとって、この契約は受け入れやすいものとなった。さらに地主が有能な借地農を選抜したい場合と同様、借地農が優良な地主と契約を交わしたい場合でも、双方にとって一年ごとの契約はもっとも安全性のあるものと考えられた。つまり長期契約のもとでは、地主にとって無能な借地農に代わる借地農を選抜することは困難であり、借地農にとっても資本投下によって期待された成果が、長期の契約期間中に安定的に得られるわけでもなく、さらに土地管理人にとっても地代の増収につながるような新農法の導入が困難であったからである。一年ごとの借地契約を結ぼうとする動きは、ナポレオン戦争後における一八二〇年代の農産物価格の暴落時に、さらに強まった。地代を免除しなければならないという問題に直面した地主と、価格暴落によって農業の将来に不安を抱く借地農が、短期の契約を好んで受け入れたからである。

しかしながら一年ごとの契約では、農業改良の負担が借地農に転嫁されやすく、改良投資に対する補償が十分でない上に、地代額を引き上げやすいという問題が残った。そこで借地農は借地期間の長短を問題にするよりも、借地期間が完了して借地農が地主に土地を返還する際に、それまで投資した資本の未償却分の残存価値を補償する制度、つまり「借地権」(tenant right) の補償を求めるようになった。とくに一九世紀前半に盛んとなる建物や排水に対する投資は、借地期間の終了時に回収できなかったために、未償却の残存価値を地主が補償する必要があった。実際にリンカンシアの軽しょう土地域では、借地権の補償が整備されることによって、初めて農業改良の進展がみられた[47]。

借地権によって、借地農は契約による制限を受けずに、投資を進めていくことができるようになった。しかしこの借地権の役割を、当時の農業論者はほとんど認めていなかった。長期借地によって農業の進展があると考えていた多くの農業論者にとって、借地権が発生する要因であった短期借地自体が、問題の多いものであると考えていたからである。しかしカードは、「借地権の実際的な機能が、イギリスの多くの地域へと法律的にも慣習的にも拡がっていくことは望まれていないが、（このようなわれわれの予想とは反対に）徐々に拡がりつつある」と記し、実際にノッティンガムシア・サリー・サセックス・ケント・ヨークシア・リンカンシアにおいて、借地権が機能していることを認めていた。[48]一八四〇年代には多くの借地農は借地権を農業改良の主要因とみなし、この結果、借地権は当時のイングランドの農業発展に大きな影響を与えた。

しかし借地権の確立にともない、新規借地の見積額はかなり高いものとなり、借地農は高額の資金調達が必要とされた。さらに投資の対象とならないような所領では、新規の借地農が現れず、遅れた農業技術がそのまま継続される。結局、借地権の問題は地主と借地農という個人間の契約で解決しうるものではなくなり、社会的に借地権を公認するような法制化の必要性が高まっていく。そして借地権の法制化が実現するのが、一八七五年に制定された「借地法」（Agricultural Holding Act）であった。これによって借地農の土地改良投資が、社会的に補償されるようになった。さらにこの法律では地力の維持も明確に規定され、農業発展に貢献することになる。借地法は地主と借地農との間で結ばれた借地契約が発展して、それをもとに法制化したものであったが、イギリスの農業改良や新しい農法の普及に大きな影響を及ぼすことになった。

三　おわりに――所領経済学の萌芽

一八世紀中期まで数多くのイギリス農書において、その著者が対象とした問題は主に農業技術的な面であった。しかしながら一八世紀末頃に経済的な面にも関心がもたれるようになった。ヤング、J・シンクレア、W・マーシャルをはじめとする農業論者は、農業問題を技術的に取り扱うのみではなく、経済的にも取り扱うようになった。農業論者の多くは土地管理人の経験をもち、所領という枠組みにおいて、農業の経済的な問題に関心をもった。ただし、当時においては経済的な側面は、技術的な側面と対等に扱われるのではなく、技術を補完するものとして扱われた。

一八世紀後半から一九世紀前半にかけて、所領に対する地主の考え方も変化し、所領を消費単位とみなす伝統的な考え方は徐々に無くなっていく。それを象徴的に示していたのが、前章でみた家令（steward）に代わる専門的な土地管理人（land agent）の出現であった。この土地管理人が所領の経営問題を本格的に取り上げた。囲い込みをはじめとする排水や建築という農業改良は、この所領経営の一環として実施された。これらの展開はヤングやマーシャルらによって多数の著書で検討された。農業経営経済学史のJ・ナウによれば、当時のヤングは著書では区別していなかったものの、内容的には明らかに所領経済学（rural estate economics, economics of land ownership）と農業経営経済学（economics of farm business）との二つの分野を区別していた[49]。後者の農業経営経済学では、借地農による農業経営の問題に焦点があてられていたが、前者の所領経済学では地主と借地農との関係における問題、たとえば、資産評価・農業規模・農業改良の費用と収益性という、地主と借地農の双方に関連する問題が扱われた。土地管理人による農業知識の蓄積は、所領経済学に依拠するものであった。さらにシンクレアとヤングらによって主導された農業改良調査会による州別の農業調査報告書は、大筋で所領経営・森林経営・農業経営の三つの章立てとなっていた（森林経営は、所領経済学に含まれた）。ヤングは明らかに農業経営のみに焦点をあてていたのではなく、所領経営の進展も問題にしていた。ヤングに代表されるように、イングランドでは当時、所領経営の進展を目的に、地主と借地農との関係における問題が重視されていたことがわかる。

所領経営にとって重要な点は地主・土地管理人・借地農の三者の関係である。関係といっても、それぞれの役割を果たす三者の結合が所領経営には必要とされた。地主は自分の所領に資本を投入して危険負担をする開明的な人、土地管理人は農業知識を蓄え進歩的で職務に熱心な人、そして借地農はよりよい農業を推進する意志をもち実行できる人であることが必要だった。この三者の結合は所領経営を推進し、農業に進歩をもたらすものであるとされた。

一八世紀後半から一九世紀前半にかけてイギリスでは農業産出量の急増があったが、それは三者の結合を基礎とする効率的な所領経営によってもたらされたものであった。もっとも、ナウによれば、ヤングは所領経済学を体系的なものとする意志がなく、これ以後の所領経済学の科学としての展開は、それほど大きなものとはならなかった。しかしながら農業経済に関する研究のきっかけであったことは確かである。そして所領経済学は二〇世紀初頭におけるイギリス農業経済学の確立に、大きな影響を与えることになる。[50]

第5章　農業試験と諸制度の形成

一九世紀初頭における農業研究の特徴は、主に観察による調査と啓蒙的な実験であった。その担い手は主として土地管理人であり、実際の所領経営を通して、調査や実験が行われた。調査や実験以外の特徴もみられるとはいえ、これら二つの特徴が農業研究の中心的な位置を占めていた。これがイギリス農学形成へのきっかけとなり、観察・啓蒙の段階から試験の段階へと農学は新たな一歩を踏み出す。

本章では一九世紀前半のイギリス農業研究の展開を通して、観察・啓蒙から試験を中心とする時代へと移行する過程を考えていく。この時期のイギリスは穀物輸出国から穀物輸入国に転換し、穀物条例（一八一五年）をめぐってマルサスとリカード（David Ricardo, 1772–1823）の論争があったように、農業の相対的地位が低下していった。しかしながら、その一方で農業技術の根本的な変革が行われた時期でもあった。それは一九世紀前半には人口が約一千万人から約二千万人へと二倍に増加したにもかかわらず、食料自給率は約九十パーセントを維持できたことにも表れている[1]。農業を取り巻く経済的社会的環境が変動していくなかで、農業研究はどのように進展し、どのような制度が生み出されていったのか、とくに王立研究所のH・デーヴィによる化学実験の展開と農業との関係、その後、創設された農業試験場や農業協会および高等教育機関などの形成について考えていくことにする。

一　農業試験と実験の展開

イギリスでは土地管理人ばかりでなく、大地主層のなかにも農業改良に関心をもつ人物が現れた。ベッドフォード公爵[2]、ノーフォークのコーク[3]、アルソープ卿[4]らであった。そしてこれらの大地主の農業改良論を、包括的に代弁したのが、Ａ・ヤング[5]であった。ヤングは大所領を想定して大農論を展開し、それの資本主義的な経営合理性を説いた[6]。ヤングは農業技術面においても多くの情報を収集し、農業技術の確立に努め、その活動はノーフォーク農法の普及と伝播によって著名となった。第1章で述べたように、ヤングは農業改良調査会においても技術情報の収集に努めた。しかしこの技術情報の収集には、近代科学に特有の概念であるとされる「実験」ないし「試験」という認識はあまり含まれていなかった。それは理論や仮説が実際にあてはまるかどうかを試すということよりも、王立研究所でみられたように、一般に知識を広め知的水準を高めるような啓蒙的な意識が先行するものであった。

イギリスにおける本格的な「圃場試験」(field experiment) は、一七九九年頃にバース・イングランド西部協会 (Bath and West of England Society) によって行われた[7]。圃場試験は、バース郊外において、協会員のベットル (Bettel) という人物によって、機械類などを含む農業全般について、自分の農場のなかの十エーカーほどの土地で行われた[8]。しかしこの圃場試験は十年間にわたって継続したが、ベットルと協会との間で試験費用をめぐって意見の違いが生じ、それによって圃場試験は終わりを告げた。実際には、協会は会員の寄付によってまかなわれていたが、それは滞ることが多かったため、試験を継続できなくなったのであった。同じような農業協会の組織はイングランド各地で設立され、小規模ながら圃場試験が行われていたが、主にそれを担っていた中小地主層の没落 (囲い込みの影響) によって試験費用が捻出できなくなり、試験の継続は不可能となっていた。しかし、中小地主層とは異なり、大地主層にとって新たな農法の開発などに費用を捻出することは可能であり、その開発や普及に大きな役割を果たした。

たとえば、ノーフォーク農法の確立に寄与するタウンシェンド卿（Charles Townshend, second Viscount Townshend, 1674–1738）[9]やコークらであった。[10]彼らは自ら新たに農法を発明したわけではなかったが、その確立と普及に寄与した。

しかしこの大地主層による活動は、自らの所領経営の安定的拡大を目的とするものであり、農業研究そのものの進展を目的とするものではなかった。これは所領経営の枠内で個人が関心の赴くままに継続できたものの、社会的に取り上げられることがなければ、終わりを告げるものであり、その探究に継続性はなかった。さらに新農法が確立する過程で、多くの農業形態が観察され記録されているが、それは実験によって因果性を見出し、継続性を得るまでには至っていない。また、初期の圃場試験は基本的に定性的なものであり、単一の区画においてある特定の方法で実施され、その結果は収穫増があったかどうかという点で判断されるか、あるいはごく一般的な観点によって判断されるというものであった。「観察区画」という試験方法（新作物・品種・器具・方法について経験を積み、成功か失敗かを明確にする基準によって、劇的な変化を調べる）は未だとられていなかったのである。厳密に比較できる条件のもとで、二つ以上の試験方法による収量比較を行うという試験方法も、一九世紀中期を待たなければならなかった。[11]

王立研究所のデーヴィの研究は、農業化学の実験という点では先駆的なものであった。[12]王立研究所の講演の先駆性は、（化学）実験を中心にするという点だけではなく、実験成果の提供者と受益者が同一の人物ではなく、本格的に分化したという点でも初めてであった。受益者の中心的な存在は、改良地主（improving landlord）と、製造業者と鉱工業者が中心の功利主義者（utilitarian）[13]であった。前者は農業知識の提供を、後者は一般化学知識の提供を求める人々であった。デーヴィによる実験成果の主な受益者は、もちろん改良地主であった。[14]デーヴィは一八一二年まで約十年間にわたって、農業に関する実験講演を行い、それを一三年に*Elements of Agricultural Chemistry*, London という著書にまとめる。その内容は、次のようなものであった。

一　序論　　二　植物に影響を及ぼす物質の一般的作用　　三　植物の組織　　四　土壌
五　大気の特性と構成、および、その植物への影響　　六　動植物に由来する肥料
七　鉱物質肥料と化石肥料　　八　焼き畑による土地改良

デーヴィは土壌と植物成長との化学的・物理的側面をとらえて、分析した（デーヴィは、畜産については動物生理学者の対象であるとみなして、まったく触れていない）[15]。デーヴィの研究はイギリス農業化学の端緒となり、この研究成果を受益する、いわゆる農業家（agriculturist）が生まれた[16]。デーヴィの農業研究と農業家の誕生とは、ほぼ表裏一体をなしている。

デーヴィの著書は幾度か改訂版が出版され、広く流布する。しかしながら様々な現象を体系的に分析するという段階にまでは至っていない。デーヴィにとっては農業への化学の応用が目的であり、受益者の要求が満たされたかどうかが問われるだけであって、科学的論理を厳密にする必要はなかったためである。最も大きな問題はその研究成果が実用的かどうかであった[17]。イギリスではナポレオン戦争（一七九〇〜一八一五年）後の影響によって、農産物価格（主に穀物価格）の下落が起こり、その実用性を問う対象であった農業そのものが停滞するため、デーヴィ以後、約二十年間にわたって農業研究では目立った成果が現れていない。しかしデーヴィ以後に農業研究が途絶えてしまったというわけではなかった[18]。

二　化学と圃場試験

一八三七年にリヴァプールで開催されたイギリス科学振興協会（British Association for the Advancement of Science, 一八三一年に設立[19]）の会議に、ギーセン大学の化学教授リービヒ（ギーセン大学の教授在任期間は一八二四〜五二年）が

出席する。[20] イギリス科学振興協会は、ドイツに比べてイギリスの科学が遅れているという危機意識のもとに、ドイツ科学の影響を受けて設立されたものである。[21] リービヒはこの会議に出席した三年後に、*Die organische Chemie in ihrer Anwendung auf Agricultur und Physiologie*, Vieweg, 1840（吉田武彦訳・解題『化学の農業および生理学への応用』、北海道大学出版会、二〇〇七年）という著書を刊行して、イギリス科学振興協会へ献呈している。[22] リービヒはこの著書において、それまでフームス（humus）[23] という自然哲学的な概念が用いられていた植物の栄養摂取過程に関して、科学的な説明を加えようとした。これは当然、植物と土壌との関係を化学的に説明することが中心になっているので、イギリス農業研究はそれまでの研究の脈絡で、このリービヒの研究成果を受け入れることになった。

イギリスではすでにデーヴィによって、植物と土壌との関連を問うという課題は提示されていた。デーヴィは一八一三年の著書 *Elements of Agricultural Chemistry*, London において、それまでの生気論（vitalism）[24] と、鉱物質の役割を強調したソシュール（Nicolas Theodore de Saussure, 1767–1845, スイスの植物学者で、植物体中の炭素が炭酸ガスの分解によって得られることを明らかにした）の考え方とを一致させようと試みていた。生気論は生物体を構成するすべての要素は、ある種の生命力に支配されると説いていたが、鉱物質の役割を重視する機械論とは相容れないものであった。デーヴィの説明は相反するものを同時に説明しようとして、二律背反的なものとなっていた。デーヴィは実験結果に検討を加えた結果、生気論を否定したものの、鉱物質の存在や役割を明確に説明できなかった。表5-1に示すように、一九世紀前半はこれらの学説の過渡期にあり、デーヴィも過渡期にいる人物のひとりであったといえる。

デーヴィは鉱物質肥料について、「植物の一部となるか、あるいは植物の有機栄養分に作用することによって、効力を発揮する」[25] ものであると説明したが、幸運にも実験に使われた鉱物質のなかで、石灰（lime）だけがこの説明に合致していた。デーヴィの説明によれば、石灰の有効な利用法は地力の減退した土壌に入れ込むことであるが、入れ過ぎてしまうと有機質が使い果たされ、土壌を消耗することになる。生気論者による説明では、石灰は他の肥料の単なる刺激剤といったものにすぎないと考えられていたが、デーヴィによれば、石灰は土壌の中和作用を果たし、地力を回復させるものであるという。[26] しかしデーヴィは、石灰の作用の説明はできたけれども、石こう（gypsum）については説明できなかった。デーヴィの実験では、有機物の腐敗は石こうによって速まらなかったが、デーヴィはその現象について説明できなかった。さらに石灰の作用以外に、肥料として塩化アンモニウムや炭酸アンモニウムにも効果があることを実験によって明らかにしたが、植物の窒素と肥料のアンモニアとを結びつけることはできなかった。これらの解明や説明は、結局、のちのリービヒを待たなければならなかった。

　またフームスに関するデーヴィの貢献には、従来まで考えられてきた非可溶性という特性にかわって、可溶性であるという仮説を立てたことがあげられる。デーヴィはこの問題について、従来まで使われてきた溶解（solubility）概念を用いるのではなく、発酵（fermentation）・腐敗（putrefaction）という概念を用いた。デーヴィによる腐敗過程の説明はきわめて漠然としたものであったが、これによって有機化学への道が拓かれた。[27]

　デーヴィが説明できなかった点を、実証的に説明しようとしたのが、リービヒである。リービヒの学説は、次の三点に要約できる。すなわち、一　鉱物質の役割、二　窒素循環の精密化、三　フームス理論の打破、である。これらの裏付けとしてリービヒが用いたのは、デーヴィの実験結果ではなく、ソシュールやブサンゴー（Jean Baptiste Joseph Dievdonne Boussingault, 1802–1887）[28]の実験結果であった。ソシュールやブサンゴーの結果はデーヴィのそれとは異なり、実験による資料として詳細なものであった。そしてリービヒはその実験結果を利用して上記の三点を実証し、集約的な農業における地力均衡の問題を解決しようとした。[29]

　リービヒ以前は、たとえ鉱物質肥料の個別的な効果が認められたとしても、

表 5-1　農業研究者の諸学説に関する見解

人名＼学説	生気論	フームスの栄養価値
テーヤ（1809–12）	○	○
ソシュール（1804）	×	○→×
デーヴィ（1813）	×	○→×
ベルツェリウス	不明	○
シュプレンゲル	○	○
リービヒ（1840）	○→×	×

注：○印は肯定，×印は否定である。
資料：Rossiter, M. W., *The Emergence of Agricultural Science*, 1975, pp. 208–9 より作成。

一般的に土地の肥沃度を高めるのは有機物質であると考えられていた。したがって地力均衡の課題は、厩肥生産による地力の補給と、収穫による地力の消耗とを平衡状態にすることであるとされていた[30]。これに対してリービヒは、鉱物質肥料の重要性を説いた[31]。とくに窒素肥料の効果について、一八四〇年の著書において、作物に対する窒素肥料の補給は無条件に必要であると説明した。しかしながらこの著書の第三版（一八四三年）において、植物は大気から十分な窒素が供給されているので、窒素は肥料として与える必要はないという見解に転じた。

このリービヒの学説に対して、多くの批判が出る。とくにイギリスの農業論者との論争が注目を集めた。このイギリスの農業論者が、ハーペンデン近郊のロザムステッド（Rothamsted）の地主J・B・ローズ[32]であった。ローズはオックスフォード大学において、イギリス科学振興協会の設立に熱心であった化学教授ドウベニィ（Charles Giles Daubeny, 1795–1867）[33]の化学講義を受けていた。その後ロンドンのユニヴァーシティカレッジ（University College）において、化学者トムソン（Thomas Thomson, 1817–1878）[34]に学んでいる。その化学知識を活かし、ロザムステッドの所領内にある小屋に実験室を作り、甘汞（塩化第一水銀で、下剤などに用いる）の製造を始める[35]。そしてリービヒと同様、ソシュールの研究から化学と農業の関係に興味をもち、一八三七年にさまざまな肥料を対象にして、ポット試験を始めている。ローズは獣炭（animal charcoal）を肥料として使用する場合、あらかじめ硫酸処理をすると、その効力の大きいことをつきとめる。さらに、同じ硫酸処理によって可溶性となった鉱物質リン酸塩が、カブラ作の肥料として効果のあることを明らかにする。

ローズは骨粉から過リン酸石灰を製造し、一八四二年五月に過リン酸製造の特許を得る。これがイギリス農業に広く過リン酸石灰が導入されるきっかけとなった[36]。この頃からイギリス農業では人造肥料（artificial manures）の知識と、その畑作物への施肥が急速に広まり、そのような動きを受けてローズは肥料製造業者となっている。ローズは肥料製造会社で得られた利益を、ロザムステッドの実験室の維持や拡張にあてている[37]。さらに一八四三年にトムソンの勧めもあり、リービヒのもとに留学していたJ・H・ギルバート[38]を実験助手として採用している。ギルバートはこの採用以後、約五七年間にわたって、ローズとともに多くの農業試験の成果を残すことになる。こうしてギルバートを採用した一八四三年にイギリス最初の「農業試験場」（Experimental Station）が設立される[39]。この試験場において、実験室やポットでの実験だけではなく、圃場試験が本格的に開始され、それが長期にわたって継続されることになる（現在も圃場試験はローズとギルバートが着手した同じ方法および圃場で継続されているので、世界最長の圃場試験となり、最長の記録データとなっている）。しかもこの農業試験場は、諸外国では政府によって設立されたものが多いのに対して、民間の一企業によって設立・維持されたものであった（現在は主に環境に関する研究所となり、政府の助成が入っている）。もっとも、圃場試験を中心とする研究は、ギルバートの採用によって肥料製造事業とは切り離された。ローズは一八五三年頃までにこの試験場に対して数万ポンドを支出している。その他の資金については、イングランド王立農業協会（Royal Agricultural Society of England）から、わずかの助成を受けているけれども、政府からの助成は全く受けていない。そしてロザムステッドの農業試験場で獲得された農業知識は、主に雑誌論文（*Journal of the Royal Agricultural Society of England*誌）を通じて、一般に公表された。

ローズは「農民が、農業化学に対してもっている軽蔑は、その教授によって犯された誤りから生じているものである[40]」と語り、リービヒが圃場の知識や実際の農業経験をもたないという理由で、リービヒの学説を疑ってかかる。したがって実験を通して教育を行うという、当時としては独特のリービヒの教育方法は、イギリスではそれほど注目されなかった。もっとも、リービヒが実験を通した教育を実際に行っていたのかどうかは疑問のある点である。ローズとギルバートは圃場試験を重視し、一八四三年に小麦とカブラを使って試験を開始する。区画を大きく三つに分け、第一に、肥料を施さない区画、第二に、エーカー当たり一四トンの厩肥を施肥する区画、第三に、（一八四五年以降に）塩化アンモニウムと硫酸アンモニウムとを施肥する区画をそれぞれ設け、比較試験を試みている。これらの試験結果から、ローズは、硫酸アンモニウムが肥料として価値のあることを見出し、ギルバートは、植物が必要としている窒素を空気中からでは十分に得ることができず、窒素は土壌あるいは肥料から得ていることを明らかにする。[41]ローズとギルバートは、リービヒの主張していた、植物が空気中から炭素を吸収するということは受け入れるものの、窒素も空気中から吸収されるので肥料で補う必要はないという説明には反対した。[42]もっともローズとギルバートは、リービヒの窒素に関する説明はクローバーやマメ科植物については当てはまるとする。これらの植物では、いわば根で窒素成分が合成できるため、窒素肥料を施す必要がなかったからである。ローズとギルバートはこのことを説明するのに、その後、約二五年間を費やすことになるが、結局、解明できずに終わる。

リービヒとの論争では、窒素に関する問題のみではなく、もう一つ、作物の栄養素と灰分の含有量との関係という問題も争点になった。ローズとギルバートは、種々の鉱物質肥料を施肥する必要性を認めていたが、リービヒの語るようにその必要量が灰分の分析から推計できるという説は認めていなかった。そしてローズとギルバートは、灰の成分割合というのは作物に必要な成分を示しているわけではなく、その逆に土壌中から引き出さなければならない重要な成分の吸収が困難であることを示していると説明した。[43]

リービヒとの論争をきっかけに、ローズとギルバートの共同研究は土壌と作物との関係を研究対象にして、圃場試験を通じて継続される。この成果は約二百編の論文となって結実した。[44]圃場試験は厳密な手順にしたがって行われ、分析や記録の仕事は主にギルバートが担った。この圃場試験は大きく一五の内容に分かれていた。すなわち一植物の窒素分の根源、二　気象観測、三　土壌成分、四　小麦に関する試験、五　大麦に関する試験、六　エン麦に関する試験、七　根菜類に関する試験、八　マメ科作物に関する試験、九　草地に関する試験、一〇　輪作による作物の試験、一一　硝化作用と排水の成分に関する分析、一二　飼養試験、一三　汚水灌漑とエンシレージ(ensilage, 青刈り作物や牧草をサイロの中に詰め込み、乳酸発酵させて貯蔵すること)に関する調査、一四　土壌の生化学的作用の分析、一五　促成堆肥による土壌の二次的作用に関する分析、であった。それぞれの試験や分析は着手された時期が異なっているけれども、いわゆる植物栄養学の分野をほとんど網羅していた。そして研究業績の多くは、リービヒの鉱物質理論を論ばくしようとしたものであった。

ロザムステッドでは、リービヒの実験室からギルバートを通じて化学的手法がもちこまれたものの、単に実験室内での実験にとどまらず、圃場試験を通して研究が継続された。農業史家のアンリィ卿（Rowland Edmund Prothero, Baron Ernle, 1851–1937）によれば、「ギーセンの実験室で、新しい農業が生まれたとすれば、それはロザムステッド農業試験場で成長を遂げた[45]」のである。さらに農業研究者のホール（Sir Alfred Daniel Hall, 1864–1942）は、後にロザムステッドでの研究成果を総括して、

> ロザムステッド試験場の主要な目的は、どのような地域においても通じるような知識を得ることであり、そのうえで農民が直接的な助言者を通して、これらの知識を自分自身の条件に適用することによって、経営的に成り立つような実用的な原理を生み出すことである[46]。

としている。もっとも、ロザムステッドの研究成果の多くが、ホールのいうような形態をとって活かされたのは、一八五五～七五年頃の「農業の黄金時代[47]」であった。それ以降においては、試験結果の蓄積はなされていくものの、その結果から法則を生み出し体系化を行うという点で、大きく遅れをとった。

三　科学的な農業と農業協会

ローズによれば、デーヴィによって本格的な農業研究（農業化学）が始められたけれども、デーヴィの研究成果は、実際の農業にはほとんど影響を与えていないという[48]。ロザムステッドにおいても、その成果を活かそうとすれば、前述のホールの主張にあるように「助言者」の役割を担うことが必要であった。しかしロザムステッドには、このような側面が欠けていた。そこで農業技術の普及活動（広義には農業教育も含まれる）を担う制度が生まれる。

ロザムステッドの研究成果を数多く発表する機会（*Journal of the Royal Agricultural Society of England* 誌の発行）をつくったイングランド王立農業協会が、その役割を担うことになる。[49] もちろんこの協会は、ロザムステッドの成果を普及するために設立されたわけではないが、ローズとギルバートの成果を数多く発表する場を提供する。

農業改良調査会の解散以後、その行政的な面以外の側面を発展的に継承したのが、イングランド王立農業協会であった。[50] しかしこの農業協会の前身となる組織は、農業改良調査会だけではなかった。それらを年代順にあげると、工芸協会（Society of Arts, 一七五四年に設立）[51]、バース・イングランド西部協会（一七七七年に設立）[52]、スミスフィールド・クラブ（Smithfield Club, 一七九八年に設立）[53]、王立園芸協会（Royal Horticultural Society, 一八〇四年に設立）[54]、有用知識普及協会（Society for the Diffusion of Useful Knowledge, 一八二六年に設立）[55]、そしてイギリス科学振興協会であった。多くはロンドンに本拠をおく組織であり、何らかの形で農業分野に関連をもっていた。しかしながらイングランド王立農業協会の事業に、最も影響を与えていたのは農業改良調査会であった。

イングランド王立農業協会は一八三八年に設立された（現在も、この協会は存続している）。この協会が設立された同時期の一九世紀中期には、新しい農業技術の展開を反映してロンドンのイングランド王立農業協会のみではなく、地方においても数多くの農業協会（agricultural society）や農民クラブ（farmers' club）が設立されている。[56] その数は、一八五〇年代初頭で農業協会と農民クラブを併せて約七百を数える。農業協会は主に地主を中心に、農民クラブは主に借地農を中心に活動を展開している。それぞれの活動内容は類似点も多いが、農業協会は共進会（agricultural show）を、農民クラブは月例集会を、その活動の拠点としていた。しかしながら約七百の農業協会や農民クラブは、一九世紀後半を通じてその活動が継続したところは少なく、多くは解散することになる。農民クラブのなかには、農業問題ではなく政治問題に、その活動を移行したところもあった。

ところでイングランド王立農業協会の設立には、農業新聞 *Mark Lane Express*（一八三二年創刊）の編集者ショー（William Shaw, 1797–1853）[57] が大きな役割を果たし、事務局長（secretary）として加わっている。ショーはテーヤ

(Albrecht Daniel Thaer, 1752–1828) の著書 *Grundsatze der rationellen Landwirtschaft*, Berlin, 1809–21 の英訳者 (translated by Shaw, William and Johnson, Cuthbert W., *The Principles of Agriculture*, London, 1844) でもあり、しばしば「科学的農業」(scientific farming, あるいは、よりいっそう科学や技術を意識した scientific agriculture) という用語を使用している[58]。科学的農業という用語は、この頃から、その他の出版物においてもよく使われるようになる。農業関連の出版物の動向によれば、この頃から農業における中心的な課題が変わっている。というのは、一八世紀から一九世紀初頭にかけては、その中心課題は農業改良であったが、この頃から科学的農業となっているのである[59]。そしてショーの翻訳のみでなく、多くの著書において、科学的農業という用語が使用される[60]。イングランド王立農業協会は中心課題を科学的農業におき、協会誌 *Journal of the Royal Agricultural Society of England* を刊行する。科学的農業とは、この協会誌でよく使用された協会の標語である「実践と科学との結合」([combine] Practice with Science)[61]を意味した。協会誌では、実践と科学との一体化が説かれ、その趣旨に添った論文が掲載された。一九世紀初頭におけるサマヴィル卿の根本理念であった Practice and Theory は、一九世紀中期に至って、「科学」を強く意識することによって、Practice with Science となったのである。そしてこの趣旨に基づく主な協会による事業は、協会誌の刊行や年次会議の開催ばかりでなく、牛や羊の共進会の開催も含まれていくことになる[62]。

　イングランド王立農業協会では、科学の適用や実用性の追求だけでなく、実践と科学の結合を推進していくために、その前提条件として従来の農業化学のみでなく、広範囲にわたる知識の獲得が必要とされる。たとえば、農業協会から提供される農業知識を用いて、同じように作物を育成しても、地域が異なれば、様々な要因によって成長の程度は異なる。その要因のなかでは、土壌の違いが大きな要因であった。ところがこの土壌に関して、当時の農業化学においては、土壌は植物の機械的支柱であり、無機養分と水分とを供給する作物生産の培地としてしか認識されていなかった。そのために当時の農業化学は、土壌の違いを説明する方法をもたなかった。協会員は、当時の農業化学の適用だけでは限界のあることがわかり、土壌分析を実施するために、地質学者の協力を求めることになる。[63]

イングランド王立農業協会は一八四七年に化学コンサルタント（consulting chemist）として、J・T・ウェイを採用する。このウェイは土壌分析に関心を示した（ローズは関心をもたなかった）。ウェイはロンドンの実験室で、協会員から土壌分析の依頼を受け、その分析の対価として報酬を受け取る。ウェイの分析は化学成分が土壌に吸収され、同化（assimilate）するという現象に関心をもったことから始まる。この分析は既存の実験方法（ガラスの筒に土壌を詰め込み、上からアンモニア溶液を注いで、土壌への同化吸収を調べる）を用いて、カリウムやリン酸に関する実験を試み、土壌に残留しているかどうか確かめるというものであった。[64] この実験によって、それまでのリービヒの主張が覆り、肥料が雨によって流されるのを防ぐために、肥料製造過程でカリウムやリン酸を石灰に溶かすという工程は必要でないことがわかる。むしろ石灰に溶かすことによって、カリウムやリン酸が非可溶性となり、植物生長にとって有効でなくなることがわかる。[65] さらにウェイは一八五六年に、土壌中で硝酸が他の窒素化合物から形成されることを発見する。しかし彼にはこの発見の重要性が認識できなかった。ウェイは植物が吸収したのは、硝酸ではなくアンモニアであると信じ続けた。このように未だ科学の形成段階にあったとはいえ、ウェイはイギリスにおける土壌科学（soil science）確立のきっかけをもたらしたといえる。もっとも、ウェイは肥料成分と土壌の関係を探究したにすぎないともいえ、近代土壌科学の誕生はロシアのドクチャーエフ（Vasilii Vasilievich Dokuchaev, 1846–1903）をまたなければならなかった。[66]

ウェイが就いたコンサルタント業は、それまで農業研究に関心を示していた改良地主層や肥料製造業者などとは性格を異にしていた。コンサルタントは実験や分析によって自らの生計を維持していくことができる人々であり、その目的は知識の普及あるいは最良の実践の奨励であった。しかし普及や奨励にとどまり、なぜ最良の実践であるのかを問うことはほとんどなかった。コンサルタントは自らの専門知識を活かし、土壌や肥料の分析に携わった「専門家」であるといえるが、必ずしも科学としての確立をめざして活動をしているわけではなかった。

研究に携わる人々を生み出していこうとすれば、コンサルタントの養成だけでは困難である。研究者を養成する構造、つまり農業協会に替わる組織ないし制度を構築しなければならない。組織や制度をつくることによって、研究に携わる職業が社会において定着した存在となる。イングランド王立農業協会はコンサルタント業を通じて、確かに実験や試験に対して関心を寄せた組織であったが、研究自体の発展をめざすような組織ではなかった。もちろん農業科学者ないし農学者（agricultural scientist）を生み出すような組織ではなかった[67]。この点で、その後に重要な役割を担うのが学校、とくに高等教育機関であるカレッジや大学であった。

第2章で述べたように、エディンバラ大学では農業講座がすでに一七九〇年に設立されていたが、一八三〇年代には単独の高等教育機関は未だ設立されていなかった。農業関連ということであれば、最初に設立された高等教育機関は一八四四年の王立獣医カレッジ（Royal College of Veterinary Surgeons）である[68]。獣医学は一九世紀の家畜頭数の増加と、酪農の生産方法の発展とともに進展する。とくに飛躍的な進展のきっかけとなったのは、輸入家畜の増加にともなって感染症が蔓延したことであった[69]。たとえば、一八二九年にイギリスに入った口蹄疫（foot and mouth disease）は、その一二年以内にイギリス全体に拡がった。さらにヨーロッパ大陸において長い間その存在が知られていた肋膜肺炎（pleuro pneumonia）も、一八四二年から四三年の冬にかけてイギリスにおいて出現した。一八六五～六六年には牛疫（rinderpest）が流行した。このような状況に対処すべく獣医学校の設立が求められたのである。しかし獣医学校は感染症の流行に対応するというよりも、「獣医のいかさま治療の拡大を止める[70]」という水準にとどまった学校であった。この水準にあったので、本格的な獣医学の進展は望めなかった。イギリスでは「病気のことについて多くのことを知っているが、これらを治療する方法はあまり知られていない[71]」という状態にあった。王立獣医カレッジ設立後も、家畜の病気に関しては経験的な積み重ねが多く、試験研究などの進展はほとんどなかった[72]。この点で獣医学をはじめとする研究者を養成するにはほど遠い状況にあった。

一方、王立獣医カレッジの設立とほぼ同時期の一八四五年にサイレンセスタで農業カレッジ（Agricultural College at Cirencester）が設立される。イングランドにおいては、すでに一七九六年にオックスフォード大学において農業講座の設立がなされていたが、講座が設立されただけにとどまり、一八四〇年までその運営資金がまったくない状態が続いていた[73]。このように一応、スコットランドと同様、イングランドにおいても農業講座の設立はあったけれども、単独のカレッジとしては、サイレンセスタがイギリスで最初であった[74]。しかし当時の地主貴族はウェリントン公爵に代表されるように、農業の理論と実際の農業とは結びついたものであり、しかもその理論は経験に基づくものであると考えて、農業の高等教育の必要性を認めていなかった[75]。けれども農業が単に経験に依存していては、その技術進歩や研究の進展が望めないような状況となっていた。ロザムステッドの農業試験場の設立とほぼ同時期の一八四四年にサイレンセスタのバサースト伯爵（Henry George Bathurst, 1790–1866）[76]が四百エーカーの土地の賃借を許可し、さらにカレッジ建設資金も寄付することによって、翌四五年にカレッジが設立された。

このカレッジの根本理念は、イングランド王立農業協会と同様、Practice with Scienceであった。教授陣は、農業化学では前述のウェイやボウルカ[77]、農業では後にエディンバラの農業教授となるJ・ウィルソン[78]、博物学ではウッドワード（Samuel Peckworth Woodward, 1821–1865）、獣医学ではブラウン（George Thomas Brown, 1827–1906）らが着任する。当時の研究水準においては、可能な限りの人材を集めてカレッジは出発した。しかしその研究・教育体制は農学自体が確立されていなかったので、決して順調なものではなかった。ひとつの問題は「カレッジは、もともと借地農の子弟に科学的農業を教育するために創設された。……しかし、現在（一八五〇年）、名簿に載っている六十名の学生はすべて、弁護士、牧師、公務員、地主の子弟である[79]」という状態になっていたことである。カレッジは農業従事者の子弟を集めて、科学的農業の実践者を養成する目的で設立されたが、当初からこの構想は崩れていた。このことは実践者の養成が、農業経験とは無縁なところで行われざるをえないことを示唆している。もちろんこのカレッジの目的のなかには、研究者の養成はなかった。しかし当時のイギリスにはサイレンセスタ以外に農業カレッジがなかったことから、その卒業生には王立獣医カレッジの学長やキュー植物園の園長となる人々も出ている[80]。

この点でもカレッジの意図と社会の要請とは食い違っていた。

さらにサイレンセスタは設立当初から大きな問題を抱えていた。作家ディケンズ（Charles John Huffam Dickens, 1812-1870）は、息子が一八六八年にサイレンセスタの農業カレッジに在籍していたため、カレッジを訪問して、その特徴について、「科学的農業の必要性が認識され、その教育が発達しているが、カレッジは政府から全く資金を受け取っていない[81]」と述べている。農業カレッジは国家財政に依存することなく運営されていたが、そのために常に財政問題に悩むことになる。学生教育・研究・財政の問題をめぐってカレッジは設立後、揺れ動くことになる（第9章）。

四　おわりに――農業技術と諸制度

一八六〇年以降にイギリスは大学のなかに「技術」を取り入れる。これはドイツでは全く拒まれたことである。なぜなら実際的な必要性に応じるためには、どうしても規格化され制限された教科課程を、設けなければならないと考えられたからである。しかしイギリスではそのように考えなかった[82]。むしろ農業試験の展開にみられるように、技術を通して実際的な必要に応ずることこそが、科学の形成にとって大きな役割を果たすと考えられたのである。近代産業社会における科学の確立は一九世紀初頭である。農業試験もその影響を受けていた。しかしイギリスにおいては、近代科学は国家の事業としては等閑視されたため、研究活動は必然的に実用性に重点がおかれる。農業試験においてその傾向が顕著に現れたのは、デーヴィの研究であった。彼の研究方法は、実験での成果を農業に活かすことに終始し、農業化学の科学的知識の蓄積には至らなかった。それはいまだ農業家（agriculturist）の趣味的研究の範囲を脱するものではなかった。この結果、農業研究は停滞し、リービヒの影響によって再生するまで約二十年を必要とした。

リービヒはイギリス農業研究に大きな影響を与え、とくにローズとギルバートとの論争を通じて、その発展に寄与した。前述のようにローズは肥料製造会社を経営するかたわら、ロザムステッドに農業試験場を設立し、リービヒの実験成果を疑って圃場試験を始めた。そして圃場試験という方法を通して、肥料の増投に代表される農業生産の商品経済化が進展するなかで、それに合致する原理を生み出していった。この結果、植物栄養学のほとんどの分野を網羅するような分析資料を残すことになった。しかし多くは試験成果の蓄積という段階にとどまり、法則化や体系化には至らなかった。

一方、ロザムステッド農業試験場の設立と、ほぼ時期を同じくして様々な組織が設立された。イングランド王立農業協会、王立獣医カレッジ、サイレンセスタ農業カレッジなどであった。いずれも科学と実践の結合、あるいは科学的農業を旨とする機関であり、これらの諸組織によって、農学者（agricultural scientist）を生み出すきっかけが与えられる。研究活動によって（ただし、研究成果の直接的な対価としてではなく）、継続的な生計維持の機会が与えられる専門的研究者が誕生する可能性が生まれたのである[83]。しかも、それらは国家主導の活動ではなかった。この点がドイツと大きく異なる点であった。しかしながら農業協会やカレッジは実際の農業従事者と乖離する傾向をもっていた。さらに実験や試験の成果を普及することに主眼がおかれる傾向を強くもったために、農業研究の進展からも取り残される可能性も孕んでいた。

第6章　農業化学と試験研究の展開

農業研究の進展にしたがって、農業試験場・農業協会・農業カレッジなどの制度が形成されていった。この展開過程は観察・啓蒙の段階から、試験の段階への移行であった。農学の形成過程である。科学として確立するには、農業試験が大きな転換点となる。本章ではこの農業試験の段階について、その特徴を明らかにするために、当時の農業化学の展開と農業刊行物における記述や評価をみていくことにする。

一　農業協会と実験

一般にイギリスにおける「科学」の高揚は、一九世紀であるとされる。それは協会・学会（society）の数が、この時期に急速に増加していることによって示される。一七八〇年頃にはイギリスでは全体で一四の協会・学会があるのみであったが、一八五〇年までにそれは一三九にまで増加する。(1) その主要なものは、マンチェスターで誕生（一七八一年に設立）し、その後各地で設立される「文芸・哲学協会」（Literary and Philosophical Society）である。地方ではこれらの文芸・哲学協会が、科学振興の中心となった。そして一九世紀中期にはロンドンに数多くの学会が設立される。代表的なものをあげれば、地理学（一八三〇年設立）、昆虫学（一八三三年設立）、植物学（一八三六年設立）、顕微鏡（一八三九年設立）、薬学（一八四一年設立）、化学（一八四一年設立）などの学会であった。このように一八世紀末から一九世紀中期にかけて、科学に関する協会・学会が数多く設立されていった。

しかし、これらのなかに農業に関する協会（agricultural society など）は含まれていない。なぜなら農業に関する協会は、科学それ自体に関心のある人々の集まりではないとされ、さらに当時においては、農業は自然哲学（natural philosophy）の一分野と考えられていたためである。[2] 全体的な科学の流れのなかでは、農業分野はこのような扱いであった。しかし農業に関する協会は科学に関連する協会ではないとみなされていたものの、一八世紀末から一九世紀にかけて、農業協会は急速に増加した。農業に関する協会に、農業改良調査会なども加えるとすれば、前述のようにその設立は一八世紀のスコットランドに始まるが、イングランドではその数は一八〇〇年に三五、三五年に九〇、そして四五年には約三六〇を数え、さらに七〇年頃には六百～七百にまで達している。[3] 一八一〇年の時点で表6-1に示すような農業に関する協会が存在した。これらの協会は時期によってその目的を異にしたが、初期に設立された協会は、主に農業改良に関心の対象がある集まりであった（ここでは協会という名称を使っていなくても、農業改良に関心のある団体を含めて考えている）。農業改良調査会やスミスフィールド・クラブなどがその代表的なものである。しかし一九世紀中期に設立されたイングランド王立農業協会などは、前章で述べたように科学的農業への関心が中心となっていたように、その目的が異なっている。

農業に関する協会は、農業改良への関心を出発点として設立され、その後、増加している。この増加傾向は、協会の多くが啓蒙を課題としていたので、啓蒙手段となる文献や定期刊行物（新聞と雑誌）の増加へとつながっていく。P・ホーンの研究によれば、一七三〇～八九年に出版された農業文献は年間平均一・五冊程度であったが、一七九〇～九九年の一〇年間に年間平均九～十冊となり、飛躍的に増加する。[4] もっとも、この時期の農業文献の三分の二は、農業改良調査会の農業報告書であった。[5] 一方、N・ゴダードの研究によれば、定期刊行物は一七八〇年代から一八五〇年代にかけて、約五倍に増加している。[6] しかし農業改良調査会に代表されるように、初期の農業に関

表6-1　イギリスにおける農業に関する協会（1810年時点）

England and Wales における Society（Meeting Place）	**Scotland における Society（Meeting Place）**
Board of Agriculture（London）	Highland（Edinburgh）
Bath and West（Bath）	Banff
Bedford（Bedford）	Badenock and Strathspey（Kingussie）
Berkshire（Ilfley）	Carrick Ayrshire（Merghole）
Boston	Clydesdale（Lamarck Muir）
Brecon（Brecknock）	Dalkeith（Dalkeith）
Carmarthenshire（Carmarthen）	Dunichen
Caernarvonshire	Eddlesham
Cardiganshire（Cardigan）	Fife（Cupar of Fife）
Cornwall	Inverness（Inverness）
Christchurch（Christchurch）	Kilmarnock（Kilmarnock）
Chesterfield（Chesterfield）	Lanarkshire
Derby West（Derby）	Lothian-Linlithgow
Devon（Totnes）	Middleton
Drayton（Drayton）	Morayshire（Elgin）
Durham（Darlington）	Perth
Essex（Chelmsford）	Ross-shire Association
Glamorganshire（Cowbridge）	Wigtohshire（Wigton）
Herefordshire（Hereford）	
Hertfordshire（Berkhamstead）	
Holderness（Hedon）	
Howden（Howden）	
Kent（Canterbury）	
Lancaster	
Leicester	
Leicester and Rutland（Leicester）	
London Society of Arts（Adelphi）	
Manchester, inc. Cheshire（Manchester in August, Altrincham in Octorber）	
Newark, Notts.（Southwell）	
Newcastle North（Newcastle）	
Norfolk（Lynn and Norwich）	
Pembrokeshire（Norbeth and Haverford West）	
Penlynn and Endernion	
Petersfield, Hants.	
Shiffnall（Shiffnall）	
Staffordshire（Lichfield）	
Smithfield Club（London）	
Surry（Reigate, Guildford, Dorking）	
Sussex（Lewes）	
Tyneside（Newcastle）	
Wharfedale（Otley）	
Wyveliscombe	
Woburn	
Workington（Keswick）	
Wynnslay（Wynnslay）	
York（York）	

資料：Harrison, Winifred, The Board of Agriculture, 1793-1822, with Special Reference to Sir John Sinclair, M. A. thesis, University of London, 1955, Appendix 5より作成。

する協会は短命に終わり、その結果、ナポレオン戦争後の約二十年間（一八一六〜三六年）は、農業文献の出版も停滞していた。[7]

農業改良熱の高まりは刊行物の増加という現象にあらわれているが、これらの農業文献や定期刊行物において、農業改良への関心がどのように表現されているのかが問題である。刊行物をみることによって、当時の農業家が農業改良をどのようにとらえていたかがわかる。一八世紀末の大多数の文献において、繰り返し現れるのは、「実験的方法」の強調であった。農業史家のG・E・ファシルの研究によれば、この実験的方法というのは、すでに一七三〇年代から「実験的農業」に関する文献の出現によって、広まり始めていた。[8]その代表的な文献は Ellis, W., *The Practical Farmer, or the Hertfordshire Husbandman, Containing Many New Experiments in Husbandry*, London, 1732 ; idem., *A Compleat System of Experienced Improvements made on Sheep, Grass, and Lambs and House Lambs etc.*, London, 1749 ; Templeman, P., *Practical Observations ...*, London, 1766 ; Mills, J., *A New System of Practical Husbandry*, London, 1767 などである。[9]しかしながら、これらの文献で説かれている「実験」とは、その表題からも類推できるように、いわゆる実際の経験という意味をこえるものではなかった。一八世紀末に出版された文献も、多くはこの延長上にあった。つまり、それぞれの著者が実際の経験を書きとどめておくという程度以上のものではなく、ここで使われている実験とは、仮説が正しいかどうかを、人為的な操作によって実際に確かめてみるという意味（experiment）ではなかったのである。

わずかにA・ヤングとW・マーシャルの著書は、多くの文献とは異なっていた。[10]ヤングは、*A Course of Experimental Agriculture*, London, 1770 という著書を刊行するが、この著書はヤング自身が行った実験農場の成果を記録したものであった。この実験は結局、失敗に終わり、ヤングは「私が好んで実験と呼んだことは、私自身と他人との両者を裏切った」という評価を下している。[11]ヤングは実験に着手したものの、その実験の失敗にこだわり、それ以後、自ら行う実験を放棄した。この当時は農業への化学の影響は、スコットランドでみられるにすぎず、イングランドではほとんどないという状況であった。ヤングの実験が失敗したのは、いわば当然の帰結であったともいえる。そしてヤングの研究手法はこれ以後、実験ではなく調査や観察へと移行していった。ヤングが主宰して創刊した *Annals of Agiculture* 誌においては、一七八四年から一八〇九年の間に出された論文のうち、農業実験に関するものが約二十パーセントに及んでいる。しかしながら、ヤングが試みた実験と同種のものを見出すのは困難であり、多くは実際の経験を記したものとなっている。一方、マーシャルは著書 *Minutes, Experiments, Observations and General Remarks on Agriculture in the Southern Counties*, London, 1799 において、次のように語っている。

> 人文科学や自然科学上の大変革が起こっているなかで、農業が科学の対象として取り扱われていないということは、注目すべきことではないだろうか。さらに農業分野が実験哲学（Experimental Philosophy）の一分野とみなされていないということも、注目すべきことではないだろうか。
>
> 　農業において、実験の効用があることは、だれでもが知っている。というのは、たとえ偶然の出来事が、実験の成果と同様に有益なものであったとしても、偶然の出来事は、あくまでも偶発的であるのに対して、実験の成果は、実験者の意志によって幾度でも繰り返すことができるからである。したがって新参の農業家（Novitial Agriculturist）にとって実験は有益なものであり、たとえ農業熟練者であっても実験は新しい農業を始めるときの助けとなるのである。[12]

マーシャルは、諸科学が進展しているなかで農業も諸科学と同様に実験に基づくべきことを説いている。マーシャルが説く実験は、明らかに仮説の正否を確かめ、因果連関を見出すためのものであったが、マーシャルも語っているように、この著書の出版当時で、実際にこのような実験が広範に定着しているとは言い難かった。[13] ファシルによれば、この時期の農業は「アマチュアの試み」であり、「科学実験との間には、超えることが困難な断絶があった」[14] とされる。アマチュアの試みは、一貫した継続性をもたず、とりもなおさずその成果から法則や体系を見出そうとする行動ではなかった。そしてこの断絶は、「テーヤ、ローズ、ギルバート、リービヒの研究によって、はじめて埋められた」とされる。

しかしながら、これまでの章で述べたように、実験活動への萌芽や展開がなかったわけではない。前述の農業改良調査会がその代表例であるが、その創設委員でしかも王立研究所の運営委員でもあった一四名は、それぞれ農業実験に関心を示し、その多くは自ら実験に着手した。一四名のうち代表的な人物をあげると、J・バンクス（当時、Royal Society の会長でもあった）は、シンクレアとともに羊の育種に携わった[15]。またJ・S・サマヴィル[16]は、自分の所領で農業試験を行い、家畜共進会の後援やスミスフィールド・クラブの設立を推進した。さらに第二代スペンサー伯爵（George John Spencer, second Earl Spencer, 1758–1834）は、農業試験や羊の育種に関心をもっていた[17]。マーシャルによれば、このような人々が「科学的農業家」とよばれ、「実践によって生ずる有用な情報を観察し、記録するばかりでなく、単なる知識からでは生まれないことを、実験によって発見する」[18]人のことであった。このように確かに実験手法に関する動きはあった。しかしながらマーシャルも語っているように、この実験は新知識をもたらすものであったとしても、法則や体系化にはほど遠いものであった。

さらに実験手法に対する萌芽的な動きがある一方で、実際の経験に頼ろうとする考え方は依然として根強く残っていた。たとえば、Trusler, Revd. Dr. J., *Practical Husbandry*, London, 1780 では、「経験と長期観察」という副題がつけられ、その表紙の扉には、「自分の著書には、理論・思索・実験的な方法によっては満たされない、普通の農業経営に必要とされる知識を、すべて含んでいる」と記されている[19]。この著書では、農業における経験重視が語られ、とくに実際の農業においては、机上の成果は役に立たないとされる。時代の新旧にかかわらず、農業においては根強く存在する考え方であったが、当時においては経験に依拠する考え方のほうが、むしろ一般的であったといえる。実際に実験的な方法や知識は、多くの農民の間に拡がっていなかったからである。一九世紀初期までは、情報伝達手段が限定されていた上に、実験に基づいて研究・教育を推進する制度もなかったために、多くの農民は過去からの経験に頼らざるを得なかったのである。[20]

二　実験概念の変化とリービヒの影響

一八三〇年代後半以降、農業改良への関心が再び高まるなかで、農業における実験・試験への関心も高まった。そして実験・試験への関心の程度やその位置づけは、一九世紀初期とはかなり異なったものになった。この違いは一九世紀中期の農業研究者によって説明されている。[21]たとえば、オックスフォード大学で化学・植物学・農業の教授を歴任し、イギリス科学振興協会の設立に寄与したドウベニィは、一八世紀末から一九世紀初頭にかけての実験と、一九世紀中期の実験との違いを、医学になぞらえて説明している。一八世紀末から一九世紀初頭にかけての実験は、やぶ医者の仕事であったと語り、「昔のやぶ医者が、今日（一九世紀中期）の医学から取り除かれたように、以前の実験は今日の農業研究の範疇には入らないものである」[22]と述べる。さらにスコットランドの農業化学者J・F・W・ジョンストン[23]も、一八世紀末から一九世紀初頭の実験に言及して、それらの不正確さを指摘し、「農業研究は、それらの実験者の成果では、学問の一分野とみなされなかった」と述べる。ジョンストンは一八四〇年以前の実験とそれ以降の実験とを対比して、前者を「古い錬金術」、後者を「近代化学」と称している。[24]ジョンストンによれば、農業研究は実験という手法を通して、近代化学の一分野になったというのである。[25]さらにモートン(John Chalmers Morton, 1821–1888) 編集による一八五五年刊行の *A Cyclopaedia of Agriculture*, Edinburgh and London[26]の序文では、「今日の化学が農業の進歩を生み出し、それ以前は停滞した暗黒の時代である」とされている。[27]総じて近代化学の成立が農学の確立をもたらし、それ以前の農業研究は科学に結びつくものではなかったという意見である。

確かにイギリス科学振興協会においては、農業研究は化学の一分野とされた。[28] この研究の流れは、もちろんデーヴィに端を発していた。デーヴィ自身は農業化学について、「いまだ系統立った体系にはなっていない。それはかなり多くの実験者（experimenter）によって探究されたが、あまりにも短期間であったため、それによる成果は未だいかなる基本的な論文にもまとめられていない」[29] と語っている。デーヴィの問題意識は約三十年後に解消したといえるのであろうか。ドウベニィは実験概念が変化したことを認めるものの、一八四二年にイギリス農業研究の状況を検討し、約三十年前にデーヴィが語った状況とほとんど変わっていないと述べている。ドウベニィはその原因を、リービヒに代表されるドイツの農業研究の展開を念頭において、実験を中心とする研究・教育機関の欠落に求めている。[30] そしてそれゆえにイギリス農業研究はドイツに比べて著しく遅れているとみなしたのである。

実際、前章でもみたようにイギリス農業研究はリービヒの影響を受けた。[31] 一八世紀末以降、約六十〜七十年の間に農業研究が進展したのかどうかについては、一九世紀中期のイギリスの農業論者の多くは否定的にみている。ドウベニィをはじめとして、とくに農業の研究・教育体制が、ほとんど未整備であることを指摘し、それが原因になっていると語っている。[32] リービヒ自身による批判はさらに厳しいものであり、一八三七年にイギリス科学振興協会の会議に出席した際には、「イギリスは科学の国ではない」とまで述べている。[33] 化学者プレイフェア（Lyon Playfair, 1818–1898）[34] や地質学者ライエル（Charles Lyell, 1797–1875）[35] は、リービヒの批判を受け入れ、農業研究のみでなく、科学全般にわたって、その研究・教育体制の確立を急ぐべきであると説いた。[36] イングランド王立農業協会の化学コンサルタントのボウルカも、このような研究体制が早急に必要なことを説き、それは単に農業の進歩を目的とするのではなく、農業の原理を探究するための体制を整えるべきであると強調した。[37]

これらリービヒの批判に応えた人々の多くは、直接的にリービヒの指導を受けていた。[38] プレイフェアは一八三九年にギーセンのリービヒのもとに留学し、四〇年代に農業化学の研究を始めている。プレイフェアはリービヒの著書を英訳し、*Chemistry in Its Application to Agriculture and Physiology*, London, 1840 として刊行している。ちなみに彼は一八四三年にイングランド王立農業協会の化学コンサルタントとなり、四五年にはサウス・ケンジントンの地質調査所（the Geological Survey）の化学者となっている[39]。ボウルカも一八四四年にリービヒのもとへ留学し、四七年に帰国してスコットランドのジョンストンの助手となっている。その後、一八四九年にはサイレンセスタの農業カレッジの化学教授となり、そして五七年にイングランド王立農業協会の化学コンサルタントとなっている。

これらの人々を介して、リービヒの農業化学がイギリスに影響を与える。もちろん著書などによる影響もあったが、直接的に教えを受けた人々による影響のほうが、はるかに強いものであった[40]。しかしこれらの人々の多くは、その活動の場が農業分野にとどまらなかった。最終的には化学行政や一般化学の分野で活躍することになる。多くのイギリス人研究者がリービヒのもとに留学しながら、行政に専念するか、あるいは農業以外の研究に没頭することになるのである。この点でリービヒの農業研究それ自体は、実はイギリス農業において定着しなかった[41]。この状況において、前章でみたリービヒとローズおよびギルバートの論争がイギリス農業の「リービヒ離れ」に拍車をかけた。この論争以来、リービヒに対するイギリスの農業研究者の反発は強くなった。とくに王立農業協会の設立に貢献したP・ピュージが死去する一八五五年まで、論争中のリービヒによる反論は *Journal of Royal Agricultural Society of England* 誌に一切掲載されることはなかった。

しかしリービヒに教えを受けた人々が、農業分野に全くとどまらなかったわけではなかった。少数であるとはいえ、ロザムステッド農業試験場のギルバートや、サイレンセスタ農業カレッジの歴代化学教授は、リービヒのもとへ留学後、イギリス農業研究の進展に寄与している。ギルバートの留学は短期間（約半年）[42]であったとはいえ、ギルバートによってリービヒの化学的手法がイギリスにもちこまれた。前章でみたように化学的手法が圃場試験という形態で実施され、農業研究が新たな展開をみせたのである。一方、サイレンセスタの農業カレッジも、リービヒのもとに留学した人々を教員として受け入れ、農業分野の進歩に貢献している。歴代の農業化学教授をみれば、初代教授はJ・T・ウェイである。ウェイはユニヴァーシティカレッジのグラハム（Thomas Graham, 1805–1869）[43]とドウベニィのもとで教育を受け、ドイツ留学の経験はない。しかし当時、リービヒのもとへ留学する学生は、グラハムの指導を受けた者が多く、ウェイがリービヒとまったく関係がなかったとは言い難い[44]。第二代教授のブライス（John Buddle Blyth, 1814-1871）は一八四三年にリービヒのもとに留学し、リービヒの著書の英訳や編集を手がけ、*Letters on Modern Agriculture*, London, 1859 や *The Natural Laws of Husbandry*, London, 1863[45] などを刊行している。厳密にいえば、ウェイの後はフランクランド（Edward Frankland）が引き継いでいるが、すぐにブライスに交替しているので、第二代教授はブライスとされている。第三代教授は前述のボウルカである。ボウルカは一八四四年にリービヒのもとに留学し、四九年から六三年までサイレンセスタで教授を務めた。第四代教授はチャーチ（Arthur Herbert Church, 1834-1915）[46]であり、一八六三年から七九年まで教授を務めた。チャーチもウェイと同様、リービヒから直接指導を受けてはいない。しかしながらチャーチが学んだのは王立化学カレッジやオックスフォード大学であり、とくに王立化学カレッジは、リービヒの門下生のドイツ人が渡英して設立したカレッジであり、その教授内容はリービヒのそれとほぼ変わりないものであった[47]。この経緯からチャーチも間接的にリービヒの影響を受けているといえる[48]。続く第五代教授はキンチ（Edward Kinch, 1848-1920）[49]である。キンチは王立化学カレッジで学んだ後、サイレンセスタの王立農業カレッジで実験助手となった。キンチもチャーチと同様、王立化学カレッジ出身であるので、リービヒの間接的な影響を受けている。キンチは助手となった後に来日し、一八七六年に駒場農学校の農業化学教師となり、日本から帰国後すぐ（一八八一年）に、サイレンセスタの農業化学教授となっている。キンチは一九一五年まで教授職にあるが、サイレンセスタ農業カレッジは同年に一旦、閉校している（第一次世界大戦後に再開）ので、キンチが閉校までの最後の農業化学教授となる[50]。このようにサイレンセスタ農業カレッジの農業化学教授職は、リービヒのもとに留学しているか、あるいは、ユニヴァーシティカレッジや王立化学カレッジのように、リービヒの影響が強いカレッジで学んだ研究者によって担われていた。そしてこれらの農業化学教授を通じて、リービヒの農業化学がイギリス農業研究に影響を与えたのである。その結果、一九世紀中期になって、イギリス農業研究では化学による実験手法が確立し、一九世紀初頭のそれとは、かなり異なったものとなった。つまり、リービヒの影響は農業化学そのものというよりも、化学実験の手法に関してであった。実験手法の確立によって、科学的農業（scientific farming, scientific agriculture）や農学者（agricultural scientist）という用語が、数多くの刊行物にみられるようになった。

三　農業研究と担い手の変容

イギリス農業研究は一九世紀前半に多少の停滞があったとはいえ、化学を中心に展開する。しかし農業分野は一九世紀中期以降になると、化学以外の他の研究分野からの影響も受け、農業化学以外の研究分野も徐々に進展し始める。すなわち化学以外の分野における実験・試験の手法が、農業研究に影響を与え始めたのである。これは、*Journal of the Royal Agricultural Society of England* 誌に掲載された論文の傾向をみれば、ある程度推察できる。図6-1は、一八四〇年から七九年までの論文タイトルを、五年ごとに主題別に分類したものである。一八四〇年代および五〇年代には、作物と耕作（crops and cultuvation）、肥料（manures and fertilizers）、農学（agricultural science）、排水と灌漑（drainage and irrigation）などに関する論文が多くみられる。この時期にはグアノや化学肥料の導入、排水管の導入などによって、農業生産力の上昇がもたらされた。論文はそれら農業技術に対する関心の高まりを示している。

一八六〇年以前には農業論文とは、農業化学を中心に論述した論文のことを意味していた。しかし一八六〇年頃から農業化学に対する関心は薄れ、その代わりに雑記（miscellaneous topics）、病害（pest and diseases）、食品製造と市場供給（food manufacture, markets and supply）などに関する論文が増加する。雑記には、指導的農業者の伝記、農業教育、協会コンサルタントや委員会からの報告などが含まれている。病害や食品製造と市場に関する論文は、顕微

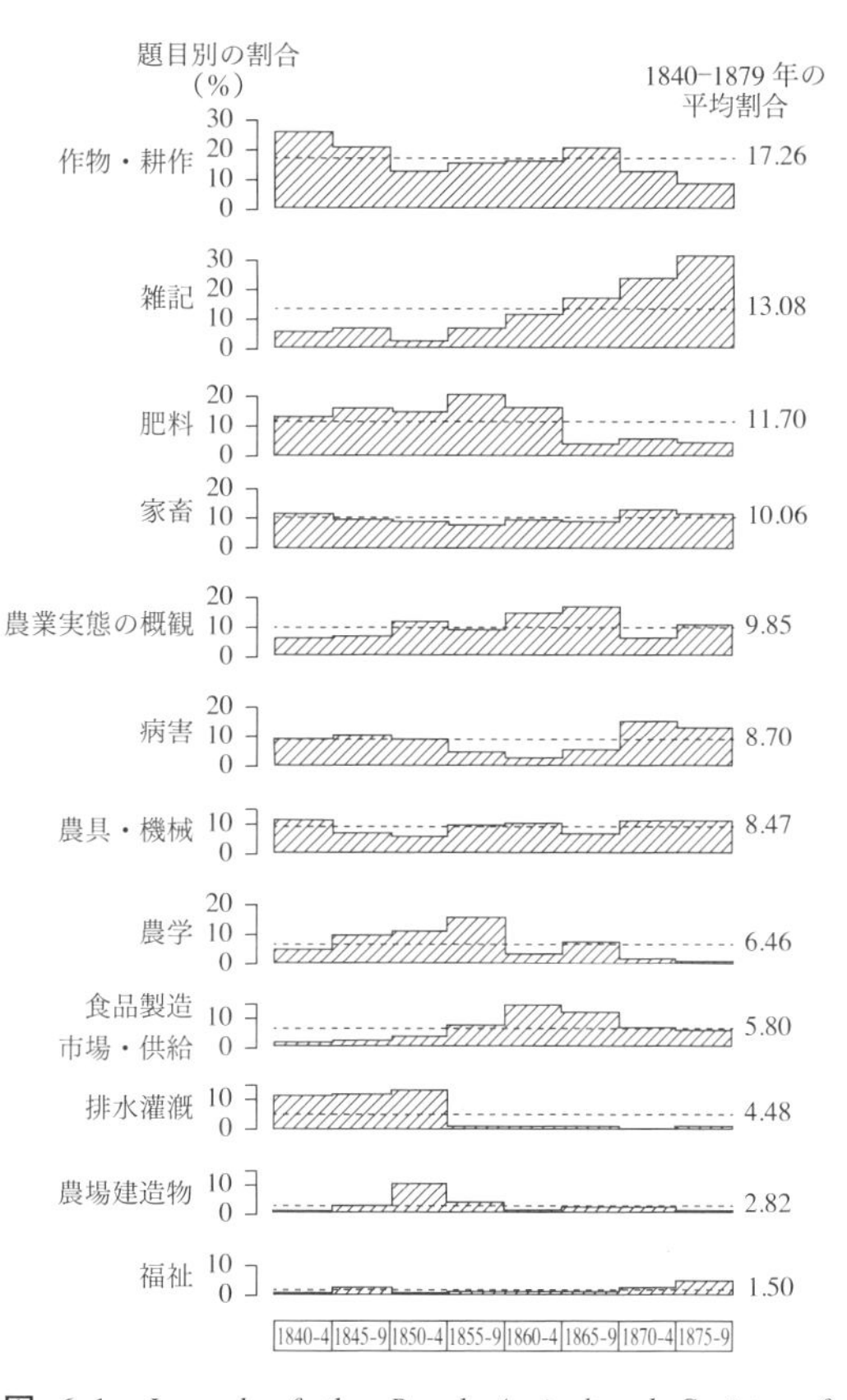

図 6-1 *Journal of the Royal Agricultural Society of England* 誌の主題別分類

資料：Goddard, N., Information and Innovation in Early-Victorian Farming Systems (Holderness, B. A. and Turner, M. ed., *Land, Labour and Agriculture, 1700-1920*, London, 1991), p. 171.

鏡・聴診器・体温計などの器具類の増加、蒸気機関の農業への導入などを背景とするものであった。さらに論文がこのようなテーマへと変化している背景には、微生物学や工学などの科学分野の発展があったことを見逃すわけにはいかない[51]。とくに微生物学は、その後の農業分野に大きな影響をもたらすことになった。そして農業分野は必ずしも化学の範疇に限定されるものではなくなっていく。

この農業分野の変容は、それを担う人々の変化をともなうものであった。それは図6-1の論文の寄稿者が変化したことからもわかる。一八四〇年から七〇年までは、著名な農業論者や地主などによる寄稿が、全体の三四・五パーセントを占めていた。これに対して、いわゆる専門研究者（化学者、植物学者など）、技術者・コンサルタント、

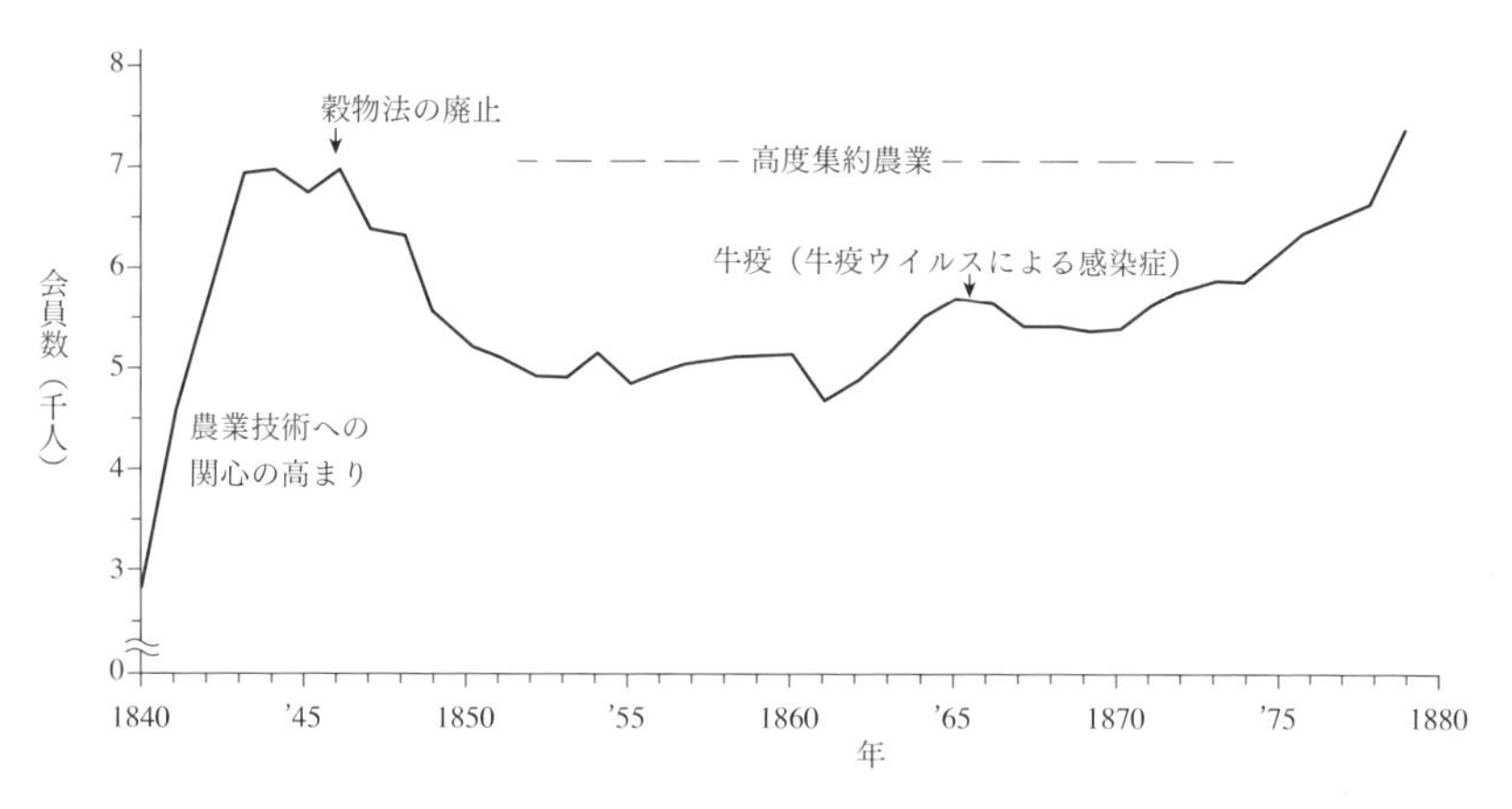

図 6-2　イングランド王立農業協会の会員数の推移

資料：Goddard, N., *Harvests of Change : The Royal Agricultural Society of England, 1838-1988*, London, 1988, p. 29.

農業教師などによる寄稿は一五・五パーセントにすぎなかった。しかしながら、もう少しくわしく一〇年ごとで区切ってみると、農業論者や地主層に代表される農業家の論文は、一八四〇年から四九年までの一〇年間に集中している。一八五〇年から五九年までの一〇年間には、専門家や技術者の寄稿が五二パーセントに上昇し、農業論者や地主層のそれは五・五パーセントに減少している。さらに一八六〇年から六九年までの一〇年間には、これらの数字はそれぞれ四四パーセントと〇・五パーセントになる。とくに各専門の研究者による寄稿は着実に増加し、一八五〇年から五九年には三三パーセント、六〇年から六九年には三五パーセントになる。つまり、論文の寄稿者は農業論者や地主層から各専門の研究者へと移っていった。したがって農業研究は一九世紀中期において、それまでの農業論者や地主層が個別に行っていた実験によって成り立つものではなくなり、専門の研究者によって担われるようになったことがわかる。

この担い手の移行はイングランド王立農業協会自体の変質を意味した。図6-2は、一八四〇年から八〇年までの会員数の推移を示したものである。設立当初には急速に会員数が増加したが、それ以後一八五〇年代に減少し、六〇年代から再び徐々に増加し、八〇年頃に当初のピーク時の会員数にもどっている。この会員数の増減は、農業生産の活発化と連動したものではない。なぜなら一八五〇年頃から七〇年代前半頃までのイギリス農業は、「高度集約農業」(high farming) と、その農法としての「混合農業」(mixed farming) によって、農業生産力の増加がもたらされ、イギリス農業の「黄金時代」をむかえているからである。したがって会員数の推移は、単に農業の発展や衰退を反映していたわけではなく、農業研究も含めて農業に関心のある人々が変化した結果であるとみなすことができる。つまり、設立当初は、農業改良などに関心のあった地主らが、イングランド王立農業協会に集まった。しかし一八四六年の穀物法の撤廃以後、これらの地主層が徐々に減少し、それにかわって農業技術者やコンサルタント、彼らから農業情報を得ようとする借地農などが増加しているわけである。

地主層はもはや農業研究の担い手とみなされることはなく、その逆に地主層を教育の対象とみなしていこうという提言が多くみられるようになる。そして地主層のみでなく借地農・農業労働者・土地管理人なども含めて、農業経営に関心のある人々に対して、教育を通じて農業研究の成果を広めていかなければならないという時代へと移ったのである。[52]

四　おわりに——農業研究の方向性

イギリスでは一八世紀末から一九世紀にかけて科学が高揚し、多数の科学のための協会や学会が設立された。農業分野においても、一八世紀末から農業改良への関心が高まり、農業改良のための団体の活動が活発化した。そうしたなかで化学実験という手法が普及し、科学として農業研究が展開していく道が開かれた。すなわち農業分野は、それまでの経験に依拠する段階から、近代的な農業研究の核となる実験の段階へと移行する過程をたどり始めたのである。

農業研究の進展は一九世紀前半を通じて順調というわけではなかったが、一八三〇年代後半以降に化学の発達から大きな影響を受けて、再び農業研究の進展をみることになった。とりわけリービヒの影響は、他の追随を許さないほど大きなものであった[53]。リービヒの農業化学は、肥料をめぐる論争はあったものの、ロザムステッドのギルバートやサイレンセスタ農業カレッジの農業化学教授などを通して、短期間に導入されていった。もちろんこの展開の背景には、一八世紀末以来の実験やデーヴィの化学があったことは無視できない。リービヒの農業化学が円滑に導入されたのは、これらとのつながりがあったためである。

　このように一八四〇年代および五〇年代のイギリス農業研究は化学を中心に展開した。しかし一八六〇年代以降、農業研究は変容し、化学以外の科学分野の影響がみられるようになる。そして地主層に代表される、それまでの農業研究の担い手とされる人々に代わって、それぞれの専門分野の研究者が担い手となっていった。イギリス農業研究の変容はその担い手の変化も伴っていたのであった。一八六〇年代になると、もはや地主層は農業研究の担い手として語られることはなく、逆に地主層を農業教育の対象者とみなす記述が多くみられるようになった。農業教育の対象となるのは地主層のみではなく、借地農・農業労働者・土地管理人なども含まれていった。

　イギリスの科学は一九世紀中期においても経験主義的であり、ベーコン（Francis Bacon, 1561–1626）、ホッブズ（Thomas Hobbes, 1588–1679）、ロック（John Locke, 1632–1704）、ヒューム（David Hume, 1711–1776）、ミル（James Mill, 1773–1836）とつながる経験主義哲学の伝統に支えられていた。一八六六年にリービヒがファラデーに宛てた書簡において、

> そのほとんどが、たとえ偉大な学者であっても、石や岩石についての、あるいは植物についての経験的知識だけしかもっておらず、科学のことをわかっていない。物理学や化学の完全な知識がなくとも、また鉱物学の知識すらもっていなくとも、英国では偉大な地質学者である[54]。

とイギリスの経験主義を批判している。ドイツにおいて、リービヒが実験を通して学生を教育し科学者を育成していたにもかかわらず、イギリスは、その実験を中心とした科学教育方式の導入には熱心でなかった。リービヒから実験手法の影響を受けたにもかかわらず、農学者あるいは農業研究者の育成という発想は、ドイツとは異なり、イギリスではほとんど生まれなかった。

第III部　法則化と制度化の模索時代——一九世紀後期

第7章　農業の展開と技術研究

一九世紀のイギリス農業は、その前半期には発展があるものの、後半期には大量の穀物輸入などにより、いわゆる農業不況の状態となって、停滞した時期とされている。しかしながら一九世紀前半から継承されてきた農業研究が、この時期に衰退し消滅してしまうわけではない。むしろこの時期を経過して、一九世紀末には多くの研究機関や大学・カレッジが、新たに設立されていく[1]。本章では一九世紀後半のイギリス農業の変動に対して、農業研究がどのように対応していったのかを考えていく。とくに本章では農業技術面での対応について概観する。

一　農業技術の変化

一八四六年にイギリスでは穀物法が廃止された。穀物法の廃止以前においては、廃止されればイギリス農業は壊滅すると予言した人が多くみられた[2]。実際にイギリスには、外国の低廉な小麦が大量に流入し、その結果、パン価格は約三分の一に下落した。これによって労働者を中心とする一般国民の生活水準が向上する一方で、イギリス農業は影響を受けることになった。しかし予言どおりに崩壊することはなかった。諸外国の農業生産が戦争（クリミア戦争［一八五四〜五六年］や南北戦争［一八六一〜六五年］など）の影響などで停滞したために、大方の予想に反して、安価な農産物がイギリス国内に流入することがなく、イギリス国内の農業生産は活発に行われた。むしろ一八五〇年頃から、約二十年近くの間、イギリス農業はそれまでみられなかったような繁栄を維持した[3]。

当時のイギリス農業について概観すると、穀物（小麦・大麦・からす麦）の耕作面積、根菜の耕作面積、永久牧草地の面積、牛の頭数などは、一八七〇年代前半頃まで増加傾向にある[4]。しかしながら羊の頭数は減少傾向がみられる（図7-1、図7-2）。イギリス農業については、イングランド・ウェールズ・スコットランドのそれぞれに地域差があって、一概に語ることはできないが、穀物作と畜産がともに進展していることがうかがえる。たとえばイングランドでは、穀物作のなかで大きな割合を占めるのは小麦であるが、この時期にわずかではあるが、その耕作面積が増加している。イングランドでは、からす麦の比重は他の地域と比べて低く、畜産の比重も相対的に低い。しかし輪栽牧草地の面積は大きく、小麦に次ぐ大きさを示し、しかも一八六〇年代末に急激な増加を示している。根菜の耕作面積も同時期にやや増加している。イングランドの農業では一八六〇年代末以降に、輪栽農法と結びついた畜産がかなり重要となってきていることがわかる。ウェールズやスコットランドでは、イングランドに比べて、畜産への依存度が高いことが特徴となっている。ウェールズでは輪栽牧草への依存が高く（根菜の飼料用カブは著しく少なく、この点で「ノーフォーク農法」は普及してい

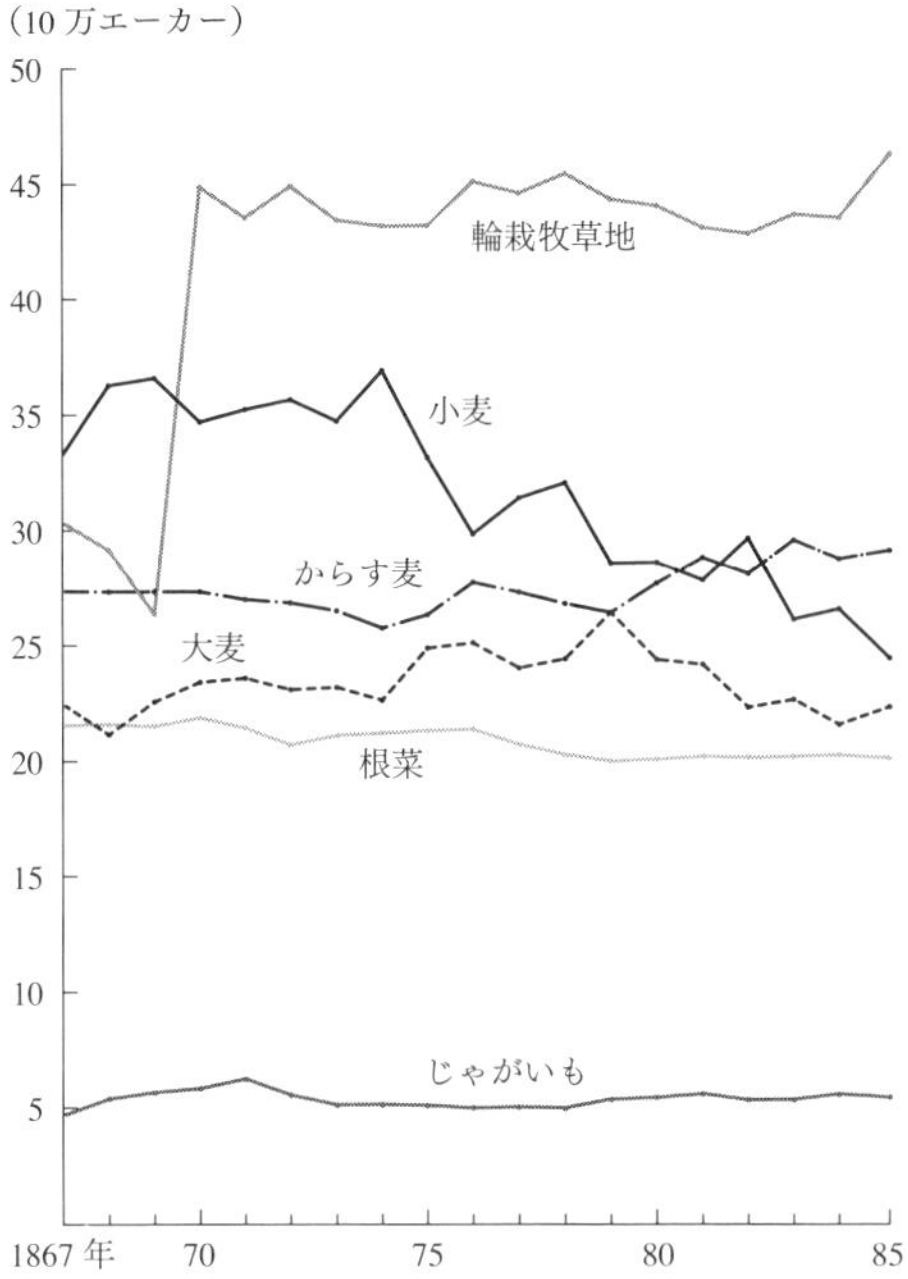

図 7-1　耕作面積の推移（1867-1885 年）

資料：Mitchell, B. R., *British Historical Statistics*, Cambridge U. P., 1988, pp. 186-7 より作成。

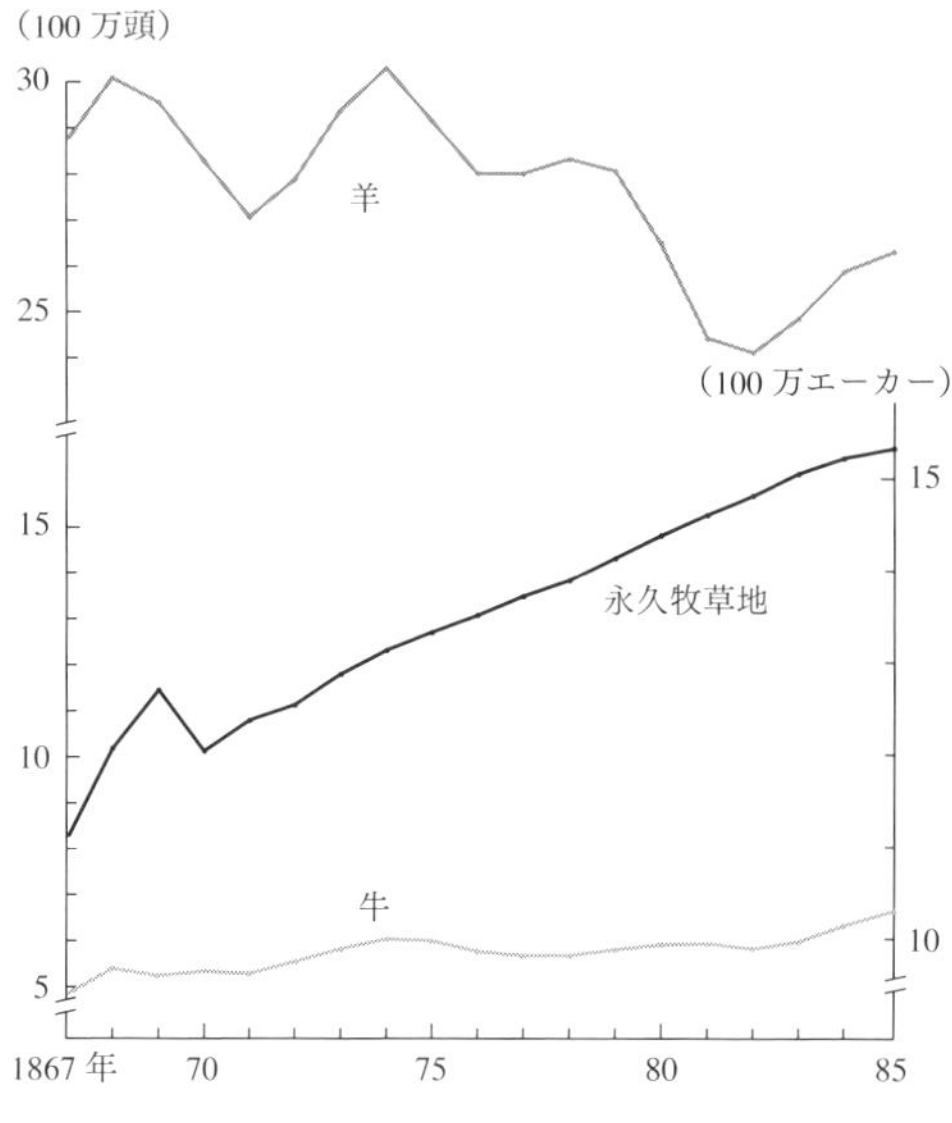

図 7-2　永久牧草地の面積と牛・羊の頭数の推移（1867-1885 年）

資料：Mitchell, B. R., *op. cit.*, pp. 186-7, 202 より作成。

ない）、スコットランドでは輪栽牧草と同様、根菜への依存が高い。永久牧草地については徐々に多くなっているとはいえ、以上のような農業形態が大きな割合を占めているため、全体的にその割合は少ないといえる。

一八五〇〜七〇年における農業形態については、農業論者のカードが「高度集約農業」（high farming）、あるいはその農法である「混合農業」（mixed farming）とよんでいる[5]。カードによる説明では、穀物価格の下落に対応して、生産性の高い技術を積極的に導入し、生産費を引き下げ、収益性をあげていく農業とされている。それは具体的には、穀物作と飼料作の輪栽というノーフォーク農法に、羊や肉牛などの肥育を結合させた農法の展開によって可能となる。収益性を高めるために、穀物・畜産物の増産強化と、費用節減への要求が高まっていた[6]。表 7-1 によれば、産出額において穀物は明らかに減少傾向にあったが、畜産物は増減があるものの全体的に増加傾向にあった。つまりイギリス農業は穀物作中心の農業から、畜産中心の農業へと変化しつつあったのである。

そして一八七〇年代の畜産業の拡大とともに、肥料の利用増大という傾向が顕著となり（表 7-1）、それが収量の増加に貢献する。ロザムステッド農業試験場のローズは、当時のイギリス農業について、次のように語っている。

表 7-1　イギリス農業の産出と投入の推移（1867-1903年）

（単位：100万ポンド）

年代＼項目	産出				投入	
	穀物	家畜	畜産物	計	飼料	肥料
1867-9	104.17	80.96	44.70	229.83	25.1	5.9
1870-6	94.99	100.17	52.02	247.18	33.2	7.4
1877-85	75.99	95.20	48.01	219.20	35.9	4.8
1886-93	56.75	85.04	46.00	187.80	30.2	3.9
1894-1903	49.77	86.11	46.90	182.78	34.9	4.8

資料：Mitchell, B. R., *op. cit.*, p. 215 より作成。

一般的にみられる農業は、耕地の土壌と輪作を前提にして成り立っている。わが国の輪作はどのような関連性をもっているのか。輪作には根菜および休閑作物の栽培が含まれるが、これらの作物によって家畜が飼養され、この家畜飼養によって自給肥料の生産が可能となる。さらに自給肥料の生産は、農場内での資源の周期的な還元、つまり、土地から作物に移された大部分の鉱物質の還元ということを意味している[7]。

ローズは当時のイギリス農業に関して、このような視点で考え、人造肥料の効果を研究課題とした（この人造肥料とはいわゆる化学肥料だけではなく、厩肥を含んでいる）。ローズは施肥試験に基づいて、穀物の収量を高めるには、鉱物質だけでなく、窒素や窒素化合物も必要であると強調した。そしてこの点から輪作体系や厩肥の効果を高く評価した。しかし「農家にとって、アンモニアを多量に購入することは困難であるので、その代替的な方法として、大気からアンモニアを吸収するクローバーや飼料カブを導入するのが良いであろう[8]」と語り、工業によって多量の肥料が製造されれば、輪作農業は必要でなくなるとローズは考えていた。

イギリスの場合、実際にはグアノやチリ硝石の使用が急速に増加し、その後、工業によって製造されたカリ肥料・硫酸アンモニウム・合成窒素化合物などが広く使用された（表7-2）。こういった傾向は、ヨーロッパ主要国のなかでもイギリスが際立っていた（表7-3）。ロザムステッドの研究成果が、こういった傾向に拍車をかけたことはいうまでもない。ロザムステッドの研究目的は、「すべての土壌条件

表 7-2　肥料使用量の推移（1843-1891 年）

（単位：千トン）

年代＼項目	骨　粉	グアノ（輸入）	過リン酸	硝酸塩
1843-6	64.9	119.9	—	—
1847-50	58.2	88.5	—	—
1851-3	68.5	165.4	17.0	13.0
1854-8	98.3	231.6	35.0	15.0
1859-63	97.1	138.9	85.0	24.8
1864-7	100.7	166.4	180.0	38.7
1868-71	121.5	209.5	221.3	85.1
1872-6	123.7	114.8	412.9	147.9
1877-81	120.8	83.0	510.2	113.0
1882-6	117.2	39.8	436.0	174.9
1887-91	114.3	18.8	510.4	220.0

資料：Thompson, F. M. L., The Second Agricultural Revolution, 1815-1880, *Economic History Review*, vol. 21, no. 1 (1968), p. 75 より作成。

表 7-3　化学肥料と油かすの単位当たり使用量

国名＼項目	化学肥料（1ha 当たり kg）		油かす（1 頭当たり kg）	
	1870 年	1880 年	1870 年	1880 年
イギリス	5	7	41	52
ドイツ	—	4	—	10
フランス	2	2	—	—
ベルギー	—	9	20	28
デンマーク	0	1	—	40
オランダ	0	1	—	48

資料：Zanden, J. L. Van, The first green revolution : the growth of production and productivity in European agriculture, 1870-1914, *Economic History Review*, vol. 44, no. 2 (1991), p. 224 より作成。

の様々な状態に適合し、各作物が消費した養分を回復する能力をもち、植物成育の各段階に適用しうる、運搬に便利な濃縮肥料の供給」[9]であるとされ、当時の農業状況に適合する研究が進められた結果であった。

購入肥料や飼料の増加傾向を受けて、その分析や検査も頻繁に行われるようになった。イングランド王立農業協会では、すでに土壌分析や肥料分析を行う化学コンサルタントを抱えていたが、一八五七年にコンサルタントの職に就いたボウルカによって、肥料と飼料の分析・検査が行われた。ボウルカはイングランド王立農業協会の化学コンサルタントに就任後も、サイレンセスタの農業カレッジの化学教授を兼務していたが、一八六三年にサイレンセスタを辞職し、ロンドンに実験室を構えて、協会の化学コンサルタントとしての仕事に専念するようになった[10]。ボウルカの日常的な業務は、不純物の多く混ざっている粗悪な肥料（主に骨粉など）や飼料（主に油かすなど）の分析を行い、それらを摘発することであった。この分析や検査の結果、多くの被害訴訟が繰り返されるようになり、肥料や飼料を扱う商人に対して、その内容表示を厳守することが求められた。

その後一八七六年にはウォーバーン（Woburn）において、イングランド王立農業協会によってボウルカを場長とするイギリスで二番目の農業試験場が設立される[11]。この試験場ではロザムステッドとの共同研究を中心に試験研究が実施された。その主要な研究は、ロザムステッドとは異なる土壌での施肥試験[12]と、ロザムステッドでは実施が困難であった、広い土地において家畜を飼育して、飼料効率を試験するというものであった。ロザムステッドでは対応が不十分であった混合農業の進展に応えようとするものであった[13]。

さらに農業技術の展開では、飼料カブ栽培の普及にともない、劣等地である粘土地や湿地に対して、土地改良を加えようとする動きが起こる。その場合に最も必要とされた技術は排水改良であった。一九世紀前半期では排水施設には木・石・タイルなどが用いられていたが、耐久性に問題があり、高価であるという問題も抱えていた[14]。こういった課題に対して、一八四三年にリード（John Reade）によって円筒形の粘土管が発明されて、大きな前進をみた。さらに排水管製造機も改良されて、排水技術が進展することになった。一九世紀後半には排水管が製造機によって安価に製造されるとともに、排水改良資金貸付制度もつくられ、管暗渠排水（pipe draining）が全国的に展開することになった[15]。

土地改良以外にも、この時期の農業発展に貢献した技術的要因では、農業機械の進展や輸送手段の改善などがあげられる[16]。とくに、これらに共通するのは蒸気力を利用した技術であったことである[17]。これはもちろん機械制工場の進展とともにもたらされたものであり、多くの発明をともなうものであった。しかしながら農業機械や輸送手段については、いまだ農業研究の対象となっているとは言えなかった。多くは実際の経験から生み出されたものであって、試験研究の成果ではなかった。一八七〇年代頃までは、農業研究は専らロザムステッド農業試験場などで行われていた化学分野の研究が中心であった。

二　技術教育の対応

一八七〇年頃まで続いたイギリス農業の繁栄は、アメリカからの大量の穀物輸入、オーストラリアやアルゼンチンなどからの畜産物や羊毛の輸入によって打撃を受けることになる。[18]とりわけ穀物は、アメリカからの輸入によって大きな打撃を受けた。この穀物輸入は、アメリカにおいて大草原が開拓され穀物地帯へと転換したこと、さらに鉄道の発達（一八六〇年に全長三万マイルの鉄道は、飛躍的に拡大して、一八八〇年には全長九万五〇〇〇マイルとなる）と快速蒸気船の出現などによって可能となった。アメリカからの大量輸入の結果、イギリスの国内小麦価格は、一八七七年の単位当たり五六シリング九ペンスを頂点にして、低下を続け、八四年には三〇シリング台となり、九三年には二〇シリング台へと下落した。この小麦価格の下落によってイギリス国内の小麦生産は縮小し、一八七四年に三六三万エーカーあった作付面積（図7-1）は、一九〇〇年には一八五万エーカーとなり、半減状態になった。

畜産物についても、大型快速蒸気船の発達と冷凍保存技術の進歩によって、一八八〇年以降、オーストラリア・ニュージーランド・アルゼンチンなどから、バターや冷凍肉などが輸入されるようになる。この結果、イギリス国内の酪農や食肉生産は打撃を受けた。[19]さらにオーストラリア・ニュージーランドからは安価な原料羊毛が大量に輸入されるようになり、一八七四年に一ポンド当たり二六ペンスであった羊毛価格は、一八九四年には一〇ペンスにまで下落し、牧羊業も打撃を受けた。

しかし一九世紀後半期にイギリスでは約一千万人の人口増加があり、実質賃金が一八九〇年代まで上昇し続ける。これによって工業での大量失業があったにもかかわらず、消費市場の動向は国内農業にとって有利な状態となる。この有利な条件を活かして、イギリス農業は海外との直接的な競争にさらされない部門や、消費市場が拡大した部門に活路を見出した[20]。すなわち、それまでの穀物作から、永久牧草地での肥育、酪農、蔬菜、果樹、家禽などの作目や品目へと転換した。小麦の作付面積は減少する一方であったが、永久牧草地は一八七〇年の一二〇〇万エーカーから一九〇〇年の一六七三万エーカーへと拡大した（図7-2）。農業従事者は穀物作から徐々に離れ、畜産や蔬菜作へと移行し、その結果、混合農業から離脱していくことになった。この過程において、半世紀前まで先進的な経営形態とされてきたノーフォーク農法は、市場指向性のない旧式な農法とみなされるようになった[21]。これによって農業従事者は農業経営にあたって、市場の要求に応じて弾力性をもたせる必要があると認識するようになる。この状態は一般にそれまでの農業形態が衰退したという意味で「農業不況」（depression）とされているが、農業形態が新たな段階に変化したということでは「農業再編」ということになる[22]。

この農業再編によって、ノーフォーク農法に代表されるようなそれまでの技術体系では、農業の変化に対応できなくなる。そこで、とくに畜産の発展に応じて獣医学の分野で進展がみられた。一八七〇年には政府内に獣医局（Veterinary Department）が設置された。そこで施行された法令には、家畜の病気を予防するという目的のみでなく、牛乳などの食品衛生や品質基準を改善するという目的も加えられた[23]。一八八二年にサイレンセスタ農業カレッジのスコット（John Scott）農業教授は、獣医学の展開について「科学者の間では、家畜の伝染病は、類似の原因をもっているのではないかという意見が強くなってきた。そして病気の伝染は、微小動物と植物が媒介となっていることが示されるようになっている[24]」と語っている。パストゥール（Louis Pasteur, 1822–1895）・コッホ（Robert Koch, 1843–1910）・エールリヒ（Paul Ehrlich, 1854–1915）などが、次々と病原菌に関する新発見をしている時期でもあり、これらの海外での成果を取り入れて、農業分野においても広範な適用がなされた[25]。

しかし獣医学の展開からもわかるように、イギリスは海外での研究成果を取り入れているだけであったので、ドイツなどに比べて農業研究が遅れているという認識が強くなる[26]。そこでイギリスでも技術教育と技術普及について検討されることになった。まず一八八一年にイギリス国内および外国の技術教育を調査する目的で、調査委員会（Royal Commission）が設立される。さらに農業教育に関する調査はイングランド王立農業協会のジェンキンズ（H. M. Jenkins）に委託される。ジェンキンズはフランス・ドイツ・デンマーク・オランダなどを視察し、*Report of the Royal Commission on Technical Instruction*, 4vols という報告書を作成した。このなかでジェンキンズは、外国の教育施設の充実と、それに対する国家助成の豊富さを取り上げた[27]。この報告を受けて、政府では技術教育の普及が検討され、その結果、ユニヴァーシティカレッジ（それ独自で学位授与権をもたない高等教育機関）が設立されていく。一八八四年に北ウェールズのバンガーでユニヴァーシティカレッジが設立され、農業技術教育に着手する。その他の地域（ウェールズのアベリストウィス、ノッティンガムなど）でもユニヴァーシティカレッジが設立され、同様に農業技術教育が始められている[28]。

ユニヴァーシティカレッジの設立以降、政府助成によって多くの農業カレッジ・大学農学部が設立されるようになる。とくに一八九四年には、公的資金のみによる、イギリスで最初の農業カレッジ（サウスイースタン農業カレッジ）がケントのワイで設立される[29]。このカレッジの初代学長のA・D・ホール[30]は、農業教育課程の構築を図っている。このカレッジの科目は、表7-4のようになっていた。科目はイギリス農業研究の伝統にしたがって、化学に重点がおかれているものの、酪農（果樹）・工学・動植物学にも多くの時間が割かれている。しかも一年次には純粋科学に重点がおかれ、二年次は応用科学が中心である。これらの科目編成は、技術教育は純粋科学の原理に基づいて行われるべきであるというホールの考え方にしたがったものであった。カレッジの設立後、学生数は徐々に増加し、そのなかから二〇世紀のイギリス農学に貢献をする人が輩出され、植民地において専門職に就く人も生まれ

表 7-4　農業カレッジの科目概要（1899-1900年）

1 学 年	時間数	2 学 年	時間数
*化　学	216	*有機化学と農業化学	252
*植物学	144	*農業植物学	180
*農　学	252	*農　学	252
機械学と物理学	144	*土地測量	144
測量学	72	建　築	72
動物学	72	獣医学　解剖と治療	144
地質学	72	土地管理	108
工学と機械製図	144	簿　記	36
建　築	36	地質学	36
簿　記	72	昆虫学	36
		*酪農，家禽，果樹，蹄鉄，木工	144
*酪農，家禽，果樹，蹄鉄，木工	144	林　学	36
合　計	1,368	合　計	1,440

注：＊は約3分の1は実習にあてられている。
資料：Richards, Stewart, The South-Eastern Agricultural College and Public Support for Technical Education, 1894-1914, *Agricultural History Review*, vol. 36 (1988), p. 181 より作成。

る。もっとも、卒業生の多くは土地管理人もしくは農場主として、農業経営に携わった。[31]

イギリスでは高等農業教育の制度が徐々に整備され、三ヶ年の課程を修了した後に学位が授与される大学学部、二ヶ年の資格免許状（Pass Diploma）の課程をもつ農業カレッジ、六ヶ月あるいはそれ以内の短期講習をする農業講習所などが設立されていった。[32]大学学部と農業カレッジの課程には一ヶ年の差があるが、その三年目は自由に選択できるという方法が採られた。つまり二ヶ年修了の後、学位をめざしてさらに専門的な勉強を続けることが可能であるという制度であった。しかしこの三年目の課程は、学位をめざすと同時に、イングランド王立農業協会の資格試験に合格するための受験期という意味合いもあった。協会の資格試験は、農業の専門技術者を生み出す目的で設けられたものであった。[33]この資格試験を実施することによって、イギリスはドイツなどの農業先進国に追いつくために、農業技術者を短期間に、しかも画一的に生み出そうとしたのである。[34]

三　おわりに――技術と科学

イギリスにおける新技術の普及体制は、急速に確立された。しかしこのような制度の確立は、必ずしも農学の形成につながるものではなかった。あくまでも農業技術として認識されていたので、農業に関する研究が高等教育機関や研究機関において認知されているわけではなかった。科学として認知されている農業研究の分野は、わずかにイギリス化学学会における農業化学と、リンネ学会における農業植物学という程度であった。[35] 農業研究は、いまだ化学・物理学・植物学・生理学などの自然科学分野の応用にすぎないと考えられていた。一九世紀末においても、農業分野は独立した科学とは一般的に認められていなかったのである。

このような状況に対して農業研究者の側から不満が出ている。ウォリントン（Robert Warington, 1838-1907）[36] は一八九六年に *Agricultural Science : Its Place in a University Education*, London という著書を刊行して、一八世紀末以降の農業研究（ないし教育）の展開を説明して、農業研究を単なる技術学ととらえてよいのかどうか、さらに農業研究が科学であるのかどうかについて言及している。ウォリントンによれば、他の自然科学の分野と同列に、農学も位置づけられるのではないかという。彼の強調点は、独立科学として農学は積極的に支持できるものではないが、農学に対して指摘される理論体系の不完全性や科学の応用にすぎないのではないかという点に対しては、数学を除いて、自然科学一般に共通している点ではないかと反論している。[37] むしろ自然科学の特徴は、理論体系が不完全なことであり、他の科学の応用（関連性）であることを強調し、この特徴をもっているがゆえに科学は発展しているとしている。したがってこの特徴を批判の理由にして、農業研究が科学ではないとはいえないという。ウォリントンによれば、農業研究が科学として認められていない問題点は他にもある。それは、農業研究は農業の経験者によって担われるべきであるという根強い意識にあるという。この偏見によって農業研究の発展が阻害され、農業研究への投資が行われず、その人材（農業研究者）が不足している。[38] ウォリントンの指摘は的確であり、確かにイギリスの場合、ドイツやアメリカなどと比較すると、このような問題点を抱えていたことがわかる。ウォリントンはこのような指摘を通して、農業研究を単なる技術学と位置づけてよいのかどうか問いかける。もっとも、このような問いかけが現れたということは、逆にいえば、すでに農学確立への萌芽が現れたということである。イギリス農業研究は一八世紀末以降における農業研究の蓄積に基づいて、一九世紀から二〇世紀の変わり目において、農学という科学の確立へと向かうことになる。

第8章　農業研究の進展

本章では一九世紀後半においてイギリスの農業研究が、どのような目的をもって行われたのかという問題から始める。次に実際に行われた農業研究の成果が、どのように評価され、どのような反応があったのかをみて、農業研究の展開に対する政府や農民の反応を明らかにする。これらのことを通して、一九世紀後半におけるイギリスの農業研究体制の特徴を明らかにしていきたい。

一　研究の展開と目的

前章でも明らかにしたように、イギリス農業をとりまく一八七〇年代以前の経済環境と、それ以後の二〇世紀初頭までの経済環境とは大きく異なっていた。一八七〇年代前半までは、イギリス農業は繁栄をきわめ「黄金時代」ともよばれていた。しかしその後、大量の安価な穀物輸入の影響を受け、イギリス農業は変貌を遂げる。一八七〇年代後半にはアメリカ産小麦の輸入が急増して、国内生産量を圧倒する。次いで八〇年代には畜産物の輸入が増加し、九〇年代には食品加工技術が発展して、原料輸入額よりも食料輸入額が上回るようになる。この過程で穀物価格は五十パーセント弱、畜産物価格は二五パーセント近くも下落し、借地農経営の破綻や地代の滞納・不払いが続出する。[1] したがって、一九世紀後半のイギリスについては、仮に研究から生まれた新技術が農業生産にとって有効であったとしても、それが農業産出量あるいは産出額の増加に直接的に結びついたのかどうかは疑わしいことになる。[2] 一九世紀後半の経済変化という状況のもとで、農業研究が産出量の増加という実際の結果に結びついていないとすれば、農業研究は何を目的に行われていたのであろうか。

ロザムステッドでの農業研究の展開からおさらいしよう。一八四〇年にドイツの化学者リービヒは、*Die organische Chemie in ihrer Anwendung auf Agricultur und Physiologie* という著書を執筆した。[3] リービヒの主張は、植物体内の窒素は大気中の窒素から生み出されたものであり、植物の無機成分、とくにリン酸とカリウムは風化作用によって分解された土壌から生み出されるというものであった。したがって作物を収穫すれば、これらの無機物が土壌から失われることになるので、土壌の肥沃度を保とうとするならば、無機物を回復させなければならない。無機肥料はこの目的に応じたものであった。こういった考え方に基づいて、リービヒの特許肥料が製造されるようになり、リービヒの親友マスプラッツ（James Muspratt, 1793–1886）[4] によって販売された。リービヒは特許肥料に関して、リン酸とカリウムを不溶性にすれば、排水とともに消失してしまうことがないと主張した。しかしこのようにすれば、実際には肥料は植物にとって効果のないものとなり、リービヒの特許肥料は失敗に終わった。[5] そして窒素に関するリービヒの見解は、イギリスのJ・B・ローズとJ・H・ギルバートによって疑問が投げかけられた。[6]

ローズのほうは、すでに二〇歳代前半の一八三〇年代後半に、肥料として大量の需要が出始める骨粉に興味をもっていた。そして骨粉から過リン酸石灰を製造し、その肥効を確かめた上で特許肥料として申請し、一八四二年五月に認可された。ローズは過リン酸石灰の製造に着手するが、当時はちょうど農業の黄金時代が始まろうとしていた時期でもあり、カブ作に対して大きな効果のあることが一般的に認められたので、この事業は順調に拡大した。ローズはリービヒの著書が刊行されて約三年後の一八四三年に、ロザムステッドにおいて農業試験場を設立し、リービヒの弟子ギルバートを四三年六月一日付で採用した。

しかしギルバートが採用されて、ロザムステッドは変貌を遂げる。試験場では、主力商品であった過リン酸の研究は中止され、圃場試験はローズの工場やその事業からはまったく切り離された存在となる。ローズは肥料製造会社の事業主であったが、ギルバートはローズの工場にほとんど行ったことがなく、自分の仕事は「農業における科学的問題の研究」であると語り、研究者としての道を歩むことを宣言していた[7]。

一八四三年にロザムステッドのブロードバーク圃場において、小麦の圃場試験が開始された。まもなくこの圃場試験で窒素肥料の効果が明らかとなり、これによって植物は大気中から窒素を獲得しているというリービヒの主張が論破された。さらに圃場試験は継続され、小麦試験が開始されて数年内に、大麦・オート麦・根菜類（最初はカブ、その後は飼料用テンサイ）・牧草についても同様の試験が行われた[8]。ローズとギルバートは肥料に関する膨大な基礎データを蓄積し、これらのデータが農業研究に対して多大な貢献をもたらした[9]。リービヒとの論争に勝利を収めた後も、ローズとギルバートの主要な研究手法は、家畜栄養に関する研究には例外があったものの、理論を重視するというよりも、実践を重視することに変わりなかった。その研究対象は、パンの改良や大麦の飼料価値に関する麦芽処理による効果から、下水利用や農業改良の未償却部分の補償に至るまで、広範囲に及んでいた[10]。

ローズは実業家として、一八七二年まで肥料製造会社を引き続き経営していたが、それればかりでなくクエン酸と酒石酸の製造事業にも着手し、さらにオーストラリアのクィーンズランドで砂糖のプランテーションも経営していた。これらの事業もローズの研究対象となった。ローズは一八五〇年から一九〇〇年までの間、スコットランドの高地地方において、釣りや鹿狩りをして年に五～六カ月間を過ごし、そこで平均四〇日に一本の割合で論文を執筆していた[11]。このような研究スタイルをとるローズとギルバートとでは、研究方法に関して大きな見解の相違がある。ローズは当初の研究目的が達成されると、研究課題を変えてしまうことにまったく躊躇しなかった。これに対してギルバートは、長期的な試験データの蓄積を重視し、研究課題を変更することは極力避けた[12]。したがってロザムステッドの農業研究における最大の貢献が「長期」圃場試験であるとすれば、ギルバートの貢献が大きいということになる。[13]

しかし彼ら二人は長期間にわたってデータを得たにもかかわらず、それらのデータを体系的に説明できなかった。たとえば彼らは、なぜマメ科植物では窒素について他の植物とは異なる反応をするのかという問題を解いていない。この問題についてはドイツのヘルリーゲル（Hermann Hellriegel, 1831–1895）らによって、一八八六年にマメ科植物の根の部分で窒素固定菌の存在が証明されることになる。しかしこの証明がなされた後でさえ、ローズとギルバートは従来の方法で得られる窒素を信じ続けていた。当時のロザムステッド試験場において共同研究者となったR・ウォリントンが、すでに土壌から多数の微生物を分離し、その化学的な作用について研究成果を示していたにもかかわらず、ローズとギルバートは糞尿から得られた窒素が根菜類にとって有用であると考え続けていたからであった。[14]もっとも、ウォリントンも研究手法の致命的な欠陥から、研究の完成をみることはなかった。致命的な欠陥とは、ウォリントンは寒天培地で細菌を培養するというR・コッホの新技術を学び、この方法を用いて硝化菌の分離を試みたが、それに失敗したということである。ウォリントンは土壌中には多種多様の微生物が生息しているということを明らかにするにとどまった。[15]この問題は、微生物学者ヴェノグラドスキー（Sergei Nikolaevitch Winogradsky, 1856–1953）が、寒天培地や有機養分を含む培地の代わりに、シリカゲルの培地と無機養分を含む培地を使って、硝化菌の存在を明らかにすることによって解決される。[16]しかしウォリントンによる功績がなかったわけではない。彼の研究によって、土壌は微生物の生息によって酸素を吸収して二酸化炭素を放出し、その過程で土壌中の有機物が酸化されることが明らかとなった。[17]

一九世紀中期イギリスにおいてローズとギルバートによる研究活動は際立っていた。そのためにイギリスにおける農業研究者は、あたかも彼らだけであったかのように考えられることもある。しかし農業研究者は、決して多くないとはいえ、彼らだけではなかった。たとえば、ジョンストン、ドウベニィ、ウェイらが、その代表的な人物である。幾分、時代をさかのぼることになるが、彼ら三人による農業研究の展開も振り返っておこう。

まずJ・F・W・ジョンストンである。ダラム大学の化学・鉱物学の上級講師（reader）であったジョンストンは、*Catechism of Agricultural Chemistry and Geology*, Edinburgh, 1844 の著者として知られている。この著書は彼の生涯に三三版を重ね、ヨーロッパ各国の言語に翻訳されて読まれた[18]。ジョンストンは一八四三年にスコットランド農業化学協会（Agricultural Chemistry Association of Scotland）所属の化学者となり、リービヒの著書に注目する。彼は当初、研究目的を「農業における一般原理の確立」としていた。ジョンストンは著書 *Experimental Agriculture, being the Results of Past and Suggestions for Future Experiments in Scientific and Practical Agriculture*, London, 1849 において、それまでの圃場試験の測定法や回数に関する問題点を指摘し、試験（experiment）は、厳密な測定と反復が必要であると説明した。これが現在に至る圃場試験技術の出発点となった。農業分野においてこの意味で experiment が使用された最初である。農業史家のファシルは、この著書を「近代科学における圃場試験の始まりを告げるものである」と評している[19]。しかしながらジョンストンは、当時の実際の農業生産において購入肥料の投入が多くなるにともない、その分析の依頼を受けることが多くなり、肥料の品質基準や価格基準の設定に日々追われる[20]。したがって農学の確立をめざす時間的余裕を失ってしまう。そして分析の業務は、ジョンストンの助手であったJ・C・A・ボウルカによって、コンサルタント業として継承されていく。

次にC・G・ドウベニィである。オックスフォード大学の化学・植物学・農学（rural economy）の教授職に就くドウベニィの場合は、その研究の出発点となるのは、エディンバラ大学で地質学に興味をもち、天然鉱水の研究を始めたことである。その後、スイスで植物学者カンドル（Alphonse Louis Pierre Pyrame de Candolle, 1806–1893）の講義に出席して、植物学に興味をもち、オックスフォードにおいて、一八三四年に化学教授に在職のままで植物学教授職に就任する。ドウベニィは、カンドルが主張していた「植物は根から有害な排泄物を出すので、同一の作物を連作するよりも、輪作の方が優っている」ということを証明するために、試験研究を開始している[21]。その結果、試験では有害な排泄物という仮定を証明できなかったものの、リービヒによる無機栄養分の必要性を証明して、栄養分を有用性の是非で区分する概念を提案する。[22] ドウベニィのオックスフォードでの講義には、ローズが出席していた。ローズはオックスフォード在学中には、ほとんどの講義に出席していなかったが、このドウベニィの講義だけは、興味をもって出席していた。[23] すなわちドウベニィの関心はローズへと引き継がれ、ローズが肥料製造事業に着手する重要なきっかけを与えることになった。[24]

最後にJ・T・ウェイである。一八四三年にドウベニィの助手となったウェイは、四七年から約十年間にわたって、イングランド王立農業協会の化学コンサルタント（ボウルカの前任者）の職にあり、肥料成分の重量当たりの費用から、それぞれの成分の貨幣価値を算出するという業務に携わる。さらに土壌の栄養分の吸収に関する試験を行い、それは後にヴェノグラドスキーによってメカニズムが解明されることになる。ウェイの研究によって少なくとも明らかになったことは、土壌中で硝酸が生成されるということであった。[25] ウェイはイングランド王立農業協会の職を辞した後、ロンドンの下水問題に着手している。[26] この問題は、下水を河川に流すことは無機栄養分を流してしまうことになるのではないかというリービヒの問題意識から出発したものである。[27] 下水に関する調査報告書は、ローズとの共同執筆で作成される。[28] もっとも、これは主に試験結果に基づいたものというよりも、実際の経験に基づいて執筆されたものであった。[29]

このように、一九世紀中期のイギリスの農業研究者は、実際の問題に対して化学をどのように役立てるのかという問題意識で研究を進め、その研究成果は学問的な進展というよりも、コンサルタント業や肥料製造業などにおける成果として結実した。しかし化学分野以外では、あまり進展はなかった。たとえば、作物の多くの病原菌については、一九世紀中期頃までに解明されるようになるが、それを抑制する方法については、ほとんど進展がみられなかった。一八六〇年にカーティス（John Curtis, 1791–1862）[30] が著書 *Farm Insects*, London（鳴門義民訳、衣笠豪谷校訂『摘訳哥氏田圃虫書』、有隣堂、一八八二年）を、さらに八一年にオーメロッド（Eleanor Anne Ormerod, 1828–1901）[31] が著書 *Manual of Injurious Insects*, London を発表し、その結果、作物を蝕んでいる病害虫とは何かが徐々に解明されていく。しかしこの解明は、ほとんど試験結果に基づくものではなかったため、その対処法については、ほとんど明らかにできなかった[32]。さらに植物育種なども、経験に基づくものであり、一九世紀末においても「人と植物の間の運のゲーム」という段階にあった。

しかしイギリスの農業研究は一九世紀末になって急速に変わっていく。これを支えたのは、大学農学部や農業カレッジの設立である。バンガー（一八八九年）・リーズ（一八九〇年）・ニューカッスル（一八九一年）・ノッティンガム（一八九二年）・レディング（一八九四年）・ワイ（一八九四年）・ケンブリッジ（一八九九年）と、相次いで農学部や農業カレッジが設立される[33]（第10章）。これらの農学部や農業カレッジにおいて、農業分野は包括的なものとしてではなく、多くの「専門分野」に分かれ、それぞれ試験に基づく研究として進展していく。分野ごとに著名な研究成果を列記すると、農業化学分野では、ニューカッスルの試験農場のサマヴィル（William Somerville, 1860–1932）[34]が、一八九六年に草地を改良する安価で有効な方法として、塩基性スラグの利用を提唱する[35]。サマヴィルの後継者となるギルクリスト（Douglas Alston Gilchrist, 1860–1927）[36]は、同じ試験農場において、牧草地の混播に野生の白クローバーを利用するという農法を開発する[37]。植物育種学分野では、ケンブリッジのR・H・ビフェン[38]が、一九一〇年にメンデル学説を使って小麦品種のリトルジョス（little joss）を生み出す[39]。畜産学分野では、ウッド（Thomas Barlow Wood, 1869–1929）[40]が、ドイツのケルネル（Oskar Kellner, 1851–1911）やアメリカのアームズビィ（H. P. Armsby）によってすでに始められていた家畜栄養の研究を始め[41]、さらにマーシャル（Francis Hugh Adam Marshall, 1878–1949）は、動物育種の生理学的な研究に着手する[42]。農業植物学の分野では、ワイのパーシヴァル（John Percival, 1863–1949）[43]が、一九〇〇年に農業植物学の著書 *Agicultural Botany : Theoretical and Practical*, London を刊行して、この分野の確立に貢献する。さらにフレム（William Fream, 1854–1906）[44]が一八八八年に始めた草地生態学の試験[45]を、ステイプルドン（Reginald George Stapledon, 1882–1960）[46]が継承して、この分野の研究（grassland science）が本格的に始まる[47]。ロザムステッドでも、農業植物学者ブレンチレィ（Winifred Elsie Brenchley, 1883–1953）[48]を一九〇六年に採用し、作物と雑草との競合を生態学的に解明していくという研究を始めている。[49]　土壌学分野では、ホール[50]とE・J・ラッセル[51]が、ワイのカレッジ在任中に、地域土壌調査報告書を初めて作成し、ラッセルは土壌動物相の研究にも着手する。[52]　ホールとラッセルはワイのカレッジでの経験をもとに、その後、研究と大学とのつながりを強調することになる。[53]　応用昆虫学の分野は、ワイのカレッジの講師ティボルド（Frederic Vincent Theobald, 1868–1930）[54]をはじめとして、その後イムス（Augustus Daniel Imms, 1880–1949）[55]やフライア（John Claud Fortescue Fryer, 1886–1948）[56]らによって、一八九〇年頃から急速な進歩を遂げる。とくに蔬菜・果樹・園芸作の増加とともに、応用昆虫学の研究が盛んとなり、殺虫剤の開発と結びつくことになる。[57]　さらに、それまで農業経営学や農業経済学に関する体系的な研究はほとんど行われていなかったが、ホールが原価計算体系を生み出し、それがきっかけとなって農業経済研究所が一九一三年にオーウィン（Charles Stewart Orwin, 1876–1955）を所長に迎えてオックスフォードに設立され、農業経済学の本格的な研究が始まっている。[58]　以上のようにイギリスでは一九世紀末から二〇世紀初頭にかけて、本格的な農業研究が始まることになる。

二　研究に対する評価

一九世紀後半における農業研究の展開について、近年の研究者の評価はそれほど高くない。ラッセル、G・V・ダイク、J・D・サイクスらは、農業研究の成果を強調する傾向にあるものの、A・オファによる評価は「イギリスの農業研究は、アマチュアによって、ごく小規模で行われた」というものである。[59]　S・ウィルモットも、「(一八七〇年までの)実験の時代に農業改良の実践面で農業研究が貢献した証拠は、ほとんど記憶に残らない程度のものである」と結論づけ、農業協会や農業協会誌上での「イデオロギーに満ちた意気込み」は農業研究の成果ではなく、文化や社会変化の結果であると述べている。つまり大方の評価は、農業研究は小規模で行われ、その貢献度はわずかなものでしかなかったということである[60]。

一九世紀末の時点での農業研究に対する評価は、近年のそれとは異なっていた。もっとも、当時の評価は一般的にローズとギルバートという個人は評価するものの、農業研究の役割は認められることがなく、ほとんど否定的なものであった[61]。たとえば、農業史家のアンリィ卿[62]は、一八八八年にローズとギルバートの研究を評価して、「科学研究と実践との新しい結合は、即座に豊富な果実を生み出した。科学研究は数え切れないほど様々な方法をとって、実際の農業に役立った」と語っている[63]。一八七九年の*Nature*誌は、キルバーンで開催された農業共進会に触れ、この共進会によって「科学的な研究が農業技術にどれくらいの恩恵をもたらしてきたのか、そして、今後もたらすであろうかがわかる」と述べる[64]。さらに同時期の*Nature*誌では、とくにローズとギルバートは好意的に受けとめられている。ボールドウィン（Thomas Baldwin）は、ローズを「国家あるいは科学学会からの支援をまったく受けず、ヨーロッパのすべての政府が行った農業試験よりも多くの有益な試験を行った民間人」と記述し、「ローズ氏は、とくにその業績から判断すると、すべてが成功をおさめたわけではない。しかし彼の残した著書をみれば、大きな成果をもたらしたことを十分に示している」と述べている[65]。一八七八年にはカードも、「わが国の現在の農業は、他のいかなる人よりも、J・B・ローズ氏に多くを負っている[66]」と記述し、さらに農務省の要職や農業経済学会の会長などを歴任して一九世紀末の農業界に大きな影響を与えたレウ卿（Sir Henry Rew, 1858–1929）[67]もまた、一八九七年に、ローズとギルバートの研究成果は「実際の農業に浸透し、耕作や家畜飼育など、すべての面にわたって影響を与えた」と述べている[68]。アンリィ卿はさらに強調して、「イギリス農業の近代構造は、彼らの業績のもとに築かれた」とまで記している[69]。このように一九世紀末当時は、ローズとギルバートが高く評価されていた。

しかしながらローズ自身は、それほどの自負をもっていたわけではなかった。ローズは一八八一年に政府委員会において、「農業研究は将来の世代に寄与するかもしれないが、未だ農業に関するすべてを解明できるほど完成された水準に達しているわけではない」と語っている。そして農業研究の成果は「まったく完全に（農業に関する）実際上の知識」に代わり得るものではないと考えている。[70] ローズでさえ、このような感想を抱いているという状況なので、農業研究の役割は実際にはほとんど認められていなかったようである。たとえば、アメリカ合衆国の農業研究者グレゴリー（Regent J. M. Gregory）は、一八六九年の時点で、イギリスに限らず、「農業論者による粗雑で支離滅裂な言動をみれば、農業研究というものは、実際には存在しないことがわかる。それは単に経験主義の塊にすぎないものである」と語っている。[71] ローズを賞讃するカードでさえも、一八七八年に過去四半世紀のイギリスにおける農業進歩を概観して、「この変化は（農業全体が研究によって）最善のものへと進展しているのではなく、一部の少数の農民が（経験によって）到達している高い水準へと、（多くの農民が位置する）中間もしくは最低の水準が（経験によって）もちあがったのである」と語り、農業研究に対して懐疑的である。[72] 一八八〇年代でも、王立農業協会の事務局長H・M・ジェンキンズや *Agricultural Gazette* 誌の編集者J・C・モートンは、当時の最良の農業実践は、ほとんど農業研究に負うところがなく、農業研究から学ぶべきものはほとんどないと語っている。[73] さらに一八九〇年代において、指導的な農業研究者であり教育者でもあったライトソン（John Wrightson, 1840–1916）[74] とモルデン（W. J. Malden）も同様に、農業研究の役割については懐疑的である。[75] このような懐疑的な主張は、遅れている制度的な側面からも裏づけられるという意見もある。一八七五年のアメリカの農業委員の報告を再検討して、*Nature* 誌は以下のように論評している。

> アメリカ合衆国における科学的な農業に対する関心の高さは、多数の農業カレッジが存在することからも明らかである。三九校もの農科・工科カレッジがあり、三七〇三人もの学生が在籍し、四六三人もの教授が講義を担当している。合衆国の総人口が、わが国（イギリス）の総人口と比べて、それほど多くないということを考えれば、約四千人もの農業学生がいるという事実には驚かされる。わが国には、百人弱の学生が在籍する農業

カレッジ（サイレンセスタの農業カレッジ）が一つあるにすぎない。しかし、その一方で我々はアメリカ合衆国の広大な土地よりも、はるかに広い植民地を世界中にもっている。これらのことを考えれば、もしわが国の農業学生が、たとえ科学的進歩や研究に関心を示したとしても、外国のライバルと競争していくことは、きわめて困難である。[76]

農業カレッジが一つしかないのと同様に、農業試験場も未整備であることは、一九世紀末当時においてかなり指摘されている。一八九五年にワイのカレッジの創設時のスタッフであるカズンズ（Herbert Henry Cousins, 1869–1949）[77]は、ヴォルフ（E. T. Wolff）の著書 *Landwirtschaftliche Futterungslehre*（初版は一八六一年）の英訳 *Farm Foods*, London, 1895 の序文において、イギリスの「農業における科学・組織・試験・教育に取り組む制度が非効率であること、そして農業研究の制度に対する政府の無関心さ」を非難している。カズンズはこの主張を裏づけるものとして、一八九二年において世界全体では農業試験場の数は二九一あり、そのうちドイツに六七、アメリカに五四、フランスに五三の農業試験場が存在し、この三ヶ国で全体の約六割を占めていると語っている。[78] 一八九五年当時に算出されたこの数字は、一九八四年にG・グランサムが推計した数字とほぼ一致している。グランサムは、公的資金によって設立され専門研究者が常駐する農業試験場の数は、一八五一年には一つ（ドイツのメッケルン Mockern）にすぎなかったが、一八七五年には九〇、一九〇〇年には五百を数えるようになったとしている。そして全体で約二百万ドルの資金を使い、千五百人の研究者が雇用されるようになったと述べている。[79] このグランサムによる推計から、試験場当たりの研究者数や資金額を計算すると、ホールがロザムステッド農業試験場を対象に計算した約三人の科学者と約千ポンドの予算規模という数字と、ほぼ一致する。つまりロザムステッド農業試験場でさえ、その科学者数と資金額は一九世紀末における世界の農業試験場の平均的な水準にすぎなかったことになる。世界に先駆けて設立されたロザムステッドの農業試験場は、その規模においてほとんど拡大していなかった。外国の農業試験場のなかには、ロザムステッドよりも、はるかに規模の大きなものがあった。

ホールによれば、ドイツのハレの試験場は博士号を所持する研究者を一五人も雇用し、メッケルンは年間三一五〇ポンドの収入で運営され、このうち政府が二一五〇ポンドの補助を行っている。さらにアメリカでは、各州が農業試験場に関する三〇〇〇ポンドの連邦補助を受け取り、合衆国全体で五四の農業試験場が農業カレッジとともに設置され、連邦農務省は一九〇五年に常勤研究員の俸給の他に、研究費として二一万ポンドも支出している。[80] イギリスでは同時期に、農務省は農業研究に対して四二五ポンドを支出しているにすぎなかった。[81] ホールは一九〇四～五年頃（ロザムステッド農業試験場の所長に就任直後）に、ロザムステッドの資金調達に奔走する。ローズが試験場長の頃には、ローズ農業トラスト（Lawes Agricultural Trust, 試験圃場や実験室の利用、アメリカの農業試験場との交流に使用するために、ローズが一八八九年二月に設立した農業研究基金）からは、年間二五〇〇ポンドしか出資できなかったにもかかわらず、ローズ自身はロザムステッドでの農業研究に年間約三〇〇〇ポンドを支出していたので、赤字となっていた。これに対してホールは研究を縮小するどころか、さらに多くの研究者を雇用して、ロザムステッドの研究活動を広げようとする。[82] これ以後、イギリスの農業研究体制の整備が、ようやく本格化していくことになる。

三　研究をめぐる政府と農民の動向

イギリスの状況とは対照的に、ドイツの農業研究（普及活動や教育も含む）は、より早くから広範に発展していた。A・D・テーヤは一八〇二年にハノーヴァー近郊のツェレに最初の農業アカデミーを設立し、さらに〇六年にはプロシャの他地域においても、同様のものを設立した。農業アカデミーは一八三〇年代までに数多くの地域において設立された。[83] そして当時、農業アカデミーや、その後に設立された農業試験場の役割をめぐって論争があった。

その論争点は、農業アカデミーや農業試験場が、農民の疑問あるいは研究者の問題に応えることができるのか、さらに自然法則あるいは農業の実践を研究することができるのかという問題についてであった。この論争に関して、科学史研究のM・R・フィンレイによれば、一八五〇年代末に至るまで、メッケルン農業試験場（政府援助による最初の農業試験場）の創設者は、研究者の課題よりも農民の問題に重点をおいていた。しかし一八五七年以降には研究者の課題に多くの資金が投入されるようになるので、メッケルン農業試験場（一八五〇年の設立）が農民の問題に対して関心を払うのは、初期の数年間にすぎなかったことになる。[84] さらにシェリング-ブローダーセン（U. Schling-Brodersen）によれば、リービヒは農業化学の今日的な必要性を宣伝するために、さらに化学の社会的地位を向上させるために、農業研究が大学において推進されるよう望んでいたという。しかし農業試験場はリービヒの意向が及ぶことはなく、ときにはリービヒの反対者によって運営されるという場合もあった。しかしリービヒのように、国立の農業試験場主導による農業研究という考え方に反感をもつ人物がいたにもかかわらず、農業試験場は一八五〇年代末以降に拡大し始めることになった。[85]

ドイツにおける農業研究体制の充実は、グランサムによれば農業研究の急速な拡大要因とされている。グランサムによれば、研究に出資しようとする人々が問題とするのは、研究成果から受け取れる恩恵である（不確定なものでもある）。したがって研究への投資によって期待できる収益が安定的に増加すれば、これらの人々によって科学への投資は歓迎される。その際に重要な点は、科学的知識をもつ官僚であり、すぐに役立つ科学的な専門知識である。科学的知識をもつ官僚であれば、科学的な専門知識を使って、研究から高い収益が期待できるであろうことが理解できる。この結果、政府によって研究資金がもたらされることになり、研究成果を期待する農民も、研究自体に好意を示すようになる。そして農業試験場で働く研究者は、新たに研究者を養成し、それらの養成された研究者を雇用する新たな農業試験場が設立されることによって、研究者の専門知識が活かされることになる。したがってドイツの農業試験場が拡大した要因は、科学的知識をもつ官僚、経費のかからない豊富な研究者、研究を助ける農民、国家資金、研究者の養成であるといえる[86]。そして農業試験場の数が多くなれば、それら相互のつながりもまた研究を促進する要因となり、さらに農業試験場の拡大要因となる[87]。

このドイツとの比較において、イギリスの場合には拡大要因が見当たらない。少なくとも一八九〇年以前では、科学的知識をもつ官僚の存在はイギリスでは皆無に等しい。それから、一九世紀末においてドイツで一二〇〇マルクの俸給が支払われた研究者は、イギリスにおいて同等の立場の研究者では二〇〇〇マルクの俸給を支払う必要があった。つまり、イギリスでは研究者の維持に、かなりの経費を割かなければならなかった[88]。

たしかにイギリスでは、農業研究者によって提唱された技術を採用する借地農は存在した。しかしその最も著名な人物（ハーフォードシアのジョン・プラウト、John Prout）であっても、他の借地農は借地権の不安定性と借地契約の制限条項があるために、自分の事例を見習うことができないと指摘している[89]。プラウトの言及にしたがって、イギリスの借地農は農業研究を無用であると考えていたとはいえない。しかし研究成果が何らの障害もなく、借地農に浸透していくわけではないという点で、借地農は農業研究の成果を好意的に受けとめているとはいえなかった。実際に一八七〇年代前半までの農業の「黄金時代」には、借地農は自分にとって研究成果は必要でないと考え、七〇年代後半以降の農業不況期には、農業研究の発展に費用を負担する経済力を失っていた。たとえば、農業研究の成果であった暗渠排水の普及が代表的な事例である。暗渠排水は一九世紀中期の農産物価格が高いときには、数千エーカーの土地で実施されたが、一八七〇年代中期以降の農産物価格の低迷期には、急速にほとんど行われなくなった[90]。借地農が農業研究を無用であると考えていたとは断定できないものの、農業研究を熱心に擁護したという事例はほとんど見あたらないので、借地農は農業研究の成果に対して少なくとも懐疑的であったといえる[91]。

イギリス政府は科学研究全般に対する公的な助成に乗り気ではなく、農務省もその例外ではなかった。一九〇二年にホールはエリオット卿（Sir Thomas Elliott）から、「イギリス農業はすでに死に絶えたので、農務省の仕事はそれを手厚く葬ることだけである」といわれる[92]。当時、国家からの研究資金はほぼ皆無に等しく、研究資金の援助と

いえば、王立農業協会が一八七六年以降に、ウォーバーンの小規模な農業試験場に対して援助しているだけであった。(93)

農業研究者の養成という点も、ドイツと比較すると、ほぼ皆無に等しいものであった。ドイツの研究者は、ギーセンで同僚であったギルバートも、ドイツ科学の影響を受けたウォリントンも同様に激励していた。しかしギルバートは「自分が携わった厳しい仕事から、成果だけを盗ろうとしている」として、ウォリントンを非難していた。ギルバートは一般的に若い研究者を嫌い、長期圃場試験に耐えられない彼らを疑ってかかった。(94) 応用昆虫学のオーメロッドもセント・アルバーンに居住し、ロザムステッドから約一時間のところに住んでいたにもかかわらず、ローズやギルバートに会おうともせず、そこを訪れようともしなかった。(95) ローズとギルバートによる長期圃場試験を支えたのは、専門研究者ではなく、地元の子供たちであった。ギルバートは子供に単調な圃場試験の手順を教え込み、助手として使った。能力のある子供は、成年となって試験場に残ったが、それはもちろん研究者としてではなく、試験助手としてであった。(96) このような状況にあったので、研究者数は増加することなく、研究者として活動しているごくわずかの人々も、ほとんどコンサルタントとして働き、農業研究に携わっているとはいえなかった。その結果、一九世紀末までイギリスでは、ロザムステッドという先駆的な事例に基づいて農業試験場を拡大することが、ほとんどできなかった。これとは対照的にドイツでは、ロザムステッドの長期圃場試験の手法を模範にして、農業試験場が拡大した。(97) 要するにイギリスでは、ドイツでみられた拡大要因が、ほとんど皆無に等しい状態であったということである。

四　研究体制の拡大

イギリスにおける科学的知識をもつ官僚の誕生は、ケンブリッジの農業教授ミドルトン（Thomas Hudson Middleton, 1863-1943）が、一九〇六年に農務省の教育・研究担当次官となるのを待たなければならなかった。[98] [99] さらに科学的知識をもつ人物がワイのカレッジの学長となり、その後、ロザムステッドの場長となる。それがホールであった。ホールは一九一〇年に設立された開発委員会の委員となっている。開発委員会は、二〇世紀初頭のイギリスにおける科学研究体制の確立に大きな役割を果たすことになる。ホールはその農業面での中心人物である。[100] そしてホールが学長を務めるワイのカレッジが設立されたのをはじめとして、多くの大学農学部と農業カレッジが一八八九年以降から設立される。これらの高等教育機関から多くの農業研究者が誕生することになる。

一方、農業研究に対する借地農の対応が変化したのかどうかも課題である。これを判断することは困難である。しかし変化の兆しはあった。たとえば、サリー出身の借地農であり製粉業者でもあった国内産小麦協会（Home-Grown Wheat Association）の会長ハンフリーズ（A. H. Humphries）は、一九〇八年のレイ（Reay）委員会において、ローズとギルバートの研究を賞讃した上で、「彼らが自分たちの資金でまかなってきた研究活動の体制を、そのまま続けようとすること（国家が何も援助しないこと）は、わが国の体面を傷つけることになってしまう」と論じている。[101] 借地農の代表者が研究活動の促進を訴え、その体制を整備することを要求し始めたのである。農業研究に対して制度的な環境を整えることが必要とされ始めた。このレイ委員会の報告書は、現時点において政府は農業研究への援助を行っていないが、農業研究への援助に関する考え方を改めるように提案している。さらに報告書は、たとえ資金の出所が政府でなくても、とりあえず研究資金を増加させるような対策を講ずべきであるとも説いている。[102]

結局、研究資金は、ホールが加わる開発委員会から支出される開発基金（Development Fund）でまかなわれることになる。[103]

開発基金からの助成を受けて、一九一四年頃までに研究分野ごとに多くの試験場や研究所が設立される。その代表的なものをあげると、インペリアル・カレッジ（植物生理学）・ケンブリッジ大学（植物育種学と家畜栄養学）・ロングアシュトン試験場（果汁と果実）・ワイのカレッジ（果実）・ロザムステッド試験場（土壌学と植物栄養学）・レディング大学（酪農）・バーミンガム大学（蠕虫学）・マンチェスター大学（昆虫学）・オックスフォード大学（農業経済学）・キュー植物園（植物病理学）・王立獣医カレッジ（動物病理学）などである。これらのほとんどは大学およびカレッジ付属という形態がとられ、研究者の養成を目的としている。[104] 試験場や研究所が単独で存在するのではなく、大学・カレッジ内に設置され、その付属という形態がとられたのは、教育施設の充実を図る農務省（ミドルトン）と農業研究の強化を図る開発委員会（ホール）との折衷案が合意に達した結果である。[105] しかしながら試験場や研究所が数多く設立されたとはいえ、これらの試験場や研究所に勤務する研究者は、未だ少数であった。当時、二一人の研究者を抱えていたロザムステッド農業試験場が、イギリスでは最大規模で、それ以外の試験場や研究所は、せいぜい五〜八人程度の規模であり、イギリス全体で集計しても、試験場や研究所に所属する研究者は、わずかに六七人であった。[106] ロザムステッドが人数では全体の三分の一を占める規模である一方で、他の試験場や研究所は小規模なものにとどまっている。

この小規模であることを補う制度的な枠組みが、学会や学術誌などである。一八九〇年代における農学部・農業カレッジの設立にともなう研究者の増加にともなって、多くの研究成果は学術誌に投稿されるようになる。しかし投稿先は農業学術誌ではなく、科学・化学・生物学などの学術誌であった。農業雑誌はすでに一九世紀中期からイングランド王立農業協会誌（*Journal of the Royal Agricultural Society of England*）があったが、それは研究成果の発表というよりも啓蒙的な色彩の濃い事例報告を主に掲載していた。本格的な学術誌ではなかったので、一九世紀末には研究成果の投稿先として敬遠される傾向にあった。そこで、ホール、ウッド、ビフェン、ミドルトンらは「農業を対象とする科学論文を掲載する」学術誌が必要であると考え、一九〇五年から*Journal of Agricultural Science*誌の刊行がケンブリッジ大学出版会によって始められる（学会誌をめぐる動向については、後述）。しかし学会については、農業分野を包括し、農業研究者のために農業研究者によって運営される学会は、未だ生まれていない[107]。

五　おわりに——農業研究の連続性

ローズ、ギルバート、ジョンストン、ドウベニィらに代表されるイギリスの農業研究者は、ドイツやアメリカの農業研究者と同時期あるいはそれ以前から活動していた。それにもかかわらず、イギリスでは研究者の数は増加しなかった。もちろん研究者の数に応じて、農業研究の成果もわずかなものにすぎなかった。これは一つには、ドイツにおける農業研究体制の拡大要因が、イギリスではほとんど無きに等しかったからである。したがって一九世紀後半のドイツとイギリスを比較する視点からは、二〇世紀における開発委員会やホールの存在は、農業研究体制の確立にとってきわめて重要な意味をもつことになる。R・オルビィはホールという人物の重要性を強調することによって、その結論としている一方で、イギリス農業研究に対するローズとギルバートの影響力については疑問視している[108]。

しかしながらイギリス農業研究は、開発委員会の設立以前から、研究目的を異にしていたとはいえ、連続性があった。これは単線的で円滑な連続性ではなかった。実験室化学への不信、研究に対する政府や農民の様々な反応、根強い経験知への信奉など、多くの緊張関係や障害をともなう連続性であった。一九世紀末から拡大する農業研究体制は、その連続性の延長上にある。ローズやギルバート以外の農業研究者も数が少ないとはいえ、その研究体制の確立に影響を与えている。そして農業研究の飛躍的な発展は、大学やカレッジの拡大とともに始まるのであり、開発委員会（政府）の資金を拠り所にしていたとはいえない。[109] イギリスの場合には、国家資金と農業研究との結びつきは、ドイツやアメリカほど強くない。さらにいえば、イギリスでは国家資金の裏付けがなくとも、農業研究体制は、ある程度、維持されてきた。しかもその資金的な裏づけから、研究スタイルは一貫して、共同研究ではなく、ローズやギルバートに代表されるような個人による（独創的な）研究が重視されていた。[110]

ホールによって第一次世界大戦前に確立された農業研究体制は、ごくわずかの修正をしただけで、第二次世界大戦後まで継続し、そして今日のイギリスにおける農業研究体制の基盤を形成した。したがって一見したところ、ホールと国家資金によって農業研究体制が形成され、確立されたかのようにみえる。しかしながら、それらは一九世紀後半の研究体制を継承したものであり、拡大していったものなのである。ただし、二〇世紀初頭の拡大過程で、研究スタイルは変更を余儀なくされ、個人による研究ではなく共同研究が重視されるようになる。

以上、一九世紀後半におけるイギリス農業研究体制の特徴についてみてきた。しかしこれでイギリス農業研究体制の特徴が、説明できたわけではない。以下のような課題が残されている。たとえば、研究者の数が増加すれば、研究は進展するといえるのか。さらに多くの農業研究に着手しようとすれば、それは国家という基盤でしか推進できないのか。そしてイギリスの農業研究の展開は、アメリカからの輸入農産物から国内農業を保護したドイツや、輸出農産物市場を拡大したアメリカと比較して、農産物市場の制限にどの程度負っているのか。さらに農業研究は、農民がより多くの農業生産を望み、それを促進したために発展したのか。あるいは逆に、農業研究が発展したために、農民がさらに多くの農産物を生産できるようになったのか、などの問題である。これらの問題は二〇世紀のイギリス農業研究の課題ともなった。

以上のような展開を農業研究は遂げてきたが、農業研究が飛躍的に発展した背景には大学農学部や農業カレッジなどの高等農業教育機関の模索があった。次章ではその展開を追っていきたい。

第9章　王立農業カレッジの模索

イギリスでは一九世紀末になって、多くの試験場や大学農学部・農業カレッジが設立された。それまでは学部やカレッジの設立は、ほとんど皆無に等しいものであった。農業研究者の養成のほうも、ドイツやフランスなどと比較すると、きわめて乏しいものでしかなかった。しかし一九世紀中期の時点では、サイレンセスタの農業カレッジやロザムステッドの農業試験場の設立にみられるように、ドイツやフランスと比べても、決して遅れていたわけではなかった。むしろイギリスのほうが、進んでいたともいえる。しかしイギリスでは一九世紀後半期において、研究・教育機関の拡大や普及がほとんど行われず、この時期に研究・教育機関が拡大したドイツやフランスと大きな差が生じた[1]。この違いが生まれた要因は、一九世紀後半のドイツやフランスにおける展開、あるいは一九世紀末以降のイギリスの展開を考えた場合、国家援助であることが容易にわかる。ドイツやフランス、あるいは一九世紀末イギリスは、いずれも政府による財政的な援助があって初めて、農業の高等研究・教育機関が拡大している。

しかしながらイギリス国内という限定された範囲ではなく、イギリス帝国あるいはイギリス連邦という範囲でみると、農業カレッジや農業試験場が数多く設立され、その設立数もドイツやフランスと遜色ない（表9-1）。つまり、イングランドやスコットランドという「イギリス国内」では、制度的な進展がほとんどなかったものの、「植民地を加えた連邦」では、むしろ活発な展開がみられた[2]。この背景には一八七〇年代以降のイギリス国内における「農業再編」も大きな影響を与えている。そしてこの連邦諸国の機関設立にあたって、農業研究者を送り込んだの

表 9-1　19世紀後半における農業研究機関の設立数

	世界全体	アメリカ	イギリス帝国	フランス帝国	ドイツ	ロシア	日本
Pre-1851	18		16				
1851-1855	24		16	1	4		
1856-1860	36		18	1	13		
1861-1865	49		20	2	19	1	
1866-1870	70		20	7	28	2	1
1871-1875	125	2	23	13	45	2	1
1876-1880	170	6	28	21	53	5	1
1881-1885	250	19	39	34	56	8	13
1886-1890	390	46	57	57	61	16	36
1891-1895	499	49	72	80	68	48	48
1896-1900	591	51	94	84	75	72	55

Note：Figures include only those stations for which founding dates were available. Thus, the growth of the movement is somewhat understated.

Source：A. C. True and D. J. Crosby, *Agricultural Experiment Stations in Foreign Countries*, Office of Experiment Stations Bulletin 112, revised（Washington : U. S. Department of Agriculture, 1904）, USDA, *Annual Report of the Office of Experiment Stations for the year ended June 30*, 1902（Washington : U. S. Government Printing Office, 1903）.

資料：Busch, Lawrence and Sachs, Carolyn, The Agricultural Sciences and the Modern World System（Busch, Lawrence, ed., *Science and Agricultural Development*, Allanheld Osmun, 1981）, p. 134.

は、数少ないイギリスの高等研究・教育機関であった[3]。その代表的な機関がサイレンセスタの王立農業カレッジである。王立農業カレッジの卒業者名簿によれば、このカレッジから多くの人材が連邦諸国あるいは諸外国へと送り出されるのは一八八〇年代以降であり、連邦諸国における農業研究関連機関の増加と軌を一にしている[4]。王立農業カレッジはイギリス国内のみではなく、連邦諸国においても農業研究教育の進展に大きな役割を果たしたのである。そして植民地ではないものの、その先駆的な形態となるのが、一八七〇年代後半に日本の駒場農学校（東京大学農学部の前身）が設立される際に、王立農業カレッジから「お雇い外国人」が派遣されたことである。さらに、日本より一八八九年から九二年まで王立農業カレッジへ留学し、帰国してから福井県に松平試農場（園芸伝習所を含む）を設立した松平康荘の事例もある[5]。わずかな期間であったが、杉浦重剛（一八五五～一九二四）も王立農業カレッジに籍をおいたことがある[6]。本章では、連邦諸国だけでなく日本にも影響を与えた一九世紀後半のサイレンセスタ王立農業カレッジの展開を通して、イギリスの農業研究・教育の展開をみていくことにする。

一　カレッジの設立

一八四二年十一月十四日のフェアフォード・サイレンセスタ農民クラブ（Fairford and Cirencester Farmers' Club）[7]の会議において、ブラウン（Robert Jeffreys Brown）[8]は、農業カレッジの設立を擁護する演説を行った。その演題は、「農業発展のための教育進展について」であった。この演説は、一地方の農民クラブで行われたものであったにすぎないが、翌年に農業雑誌（*Farmer's Magazine* 誌）に掲載され、広く注目を集める。ブラウンは「イギリスでは近年、陸軍と海軍・工学・教育学・外科学などの分野において、各々スクールがある。しかし農業は未だ公的な教育機関（public institution）をもっていない[9]」として高等農業教育の必要性を訴えた。さらに農業改良と技術革新を受容できるような「農業家」（agriculturist）を育成するには、この高等農業教育が必要であると強調した。ブラウンが農業教育を強調した意図は、農業研究の成果を理解しうる社会階層（主に地主や借地農など）の形成にあった。ブラウンはその資金面においては、主に地元の地主からの寄付に依拠することによって、農業カレッジの設立が可能であると考えていた。ブラウンの要請を受けて、フェアフォード・サイレンセスタ農民クラブは、一八四二年十二月二十九日の会議において、カレッジの設立案を満場一致で可決し、決議案が成立した。決議案は、ブラウンの主張をほぼ採用したものであった[10]。

その後、設立推進者が地元の地主や借地農を訪問して、設立案の説明と寄付の要請をする。それと同時に、「次世代の借地農が、適切な学費を支払って、農業の成功要因となる科学知識の教育が受けられる学校を設立する[11]」という方針をもつ設立趣意書の作成に取りかかり、それを具体化する委員会が設置される。委員会は一八四四年七月一日にサイレンセスタにおいて、「農業カレッジの寄付者と賛助者による設立総会」を召集する。委員長のバサースト伯爵は、この会議の席上でカレッジと付属農場の敷地の提供を申し出ている。[12] さらにこの会議では、具体的な業務を担当する「運営委員会」(Committee of Management) が設置される。[13] カレッジ設立の具体化の過程では、イングランド王立農業協会の会員の多くは、農業カレッジの構想を支持するが、その支持は決して積極的なものではなく、むしろ消極的なものであった。協会員の多くは、入学者が借地農の子弟であるというカレッジの意図とは異なり、実際には裕福な地主の子弟が入学すると予想していたためである。[14]

一八四五年三月二十七日に下付された勅許状の授与決定証書 (Deed of Settlement)[15] によれば、カレッジは法人格とされ、理事 (Governor)・所有者 (Proprietor)・寄付者 (Donor)[16] が、理事会を構成し、そして理事や所有者とともに学長・副学長・事務局長によって構成される評議会 (Council) が運営権を握る。一方、評議会は土地と資産を管理・運営する権限をもち、内規や校則を制定できる権限ももつ。理事長 (President) にはバサースト伯爵が、副理事長にはデューシィ伯爵 (Earl of Ducie) が就任する。理事会による資金は一万二千ポンドであり、一人が一〇株以上は所有できないという制限のもとで一株三〇ポンドとされ、株式によって総額二万四千ポンドまで増資でき、最大限四パーセントの配当があるとされる。このようにカレッジは民間会社のような形態をとり、その設立のために政府からの援助を全く受けていない。

しかしながらこの民営は大きな問題点をもった。所有者や寄付者に対して、入学に関する優先権が与えられたからである。所有者は所有株に応じて一名の学生を、寄付者は三〇ポンドの寄付金に応じて一名の学生を推薦でき、入学させることができた。この権利は実際に行使され、入学する学生のほとんどは、この方法によって決まった。[17] これによってイングランド王立農業協会の予想通りの展開をとり、かなり裕福な地主(あるいは大借地農)の子弟が入学した。もちろん当然のことながら、学生の入学時の学力水準は問われないので、その水準はかなり低いということになってしまう。

カレッジは総額二万四千ポンドの資金を株式発行と寄付によってまかない、理事は六四名で、評議会は二六名で構成された[18]。この評議会によって一八四四年十二月二十四日に、九名の学長候補者のなかから、ノーフォークの借地農スケイルズ（John Scales）が学長に任命される[19]。カレッジのスタッフとして、化学教授にJ・T・ウェイ、地質学・博物学・植物学教授にS・P・ウッドワード（後に大英博物館の博物学教授）、獣医学（当時は獣医術）教授にロビンソン（J. Robinson）、土木工学・測量学教授にブレイヴェンダー（John Bravender, 1803–1878）らが採用される[20]。そして一八四五年九月十五日から、カレッジが貸借した二つの住宅に寄宿した二五人の学生を対象に、講義が始まる。学生に対して主に以下のような方針が決められ、この方針にそってカレッジが運営されていく[21]。

一　学生は、株主あるいは寄付者の推薦状がなければ、入学が許可されない。株主や寄付者による出資を促進するために、株主や寄付者の子弟あるいは推薦を受けた者に、入学の優先権が与えられる（したがって入学者の階層は限定されることになるが、このようにしなければ、おそらく出資金を増加していくことができないであろう）。

二　入学年齢は一四歳から一八歳までとし、履修期間は二年間で、二〇歳の誕生日以降、半年を超えて在学できない。

三　一四歳から一六歳までの学生の授業料は年間三〇ポンドとする。一六歳から一八歳までの学生の授業料は四〇ポンド、一八歳以上の学生は五〇ポンドとする。これらの授業料以外にも、図書館・博物館・実験室の維持費の負担を求める。

四　学期は一〇月六日と四月六日に始まり、長期休暇は六月二十四日に始まる四週間と、十二月十五日から始まる六週間である（休暇は合計一〇週間となり、四二週間の授業はカレッジとしては長いほうである）。一日の日程は、午前中は講義に、午後は農場実習に振り分ける。

この運営方針によると、カレッジというよりもスクールに近い。つまり大学というよりも、高等学校ないし中等学校に近いものであった[22]。編成されたシラバスは、基本科目として化学・地質学・博物学・植物学・獣医学・農業会計、選択科目として数学・自然哲学・実用工学があった。卒業試験は評議会によって任命された外部の試験委員によって実施された。

学長と教授は評議会によって任命されるが、学長がすべてのスタッフを採用し解雇する権限をもっていた[23]。教授は、イギリスの伝統的なカレッジの教育スタイルのチュートリアル制[24]をモデルにして、カレッジ内に居住することが義務づけられる。この学長の権限と教育スタイルが、その後、カレッジで大きな問題を引き起こす要因となる[25]。

二　学内運営と問題点

スケイルズが学長に任命された経緯は明らかではない。結果的には、学長は農業家、または農業経験者が良いということになったようである。スケイルズはレイハムのタウンシェンド卿（Lord Charles Townshend）[26]が所有するヘルホートン農場の借地農であった。一八四二年に借地期間が切れ、その後、サセックスのウェブスター夫人（Lady Webster）の所領の土地管理人をしていた[27]。学長候補者のなかには、エディンバラの農業教授D・ロウのような学識経験者が含まれていた。そのことから考えると、評議会は学問的資質よりも、農業技術の先進地であるノーフォークにおける農業経験を重視したことがわかる。しかし、ノーフォークでの豊富な農業経験をもつスケイルズではあったが、まずカレッジの農場問題に直面する。農場を借地している借地農との交渉に手間取り、耕作の遅れや農機具の不備などという問題を抱えた。さらにスケイルズは寄宿生と寝食をともにすることによって、学生の教育上ないし生活上の問題にも向き合わなければならなかった。このような状況に対して一八四五年十一月に評議会は、学長に農場管理とカレッジ運営の双方を負わせることは困難であると判断する。そしてこれら二つの業務を、別々の人物に担当させることにする。

借地農や土地管理人の経験しかないスケイルズにとって、とくにカレッジ運営は大きな負担となった。そこで一八四六年一月にスケイルズは学長を辞任し、農場長兼農業教授となり、新たに学長候補者を探すことになる。もっとも、一八四六年七月にスケイルズは教授を退職（評議会は辞職を勧告しているので、実質的には解雇）したので、この分担という体制は長く続いていない。スケイルズに関しては評価が分かれる。一方では、カレッジの五〇周年記念誌（一八九五年）において、ある教授から「無駄口の多い貧弱なノーフォークの農民」[28]と称されているように、ノーフォークでの農業経験はあったが、カレッジ農場の経営能力がなく、教育能力にも欠けていたという評価であった。他方は、カレッジ設立初期の様々な問題を考えれば、スケイルズ一人の責任にしてしまうのは無理があるという評価であった[29]。

スケイルズの問題をきっかけにして、カレッジは学長選考のたびに大きな問題を抱える。選出される学長の方針によって、カレッジが大きく揺れ動いたからである[30]。その後のカレッジにおいては、理事会は学長任命のときには常に農業家あるいは研究者が就任すべきか、教育者が就任すべきか、というようなスケイルズと同様の問題に直面する。さらにカレッジは学生教育の問題に加えて、研究や農場の問題も抱えていた。とくに農場の設置目的や運営目的の問題が、常に議論されることになる。つまり、これは経営採算性を重視するのか、あるいは学生の実践技術の訓練を重視するのか、また実地教育を重視するのか、あるいは科学研究を重視するのか、という問題である[31]。

一八四六年一月に、スケイルズに替わって学長に任命されたのは、三〇歳の文学修士ホジキンソン（George Christopher Hodgkinson, 1816–1880, ケンブリッジのトリニティカレッジ出身[32]）であった。評議会は学長選考にあたって、その選考の重点をかなり変更した結果、農業知識はもっているが、学問的資質をもたない学長ではなく、教師としての資質はあるが、農業知識をまったくもたない学長を選出する。ホジキンソンはグラマー・スクールやパブリック・スクールの校長経験があり、経験豊富な教育者であったが、農業家でも農業研究者でもなかった。当然のように、ホジキンソンは自分の経験に基づいて、教養講義に重点をおき、農場実習にあまり熱心ではなかった。ホジキンソンは、Practice with Science という理念に基づいて教育するというのではなく、グラマー・スクールやパブリック・スクールにおける基本的な方針を模範にしようと考えた[33]。

この方針変更に対して、評議会からは何らの反対も起こらなかったが、化学教授ウェイから激しい反発があった[34]。ウェイはすでに、カレッジ内の穀物倉庫（tithe barn）に、リービヒの化学実験室をモデルにした化学実験室を設置して、研究・教育体制の整備に取りかかっていた。カレッジの方針変更に反対したウェイは自ら辞職し、前述のようにイングランド王立農業協会の化学コンサルタントになった[35]。ホジキンソンは、ウェイをはじめとしてカレッジのスタッフとは必ずしも意見の一致をみなかった。しかし彼を補佐する副学長のJ・ウィルソン[36]は、科学的素養を備える農業家であったために、ホジキンソンの体制を支えることができた。しかしこのホジキンソンも、結局、早期に退職に追い込まれた。その原因はスタッフとの衝突ではなく、当初からカレッジが抱えていた財政問題であった。

開学後、数年経った一八四七年頃には、すでにカレッジの財政状態は深刻なものとなっていた。五月には赤字額が六七一九ポンド四シリング三ペンス（一八四六年三月末の収支簿では、一四二三ポンド一五シリング六ペンスの赤字）と膨れ上がる（このうち四一九二ポンドは銀行からの借入金である）[37]。この財政難によって授業料を一律、年間五〇ポンドに引き上げることが、臨時理事会において決定される。さらに評議会は費用節減のために、スタッフの削減を発表し、スタッフの俸給も総額で年間一一〇〇ポンドを超えないようにすると決められる。株式も追加発行されることになり、額面三〇ポンドの株式を四〇〇株発行することを決める[38]。このような財政問題と、それをきっかけとするスタッフ削減を招いた責任をとって、ホジキンソンは辞職し、その後任には副学長ウィルソンが就任することになる[39]。

学長の交代があったとはいえ、カレッジの財政問題はなおも続く。新しく発行した四〇〇株のうち、約半分しか買い上げられなかったので、依然として財政問題を抱え続けた。これに対してウィルソンを財政的に支えようという動きが現れる。評議会の議長ホランド（Edward Holland）が、すべての管理権を握ることを条件に、資金提供による財政改善の提案をしたのである。さらにホランドは、授業料を当初のほぼ二倍（寄宿生は年間八〇ポンド、通学生は年間四〇ポンド）にするという思い切った方法をとることによって、財政の安定を取り戻そうとする。[40] しかしながらこの授業料の値上げによって、カレッジの当初に掲げた方針の一つが維持できないことが確実となる。借地農の子弟を教育するという当初の目的が、授業料の値上げによって達成できなくなったのである。借地農の多くは授業料を負担できなくなり、地主や大借地農の子弟たちが、さらに多くの割合を占めるようになった。[41]

ホランドによる直接的な管理という要求は、負債に対する資金計画が立案されることによって拒否される。カレッジは有力な地主貴族を保証人にして、カレッジと農場とを担保に、地元の銀行から融資を受けることになる。[42] しかし財政問題は根本的に解消されたわけではなかった。農場も依然として赤字を出し続ける状態であり、スタッフの俸給減額も行われた。このような状況から抜け出せなかったために、評議会は農業設備・施設に対する投資に対して疑問を感じ始める。そして農業カレッジとしてではなく、再びグラマー・スクールやパブリック・スクールへの方向性が模索される。つまり農業カレッジを放棄して、農業を全人教育の一環とするようなスクールへの転身が考えられた。この動きに対して、ウィルソンはカレッジにとどまる意思を失ってしまう。ウィルソンは一八五一年に辞職し、エディンバラ大学へと移ってしまった。

ホジキンソンからウィルソンへの学長交代によって、財政問題が解消できなかったのと同様、スタッフに関する問題が解消されたわけでもなかった。ウィルソン学長は農業研究者でもあったので、農業研究者からの反発はなかった。しかしカレッジの牧師との問題を抱えた。当時、カレッジの牧師を務めていたのは、カスト師（Rev. Daniel Mitford Cust）であった。カスト師は学生の道徳的・宗教的教育に関する全監督責任は、牧師が独自にもっていると主張していた。これに対して評議会は、調査委員会を設置して、調査を行い、カレッジの趣意書や内規を再確認し、学生教育および監督に関する全責任は学長が負っているという理由で、カスト師を解雇する。[43]しかし問題はここで終わらなかった。化学教授J・B・ブライスがカストの解雇に反対した。ブライスばかりでなく、他の教授もカストの解雇をきっかけにして、教授への監督権がどこまで及ぶのかという問題をカレッジ側に問いかけることになる。しかし評議会は趣意書や内規の確認にとどまっただけであり、結局、これが原因となって、ブライスはカレッジを去った。その後、学長権限や教授の監督権の問題は、財政問題と同様、カレッジの歴史において繰り返し現れる問題となる。

ウィルソンが辞職した後、学長となったのはヘイガース（Rev. John Sayer Haygarth, 1811–1859）であった。ヘイガースはホジキンソンが学長に選出されたときの候補者の一人であり、ホジキンソンと同様、ケンブリッジのトリニティカレッジの出身者であった。しかしホジキンソンのように、農業知識が全くないということはなかった。ヘイガースの経歴はあまりわかっていないが、一八五八年に刊行されたカレッジ史（著者不明）によれば、「実際の農業に関する知識をかなりもつ紳士である」[44]と記されている。ヘイガースはホジキンソンほど、農業教育や研究に無理解であるというわけではなかった。ヘイガースの在職中の出来事は、明確に記録に残っていないが、在職中に科目が削減されたり、教授が解雇されたりということはなかった。学長の考え方によってではなく、財政問題によって、これらのことが行われていても不思議ではなかったが、むしろ、積極的に科目の再編が行われ、解雇予告をすでに受け取っていた教授が、逆に再契約されたこともあった。[45]

カレッジ史によれば、一八五〇年代のヘイガースの学長時代はスタッフに関する問題が起こることもなく、財政問題もかなり改善されたようである。[46]スタッフは一八五二年当時、化学はJ・C・A・ボウルカ、[47]博物学はバックマン（James Buckman, 1814–1884）であった。一八五六年にはサイレンセスタの一期生コールマン（John Coleman, 1830–1888）が、農業教授および農場長に採用される。それまで土地管理人であったコールマンは、カレッジの農場経営に手腕を発揮し、在任の六年間にわたって、全資産の年次評価に基づいて、毎年約五パーセントの利益を生み出している[48]。ヘイガースは、各専門分野を推進できる人物の選抜に、ある程度の成功をおさめ、その後のカレッジの研究教育スタッフの核を作り上げることに成功する。さらにカレッジは当初の学生数二百人という計画には及ばなかったものの、安定的に約百人の学生を抱えるようになる[49]。しかし不幸なことに、ヘイガースは一八五九年に急死してしまう。

三　教育と研究体制の問題

一八六〇年から七九年までの時期は、ケンブリッジのトリニティカレッジの出身者では三人目となり牧師である学長のもとで、カレッジはさらに多くの問題を抱え、多難な時期をむかえた。三五歳のコンスタブル師（Rev. John Constable, 1825–1892）[50]が、ヘイガースの後任の学長に就任した。コンスタブルはホジキンソンと同様、農業経験のまったくない文学修士であった。しかしコンスタブルは科学教育や科学原理の農業への適用という方法を通して、カレッジの研究・教育体制を確立していこうと考えていた。つまりPractice with Scienceを、根本的な方針にするということであった[51]。それと同時にコンスタブルは、農業カレッジを大学カレッジと同等レベルにするという目標を掲げた。このためにはまず入学水準を引き上げることが必要であると考える。そこで、オックスフォードとケンブリッジの地方試験委員会（Local Examinations Board）によって認められていた入学資格基準を検討している[52]。しかし、入学水準を引き上げることによって、カレッジ設立時からの目的であった借地農の子弟を入学させるということからは、ますます遠ざかっていく。借地農の子弟は経済的な理由から、大学入学基準を満たすことのできるパブリック・スクールの教育を受けられなかったからである。すでにカレッジは財政的な理由で、株主や寄付者に優先権を与え、授業料を値上げしていたために、地主の子弟の入学が容易になっていたが、その流れがさらに加速されることになる。コンスタブルは学力水準を引き上げるために、入学基準ばかりでなく、学内教育においても、定期試験を徹底させ、学生の進級を厳しくしている。さらに学生はカレッジ卒業時に、イングランド王立農業協会とスコットランド高地地方農業協会の資格免許状の取得が求められる[53]。コンスタブルによれば、講義による知識は問答式の講義や週ごとの試験によって、さらに役立つものになるという[54]。このように試験を厳しくすることによって、学生の学力を監視していくという姿勢が鮮明に打ち出される[55]。

学力水準を引き上げようとすれば、その水準に匹敵するスタッフの採用が必要となる。そこで皮肉にも、学校教師というよりも、研究者を採用していこうとする動きが生まれる。この結果、コンスタブルの学長時代は農業研究者の採用あるいは留任によって、農業研究が活発に行われた時期となる。たとえば、ボウルカ、A・H・チャーチ（農業化学）[56]、バックマン（植物学と地質学）、G・T・ブラウン（獣医学）といった人々によって、農業研究が推進され、彼らの多くは、ロザムステッドのJ・B・ローズおよびJ・H・ギルバートと密接な関係を保ち、研究交流を図った。

ボウルカはすでに一八四九年（ウィルソンの学長期）に、ブライスの後任として化学教授に採用されていた。前述のようにボウルカは、堆肥や人造肥料の使用に関する試験研究に着手して、カリウムが植物栄養となることを実証した。家畜飼料に関する研究も手がけ、その成果が実際の畜産業や酪農業に適用される。ボウルカは、サンプル分析を手がけることによって人造肥料や家畜飼料の品質を高め、農民にその利用について直接的に助言を与えた。ボウルカの後任となるのが、チャーチ（オックスフォード理学博士）である。チャーチは一八七〇〜七一年にテンサイに関する研究や動物顔料に関する研究を行った。これによってチャーチは顔料 turacin の発見者となった[57]。そしてボウルカとチャーチの助手を務めた（一八六二〜六七年）のが、ウォリントン（オックスフォード理学修士）[58]である。ウォリントンはその後、ロザムステッドに移って、ローズとギルバートとともに多数の論文を共著で発表する[59]。

その他にもサイレンセスタの教授として研究生活をスタートし著名となった人物に、ブラウンがいる。ブラウンは一八五〇年に二三歳でカレッジの獣医学教授として採用される。ブラウンは一八六二年にカレッジを辞職し、七二年に農務省獣医局の局長となる。その後一八八一年には王立獣医カレッジ教授となり、晩年には学長・理事長となっている。[60] ブラウン以外に、ターナー（Henry William Lloyd Tanner, 1851-?, オックスフォード理学修士）[61] が一八七五～七九年まで数学と自然哲学の教授となり、フレムも採用され一八七七～七九年に博物学教授として在職している。[62]

評議会はコンスタブル学長に対して、これらの教授の任命と解雇の権限を与えた。コンスタブルは、この権限を行使して、その在任中に多くの教授の解任を押し進めた。コンスタブルが課した過酷な条件に応えることができずに、解雇された教授もいれば、自発的に辞める教授もいた。前述の農業研究者の辞職年からも明らかなように、一八六二年に多くの教授が退職している。コンスタブルによるスタッフ管理は、学生に対する管理と同様に厳しいものであり、しかもコンスタブルとスタッフは意思疎通を欠いていた。

辞職した最初の教授はバックマンである。バックマンは、ヘイガース学長時代の一八四六年に、地質学・植物学・博物学の教授として採用された。カレッジ在職中の研究成果を *Science and Practice in Farm Cultuvation*, London, 1865 などの著書にして刊行し、*Proceedings of the British Association for the Advancement of Science* 誌や、*Geological Society's Transactions* 誌などへ約三十編にのぼる論文を投稿していた。このような研究業績があったにもかかわらず、一八六二年九月にバックマンは評議会から解任を告げられた。その理由は、「評議会、学長、科学界が満足する成果をあげなかった」という単純なものであった。[64] この解任にはコンスタブルの関与があった。バックマンはカレッジの北側に植物園を設置するなど、コンスタブル学長が考える教授権限を逸脱した行動をとったとみなされていた。さらにコンスタブルは、バックマンの研究者としての能力（牧草の種子の分析者としての能力）に疑問があるという理由をこじつけて、解雇を迫った。コンスタブルによるスタッフ運営は、協議や説得というよりも、多分に命令に基づいて行動に移されたものであった。それゆえにコンスタブルとバックマンの対立は感情的なものとなり、お互いに敵意をむき出しにしたものとなった。コンスタブル学長とスタッフとの間の軋轢は、バックマンの問題にとどまらず、獣医学教授ブラウンの辞職をもたらすことにもなった。ブラウンに対しては辞職勧告に抵抗したために、解雇という手段がとられた。

辞職する教授が相次ぐなかで、コンスタブルの体制が確立されればされるほど、それを補充するために、新たに若い人材が集められた。管理体制を厳しくすることによって、血の入れ替えが進んだ。しかしながら新たな人材が、コンスタブルが設定した目標を理解していたのかどうかはわからない。オックスブリッジに肩を並べるという高い目標、そのために学生教育を厳格にして、強制的な教育法を実行することに、若いスタッフが同意していたのかどうか疑わしい[65]。しかもコンスタブルは、学力水準を上げるということには熱心であったが、研究環境という面で創造的な雰囲気を生み出すことにはあまり乗り気ではなかった。

コンスタブルの時代に起こった次の問題は、カレッジの教育方式をめぐる論争であった[66]。農業カレッジの学則によれば、オックスフォードなどで行われているチュートリアル制を維持するために、カレッジの教員がカレッジ内に居住することを求めていた。とくにコンスタブルは学生への監督を強化するという意味からも、この学則を厳守した。コンスタブルが学長に就任する以前に、すでに既婚の教授については、学外居住が認められていたにもかかわらず、コンスタブルはそれを認めなかった。そして結婚間近のチャーチとコンスタブルとの間で一八七九年に争いが起こる[67]。チャーチは自分が一八六三年に採用されたのは、評議会の任命に基づくものであり、その時点での学則が有効であり、自分を解雇できるのは評議会であると主張する。しかしこれに対する評議会の主張は、コンスタブル学長の意向を受けて、チャーチの学外居住を認めないというものであった。この評議会の主張を受けてチャーチは、農業カレッジがオックスブリッジの教育方式を取ろうとしていることはすでに時代錯誤であると批判する。

チャーチの主張が認められず、辞職させられたことに関して、「学長の気まぐれ」とか「カレッジの大失態」という学外から多くの非難が起こったと、当時の農業新聞は報じた[68]。そして辞職する教授はチャーチにとどまらなかった。チャーチの解雇が決定してからわずか五日後に、フレムとターナーの二人の教授が辞職した。カレッジは一時に三人の著名な教授を失った。結局、一六年間のコンスタブルの学長在任中に、二五人のスタッフが辞職する。そのうち一九人は解雇されるか、辞職を余儀なくされた。コンスタブルは非常に精力的で教育熱心な人物であったが、スタッフとの意思疎通を欠いたままであり、スタッフの管理は明らかに失敗していた。当時の農業新聞や雑誌では、コンスタブルの体制が批判されている。その主要な批判点は、(1)能力の高い教員の逸失、(2)農業に無関係の学生の増加とその教育、(3)チャーチ教授に対する冷遇、(4)評議会への学長の強い影響力、という点であった。これらは匿名の記事が多く、内部告発も多かったようである。[69]

しかし、コンスタブル体制は多くの問題を抱えていたとはいえ、学費が値上げされることによって、学長の任期末には借入金がかなり減少し、財政問題はかなり改善された。さらにコンスタブル体制の顕著な特徴として、諸外国への影響をあげることができる。影響を受けた代表的な国が、ニュージーランド・アメリカ・日本であった。ニュージーランドでは、カンタベリー地方に王立農業カレッジの卒業生によって、一八七八年に農業カレッジが設立されている。[70] このカレッジでは、カリキュラムも履修課程も王立農業カレッジがモデルとされ、授業料も王立農業カレッジの金額がそのまま踏襲される。しかし問題点も踏襲されることになり、財政問題も抱える。このカレッジ（現在はリンカンカレッジという名称）では、コンスタブル体制下での教育方針が受け入れられる。あえてサイレンセスタと異なる点をあげれば、農業実習が重視されたことである。[71] アメリカについては、コーネル（Ezra Cornell, 1807–1874）が王立農業カレッジを訪問し、その教育に感銘を受け、ニューヨーク市に寄付を行い、王立農業カレッジをモデルにして、コーネル大学農学部が設立されている。[72] さらに日本では、前述のように駒場農学校の開校とともに、サイレンセスタから五人のお雇い外国人が来日して、教育にあたることになる。[73] その後、王立農業カレッジは諸外国へ卒業生を送り出すことになるが、このきっかけを与えたのはコンスタブルであったといえる。

四　研究・教育体制の維持と政府助成

コンスタブルは健康上の理由で、一八七九年十二月五日付で辞職する。その後、彼はサマセットのマーストン・ビゴットの教区司祭となっている。同年一〇月頃からコンスタブルはすでに体調を崩していたので、臨時学長代理としてマクレラン師（Rev. John B. McClellan）が就任している。十二月の辞職後はマクレランが学長の地位に就き、一九〇八年まで在職する。マクレランはコンスタブルと同様、ケンブリッジのトリニティカレッジの出身者であった。マクレランはケンブリッジを優秀な成績で卒業し、文学修士の学位を取得して、学者としての地位を築いていた[74]。

マクレランがまず着手したのは、カレッジでの研究水準を維持・向上させるために、学外に去った研究者との交流を深めることであった。コンスタブルの時代に有能な人材が学外に去ったため、何とか研究水準を維持しようとすれば、当然の選択であったといえる。ボウルカ（イングランド王立農業協会の化学コンサルタント）、チャーチ（王立工芸協会に所属）、ブラウン（王立獣医カレッジ教授）らとの接触を通じて、カレッジの研究水準を維持しようとした。学外に去った人物というわけではないが、とくにロザムステッド農業試験場との結びつきも強めた。ローズとギルバートはサイレンセスタでしばしば講義を行っており、ロザムステッドの業績はカレッジの紀要である *Agricultural Students' Gazette* 誌に掲載された[75]。

さらに在学生、卒業生、元教授と現教授を招いて、定期的な集会ないし大会を催して、農業研究の最近の発展について、講演を聴き、話し合いの場をもった。一八八〇年六月十四日に開催された最初の大会では、バックマン元教授が家畜の病気と牧草地について、次にヘンリィ・ターナー教授が農業研究や試験場について講演を行った。この大会には、メイア（Thomas Walton Mayer, 一八七六～八〇年に獣医学教授）、ハーカー（James Allen Harker, 1847–1894,

一八八一～九四年に博物学教授)、ブラウン、チャーチ、マクブライド (John Adam McBride, 1843-1889, 獣医学教授として一八六六～六七年、一八六八～七六年、一八八〇～八二年に在職。一八七九年一〇月に日本から帰国)[76] らが出席している。[77] そして研究交流ばかりでなく、人材の採用も進め、一八八一年五月には、日本から四月に帰国したE・キンチ[78]を農業化学教授として採用している。キンチはこれ以後、三四年間にわたって、カレッジでの職務に従事することになる。このキンチとカレッジとの契約内容によれば、教授がカレッジ内に居住する必要はないものの、学長が依然として雇用と解雇の権限を握っていたことがわかる。キンチ以外にも、マクレランは研究水準の向上のために学外に積極的に人材を求めた。常勤ではないものの、農業昆虫学で著名なE・A・オーメロッド女史[79]が、一八八一年から八四年までの間、カレッジで講義を行っている。[80] さらに一八八二年にはリトル (Herbert John Little, 1835-1890) が学外農業教授 (External Professor of Agriculture and Rural Economy) に採用され、ウォレス (Robert Wallace, 1853-1939)[81] が常勤の農業教授に採用される。ウォレスは、エディンバラにおける前述のウィルソンの教え子であり、サイレンセスタには三年間在職して、ウィルソンがエディンバラを退職後に、エディンバラの教授職に就いている。[82]

さらに学生教育については、連邦諸国との関係に配慮する教育体制が組まれる。たとえば、ベンガル行政府 (Bengal Government) は、カレッジに入学したコルカタ大学卒業生を対象に、毎年二名ずつ、一名につき二・五年間にわたって年間二百ポンドの奨学金を出している。[83] 最初の学生は一八八二年にカレッジに入学した。カレッジの卒業生 (イギリス人) も植民地で職を求めることが多くなり、*Agricultural Students' Gazette* 誌には、一八八〇年以降、海外のイギリス領からの報告が目立ち、一八七〇年代後半から一九二〇年代にかけて、インドとカナダを対象とする論文を中心に約百編が投稿されている。[84] その最も早い報告のひとつが、イギリス領ではないが、カスタンス (John D. Custance) が一八七七年に執筆した Japanese Farming であった。[85] *Agricultural Students' Gazette* 誌における、こうした論文の増加傾向は、前述のイギリス連邦内での農業研究機関の増加傾向と一致している。もっとも、このような傾向があるからといって、イギリスの農業研究が進展し、その結果、体系化が進んだとは言い難い。これらの論文は地域的な農業実態への関心を重視したものであり、論理的な体系化を指向しているものではなかったからである。

マクレランは履修科目の変更も行い、技術教育を重視し、さらに所領経営学（Estate Management）[86]を独立科目として含めている。所領経営に関しては、カレッジの設立当初から、農場建物の設計や建設、土地測量などの講義が行われていたが、従来はこれらがまとめられて独立科目とはなっていなかった。それを独立科目とすることによって、地主の子弟の教育、あるいは土地管理人の養成という傾向が、さらに強化された[87]。これ以外にも履修課程には、新たな科目が含まれるようになった。たとえば一八八六年には、所領経営学とともに林学が講義科目に含まれ、演習林も設置されて、その教授職には学長の息子F・C・マクレランが採用されている。さらに一八九八年には細菌学が講義科目に入っている。マクレランは学生の履修課程についても新たな試みを行い、一八八七年に一年間の短期成人コースを設置している。これは実際の農業者（主に借地農）のために開かれた講義課程であり、短期的に新たな知識・技術を身につけたい人々のために設けられたものであった[88]。

研究体制の整備、連邦諸国との結びつきの強化、そしてカリキュラムの充実の結果、学生数が徐々に増加する。一八七九年には学生数が七三人であったが、八〇年には八二人、八一年には八六人、八二年には九〇人、八三年には九四人、八四年には一〇二人、八五年には一〇六人と増加していった。しかしながら一八八六年以降は、他の高等農業教育機関が設立されたため、それらと競合状態となって、学生数は減少し始める。一八八六年には八九人と急激に落ち込み、それ以降、学生数は七〇〜八〇人の間で推移することになる。

当時のカレッジの役割を端的に表しているのは、一八八三年のエリオット教授の論文であった[89]。この論文によれば、カレッジの教育は地主（landowners）・借地農（land occupiers）・土地管理人（land agents）という三つのLを結びつけるのに役立っているという。すなわち地主の子弟には、どのように資産を継承して行くべきかを教え、土地管理人や借地農をめざす学生には、その職業に就くために十分な能力を身につけさせている。カレッジで養成された土地管理人によって、資産をもつ地主は借地農の確保が可能となり、借地農は採算の合う農業経営を行うことが可能となる。この当時は農業不況期であったにもかかわらず、このような役割が強調され、その実践教育によって拡大していたカレッジは、全体的な農業動向からすれば、特異な存在であったといえる。

一八八七年にイギリス政府は、「イギリスにおいて政府助成を受け入れる農業・酪農スクールに関する調査と報告」を目的として、パゲット卿（Sir Richard H. Paget）のもとで委員会を設置した[90]。これは農業教育を検討するために設置された、イギリス最初の政府委員会であった。この委員会において、一八八七年十一月二日にマクレランが王立農業カレッジについて証言している。この証言の要点は、以下のようであった。列挙すると、

現在のカレッジは平均学生数九二人である。入学年齢は一七歳から二一歳までである。短期コースの通学生は主に二一歳以上である。入学試験は実施していない。教育水準は模索状態にある。学生は貴族・軍人・僧職・弁護士・商人・土地管理人・借地農などの子弟である。授業料は年間一三五ポンドである。学位コース（diploma course）の年限は二年半である。試験研究が行われ、その研究成果は教授が論文によって公表している。カレッジの運営は民間会社の形態で行われ、政府助成はまったく受けていない[91]。

というものであった。この証言によれば、カレッジ設立当初に比べて、変化している点は、入学年齢と授業料の上昇であった。その逆に、変わっていない点は、研究・教育水準を模索している点と、政府助成を受けていないという点であった。そこでマクレランは、研究・教育水準を引き上げるために政府助成の必要性を訴える。マクレランは奨学金や教授への研究助成という形態で、政府の助成を受け入れたいと委員会で証言する。しかしながら、この証言に対する委員会の回答は、カレッジは「借地農の資金力をはるかに超えた授業料の徴収を余儀なくされている」と認めたものの、「教育課程が高額の授業料に見合ったものであるのかどうか」は疑問であるとした。委員会はマクレランに対して、カレッジの研究・教育水準について確証となるものを求めた。

さらに政府は、国家助成をする場合には、各研究・教育機関が各州ないし各地方の農業センター（研究・教育・普及を兼ねる機関）として機能するよう要請するものであるとしている。この政府の構想は、当時の王立農業カレッジがめざそうとした、国を代表する機関としての構想、あるいはイギリス連邦を射程におく構想とはまったく異なっていた。王立農業カレッジは、すでにイギリス連邦との人的交流や、イギリス連邦を対象とする研究に着手していたからである。しかし王立農業カレッジが政府助成を受け入れるためには、一州あるいは一地方を対象とする研究・教育センターになるという条件を満たす必要があった。[92] 結局、この条件を満たすことができず、政府助成を受けたいというマクレランの要望通りにはならなかった。王立農業カレッジは、そのまま私立（independent）の道を歩むことになる。[93]

マクレランは政府助成を引き出すことに失敗し、結局、彼の在職中（一九〇八年まで）には、政府助成をまったく受けることがなかった。マクレランは、政府からの助成は得られなかったものの、安定的な財政基盤をつくる試みをなおも続けていった。[94] 理事会では、財政問題を多少とも解消するために、大学間の連携の可能性を模索する。当初は、オックスフォード大学が、連携の対象として選択された。[95] コンスタブルもマクレランも、カレッジの理想の姿をオックスフォードに求めていたので、いわば当然の選択であった。しかしながらオックスフォード大学は、すでに大学公開カレッジ（University Extension College）[96] としてレディング大学に目を向けていたので、王立農業カレッジとの連携はしなかった。[97] その一方でカレッジの学生数は減少し続け、それにともなって授業料収入は一九〇四年には九八七〇ポンド、〇五年には九〇三二ポンド、〇六年には七九六九ポンド、〇七年には七四九四ポンドへと減少して、赤字は拡大していくことになる。[98]

一九〇七年に、パゲット委員会に続き、政府委員会が再び設置される。それはレイ委員会（Reay Committee）[99] とよばれた。カレッジの理事は、レイ委員会を政府助成獲得の絶好の機会であるととらえ、再び政府助成を得るための活動を始める。そして一九〇七年一〇月十六日にカレッジ運営委員会は、組織再編によって農務省の要請に応じるよう努めることを決議する。これによって政府助成の受容条件を整えることになる。この時の運営委員会において、以下の点が確認された[100]。

一　サイレンセスタの王立農業カレッジは、わが国の他の農業教育機関と同様に、政府や地方自治体からの助成金による財政援助を受けざるをえなくなっている。

二　もし助成金を獲得できるならば、カレッジは管轄当局の要請にしたがい、再編計画に基づいて運営する。

三　この再編計画では、理事会は将来、地方自治体によって推薦された人々によって構成され、農務省の査察に対して門戸を開き、さらに理事会での決議案は政府委員会や農務省に提出される。

この確認事項は、学長が掲げるカレッジの方針を変えてまで、その存続をはからなければならないほど、財政的に逼迫した状況に立たされていたことを示している。少なくとも理事会は、カレッジの存続が財政的にきわめて困難な状況に立たされているとみなしていた。さらに運営委員会は、一九〇七年十一月二十二日における組織再編の中間報告において、学長には非聖職者の新学長が選出されるべきであると勧告するに至る。もっとも、マクレランはこの十日ほど前に、カレッジの再編について理事会に報告書を提出し、自分が辞任する時期がやって来たと告げていた[101]。マクレランは二九年間と、カレッジが設立されてから最も長く学長を務めた人物である。マクレランは自らすすんで、新しい段階に入ろうとするカレッジにおいて、自分の役割が終わったと語る。理事長であったデューシィ伯爵も同様の理由で、一九〇八年四月四日の理事会で辞任を表明する。

マクレランはレイ委員会において、王立農業カレッジが「利益を追求する冒険的な民間事業」(a private venture for profit) ではなく、「公共目的をもつ私企業」(a private enterprise for a public object) であると証言している[102]。マクレランによれば、サイレンセスタのカレッジの学生数は、政府助成を受けたカレッジとの競争によって減少してしまった[103]。この結果、カレッジはかなりの赤字を出すことになった。この赤字はデューシィ伯爵という個人の寄付によって埋め合わされていたが、それは根本的な解決策ではなく、授業料の値上げももはや限界に達していた。したがって公的な助成がなくては、カレッジは存続できないことは確かであると力説した。

この差し迫った状況下で、政府助成を受け入れるために、カレッジの再編が始まる。一九〇八年四月二十三日に、臨時株主総会が開催され、

一　王立農業カレッジを清算すること。

二　運営委員会が、カレッジの事業や資産を、王立農業カレッジとして法人化される株式会社（商務省によって認可）へと移転する手続きをとること。

が承認された[104]。清算人が任命され、高等法院に新会社の登記書類が提出された。無担保債券一万八〇〇ポンドと普通株一二〇〇ポンドは、回収不可能として抹消された。また負債額三万ポンドのうち、一万一六〇〇ポンドは利子から支払われ、六〇〇〇ポンドは債権者の自発的な放棄によることになるが、この残りの約一万二〇〇〇ポンドは返済が不可能なままとなった。新会社の定款も作成されて、それが承認され、新たな理事会は、次のような構成となる。理事会は、世襲理事であるバサースト伯爵と常任理事とで構成され、常任理事は、三名がグロスターシア州会から任命され、さらにヘレフォードシア州会、モンマスシア州会、サマーセット州会、ウィルトシア州会、オックスフォード大学、ブリストル大学、イングランド王立農業協会から、各一名ずつが任命される[105]。そして一九〇八年七月二十九日に、マクレランがカレッジを去り、「旧カレッジ」は幕を閉じ、王立農業カレッジは新たな段階に入ることになる。

五　組織再編と新体制

政府助成が獲得できるような組織再編によって、カレッジはとりあえず廃校を免れる。それと同時に、州農業委

員会メンバーのトレメイン（W. H. Tremaine）が「王立農業カレッジは、グロスターシアの農民の息子たちが手の届くところで、恩恵をもたらすことになった」[106]と語っているように、カレッジは州会との関係を築くことになる。政府助成を獲得するための組織再編は、皮肉なことに、カレッジが借地農の子弟を教育するという、開学当初の目的への回帰を意味した。

組織再編の進展にともない、まず問題となったのは、学長選出である。今回はマクレランが任命された場合のように、スタッフのなかに候補者がなく、あるいはコンスタブルの場合のように、辞任する学長の知己で同じ大学の卒業生という候補者もいない。新組織に適する人材は見当たらなかった。そこで学長候補者の選出を公示することになった。一九〇八年一月二十五日に主要な農業雑誌上に、学長候補者を募る公示が掲載される。この公示に応えて、三一人の候補者が出願してきた。そこから候補者が九人に絞られ、面接が実施される。大多数の候補者の主要な専門分野は、自然科学分野であった[107]。結局、学長には、アベリストウィス（Aberystwyth）のユニヴァーシティカレッジにおいて、動物・地質学教授職にあったアインスウォース-デイヴィス（James Richard Ainsworth-Davis, 1861–1934）[108]が就任する。アインスウォース-デイヴィスは、王立鉱山学校（Royal School of Mines）で教育を受け、その後、ケンブリッジのトリニティカレッジを卒業している。王立鉱山学校ではハクスレィ（Thomas Henry Huxley, 1825–1895）[109]教授から生物学を学び、ジャッド（John Wesley Judd, 1840–1916）教授から地質学を学び、その二つの科目で一八八〇年に第一級卒業資格を取得している。ケンブリッジでは一八八二年から八四年に自然科学トライポスで、動物学と地質学において第一級卒業資格を取得している。カレッジは再び、ケンブリッジのトリニティカレッジの卒業生を任命することになるが、短期間の在職であったウィルソンを除いて、自然科学分野の研究者が初めて学長職に就任することになった。

学長就任を受け入れるにあたって、アインスウォース-デイヴィスは多くの提案を行っている。この提案は、理事会の構成を含む再編計画に関するコメントから始まり、学長職に就く人物が、カレッジを管理していく上で、必要な職務を犠牲にすべきではないとして、学長自らが学生教育を行う必要はないというものであった。そしてオックスフォード大学に代わる連携先をブリストル大学に求め、この大学との連携を可能な限り推進することを要望した。この提案を受ける形で、再編後の最初の理事会が、一九〇八年八月二十六日に開催され、そこでモートン卿（Lord Moreton）が理事長に就く。モートン卿は事務局長ヘイガース（E. B. Haygarth）[110]に対して、理事の任命を進めるために、自治体に文書を送るよう指示する。さらにヘイガースは、カレッジの代表者が農務大臣と会見ができるよう連絡を取ることを指示される。[111]この時、農務大臣カリングトン伯爵（Earl Carrington）に送られた書簡において、カレッジの現状と助成金を申請する理由について、端的に次のように書かれている。[112]

(1)一八四五年から現在に至るまで、王立農業カレッジは、政府からいかなる援助もなく、あるいはその他の公的資金もなく、運営されている。政府助成による農業カレッジや大学農学部が増加した最近二十年間において、王立農業カレッジは財政面において非常に不利な立場におかれ、個人的な寄付によってのみ、かろうじてその崩壊を免れている。

(2)最近、農務省において、補助金を獲得する目的で、カレッジの理事が交渉をした。理事が受け取った政府の回答は、カレッジが基本的に株主の利益になるようにつくられているので、政府助成金を出すことはできないが、再編して公的管理のもとにおかれるならば、カレッジは助成対象となり得るであろうというものであった。

(3)カレッジは今や再編され、一八六二〜一九〇七年の会社法のもとでの覚書によって、「サイレンセスタの王立農業カレッジ」という名称となり、「有限」という用語は商務省の許可によって割愛され、内務省によって接頭の「王立」の保持が許可されて、利益を求めない有限責任会社となっている。

(4)一八四五〜一九〇八年の間に数千人の学生がカレッジで教育を受け、卒業生の多くは、イギリス・イギリス領・インド帝国などにおいて重要な地位に就いている。現在、六七名の学生が所属しているが、彼らの出身地は、次のように分類される。

イギリス　五二名　　インド帝国　八名　　エジプト保護領　三名　　友好国　四名

(5)王立農業カレッジの主要な特徴点は、次のようである。

(a)カレッジの位置は、高度集約農業や家畜飼養で著名な地域にあり、バサースト伯爵の所領内の広大な林地に隣接している。

(b)様々な試験に着手できる五十エーカー以上の土地を所有している。

(c)約五百エーカーのカレッジ農場があり、その借地農は卒業生スワンウィック（Russell Swanwick）氏であり、学生が近代的な農法を学ぶために、適切な便宜を与えるという契約を交わしている。スワンウィック氏は、コッツウォルズ種の羊・バークシア種の豚・サラブレッド種の馬の育種家として著名である。

(d)カレッジは一般的な科学実験室や博物館を備えているばかりでなく、教育目的で利用できる植物園・菜園・乳製品製造所を備えている。

(e)育苗場・林地園の形態で林学の学習が可能であり、バサースト伯爵・デューシィ伯爵・バース侯爵・フッツハーディング卿らの所領と、ディーン森林の王室御料林において、林学演習を行う。

(6)王立農業カレッジは、次のような計画を提示できる。しかし、これがどの程度遂行できるかは、入手可能な資金に依存している。

(a)理論的側面も実践的側面ももっている遺伝・変異・メンデリズムなどの課題に基づく応用研究を推進する。

(b)ブリストル大学の農業・林業カレッジとして、農業や林業の科目で学位の取得を可能にする。

(c)地主階級出身の学生や所領管理人になろうとする学生、あるいは、イギリス領やインド帝国で、様々な地位に就こうとしている学生が、農業や林業を学習できる。これらの学生は、イギリス・イギリス領・インド帝国における農業や林業の将来を決定する重要な役割を担うことになる。

(d)教育・普及面において、グロスターシア州会をはじめ隣接諸州との連携が可能である。

(e)農業教師を対象とする土曜日および夏期クラスの設置が可能である。

(f)イングランド西部における農林業に関係する人々に便宜を与える情報センターの設立が可能である。

この書簡によれば、王立農業カレッジがイギリス連邦やインドにおける農林業に大きな影響を与えていると強調する一方で、地元の州や大学との連携を深めて、地域センターとしての役割を担うことを強調している。これはそれまでカレッジがたどってきた方向性と、政府助成が得られる可能性との折衷案というべきものであった。とくに公的資金を獲得するためには、地元の地域センターとしての役割が強く求められ、そのための体制づくりが進められた。

政府助成に関する申請は、一九〇九年初頭に、農務省[113]と文部省によって審査された[114]。そして最終的に再編計画が認められることによって、助成金に関する申請書は受理され、農務省は一九〇九年七月からカレッジに対して定期的に助成金を出す意向を表明した。助成金の金額は年間一二〇〇ポンドであり、一九一〇年から王立農業カレッジに対して支出された。その他にも大蔵省から、特別林業補助金を受け取ることになった[115]。王立農業カレッジは、開学以来、初めて公的資金を受け入れることになったのである。ただし公的資金の導入にあたって、王立農業カレッジは地域とのつながりを深めなければならない[116]。まず州会との連携を深めるために、グロスターシア州会の農業長官（Agricultural Director）であるターナー（Drysdale Turner）を、農業教授に採用する。州会による奨学生制度も始まり、カレッジは年間二名ずつの学生を、この制度に基づいて受け入れた。また一九一〇年に農業カレッジはブリストル大学と、農業・林業・所領経営・土地測量・獣医学・博物学・農業化学・動物学・植物学・地質学などの関連分野について提携を結ぶ。これによってカレッジ教員は大学の教員となり、カレッジの農業教授は、大学教授となった。学長アインスウォース-デイヴィスは、ブリストル大学の博物学教授に任命される。こうして王立農業カレッジは、科目編成や教員の地位に関して、書類上では大学農学部と同等の地位を獲得した。その後、卒業資格を授与するカレッジ（学位授与機関ではなかった）として半世紀が経過した後、王立農業カレッジは学位授与機関となる。しかし、これらのことは研究・教育の側面から必然的に生まれた連携ではなかったため、ブリストル大学史[117]に記されることはなかった。いわば公的資金導入のための便宜的な措置であったのである。

公的資金の導入過程において、スタッフも徐々に変わっていく。しかしコンスタブルの時代のように、多くの教授が退職するようなことはなかった。マクレランとアインスウォース-デイヴィスの時代を通じて、キンチは化学教授として在職し、一九一五年までこの職にあった。キンチの名声はその研究業績によって高まり、多くの人々がキンチの助言を得ようと、カレッジに詰めかけた[118]。そして一八九〇年から九三年までの間、キンチの助手となったのは、ケンドリック（James Kendrick）であった。ケンドリックは一九一一年にアバディーンに新設された大学の農業教授職に任命されてカレッジを去り、アバディーンに赴いてそこで三十年間を過ごしている。ケンドリックはウィルソンやウォレスに続いて、スコットランド農業教育における指導者となった[119]。さらにキンチの化学教授在任中に、博物学助手としてR・G・ステイプルドン[120]が採用される。ステイプルドンは、イギリスとニュージーランドにおける草地開発の先駆者となり、イギリスの牧草の系統や自然草の利用を通して、丘陵地農業（hill farming）[121]の発展に貢献した。ステイプルドンの採用後すぐに、アインスウォース-デイヴィスは博物学部門から植物学を分離し、新たに植物学部門を設立して、ステイプルドンをその担当とする。その後、ステイプルドンは、キンチとの共同研究を行っている。それは、E・J・ラッセルによれば、

数年後、ステイプルドンは自分が草地に関心を持ち始めたのは、当時のスタッフの中で傑出した人物であったキンチに負っていると語っている。キンチはステイプルドンがひかれるタイプの人間であった。ステイプルド

ンは六一年前にファリンドンで生まれ、わずか一八マイル圏内で、その土地から多くのことを学んだので、「カントリーウォークの魅力的なコンパニオン」となり、そしてステイプルドンの生徒の一人であるブレディスロウ卿によれば、鋭い園芸家でもあった。

ステイプルドンはロザムステッドの研究に詳しい。ロザムステッドでは一八八八年から、干し草にする永久牧草の肥培に関して、パーク・グラス試験場で小規模な反復試験を始め、それ以後、毎年、各区画で同一処理を行い、その結果を蓄積した。ロザムステッドでは、単に干し草の重さが量られるだけでなく、植物学的な分析も行われていた。これはサイレンセスタではできないことであったので、キンチはステイプルドンに、その実験に着手するよう頼んだ。これが（ステイプルドンと）草地との関係の始まりであった[122]。

ステイプルドンはコッツウォルズの牧草や、植生の決定に与える環境の影響に関する研究を、さらに拡大していく[123]。ステイプルドンはサイレンセスタに在職している間、草の分類と耐久性のある自生植物の研究を行っている。ラッセルは、さらに続ける。

ステイプルドンは、サイレンセスタに三年間とどまった。この時期は彼の生涯にとって決定的に重要な時期となった。すなわち、ステイプルドンは自分の生涯の仕事を、サイレンセスタで見出したのであった。

その後、ステイプルドンはサイレンセスタを去って、アベリストウィスのウェールズ・ユニヴァーシティカレッジで植物学アドバイザーとなった。ステイプルドンの試験研究は進展をみせ、後にアベリストウィスにあるウェールズ植物育種試験場の初代場長に就任する。そしてステイプルドンとキンチとの結びつきは非常に実り多いものとなり、多くの研究業績を生み出していった[124]。

一方、再編を積極的に進めたアインスウォース-デイヴィス学長は、農業教育に力を入れ、一九一一年にサマースクールをカレッジで開催する。[125] これはグロスターシアやその他の隣接州の中等学校教師のために、開催されたものである。アインスウォース-デイヴィスは、サマースクールの聴講生に対して「カレッジのスタッフは、サマースクールから、自分たちが教えるのと同程度に学べることを期待している。というのは、さまざまな州において、重要な教職に携わっている人々と密接な関係をもつようになることは、非常に意味のあることであり、スタッフは多くの実際の農業情報を得ることができるからである」と語っている。アインスウォース-デイヴィスは、サマースクールにおいて、教師から聴講生への一方的な教育・普及ばかりでなく、この機会を通して、農業研究者は実際の農業から学ぶことができるということから、この「相互関係」を強調しているのである。アインスウォース-デイヴィス自身も、ウィルトシア・グロスターシア・サマーセット・ウスターシア・バッキンガムシア・ダービーシア・ノーフォーク・サセックス・ウォリックシアという九つの州からの聴講生と交流を深めている。[126]

一九一三年に農務省の視察官によって、カレッジの視察が行われた。このときの報告では、カレッジの歴史を概括し、再編以後のカレッジにおける目的について述べている。[127] 視察官は、

一　これまでどおり、地主、所領管理人、測量士、そして農業・林業などの就業希望者を教育すること。
二　上記の項目に関して州会の奨学生を教育すること。
三　借地農の子弟に対して、短期コースを設けること。
四　自然科学などの分野において、学校教師を対象とするクラスを開設すること。
五　研究・教育活動において、関係する州会と協力すること。
六　イングランド西部の農業者のために情報センターとしての役割を果たすこと。
七　農業、農業化学、林業、その他の関連分野において独創的な研究を遂行すること。

というカレッジの目的に関して指摘や助言を行っている。

この視察において、視察官は管理状況、研究・教育水準、施設状況に関して全般的に満足したようである。視察

の結果は、一定の評価を下すというものであった。視察官は、理事がカレッジの事業に積極的に関与し、さらに財政委員会の定期的な会合の開催によって、カレッジ財政の管理強化をはかっていくことを求めた。研究・教育設備に関しては、さらに設備を充実するよう求めた。施設に関しては、住宅施設は便利で快適であると記されていたが、講義室と図書室はまだ不十分であると記された。

一九一一年に学長は、王立農業カレッジ同窓会の夕食会の席上、再編以前であった〇八年の四六〜四八人の学生数と比較して、今やカレッジには約八十人の学生が在籍し、カレッジは新たな段階に入ったと話す[128]。学生はイングランドの三一州と、ウェールズ、スコットランド、アイルランド、そして諸外国からやって来ていた。学長は、カレッジがイギリス国内の各地方の事業体であるとともに、イギリス連邦の事業体であるとも語る。学生の約七五パーセントは、地主、借地農、土地管理人、その他の農業に関係する人々の子弟であり、約九十パーセントは、農業に従事することを約束されている学生あるいは従事するつもりの学生であった。王立農業カレッジでは政府助成を引き出すための条件整備が行われた結果、学生数の増加へと結びついた。しかしこの条件整備は、財政的な行き詰まりをきっかけにした折衷案によって進められたものであり、研究・教育という側面から推進されたというわけではなかった。したがって、研究・教育以外の財政的な問題が表面化すれば、すぐにでも崩れるものであった。その後、「戦争」状態に突入するのにともない、王立農業カレッジは休校に追い込まれてしまう[129]。

六　おわりに――高等農業教育の模索

以上、サイレンセスタの王立農業カレッジの設立時から一九世紀後半の展開過程をみてきた。王立農業カレッジは設立以来、研究・教育体制の問題と財政問題を抱え込んでいた[130]。王立農業カレッジは、イギリスで最初に設立された農業カレッジであるために、そのモデルとする学校がなく、設立当初から、「あるべき姿」を模索し続けた。農業は経験的に学ぶものであって、学校で教えられるものではないという根強い反対のあったなかで、カレッジは設立された。「科学」に対する意識の高まりを背景に設立されたが、「教育」という面で、そのモデルを、オックスブリッジに求めるのか、パブリック・スクールに求めるのか、ということで揺れ動いた。[131]学長やスタッフの交替は、カレッジの歴史的変遷の縮図であった。旧来のオックスブリッジの教育方式を理想とする学長、研究・教育水準を強引に引き上げようとして監視を強めた学長、そして研究水準の維持のために学外との連携を模索した学長など、それぞれの考え方でカレッジは運営された。それぞれの学長には考え方の違いがみられ、さらに学長とスタッフとの対立もみられた。しかしながら、違っているようにみえる学長の考え方には一貫している点がある。それは、教員がめまぐるしく交替しているものの、一貫して研究を重視している点である。農学の体系化には至らなかったが、この研究重視の立場は、海外の農業事情も含めた詳細な農業情報の収集や、試験研究に積極的に取り組むことにつながった。歴代の学長はこれらの研究蓄積に基づいて、研究水準を維持し向上させていこうと努めた。カレッジは設立以来、イギリスで最も著名な農業研究者と何らかの形で常に関係を保っていた。彼らは常勤のスタッフでなくても、非常勤の講師として、あるいは講演者として、学生の教育を行った。たとえば、ロザムステッドのローズやギルバートもサイレンセスタで講演し、さらに講義嫌いのオーメロッド女史まで、非常勤として教壇に立たせていた。[132]カレッジの学長は一貫して、研究能力を備えたスタッフを抱えて、研究水準を向上させ、そのようなスタッフによる学生教育がなされるように願った。[133]

カレッジが第一次世界大戦前まで財政的な危機に直面しながらも、継続して運営された背景には、道徳的・宗教的な指導というヴィクトリア朝期の姿勢から、科学を重視する姿勢への移行があった。[134]それは学長が道徳的・宗教的指導者から、自然科学の研究者に移行していったことからも明らかである。農業が「産業」として確立するのは、農業に科学を適用すべきものであるという考え方が浸透した結果である。こうした考え方の浸透によって、農業研究は教育・普及活動を巻き込み、さらに実験室という限定された空間から、実際の圃場へという展開もみた。しかしながら、こういったことを推進しようとすると、財政問題が致命的な障害となった。カレッジは一九〇〇年代になって、それまでの方向を大きく修正して、政府助成を受け入れざるを得なくなった。

第一次世界大戦から一九二二年に至るまで、カレッジは休校する。その後、カレッジは再開されるが、スタッフは大きく変わり、それまでのスタッフや多くの学生は戦争で失われたために、カレッジに戻って来なかった。さらに政府助成も打ち切られた。しかし、カレッジの卒業生ブレディスロウ卿（Charles Bathurst, first Viscount Bledisloe, 1867–1958）[135]によって、土地建物が一新され、運転資金を準備できる十分な基金がつくられる。一九三一年に新学長バーツフラウア（Robert Boutflour, 1890–1961）[136]が任命され、カレッジは拡大に転ずる。政府助成はまったくなかったが、彼はトラストや農業関連企業から資金援助を得ることによって、財政問題を解決していく。カレッジの拡大は急速であり、バーツフラウアが就任したとき、学生数は約五十人であったが、彼が退職した一九五八年には、その数は四百五十人強となっている。バーツフラウアはカレッジを拡大したばかりでなく、カレッジの研究・教育水準も押し上げている。彼は、第一次世界大戦前のカレッジがおかれた限界を知り、新たな経済状況に適合したカレッジに作りかえたともいえる[137]。しかしまったく変わってしまったわけではなく、研究水準を維持し、それに応じた教育をするという基本的な点はまったく変わっていない。その後は現在に至るまで、このバーツフラウア体制が継承されている。

第IV部　農業科学政策による制度化の時代——二〇世紀初頭

第10章　農業研究・教育体制とカレッジ・大学

一九世紀末のイギリスは、本格的に農業研究・教育体制を整備し、カレッジや大学農学部の設立に乗り出している。それは農業不況期（再編期）という時期であったにもかかわらず、今日まで続くイギリスの農業研究・教育体制の礎石となった。一九世紀末までイギリスでは、農業の高等研究・教育の場はサイレンセスタ農業カレッジやロザムステッド農業試験場などに限られていたが、カレッジや大学農学部、農業試験場などが急増する。そして時を同じくして農業研究において多大な影響を及ぼすことになる「メンデル学説」の再発見があった。これは一八六五年にメンデルによって発見された遺伝法則が、発見後、科学の表舞台からいったん姿を消し、一九〇〇年にド・フリースらによって再発見されて、一躍脚光を浴びることになったものである。イギリス農学において、このメンデル学説の再発見は重要な影響を及ぼした。それまで経験的に行われてきた作物や家畜の品種改良が、科学的な法則の裏づけを得ることになったからである。しかしながら、あたかも接ぎ木をするかのように、それまでの経験と科学的法則が結合するとは限らない。なるほどアメリカの場合には、農業生産性上昇の要求が、メンデル学説の受容や農業カレッジにおける研究推進に結びついた。この点で実際の作物改良と科学的な研究とが歩調をそろえて進展したといえる(1)。しかし同じようなことがイギリスについてもいえるのかどうかは問題である。

メンデル学説の再発見については、すでに多くの研究で議論されている。とりわけ再発見において農業関係のデータが重要な役割を果たしたことは、よく知られている(2)。しかしながら農業研究者が、それをどのようにとらえたのかは、あまり議論されていない[3]。おそらくメンデル学説の受容は、当時イギリスで進行していた研究・教育体制の形成と無関係ではなかったはずである。本章ではメンデル学説という新たな理論が、農業研究・教育という場において、どのようにとらえられたのかを考えることによって、一九世紀末から二〇世紀初頭にかけての、イギリスの農業研究・教育体制の確立過程とその特徴について明らかにしていきたい。以下では、まず一九世紀末の代表的な農業カレッジであるワイのサウスイースタン農業カレッジの展開を中心に研究・教育制度の展開について見る。次に一九世紀末から二〇世紀初頭にかけて、農業教育協会（農業教育に関する研究者の組織）において、主導的な役割を果たしたケンブリッジ大学とレディングのユニヴァーシティカレッジとを取り上げ、その形成と展開を考えていく。その際、メンデル学説の受容をめぐって、その最も強い影響を受けたケンブリッジ大学と、その学説に最も懐疑的な対応をしたレディングのユニヴァーシティカレッジとの違いを明らかにして、それぞれの特徴を見ていくことにする。

一　サウスイースタン農業カレッジの設立

当時のイギリス農業の状況を概観しておこう。小麦価格は一八九四年には、その約二十年前の平均的な水準の三分の一ぐらいにまで落ち込む。一八九〇年代になって穀物作を中心とする農業不況はさらに悪化する。小麦を含む穀物価格は、第一次世界大戦の開戦時（一九一四年）までに、幾分かの回復をみせるにすぎない[4]。そしてイギリス国内市場には、安価なアメリカ産穀物が輸入され、さらにアメリカ産やオーストラレーシア（Australasia）産の食肉と酪農製品の輸入が加速度的に拡大していく。こうしてイングランドの農業（とくに東部と南部の穀物地帯）は深刻な状況に直面する。しかし、これは素早い対応ができれば、回復の可能性がないわけではなかった。多くの借地農は離農せざるを得なかったが、借地農のなかには、需要が増加している鶏卵・牛乳・牛肉生産の拡大を行い、その飼料として安価になった穀物を利用した人々もいた。この畜産・酪農に重点を移した借地農にとって、安価な輸入穀物の増加は、むしろ歓迎すべきことになった。

一九世紀後半期の政府調査のほとんどは、不況の程度を記録していたにすぎず、農業への直接的な政府援助などは、まだ考慮されるに至っていなかった。しかし一九世紀末になって技術・科学教育の促進という名目で、農業分野への援助が開始され始めた。この開始はまったくの偶然といってもよいものであった。当時の政府は、何の使用目的ももたないままの年間七十万ポンド以上の収入（「ウィスキー・マネー」として知られる剰余交付金）を得た。[5]ウィスキー・マネーの発端は一八九〇年に政府がそれまでアルコール製造許可を与えていた業者に対して、その製造許可を取り消し、その見返りに補償金を支払うという政策を実施しようとしたことにある。政府は補償金を捻出するために、ビールとスピリッツに付加税を課すという政策を実施した。しかし、付加税制度を実施して財源を確保したものの、補償金の支払は実際には行われなかったために、使用目的を失った資金が残ることになった。この資金に注目した、全国中等技術教育推進協会（National Association for the Promotion of Technical and Secondary Education, 一八八七年設立）の会長アクランド（Arthur Herbert Acland, 1847–1926）[6]は、政府・議会に対して、技術教育振興のために、それぞれの州会にこの資金を配分するよう要請する。これに対して「無気力で半分空っぽの議会」では、それほど議論にもならずに、この要請が受け入れられる。[7]このウィスキー・マネーという、いわば偶然の産物によって、技術教育への政府助成が始まり、その結果、イングランドのすべての州会が教育行政に関わることになる。農業教育は一八九四年という農業不況の最悪の時期に、農業回復への見通しを得ようとする事業として開始された。

様々な事業が行われるなかで、代表的なものは四つあり、すべて一八九四年に着手される。第一に、農業教育協会（Agricultural Education Association）の設立である。その最初の会議が、一八九四年六月にケンブリッジで開催され、議長には農務省（Board of Agriculture）のブルック-ハント（A. E. Brooke-Hunt）[8]が就任し、事務局長にはレディング大学公開カレッジ（University Extension College）のD・A・ギルクリスト[9]が就任する。この協会は、設立された時点で、教育に携わっているか、あるいは携わった経験のある人、そして農業関係機関を代表している人が会員となり、農業教育と研究の促進を目的としている。[10]第二に、ケンブリッジで農学の（学位取得）試験が、初めて実施された。しかし試験は実施されたものの、農学は未だ多数の科学分野を包括したものとみなされていた。農学という「パンのための学問」（bread studies）は依然として大学では独立科学とみなされていなかった。農学は大学に相応しくない学問であると考えられていたのである。[11]しかしケンブリッジの学位取得制度に農学が加わったことは、その後の一八九九年にケンブリッジで設立される農業スクールの布石となった。第三に、ギルクリストのもとで、レディングに農学部が設立された。レディングで、オックスフォードの委員会が批准することによって、初めて地方試験による学位が認定された。[12]第四に、ワイというケント州の小さな町に、サウスイースタン農業カレッジ（South-Eastern Agricultural College）が設立された。[13]この農業カレッジは、「イングランドの農業振興のために、公的資金だけによって設立された最初で唯一のカレッジ」であり、「その活動領域と設備は、フランスの国立農業学校（national agricultural schools of France）、ドイツの学校（Lehr-Anstalten of Germany）、アメリカの州立カレッジ（State colleges in America）に匹敵するという、イングランドで唯一の学校[14]」であった。

このように一八九四年に農学部やカレッジがいっせいに設立された。もっとも、この農学部やカレッジが設立される以前にも、同じような農学部やカレッジを設立しようとする動きはあった。たとえば、一八八七年にパゲット卿を議長とする委員会によって作成された報告書（*Report of the Departmental Committee on Agricultural and Dairy Schools*）によれば、政府助成による中央農業師範学校（Central Normal School for Agriculture）の設立構想が推奨されている。[15]提案された学校は、既存のサイレンセスタの王立農業カレッジ、あるいはソールズベリー近郊のダウントン農業カレッジ（政府が年間当たり八十～百ポンドの助成金を交付した[16]）のような、いわゆる私立学校と競合するものではないという。それはこの学校の主要な目的が農業教師を大量に養成することであり、農業従事者の育成ではないからであった。この報告書の指摘では、すでに農業教師を養成していた既存のサウスケンジントンの科学師範学校（Normal School of Science）では、三年間の課程において、一八七八年以来、農業分野で平均して年間わずか七人しか卒業生を出していなかった。さらに、これらわずかの卒業生は、確かに全般的な科学教育を受けていたが、実際の農業に関する知識は不十分なものであった。

パゲット報告書が発表された後、数年の間に三つの法案が成立する。これらの法案は、農業教育に大きな影響を及ぼすことになる。第一に、一八八八年の地方自治体法（Local Government Act）によって、イギリス全州に地方自治体が設立される。第二に、一八八九年の技術教育法（Technical Instruction Act）に基づいて、技術教育が地方税の補助によって振興されることになり、農業教育の新段階が開かれる。[17] 第三に、一八八九年には農務省法の成立によって、内閣レベルで農業を代表する省庁である農務省が誕生する。[18] 新しい省の業務のひとつは、農業教育の推進であり、全地域を対象に年間五千ポンドの助成金を交付することである。この資金（約二百ポンド）によって最初に設立された高等教育機関が、ウェールズのバンガー（Bangor）のノースウェールズ・ユニヴァーシティカレッジ（University College of North Wales）である。[19] この学校は公的資金が投入されたイギリス最初のカレッジであったが、投入された助成金はわずかであり、しかもカレッジの教授内容は農業技術に限定されていたわけではなく、技術教育全般にわたるものであった。

地方自治体の役割が期待されたが、ほとんどの場合、技術教育の資金として、容易に地方税を使うことができなかった。一方、農務省の助成金も、未だ乏しいものであった。したがってウィスキー・マネーを原資とする助成金が、一八九〇年代を通して技術教育に対して大きな影響力をもつことになる。この助成金の金額は大きなものであり、当時の科学技術省（Department of Science and Art）の総支出額を上回った。[20] しかし全体の助成金額は大きいものの、地方によって農業教育への取り組み姿勢にはかなり温度差があった。農業教育に使われたウィスキー・マネーの総額は年間約八～九万ポンドであったが、これをまったく利用していない州もあれば、約一万五千ポンドも使っている州もあった[21]。一般的に農業が中心的な産業である州であれば、あらためて農業教育の必要性もなく、農業教育にそれほど熱心でなかったために、助成金を使わないという逆転現象も生まれた[22]。

それでもウィスキー・マネーが農業研究・教育体制を整備していく上で、大きな役割を果したことは確かである。しかし、パゲット報告書によって提案されていた「政府助成による中央農業師範学校の設立」は、農務省によって拒否された[23]。農務省が示した見解は、次のようなものである。

イングランドの農業は多様な特徴をもっているので、ただ一つの学校を設立するだけでは、ほとんど役に立たないであろう。さらに一校だけでは、おそらく教育精神が狭隘なものとなってしまい、期待できる方向へと学校は発展しないであろう。我々は農業教育が高等教育に値することを期待し、そうなるように努力しなければならない。（中略）そのためには、ほとんどすべての科学分野を教える教育センターの役割を果たす学校を、（ただ一校だけでなく）各地につくることが必要なのである[24]。

中央農業師範学校の構想は、ただ一校だけではイギリス国内の農業の地域的特性に合致しないという理由で拒否されたのである。そして今後、構築されるべき高等農業教育機関は、それぞれの地域特性と科学教育とを結合させたものであることが求められた[25]。

中央農業師範学校の構想は挫折したものの、一八九〇～九四年にはケンブリッジやレディングのほかに、アベリストウィス、バンガー、リーズ、ニューカッスル、ノッティンガムの各大学で農学部や農業カレッジが創設された。さらに一九〇〇年にはワイのサウスイースタン農業カレッジが、ロンドン大学理学部（Faculty of Science）の農業スクールとなり、ロンドン大学に属する他のスクールと、同等の権限を獲得する[26]。

しかしながらサウスイースタン農業カレッジは、ロンドン大学から六十マイルも離れていたことから、ロンドン大学から教員や施設の提供を受けることが困難であったので、教員のすべてを独自に養成し、施設のすべてを建設しなければならなかった。一般科学教育の講義をするにしても、他学部ないし他カレッジに頼ることはできなかった。さらにこのカレッジは、高等農業教育の場として、根本的な矛盾を抱えていた。それはカレッジが農村に立地し実習重視の方針をとっていたものの、設立時のメンバーである研究者には、農業経験のある人が全くいなかったということである。これによって、カレッジでは否応なく、伝統的な農業との関係が希薄となる一方で、教員の科学的資質の向上をめざすことになった。カレッジでは「教員となる人は科学的知識を少しはもつ農業家であるべきだという旧来の図式では、達成できなかったことを成し遂げる」ことにこそ、意義があると強調された[27]。しかしながらサウスイースタン農業カレッジの初代学長A・D・ホールは、カレッジがこの点を強調すれば、技術教育法のもとで資金を支出しようとする州会では、多くの敵をつくることになるであろうと予想する[28]。結局、予想どおりとなって、批判者は多く、しかもそれは州会レベルにとどまらなかった。サウスイースタン農業カレッジの創設時の理事のなかにさえ、農民の子弟に技術教育を押しつけることは、見当違いの行為であると考える人もいた。懐疑的な理事は、カレッジが使用する二つの農場と交渉する際に、「もし教授が農場貸借の支払いができるというのなら、それは我々に何か（ご立派なことを）教えてくれるにちがいないからなのだ[29]」と皮肉っていた。カレッジ教育に対する不信は根強く、たとえば農場の管理権は当初、理事（地主貴族や借地農の代表）がもち続け、その管理にカレッジの教員があたるのではなく、理事が自分の所領管理人を連れてくるという状況であった。結局、カレッジは理事が抱いている「農業の実際と理論とには大きな隔たりがあるものだ」という根強い考え方に譲歩して、教員は「理論を教えるだけで、実習を指導するのは農場委員会」という形態を取り入れる[30]。その一方で、州会は創設時の教員に対して、当初の二〜三年間は公開講座の講師として勤務してもらうことを採用条件にした[31]。それによってカレッジに対して、普及センターとしての役割を期待したのである[32]。

当時、サリー州会議長であったハルゼィ（E. J. Halsey）は、サウスイースタン農業カレッジの初代理事長となり、ホールの助言にしたがって科学者出身の理事を選出する。たとえば、化学者であり科学技術教育の普及者でもある国会議員ロスコー卿（Sir Henry Enfield Roscoe, 1833–1915, 一八八九年の技術教育法の成立に重要な役割を果たし、九六年にロンドン大学副学長に就任[33]）、ケンブリッジの化学教授リヴィング（George Downing Liveing）、王立インド技術カレッジの植物学者ウォード（Harry Marshall Ward, 1854–1906）[34]らが理事に名を連ねることになる。教員についてはホール自身が選出される。E・J・ラッセルによれば、選出された教員は「カレッジで（自分の）仕事をするにあたって、非常に良い条件が提示された[35]」。たとえば、植物学教授としてケンブリッジのセント・ジョンズカレッジ出身の「生まれながらの教師で、他に類をみないフィールド・ナチュラリスト[36]」であったJ・パーシヴァルが採用される。パーシヴァルは一八八七〜八八年にケンブリッジの自然科学優等卒業試験[37]に合格し、大英博物館で数年間働いた後、実験助手として母校に戻っていた。また動物学・応用昆虫学講師には、ケンブリッジのセント・ジョンズカレッジ出身のF・V・ティボルド[38]が採用される。さらに理論的な講義を補い、実践的な農業を教えることのできるケンブリッジのダウニングカレッジ出身のスミス（Frank Braybrook Smith, 1864–1950）が採用される。[39]

これらの教員は、ケンブリッジなどの大学で専門的な教育を受けた後、サウスイースタン農業カレッジで農業研究に着手し、農業分野で多くの業績を残した。彼らは研究論文を発表し、多数の著書を執筆している。[40]各々の著書は、主にケンブリッジのカリキュラムに準拠して執筆され、さらに農民への普及活動をも考慮に入れて、版を重ねる。たとえば、代表的な著書は一九〇〇年にパーシヴァルが執筆した *Agricultural Botany: Theoretical and Practical*, London である。この著書は、いたる所に本人が自ら描いた挿し絵が挿入され、農業教育や普及活動を意識して執筆され、当時の研究水準を満たしている一方で、農民の必要性との接点を失うものでもない。そして実例や原理の説明を豊富に挿入することによって、学生が簡単な実習と実験を行うことにも配慮したものとなっている。この著書は数カ国語に翻訳され、初版から十年間で四版を重ね、最後の（第八）版は一九三六年に出版されている。[41]

ところで、サウスイースタン農業カレッジのカリキュラムは、純粋科学（pure science, applied science と対照をなし、学理の研究のみを扱う科学である）を中心に組み立てられ、農業教育は技術教育であると規定されて、純粋科学に基づくべきであるとされた。そしてカレッジ設立の主要な目的は、「将来、地主・借地農・管理人となって土地保有者をめざす青年（少なくとも一六歳以上）に対して、カレッジ農場での実習とともに、農業と農業に適用する科学を綿密に教育すること[42]」とされた。圃場での実習には、カリキュラム全体の約三分の一の時間が割かれていたにもかかわらず、実際には農業知識を身につける講義・実習時間は少なく、農業に関する知識はカレッジ卒業後に、実際の農業体験によって身につけなければならないと考えられていた。二年間の在籍によって、卒業資格を得るのに必要とされたのは、各週当たり四二時間以上の履修であった[43]。優等卒業資格を得るために履修が任意となる三年目は、さらに専門を志向する学生が進学し、あるいはイングランド王立農業協会や測量士協会の資格試験、およびケンブリッジ大学の農業卒業資格試験の準備にあてられた。とくにカレッジの設立初期の数年間は、イングランド王立農業協会の資格試験を考慮して、カリキュラムが組み立てられた。

二年間のカリキュラムはともかくとして、三年目のカリキュラムに対して、ホールは学長であったにもかかわらず、「農業教育の本質を忘れているか、あるいは知らないのであり、資格試験に必要とされる種々雑多な知識の断片[44]」を身につけさせているだけであるとして、批判的な立場をとっている。しかし「専門職」（profession）[45]への証となる資格試験は、学生の就職にとって有効に機能するものであり、断片的な知識の詰め込みであると、単に批判しているだけでは済まなかった。ホールは学生教育において、研究・教育水準の向上をめざすと同時に、専門職へと導く教育（これは農学を推進する担い手としての農業研究者の養成には、必ずしもつながらない）を推進していかなければならないという問題に直面することになる。初期の履修体制はそのまま継続され、一九〇〇年にサウスイースタン農業カレッジがロンドン大学の構成カレッジとなった後も変わることはなかった[46]。農業分野での理学士号は一九〇二年に制度化され、学生は入学後、科学一般・化学・植物学・動物学・地質学という科目の試験に必ず合格しなければならなかった。そして入学して二年後には、㈠農業工学・農業昆虫学、㈡農業法・細菌学・林学・測量学、㈢家畜解剖学・獣医学の三つから選択する二つの課程の履修に基づいて、農業・農業植物学・農業化学という試験が課せられた。この農業カレッジのカリキュラムが先例となって，その後にケンブリッジで同様のカリキュラムが採用されることになる。(47)

さらにサウスイースタン農業カレッジは，その存立を図るために，カリキュラムと資格の問題のみではなく，農業教育の有用性についても明示しなければならなかった。たとえ農学自体の評判がどれほど高いものであったとしても，カレッジが現実に直面している課題は，授業料として年間四十～七十ポンドを支払ってでも，農業教育を受けることは意義のあることだと，農民を説得しなければならないことであった。当初からこの農業カレッジは，高等研究・教育の場というよりも，むしろ実用的な農業を教育する学校とみなされることが多かったが，このような見方は，カレッジが中心となった普及活動によって，さらに強くなる。(48) たとえば，農業巡回教師制度（peripatetic tuition）の設置であり，具体的には，酪農・蹄鉄打ち・家禽飼育・養蜂に関する講演と実演であった。さらに，地元の農民のために，化学分析や品種管理を行う実験室が設置され，さまざまな立地条件での圃場試験の指導が行われた。(49) 地域の教育センターとするべく設置されたカレッジである以上，このような活動が活発に行われるのは，いわば当然のこととされた。

カリキュラムの有用性や地域の教育センターとしての役割は，地域の農民に次第に認められていった。これはカレッジの学生数が増加したことに端的に現れている。学生数は創設期には一三人であったが，一八九六年までにはほぼ三倍となり，一九〇〇年に四六人，〇九年に七一人，一三年に一二四人に達した。(50) もっとも，この増加はサウスイースタン農業カレッジに限られた特殊な現象ではなかった。その他の高等農業教育を実施していた学校でも，同様の活動によって，学生数が増加している。たとえば，アバディーン，バンガー，ダラム（ニューカッスルのアームストロングカレッジ）の三校では，一九〇〇年には各校とも八人ずつ，ケンブリッジでは同年に一五人であったが，〇九年にはそれぞれ一〇人，一三人，一七人，五二人となり，一三年にはそれぞれ二七人，一八人，三一人，一五二人に増加している。(51) このように二〇世紀初頭における学生数の増加をみる限り，イギリスにおいて高等農業教育が着実に定着していったことがわかる。

さらに、ホールによる一八九九～一九〇〇年の調査によれば、サウスイースタン農業カレッジの課程を修了した七五人の学生のうち、ほぼ半数の三五人が農業に従事している。一九〇四～〇五年の第二回目の調査では、ほとんどの学生が農業に関連する職業に従事していることが確認でき、一九一一～一二年の数字によれば、農家出身の学生が約二二パーセントにすぎなかったにもかかわらず、約六一パーセントの学生が農業に従事する予定であり、約二八パーセントが農業に関する教職をめざしている。農業専攻の四つの学校（アバディーン、バンガー、ダラム、リーズ）における農業従事希望者と教職希望者の平均的な割合は、約五九パーセントと約三二パーセントであり、一方、サイレンセスタの王立農業カレッジでは、それは九六パーセントと四パーセントであった。[52]王立農業カレッジに比べて、いわば後発の学校では徐々に教職希望者が増加し、その後の農業学校の拡大につながっていく。そして多くの農業カレッジは、学生を実際の農業へと引きつける上で、強い影響力をもち始め、それによってカレッジは、各地域の農業とのつながりを深めていくことになる。

ところで、農業カレッジがこのような展開を示し始める一方で、サウスイースタン農業カレッジの創設五年目となる一八九九年に、農業教育局と科学技術局が文部省に編入される。この編入は、農務省がそれまでもっていた教育に関する権限を、文部省に移管する方針に基づくものであった。しかしながら、この編入以後も農務省と文部省はお互いに牽制しあって、農業教育を支援する助成金を出し続けた。[53]結局、同一機関に対する助成金の重複を避けるために、農務省は高等教育や特定専門分野の機関など（たとえば、ロンドンの王立獣医カレッジやレディングの酪農研究所）に対してのみ助成することになり、一方、文部省は初等農業教育や技術カレッジなどに対して助成することで、折り合いがつく。[54]そして一九〇九年に制定される開発・道路改良基金法（Development and Road Improvement Fund Act）に基づいて、一九一二年に文部省の助成事業は、農務省へ移管することが決定される。[55]この受け皿として、農務省はすでに農村教育会議（Rural Education Conference）を設置していた。この農村教育会議はイングランド王立農業協会と農業教育協会の協力を得て、農村地域の教育に関する問題を討議し、その成果を多数の報告書にまとめていた。農村教育会議の多くの成果は、議長であるレイ卿（Lord Reay）のもとでまとめられ、一九〇八年に政府の委員会であったレイ委員会の報告書として発刊された *Report of the Departmental Committee on Agricultural Education in England and Wales*, London においてまとめられていた[56]。

しかしこのようなカレッジや行政における進展があったにもかかわらず、イギリスの状況はまだ、他の多くの国々、たとえば、デンマークの国民学校（Folkeskole）・ドイツの研究所（Forchungsinstitut）・アメリカの〈ランドグラント〉カレッジ（Land Grant College）などの研究・教育体制とは、比較にならないくらい小規模なものであった。農村教育会議が設置されたとき、農務省はイングランドとウェールズ（スコットランドでは、一八九六年に助成の権限がスコットランド教育局に移管されたので、農務省による助成は中止になる）において、六つの大学とカレッジ、すなわち、アバディーン、バンガー、ケンブリッジ、ダラム、リーズ、レディングに対して助成を行っていた[57]。オックスフォード大学は、農学部を設置する途上にあったが、助成金を全く受けていなかった。そしてバーミンガム大学、マンチェスター大学、ブリストルのユニヴァーシティカレッジでは、農業に対してやっと関心をもち始めたという段階にあった。もっとも、まだ数が少なかったとはいえ、農務省から助成金を受ける農業カレッジの数は増加傾向にあった[58]。

農村教育会議は、高等教育のための学校数はすでに十分であるとして、資金の増加分は、既存のカレッジの教員や施設の充実に回すべきであると提案する。報告書には、とくに農業化学や農業植物学の教員は、高度な資質をもっている必要があるとされ、「農業の教員は教育と研究の結合を試みるべきであり」、高等教育の場においては、「独創的な研究が期待されている」という意見が記されている[59]。報告書が刊行された一九〇八年は、首相ロイド・ジョージ（Lloyd George, 1863–1945）が開発基金（Development Fund）を設立しようと、新政府案を提出した年でもあった。この開発基金の設立は、農業・林業・漁業の科学的な発展を促す資金を増加させ、農業不況を解消しようという目的をもっていた。この基金の合計額は約三百万ポンドであり、高等教育を充実させるきっかけとなったウィスキー・マネーよりも、さらに高額に上るものであった。その執行は八人の委員に委ねられ、その委員のなかにはホールも含まれていた（この職務のため、ホールは一九〇二年から就いていたロザムステッドの農業試験場長を、一二年に辞任する。その後任として、ラッセルが就任する）[60]。

開発基金には、三つの主要な特徴があった。第一に、農村教育会議の提案に基づいて、約三二万五千ポンドが農業スクールの充実にあてられることになった[61]。この金額は、これまで農業研究・教育に支出されていた金額を、はるかに上回る巨額なものであった。第二に、既存の農業研究・教育機関の各々が、独自の専門分野（ホールの助言に基づく）をもち、その組織網を形成するために、開発基金が拠出されることになった。これによって農業分野の専門性が促進され、それと同時に、科学と実際の農業との間で、系統的な協力体制の構築がめざされることになった[62]。第三に、農業を専攻する学生が、純粋科学（主に植物学・一般科学・動物学）の分野で学位を取得するための奨学金制度（三年間で各年二百ポンド）が整備されることになった。一九一一年から一四年までの間に選ばれた四七人の奨学生のうち、ほとんどすべてが教員ないし研究者として農業専門職に従事し、二〇世紀のイギリス農学を担っていくことになる[63]。たとえば、農業経済学のアシュビィ（Arthur Wilfred Ashby, 1886–1953）[64]、ケンブリッジの農業教授エングルダウ（Sir Frank Leonard Engledow, 1890–1985）[65]、生理学のハモンド（Sir John Hammond, 1889–1964）[66]らである。

このような事業が推進されることによって、農業カレッジに対する科学的な評価は徐々に高まっていく。教育的な評価に加えて、科学的な評価が高まるにともない、サウスイースタン農業カレッジに代表される農業カレッジという制度は、農業研究・教育において有効な制度であるという考え方が一般に受け入れられていく。しかしながら、カレッジ以外の高等教育の場において、まだこの考え方が受け入れられたわけではなかった。たとえば、ケンブリッジ大学とレディングのユニヴァーシティカレッジの場合である。

二　ケンブリッジ大学の理論研究

二〇世紀の初期までケンブリッジ大学では，農業研究・教育は確固とした地位を得ていなかった。ケンブリッジ大学側は，農業という技術教育は大学には相応しくないとみなしていた。そして，このような考え方の大学側と，農業を大学の研究教育の対象にしようとする研究者との間で論争となる。[67] 大学内で優勢な意見は，大学は学問のために学問を追究すべきであるというものである。したがって，もし学問が実際の問題の解明に役立つことがあれば，それも結構なことであるが，それは学問ではないということになる。つまり，実際上の目的のない学問の発展によってこそ，大学における科学研究を推進する根拠があるというのである。[68] このような見解は，ケンブリッジの教授団が重視する伝統的な学問的価値にしたがっていた。[69]

一八八〇年代に技術教育に対する財政的援助への要求が高まるにつれて，前述のように，イギリス政府も様々な対応を始めていた。ケンブリッジの科学分野のメンバーのなかにも，地方の州会の協力を得て，学生が農業および酪農の学位を取得できるようにしようとする動きも出始めた。もっとも，当時はまだ大学から学生に与えられる（農業および酪農における）教育面での便宜は，ごくわずかなものでしかなかった。[70] しかしながら世紀の変わり目に，政府が農業研究・教育体制の確立への助成を強化するとともに，ケンブリッジでは農業スクールの創設への動きが出始める。そして一八九九年にロンドンのドレーパーズ社（Company of Drapers）から農業教授職を設置するために一〇年間にわたる寄付の申し出があり，それを受け入れることになる。[71] しかしながらこの寄付は，他の大学農学部の場合と同様，農業専攻によって大学卒業資格を獲得できる体制の構築を目的とするものではなかった。これは農業の学位取得にいたるカリキュラムの整備を条件とするものであった。[72] つまり農業および農学を，（学位対象となる）科目の一つにするということである。しかし，伝統的な純粋科学に携わっていた教員からは，農業課程は軽視され続ける。また、純粋科学専攻の学生からは「厩肥専攻」(dung special) と嘲られている[73]。

そこでケンブリッジの農業スクールでは、設置されてから一九一〇年頃まで、その農業教育課程は農学の実際への適用という側面よりも、農業の科学的基礎の修得のほうに力点がおかれた。農業教員のなかには、当初から農業教育の目的や、農業と科学との関連について、まったく関心のない人もいた。したがって教員自身が農業にとって有用であると考えた科学分野についてのみ、その研究と教育が行われた[74]。その後、ケンブリッジでは家畜栄養と植物育種の研究を目的とする研究・教育機関が設立されるが、それは農業従事者あるいは農業従事を希望する学生の技術向上をめざすというよりも、農業研究者が各専門の科学研究に従事することを重視したものとなっていく[75]。

ともあれ、このケンブリッジでの展開に代表されるように、大学という場で農業に対する関心が徐々に強まっていく。農業を研究対象にしようとする研究者も増加する。これらの研究者は、実際の農業と乖離する傾向をはらんでいたとはいえ、農学に対する関心を強くもっていた。しかしながらケンブリッジやその他の大学の農業研究者は、お互いの考えを議論し合ったり交換したりする場もなく、研究成果を広く公表する学術誌ももっていなかった。そこで一八九四年に設立されたのが前述の農業教育協会であった。ケンブリッジの教員は、当初は積極的にこの協会という場で活動している。しかし二〇世紀初頭の十年間において、学術誌の発刊をめぐる議論が高まっていくにつれて、レディングのユニヴァーシティカレッジの協会内での発言力が徐々に強くなり、その一方でケンブリッジの協会内での発言力は急速に衰えていくことになる。そこでケンブリッジの農業研究者に新たな動きがある。

一九〇三年に農業教育協会内のケンブリッジの会員は、農業研究基金の設立を目的とする会費の徴収を拒否する。その一方で、ケンブリッジの農業研究者は、*Journal of Agricultural Science* 誌刊行の準備を進めた[76]。この学術誌はその二年後に出版され、その編集者は「この雑誌の方針として、(我々の考える) 科学に反するような論文は受理しない」と公表する[77]。他方、この同じ年の一九〇五年に、ケンブリッジ以外の科学者が中心となって、農業教育協会の名称を応用生物学者協会 (Association of Economic Biologists)[78] と改めた。この協会の科学者は、*Journal of Agricultural*

Science 誌では、自分たちが意図する農業の実用的な側面が対象になっていないとした。そこで、実用的な側面を中心に議論する学術誌として、新たに *Journal of Economic Biology* 誌を創刊する。[79] ケンブリッジの研究者は、農学を工学や医学と同様の分野であるとみなし、農業の進歩は専門的な科学知識に依らなければならないと考えていた。しかしケンブリッジの科学者の考える農学には、農民がより高度な生産技術を修得できるように教育することは含まれていない。彼らにとって農業の進歩とは、まず農業研究者によって科学研究が進展し、その研究成果を農業へと適用することを意味していた。

Journal of Agricultural Science 誌の創始者の一人であるR・H・ビフェンは、二〇世紀初頭において農業に関心をもった、ケンブリッジの典型的な研究者である。[80] ビフェンは一八七四年に中流階層の家庭（父親は高等小学校［higher grade school］の校長）に生まれ、九三年に奨学生としてケンブリッジに入学している。ビフェンは、博物学の試験（tripos）を受け、二科目最優等となって、植物学のフランク・スマート奨学金を与えられる。そして、サウスイースタン農業カレッジの理事でもあったウォードのもとで菌類学を学び、新しい植物学に関心をもつ。[81] この植物学は実験を中心とし、旧来の博物学や分類研究の伝統に取って代わろうとする分野であり、さらに実際的には、農業の実用的な研究に着手することによって、研究資金を獲得できる分野であった。[82] ビフェンは一八九七年から翌九八年にかけて、ブラジル・メキシコ・東インド諸島などを数カ月にわたって旅行し、熱帯における天然ゴム原種の研究を行っている。これは当時、普及し始めていた自転車のタイヤ製造を目的としたものであった。ビフェンはこの研究を通じて、天然ゴムをはじめとする資源開発では科学的な管理がまったく欠けていると感じる。これによってビフェンは、自分の取り組む研究分野を応用植物学（economic botany）にしようと決心する。[83] ケンブリッジには応用植物学のポストはなかったが、一八九八年に彼は植物学の実験助手に採用され、ウォードとともに菌類病の研究を始めている。しかし実験助手としては、一年間だけ勤めただけであった。一八九九年の農業スクールの設立とともに、植物学講師として採用され、応用植物学の研究に着手する。そしてビフェンは、それまでスズメノチャ

ヒキ（brome-grass, 牧草となるイネ科植物）の病原菌を研究対象としていたが、小麦のサビ病へと研究対象を移していく。さらに実用的で重要だとされる微生物の研究にも着手する。しかし彼の研究は、基本的に実用性を念頭に置いて進められたものではなかった。ビフェンの主要な関心は、病原菌とその宿主との相互関係を明らかにすることであり、農業にとって価値のある作物を生み出すことでもなければ、農業専攻の学生に対する教育や研究指導を目的とするものでもなかった。[84] ビフェンはケンブリッジの同僚と同様、科学研究にはすべて、それ自体ですでに内在的に実用的な価値があると信じていた。したがって自分の研究計画のなかに、あえて実用化への配慮を加えることはなく、またその必要性も認めていなかった。[85]

しかしビフェンによる小麦のサビ病に関する研究は、当時の交雑のレベルを超えるものではなかった。当時の研究レベルは「望ましい方向で、何らかの改良が起こるかもしれないと信じて」無差別に交雑を行っているにすぎず、「人間と植物の間で行われる運のゲーム」であるとされていた。[86] ビフェンと同時期に同僚であったベイトスン（William Bateson, 1861-1926）は、遺伝や進化について本格的な研究を始めていた。[87] ビフェンは、メンデルの遺伝理論に関するベイトスンの研究から影響を受ける。そして植物育種は運のゲームから厳密な科学へと移行したと考えるようになる。

ビフェンはメンデル学説を使い、植物の耐性の遺伝に関する現象を説明しようとする。まず世界中の多くの地域から小麦品種の収集を始めている。ビフェンは一九〇三年に、*Proceedings of the Cambridge Philosophical Society* 誌上において、研究目的について「農民や製粉業者の視点から品種改良を推進し、メンデルの遺伝法則によって小麦の形質がどの程度まで決まっているのかを確かめることである」[88] と記している。次いでビフェンは耐性がメンデルの遺伝形質であるという考えを、一九〇五年の *Journal of Agricultural Science* 誌の第一巻において発表する。[89] これによって、罹病しやすい品種に耐性を与えられる可能性があるとして、一九一〇年には、サビ病に罹患しやすい高収量小麦品種（squarehead's master の亜種）と、低収量であるがサビ病への耐性をもつ品種（ghirka, ロシアからの輸入小麦から選抜された耐サビ病性の系統品種）との交雑に成功する。この二つの望ましい形質を結合させた新品種リトルジョスを生み出したのである。このリトルジョスは、その後、約四十年間にわたって、イギリスで最も多く栽培される品種となった。この研究成果は、一般に遺伝学における農業分野での最初の重要な貢献とみなされている。この交雑によって、メンデルの遺伝理論が、実際に単純な形態的形質以外の生理学的形質にも拡大適用できることを証明し、複雑な形質を自由に再結合できる可能性のあることを示したからである。[90] そして、さらに重要なことは、ビフェンの成功は、イギリスにおけるメンデル学説の支持者によって、旧来の植物育種の経験的な技術に取って代わる、科学的な研究方法の典型として取り上げられるようになったことである。[91]

ビフェンは小麦の遺伝に関する他の問題にも目を向ける。とくに小麦の「硬度」（当時、窒素の摂取や貯蔵との間で複雑な関係のあることが知られていた穀物の形質）の遺伝的な問題について関心をもった。小麦の硬度の改良は、当時のイギリスの製粉業者にとって、注目すべき問題であった。それは、パン製造業者がイギリス産小麦粉（ビスケット製造に適していた）に不満をもち、パン製造に適した北アメリカ産小麦の硬度の高い「強力」粉を好んで使っていたからである。[92] しかしイギリスの農民は硬質小麦を栽培しようとしなかった。なぜなら、硬質小麦の収量は軟質小麦よりも劣っていた上に、収量差に対して製粉業者は価格面で補償しようとしなかったからである。このような状況下で、北アメリカ産小麦を輸入している大規模製粉業者（多くは港湾部分に立地する）に比べて、イギリス国内産小麦を使用する小規模製粉業者は、その存立がきわめて困難な状態にあった。一九世紀末に小規模製粉業者は国内産小麦協会を結成し、共同で小麦の硬度に関する研究を支援して、問題を解決しようとしていた。そして小規模製粉業者は、ビフェンがサビ病に耐性のある小麦品種を開発したのと同様の方法で、イギリスで栽培に適した硬質小麦を生み出すことができるであろうと期待し、ビフェンの研究を支援することにした。[93]

メンデルの遺伝理論は、それを応用すればイギリス小麦の形質転換が成し遂げられるかもしれないという希望を抱かせた。高収量は遺伝形質にかなり左右されることは、以前から知られていた。ビフェンは硬度もまた同様に遺伝形質であると証明できると考え、収量と硬度とはともに単純なメンデル形質であると信じて、硬質小麦品種と高収量小麦品種とを交雑し、イギリスの環境に適合する単一の品種のなかでこれらの形質を結合することは可能であろうと考えた[94]。そしてこの研究に着手し、一九一六年にそれまでイギリスで栽培されていた品種よりも硬質の小麦品種を生み出すことに成功した[95]。ビフェンをはじめとする多くの農業研究者にとって、この成功は先駆的な事例となり、実用的な問題の解決には、経験的な積み重ねによって得られる成果よりも、科学研究の成果を適用するほうが、成果が得やすいとみなすようになった[96]。

三　レディングのユニヴァーシティカレッジと品種改良

しかし、メンデル理論と植物育種に関するビフェンの見解は、レディングのユニヴァーシティカレッジのパーシヴァル（前職はサウスイースタン農業カレッジの植物学教授）から批判を受ける。パーシヴァルの反論は、その背景となっているユニヴァーシティカレッジの展開に大きく左右されたものであった。一九世紀末頃のレディング地域の農業は、近隣のオックスフォード大学が農業技術や技術普及に関心を示さなかったために、研究対象となることがまったく期待できなかった[97]。そのために地元の農業界の要請に応じて、一八九二年にレディングでカレッジが設立されることになった[98]。カレッジ設立にあたって中心的な役割を果たしたのは、ビスケット製造会社ハントレィ（Huntley）社の創始者であるレディングのパーマー家（Palmers）であった[99]。さらに、サットン種子会社（Sutton Seeds）の所有者でありベイトスンの遺伝研究を支援したサットン家[100]と、地主で畜産業者でもあったウォンテッジ卿（Lord Wantage, 1832–1901）[101]も設立に協力した。パーマー（Alfred Palmer, 1852–1936）とサットン（Leonard Goodhart Sutton, 1863–1932）は、アメリカの〈ランドグラント〉カレッジをモデルにして、レディングにカレッジを設立しよ

う と考えた。しかしながら彼らの設立運動は農業分野以外の教授陣の抵抗にあう。教授陣は科学のいわば素人が、アメリカの大学の例にならって教育・研究問題に口をはさむことに抵抗したのである[102]。これに対して農業教員は、カレッジが地元の農民の要請に応えるものであると強調し、独自の講義方針を組み立てて、カレッジの新しい方向を示そうとした。しかしながら、農業教員の独自性の主張とは裏腹に、カレッジの講義方針は実際には、ケンブリッジで作成された講義方針をそのまま取り入れたものであり、農学の実用的な側面よりも、その科学的基礎の解明に焦点があてられたものであった[103]。

しかし講義方針はケンブリッジと同様であっても、レディングの教育制度はケンブリッジのそれとは根本的に異なっていた。たとえば、ケンブリッジの学生は、あらかじめ農業の経験がなくても農業の学位を取得することが可能であった。しかし、レディングに入学を希望する学生は、その入学資格に農業経験が含まれ、さらに入学後も多くの時間が実習にあてられた。レディングの教員は、農場実習を中心とするカリキュラムを重視し、それに基づいて講義を組み立てた。したがって講義の登録については、実習よりも重視されていなかったので、必須ではなく、学生の自由な選択に任されていた[104]。レディングでは、農民の要請に応える点が重視され、学問の実用性が重んじられたので、学生にとって学位取得はあまり大きな関心事ではなく、一九二六年に農業・園芸・酪農の約二七〇名の卒業生のなかで、学位を取得したのは、わずか六名にすぎなかった。多くの学生は短期コースに回るか、あるいは二ヶ年で卒業資格を得て卒業してしまう。一九三八年に至ってもなおレディングでは、二ヶ年で卒業資格を得て卒業する学生が半数に及んだ。これに対して一九三八年のケンブリッジ大学では、農業専攻学生の一三二名が三ヶ年の履修を経て学位を授与され、そのうち三五名がさらに進学して大学院修了証書を手にしていた[105]。このような学生の進路でもわかるように、レディングでの農業教育は、ケンブリッジのように専門研究者を生み出すことではなく、実際に農業活動をする場合の科学的基礎について理解を深めることを主要な課題としていた。レディングの農業教育は、基本的に農民の農業生産性を向上させるという目的をもつものであった。

レディングで教授職に就き積極的に活動したパーシヴァルの経歴は、ビフェンのそれとはかなり異なっている[106]。パーシヴァルは、一八六三年にウェンズレーデールのヨーマンの家庭に生まれ、地元の村の学校を卒業後、ガラス製造工場に就職する。彼は一八八四年にこのガラス製造業者の援助でケンブリッジ大学に入学する。そして自然科学の試験に合格し、ビフェンと同様、ウォードのもとで植物病理学を学んでいる。パーシヴァルは勉学を終えた後、ロンドンに行き大英博物館の植物学部門で働く。その後一八九一年には、化学の実験助手としてケンブリッジに戻り、そこで農業公開講座の講師であるホールと出会う。パーシヴァルはケンブリッジで三年以上にわたって、化学や植物学の農業への適用について、農民や園芸家に対して講義をしている。一八九四年にはホールとともにワイへ移り、新設されたサウスイースタン農業カレッジの植物学教授に就任する。ワイへ赴任後、パーシヴァルもビフェンと同様、植物生理学や植物分類学の知識を小麦の研究に活かし、この研究に対して国内産小麦協会から援助を受けている[107]。一九〇二年にパーシヴァルは農業教授および農学部長として、レディングのユニヴァーシティカレッジに移り、その後三二年の定年までレディングに在籍する。

パーシヴァルはレディングに在籍している間、農業教育や普及活動に精力的に取り組み、地元の農業界との密接な結びつきを維持し続ける[108]。彼は、地元の農民との結びつきを強めることによって、農民の意見を農業研究に反映させようとする。そのような姿勢をとり続けるパーシヴァルは、小麦の改良目的をめぐって、国内産小麦協会のA・H・ハンフリーズ（ケンブリッジの農業スクール出身）と意見の対立をみる[109]。パーシヴァルは、小麦硬度の改良は減収という犠牲を払ってのみ可能であると思っていたので、小麦の硬度を改良しようとする研究に反対する。パーシヴァルによれば、製粉業者が農民に対して価格面で減収補償をする用意がないとすれば、硬質小麦品種を栽培することは農民にとって利益があるとはいえない。パーシヴァルは、農民には高収量品種こそが必要であると訴える。これに対してハンフリーズは、硬質の小麦品種の開発が必要であることを力説する。

この意見の衝突に関して、ビフェンは製粉業者と農民とでは、各々その目的が異なっていることがはっきりと認識できていない。ビフェンは、製粉業者の意見はおそらく農民の意見と同一であろうと安易に考えていた。あるいは、おそらく異なることなど、そもそも考えなかったのであろう。ビフェンはパーシヴァルとハンフリーズの間で意見の衝突があるのかわからない。そこで意見の衝突は、パーシヴァルとハンフリーズとの間にとどまらず、パーシヴァルとビフェンの間に波及することになった。ビフェンは、もし製粉業者が硬質小麦を好むとすれば、硬質の小麦品種を開発することこそが、農業界全体の要求に応じる唯一の方法であると信じていた[110]。ビフェンは、農民から反対されれば、自分が「実際の農業について何も知らない」ことを理由に、研究者にとって農民の経済状態は考慮外のことであると答えたであろうとされている[111]。

この意見の衝突をきっかけに、パーシヴァルは農民とのつながりを強めれば強めるほど、ビフェンが強調した植物育種におけるメンデル理論の重要性に対して疑いを抱くようになった。パーシヴァルはビフェンの学説に反対したために、理論には縁遠い存在である実際の育種家からの支持を得ることになるが[112]、パーシヴァルのビフェン学説への疑いは観念的であり、植物育種をどのように規定するのかという問題が付きまとっていた。パーシヴァルにとってメンデル理論と植物育種とは直接的に結びつかないものであった[113]。メンデル理論に基づけば、多くの雑種形成現象が説明できるという点には、パーシヴァルも異論はない。しかしパーシヴァルは、形質の独立分離と再結合は形態的な形質にだけ適用できるものであると考えている。ただし、農民が関心を示す形態的な形質は、それ自体を単独で取り扱うことは不可能であり、複雑な生理的・環境的相互作用に関係しているものであるとする。たとえば、パーシヴァルは次のように説明する。代謝経路が、収量を重視して、その要因のひとつとなるデンプンを生み出す方向へ行くとしても、それは硬度を保つための主要な要因である窒素同化作用を妨げるという犠牲を払うことによってのみ達成される。つまり、収量と硬度は、このような生理学的な過程と密接に結びついている。したがって、どちらか一方の形質を際立たせることはできるけれども、二つの形質は決して両立できないというのである。

さらにパーシヴァルは、これらの形質が気候や土壌の肥沃度という環境要因と密接にかかわっているとする。またパーシヴァルは、選抜に不応（refractory）である遺伝学的に均一な純系（pure lines）という概念は、あくまでも理論的に得られる研究成果であって、実際の農業から得られる成果ではないので、重大な欠陥があると考える。パーシヴァルによれば、実際の変種（germinal sports）には試験圃場で育成された純系がまれにしか存在していない[114]。実際の圃場においては、同じ品種に含まれる個体は無数にあって、その間での変異はかなり一般的となっている。したがって農民にとっては、純系種子を播くことよりも、作物品種のなかから優れた個体を選抜し続けることのほうが、意味をもつ行為になるという。

パーシヴァルによれば、小麦は非常に複雑な生物体であり、交雑は小麦とその環境との調和を破壊するものである[115]。したがって、伝統的に育種家によって行われている交雑は、「型を破壊する」（break the type）ものとされているが、多くの新品種を生み出すのに役立っている。パーシヴァルによれば、現在の知識水準では、硬度の形質と小麦の外的環境との関係をめぐる複雑な相互作用を解明するには不十分であり、将来予測を立てて新しい型の世代へと導いていくことは不可能である。そして、ビフェンやその他のメンデル理論の支持者が考えるように、純系を生み出せるとは考えられないということになる。

パーシヴァルはメンデル理論を信じていないので、植物育種の最も効率的な方法は、既存の型の多様性を、さらに正確に理解することであると考える。既存の型の多様性を正確に理解して、リストにしておけば、個々の農民の要望に最も適する型の選抜を行う助けとなる。実際にパーシヴァルは、このような手法で小麦品種を育成している。彼はまず、イギリスの農民によって栽培されている様々な小麦品種の分類学的な同一性を確立しようと試みている[116]。そのために土壌や気象条件が、レディング（近隣）地域と類似の地域の育種家によって育成されている品種を収集（最終的には約二千種を収集）し、それらの品種が硬質あるいは軟質小麦のどちらに属しているのかどうかを確かめる。そしてレディングでの耕作に最適な品種の形質を選抜し、それによって品種改良をしようと試みている。

パーシヴァルは自分が着手した方法を、農民自身が行えば、さらに大きな効果が得られるであろうと考える。もし農民が自身の要望を正確に表現する方法と、農民自身にとって有用な品種や、圃場における変異の価値を評価する方法とを教えられていれば、選抜はさらに大きな改良を生み出すであろうと説明する[117]。パーシヴァルによれば、農民こそがそれぞれの要望に応じた最適の品種を育成することができる。つまり、農民こそが農業の科学的改良者ということになる[118]。一方ビフェンは、専門的な研究者こそが農業改良への基礎を与えると考える。このようにビフェンとパーシヴァルでは、メンデル理論の受容をめぐって、そのとらえ方が大きく異なっていたが、この二人の考え方はともに、その後の農業研究の根本的な考え方に大きな影響を与えている。

四　おわりに——大学における農学

一九世紀末、イギリスは高等教育の場において本格的な技術教育に乗り出した。農業教育もこの一環としてとらえられ、農業不況という条件のもとで、農業スクールや農学部などが、設立され始めた。政府はウィスキー・マネーによる財源を得て、農業研究・教育体制の確立に着手した。その代表的な事例が、ワイのサウスイースタン農業カレッジの設立であった。この農業カレッジは、高等農業教育機関として先駆的な役割を果たした。しかしこのカレッジにおいては、農業教育は技術教育の一環と考えられ、農学は純粋科学の応用にすぎないという側面が強調された。そしてこのような考え方にしたがって、農民に対する普及活動も強化された。これらの活動は、ある程度の評価を受け、それにともなって学生数も増加し、農業カレッジという教育制度がイギリス全土に広まるきっかけとなった。サウスイースタン農業カレッジに引き続いて、その他の農業カレッジが徐々に設立されるようになったのである。農村教育会議の設置や開発基金の運用を通して、農業カレッジという制度が、農業の研究・教育にとって有効な体制であることが認められていった。

しかし既存の大学（university）においては、農業教育・研究体制が容易に認められたというわけではなかった。ケンブリッジの農業研究者は、農業に対する懐疑的な意見に対抗するために、農民への普及活動を重視するよりも、農業の科学的基礎となる純粋科学との関連を重視した。純粋科学を重視する傾向は、メンデル学説とその受容に典型的に現れた。とりわけビフェンがケンブリッジにおける農学に関する考え方を代表していた。ビフェンは、伝統的に行われている育種では、イギリスの小麦改良には不十分であり、メンデル理論の適用こそが、この問題解決の鍵となると訴えた。「植物育種は、応用遺伝学の練習問題である」[119]というビフェンの見解は、ケンブリッジ大学農業スクールの見解を代表するものであった。ケンブリッジでは農業研究・教育の位置づけが科学全体においてどれほど末端にあろうとも、農学はその専門的な研究者によって担われるべきものとみなされていた。

このケンブリッジの動きに対して、農業界への奉仕こそが、ユニヴァーシティカレッジ設立の主要な目的のひとつとされたレディングでは、かなり異なる見解が示された。レディングにおいても、農学は科学の一分野であるとみなされたが、高等農業教育の目的は、農業の科学的基礎に関する農民の意識を高めることであり、農民に科学的洞察を養うことの効用を説明することでもあるとされた。実際の植物育種とメンデル理論とのつながりに関するパーシヴァルの見解は、このレディングの考え方を典型的に表すものであった。パーシヴァルは公開講座講師の経験から、ビフェンよりも農民が抱える問題に同情と理解をもち、実際の育種家の成果に敬意を払った。パーシヴァルはメンデル以前と以後の育種に、何ら根本的な断絶があるとは考えていなかった。なるほどメンデル理論によって実験の成果を説明できるかもしれないが、この理論は実際の植物育種の基礎となるようなものを提供できないと強調した。パーシヴァルはメンデル理論よりもむしろ伝統的な育種技術のほうが信頼に値するものであり、伝統的な育種技術を充実させていけば、より優れた品種改良へと導くことができると主張した。さらに農民が教育を受けさせすれば、農業研究者に依存するよりも、農民自身の手で科学的に新品種をつくり出すことができると考えた。パーシヴァルの立場は、あくまでも農民に依拠する研究という意味で「篤農的研究者」といえるであろう。

ビフェンとパーシヴァルは、ケンブリッジにおいて共通の教育を受けたが、農業研究ないし農学のとらえ方が大きく異なっていた。この差異の原因は二人の出自が異なっていたのと同時に、研究生活を支えた大学に求めることができる。つまり、二人が勤務する大学の特徴から影響を受け、また二人のほうも大学の研究・教育体制に対して影響を与えたのである。しかもこれはメンデル学説の受容をめぐって生じた唯一の特殊な事例ではない。たとえば、家畜改良をめぐるケンブリッジ大学のJ・ハモンド[120]と、レディング大学の酪農研究所（Research Institute in Dairying, 後にNational Institute for Research in Dairyingと改称）のマッキントッシュ（James Mackintosh, 1880-1956）[121]の違い[122]は、まさにビフェンとパーシヴァルの違いと酷似している。これらのことから、ケンブリッジとレディングというイギリス農学を代表する大学では、農業研究と実際の農業との関係、科学理論と技術実践との関係をめぐって異なる見解が生まれていたことがわかる[123]。そしてこの見解の相違は、二〇世紀イギリスの農業研究・教育体制に大きな影響を与えていく[124]。

第11章　農業科学政策と研究・教育体制

前章でみたように、イギリスでは二〇世紀初頭に政府が農業研究の支援に本格的に乗り出した。それまで農業研究に対する国家的な支援が全くなかったというわけではないが、二〇世紀初頭、とくにエドワード七世（Edward VII, Albert Edward Wettin, 1841-1910）の在位期間である一九〇一〜一〇年において、全国的に農業研究機関が整備され、研究支援が行われたのだった。この研究支援体制の確立は、農学の進展の結果といえなくもないが、むしろ当時の農業不況を克服しようとする農業政策の一環として行われた科学政策が大きな影響を与えた。科学政策が農業政策の一環として実施されていたとすれば、当然のことながら、農業科学政策には政治的な要素が大幅に入り込んでいる。これは言い換えれば、政治的な意図が反映された農業研究体制が築かれていったということである。

イギリスにおいて農業研究体制を築く上で中心的な役割を担ったのは、一九〇九年に制定された開発・道路改良基金法（以下は開発法）に基づいて設置された開発委員会（Development Commission）である。開発委員会は研究者によって審議や調査が行われる機関ではなく、政策決定や予算配分に関係する政府機関である。この委員会が着手した事業のひとつが、農業を支援するために研究計画を練り上げることであり、この研究計画の重点は農業研究体制の確立であった。開発委員会は農業研究体制を確立するための中核的な機関となる。開発委員会は一九三〇年代に農業研究の統括的な組織として農業研究会議（Agricultural Research Council）が設置されるまで、イギリスの農業研究体制の確立に大きな役割を果たす(1)。

この二〇世紀初頭におけるイギリス農業研究体制の発展については、すでにいくつかの論考がある。たとえば、R・オルビィは、一九〇九年の開発法制定を概観し、その起源を社会帝国主義と国家的な効率性に向かうエドワード朝時代の状況に求める。[2] C・J・ホームズは、開発委員会によって推進された農業普及事業の系列化に焦点を当てる。[3] P・パラディノは、農業研究の制度的な脈絡を分析して、政府・民間会社・大学・科学者それぞれの関心が、開発委員会の計画のもとで、どのように具体化したのかを示す。パラディノは新知見を生み出す優先順位を競うなかで、一種の緊張状態が生まれたことを明らかにしている。[4] T・デジャガーは、一九三〇年代以降の農業研究会議による研究体制の問題を取り上げる。[5] デジャガーは、一九三〇年代以前ではイギリス農業の発展に対する開発委員会の役割の大きいことを指摘しているが、それに対して数人の論者は、開発委員会によって推進された農業研究体制の整備が、両大戦間期のイギリス農業をそれほど発展させるものではなかったと述べている。[6]

このように二〇世紀初頭の農業研究体制について研究が発表され、ほとんどの研究で開発委員会について言及されている。しかし開発委員会によって推進された体制のもとで、農業の特定分野に特化した各研究機関が設立されたことによって、農学が進展したのかどうかについては触れられていない。この研究体制は結果的に順調に運営されていくので、農学の発展につながったと受け止められている。しかし農学の発展は科学としての統合化あるいは体系化であるとすれば、はたして二〇世紀初頭の動向は発展ととらえることができるのであろうか。イギリスの場合、各地域に専門分野を異にする研究機関が設立されることになるので、研究体制としては整備され、農学の専門分化が進んでいった。しかし統合化や体系化とは異なる方向へと進んだと考えられる。

二〇世紀初頭に農学の諸分野の発展はあった。たとえば、前章で述べたように、メンデル法則の再発見があり、現在に通ずる農学の基礎がつくられた。この農学の発展にともない研究体制も確立されていく。研究体制の確立については、前述のように、すでに多くの研究成果において開発委員会の役割について言及されている。しかしながら、開発委員会によって推進された農業研究体制の確立が、どのような政治的な意図のもとに進められたのかは明らかではない。農業研究体制の確立は農業不況の克服という農業政策の目的に沿うものであったが、農業科学政策の意図は必ずしも明らかではない。イギリス政治史に関する研究においても、開発委員会が取り上げられることはほとんどないので、政治的な脈絡も明らかではない。

本章では二〇世紀初頭に農業研究体制が確立したことをとらえ、その政治的な脈絡を考えていく。とくに開発委員会が設置された前後の展開過程を追い、農業研究が国家助成によって、どのような影響を受けたのか、そしてどのような課題を背負ったのかをみていく。

一　科学研究の政治的背景

イギリスにおいて国家的な規模で農業研究に関する計画や助成が、政府主導で行われた最初はエドワード朝期である。一九〇八年は大蔵大臣のロイド・ジョージによって開発法が議会に提出された年であり、翌〇九年に開発法が制定され国家的な規模での助成のきっかけとなる。一九〇九年までに農業研究に対する助成がまったくなかったわけではないが、国家助成が本格化するのは〇九年である。E・J・ラッセルは開発法の制定を「イギリスにおける農学の歴史的な転換点」[7]とよび、科学史のW・H・G・アーミテージもその著書において、イギリスの農学や高等教育にとって一九〇九年は画期的な年であったと評価する[8]。

農業・土地経済史のA・オファは当時の地域開発の現状をふまえて、開発法導入のきっかけとなったのは、地方自治体に任せていては地域開発は限界にあり、国家介入が是非、必要であるという認識が、その背景にあったとする[9]。オファは開発委員会こそが「イノベーション」（シュンペーター）であり、新組織の創出に値すると説明する[10]。また科学史研究者のなかには、ヴィクトリア朝期に展開した科学思想が開発委員会によって受け継がれ、開発委員会が科学を擁護したという見解もみられる[11]。しかしながら、これまでの科学史研究においては、開発法や開発委員会については語るものの、開発法や開発委員会がもたらした影響については明らかにしていない。農学との関連についても、ほとんど言及されることはないので、そこでの開発委員会の役割に言及されることもない。わずかに開発委員会の発足によって農学分野での共同研究が起こったことが触れられているだけである[12]。

政治経済史の分野では、開発法は農学の発展だけを目標にしていたわけでない上に、農学以外のほとんどの目標において成果が得られなかったので、開発法はそれほど評価されていない。開発法はまさに道路改良という名称が含まれているように、道路改良によって経済発展をめざすという法律であったとされる。したがって開発委員会は失業者の雇用を促進して経済発展を進めようとしたのかどうかが問われている。これまでの研究では、たとえこのような目的があったとしても、経済発展を推進するという課題を達成できなかったと結論づけられている[13]。また法律上においても、開発法は当時の他の法律と比較して、成果が得られなかったとはいえないものの、それまでの考え方を転換してしまうほどの画期的な法律とはいえないとされている[14]。したがって政治経済史や法律上において、開発法の制定はそれほど重視されてこなかった。

一方、イギリスにおいて科学研究全般に対する国家支援の拡大に決定的な影響を与えたのは、第一次世界大戦（一九一四～一八年）であったとされている。国家助成は開発法をきっかけに本格化するが、それが急速に進展するのは第一次世界大戦であった[15]。ただし、科学史のR・M・マックラウドとF・M・ターナーは、科学に対する国家支援の連続性に言及している。マックラウドによれば、たとえば、一九世紀後半において、生物学のハクスレィ[16]や*Nature*誌の創始者のロキャー（Joseph Norman Lockyer, 1836–1920）らの科学者に対して、さまざまな国家的な支援が行われた。そしてこの支援によってサウスケンジントンでの科学教育が強化され、「社会帝国主義者」（植民地の開発や帝国の統一拡大こそが、国内労働者の福祉につながると主張する）[17]であるローズベリ卿（Lord Rosebery, 1847–1929）による政治的な支援と、同じく社会帝国主義者であったホールデン（Richard Burdon Haldane, 1856–1928）らの支援によって、一九〇七年のインペリアル科学技術カレッジ（Imperial College of Science and Technology）の設立へと結びついたという。[18] ターナーは公共科学（Public Science）という用語を使って、当時の科学が民間に依存するだけでは、その発展が困難となり、国家に関わらざるをえなくなったことを指摘する。公共科学を担う科学者が何らかの形で政府に関わるようになり、権力の中枢で責任をもつ専門家として、科学者を支援する必要性を説いていった。ターナーは、ほぼ一八七五年以降にイギリスの科学者の議論が「平和、世界主義、自己改善、社会流動性、そして知的進歩から、集産主義、国家主義、軍備、愛国心、政治エリート主義、社会帝国主義」へと移行することに注目している。[19] このターナーの議論によれば、公共科学に対する科学者、政治家、そして官僚の行動は、全体的な政治動向と同時並行的に進んだことになる。

一九世紀末から二〇世紀初頭にかけてのイギリス政局は、自由党がアイルランド自治法案の提出をめぐって分裂し、その結果チェンバレン（Joseph Chamberlain, 1836–1914）が自由党を脱党し、自由統一党を結成する。そしてそれまでのグラッドストーン（William Ewart Gladstone, 1809–1898）による自由主義的なイデオロギーに反対して、国家介入の提案を採用しようとする自由党議員が現れる。さらに産業、教育、保険などの諸分野における国家計画や国家介入の必要性を訴える自由党議員も現れた。しかし国家計画や国家介入を法制化しようとする試みは、一九〇五〜〇八年に首相であったキャンベル-バナマン（Henry Campbell-Bannerman, 1836–1908）によって阻止される。その結果、国家介入を進めようとする流れはいったん止まってしまう。しかし一九〇八年に首相がアスキス（Herbert Henry Asquith, 1852–1928）へ交代したとき、この内閣で商務大臣となったチャーチル（Winston Leonard Spencer-Churchill, 1874–1965）と大蔵大臣となったロイド・ジョージによって、国家計画や国家介入が積極的に推し進められる。この内閣の方針は、それまでの自助、成果による支払い、最小の国家干渉というグラッドストーンの信条とは、まったく対照的なものであった。

この内閣の誕生以前にも、すでに国家干渉をできるだけ小さくするという自由主義的な政治体制は批判されていた。フェビアン協会（Fabian Society）[20]の会員であり政治家であったウェッブ（Sidney James Webb, 1859–1947）は一九〇一年に、グラッドストーンに代表される一九世紀自由主義の失敗を批判した。ウェッブは、次のように語っている。

一九世紀自由主義が国家体制にそぐわないものであることは、今や自明である。まだ自由主義に固執する人々は、もはや「小イギリス主義」という確固とした信念に基づいて行動しているわけではない。すなわち、ハクスレィやマシュー・アーノルドが明らかにしたように、それは単に行政ニヒリズムにすぎないものであった。したがってグラッドストーンの自由主義を一掃した政府が確立されるまで（中略）「セシル王朝」はそれに代わるものがないので続いているにすぎない。（中略）すなわち、それはグラッドストーンの亡霊政府であるといえる。[21]

それまでの自由主義（小イギリス主義とは、植民地主義的な領土拡張に反対し、あるいは植民地に対するイギリス本国の責任や負担をできるだけ少なくしようとする主義）を放棄しようとする政治の流れは、当時のイギリスのおかれた不安定な状況を反映したものであった。すなわち、イギリス帝国は世界市場の競争的な風潮のなかで競争に負けるのではないかという恐れ、ドイツの工業力や軍事力の成長に対する危惧、そして国内政治が、地主階層とはその目的や規範において異なる工業家や商業家によって担われるようになるのではないかという懸念などであった。[22]チャーチルは、チェンバレン（一八九五年から一九〇三年まで自由統一党員であり英国保守党政権のメンバーであった）と自由統一党員（自由統一党は一九一二年に保守党と合同する）との間で分裂が起こっていたことから、「旧保守党は（中略）消滅するであろうし、やがて新政党が起こり、関税に反対する富裕層、唯物論者、教区司祭などは、国内産業を保護するような圧力団体を多数生み出していくであろう」と予想していた。[23]

イギリスがおかれた不安定な状況から、ある種の政治的な観念が生まれる。それは「国家効率」（National Efficiency）という観念であった。これはドイツやアメリカの経済成長に対する恐れと賞賛から生まれたものであったが、国家効率の追求は党派の境界を超えて、チェンバレン、ホールデン、そしてウェッブらの主張を結びつける上で大きな役割を果たすことになる。国家効率という観念は、イギリス全体に科学への信頼、競争試験への信仰、専門家あるいは実業家に対する信頼をもたらす。効率の追求はさまざまな形態をとったが、ウェッブが「国家効率を向上させるためには、最上級の技術カレッジと大学に対する政府の大規模な助成以外に、広く知られかつ適切な措置は他にない」と語っているように、カレッジや大学への国家助成という形態がその代表的なものとなる[24]。

その一方で、当時の政治的な対立は、チェンバレンによって主導された帝国特恵関税政策を推進する関税改革論者と、自由統一党（の一部）および自由党に所属する自由貿易論者との対立という図式になった[25]。関税改革論者の目的は、帝国特恵関税によって植民地食料の輸入の便宜をはかり帝国内の貿易統合を達成すること、イギリスと植民地とのきずなを深めること、さらに国内失業率を減少させることであった。関税改革論者のモットーは「関税改革はすべての人に職を与える」というものであった。関税改革論者によれば、関税収入は国内の社会改良と海外植民地の支援のために使われ、国内の社会改良は帝国の強さと産業の効率性に寄与し、社会改良計画は労働者の票を獲得するには欠かせないとされた[26]。チェンバレンの考え方は、植民地開発や帝国の統一拡大こそが、国内労働者の福祉につながるという社会帝国主義に基づいていた。チェンバレンの社会帝国主義は一九〇三年頃から保護貿易主義と結びつき、国内産業の保護関税と帝国特恵関税の必要性を強調することになった。

チェンバレンの関税改革論は賛否両論に分かれて、保守党の分裂をもたらす一方で、自由貿易を堅持する自由党の結束をもたらした。自由統一党員と自由党員は、関税改革論者に対抗するために、社会改良と国家再建の問題を取り上げた。産業資本家のなかには関税改革論に反対する意見もあり、さらに一九〇三年には、選挙で敗北したキャンベル－バナマンに対して、公的な投資計画に着手して自由放任政策を放棄するよう要請する意見も出された[27]。このような情勢のなかで自由貿易論を唱える自由党は、チェンバレンの関税改革論に対抗する政策を打ち出すことが喫緊の課題となった。そこで関税改革論への対抗策として、三つの事業が提案された。それが雇用拡大策、国民保険の充実、そして開発委員会の設置であった。これら三つの事業のうち、国民保険の充実については、政府が医療研究委員会の着手する科学研究を支援することを意味し、開発委員会の設置は、政府が農業・園芸・林業に関する科学研究を支援することを意味した[28]。ここにおいて政府による本格的な科学研究への支援が開始される。

もっとも、イギリスにおいて科学研究への政府支援が打ち出されたのは、これが初めてではない。科学研究への政府支援は、すでに一八八〇年頃から拡大傾向にあった[29]。しかし二〇世紀初頭のそれと大きく異なる点は、当初は、自由主義的な発想（関税改革論に対する対抗策）から生まれたものではなく、チェンバレンらの保守党政権によって進められたものであったという点であった。一八八〇年代は「社会主義の復活」とよばれるほど社会主義運動が活発になった時期であり、チェンバレンらの保守党政権はそれに対抗するために、政府や自治体が社会政策を積極的に推進しなければならないと考えるようになった[30]。科学への政府支援は、社会政策の一環とみなされていた。

たとえば、一九世紀末の科学研究への政府支援の代表例としては、海洋生物協会（Marine Biological Association）がプリマスの海洋生物学研究所（Marine Biological Laboratory）の建設と維持のために、一八八〇年代に大蔵省から援助を受けたことがあげられる。また国立物理学研究所（National Physical Laboratory）の設立のために、大蔵省が資金を援助している。さらにオックスブリッジをモデルにするのではなく、スコットランドやドイツの大学をモデルにしたバーミンガム大学（University of Birmingham）が一九〇〇年に設立されているが、これはバーミンガムがチェンバレンの出身地であったので、その主導によるものであった[31]。そのバーミンガム大学には醸造学部（department of brewing）と獣医学部（department of veterinary）という農学に関連する学部が設置された。政府支援による農業の高等教育が定着していない状況のなかで、これらの学部設置は当時の批評家の嘲笑の的となった。

しかしながら、一九世紀末においてイギリス帝国主義に基づく科学研究機関の設立は、着実に進んだ。とくに、チェンバレンが一八九五年に植民地省大臣（Colonial Secretary, 第三次ソールズベリー内閣）となってから、イギリスの各植民地における研究や技術に関係する政府援助政策が実施され、その結果、研究機関が設立された。たとえば、一八九九年のロンドン熱帯医学スクール（London School of Tropical Medicine）の設立には、チェンバレンが大きな役割を果たしている。

イギリス帝国主義に基づく研究機関の設立に対して、二〇世紀初頭になって実施された開発委員会の計画は、古典的な自由放任主義に対して公共の利益（公益）を重視する新しい自由主義（New Liberalism）[32]に基づくものであった。一九世紀末と二〇世紀初頭では、政府による科学研究への支援という点で共通していたが、社会帝国主義的な発想と新しい自由主義的な発想という大きく異なる背景をもっていた[33]。とはいえ、一九世紀末にみられた社会帝国主義者の科学への支援（国家効率推進運動をともなう）と、二〇世紀初頭の新しい自由主義者が遂行した科学研究体制の確立とは、連続性がないとはいえない。新しい自由主義者であるロイド・ジョージはチャーチルとともに、帝国主義、関税改革、そしてチェンバレンの事業に強硬に反対しており、この政治上の対立からみると連続性はない。しかしながら、これだけで連続性がないとするのは性急である。二〇世紀初頭にロイド・ジョージが研究支援を考えるに至った展開をみれば、連続性の有無は、ある程度までわかる。そこでロイド・ジョージが一九世紀末にたどった政治的な展開を振り返った上で、開発法の成立について見ていこう[34]。

二　ロイド・ジョージと開発法の成立

ロイド・ジョージは青年時代にウェールズで事務弁護士として活動している。このときの経験に基づいて、地主層や教会（国教会）が保っている特権的な地位が、社会に害悪をもたらしていると感じていた。彼は急進的な考えをもつようになり、ウェールズにおける土地改革・借地権賦与・土地の価値評価政策などを、イギリス全体へ拡大していこうとする。これらの政策が初めて発表されたのは、一八九六年に議会で彼が地方税減税をめざす農業地方税法（Agricultural De-rating Bill）について演説したときであった[35]。一般にロイド・ジョージの政策はひらめきと日和見主義の産物であったといわれているが、それに反してこの政策は、彼の土地経済や農村環境に関する長期的な見解に依拠したものであった[36]。

自由党はすでに一八八〇年代から土地所有に対する課税を訴え続けていた。土地税の導入に対するロイド・ジョージの熱意は、有権者や自由党内でのその重要性を反映したものであった[37]。これ以外にも彼は都市失業者の農村への移住を促進しようと試みたが、これはイギリスの衰退が都市の環境悪化によって起こっているという、当時の意見を反映したものであった。ロイド・ジョージは土地問題の解決を図りながら、社会改良への国家関与を拡大していった[38]。ロイド・ジョージによる研究支援は、この社会改良への国家関与の延長上にあった。したがってチェンバレンの社会政策の一環としての政府支援とその発想に違いがあったものの、事業の形態には大差がなく、この点では連続性があった。

一九〇六〜〇九年の議会は、キャンベル-バナマン内閣の自由党多数（一九〇六年の議席数では自由党が四〇〇議席、保守党が一三三議席、自由統一党が二四議席）で始まり、議会に新世代の自由党議員が輩出された。ロイド・ジョージもそのひとりであったが、新世代の議員の多くは社会改良に熱心で、国家関与の拡大を要求した。一九〇八年の財政は、海軍増強や老齢年金の創設による緊急の歳出増加のために、直接税（増額七五〇万ポンド）ないし間接税（増額六七〇万ポンド）の大幅な増税を必要とした。これに対して内閣が示した予算案は、ロイド・ジョージによれば、「関税改革論者によるいつもの挑戦を撃退しようとする自由党員の奮闘に対して有利に働くものであった」[39]。このときの予算案は「人民予算」（People's Budget）とよばれているが、地価税を争点にして議会で激しい抵抗にあい、その成立は難航した。人民予算案は結局、これを社会主義的予算とみなす地主層の反対や、重工業資本を中心とする関税改革論者の反対によって、一九〇九年に貴族院で否決された。この結果、議会は解散し、翌一九一〇年に人民予算案の可否を争点にして、総選挙が行われた。総選挙の結果、統一党は一六七議席から二七三まで議席を増やし、自由党は三七七から二七五まで議席を減らした。自由党政府がかろうじて第一党の地位を守る結果となったものの、人民予算案を通すのは困難であった。自由党は何とか労働党とアイルランド国民党の支持を得ることができ、人民予算案は再提案されて、かろうじて成立したのである[40]。

社会帝国主義者、関税改革論者、自由主義改革家らはすべて、一方で国際貿易の変化によって生まれる問題、他方で農村から都市への労働者移動によって生み出された都市の貧困問題の拡大を認識していた。この共通の認識に基づいて、植林、運河や道路の建設、港湾の建設などの公共事業が繰り返し提案された。これらの公共事業は交通機関の整備や雇用機会の拡大によって失業者を吸収し、農村地域を復興する政策と考えられていた[41]。都市住民を農村に連れ戻し、農村から都市への移住を食い止めることは、緊急を要する事業とみなされた。これはちょうど下水を処理し水の供給を改善する事業にたとえられ、緊急性のある公衆衛生の改善と同様の事業とみなされた。ウェッブは当時の状況について、次のように語っている。

大都市のスラムのアパートにおいて、発育を阻害された生気のない居住者から、我々はどのようにして強力な連邦を築くことができるのか（どのようにして有能な軍隊をつくることができるのか）。我々は国の「貧窮状態にある半数」の人々が抱えている、馬よりも劣悪な住居・洗濯・水事情を、単なる民間企業の問題として扱ってよいのであろうか[42]。

ウェッブは社会問題を解決するには、国家が積極的に介入して、公共事業を推進すべきであると主張した。ウェッブが訴えるように、都市の貧困問題は深刻であったが、当時のイギリスでは、都市問題は農村問題と表裏一体の関係にあると考えられていた。都市問題を解決するには、農村問題にも同時並行的に取り組まなければならなかった。

農村問題については、前述のようにすでに一九世紀末には目が向けられるようになっていたが、国内農業に対する政府支援は本格的なものにはなっていなかった。一九〇八年にキャンベル-バナマンの後を継いで首相となったアスキスは、政府支援策を講ずるよう迫られた。これを受けてロイド・ジョージが二つの法案を提出した。それが人民予算案と開発法案であった。開発法案の予算は、もちろんこの人民予算案に含まれていた。

人民予算案においてロイド・ジョージは新しい財政政策を採っていた。財政収入面において土地に対する課税として直接税を増やす一方で、それを国債の支払いに充当するよりも、開発のための負債償却積立金に流用するとした[43]。この財政政策によって直接税収入が増加したが、その一部は新しい地価税に負っていた。これは明らかに地主層に狙いを定めたものであり、未利用地を生産的な利用へと導く開発目的をもつものであった。しかし実際には、この地価税からの収入はわずかなものであり、「実質的には見せかけのようなもの」であった（表11-1）。しかも貴族院では、全体的に予算案は「かけ離れた社会的および政治的目的をもった継ぎ接ぎだらけの案件」であるという批判が出された[44]。関税改革論者も、当然のことながら、ロイド・ジョージの人民予算案を批判した。もっとも、この批判はロイド・ジョージの社会改良自体に対する批判ではなかった。もし社会改良が直接税によって達成されるならば、社会改良は関税改革に頼る必要がなくなってしまうかもしれないと考えたからであった。予算案に反対する関税改革論者も、社会改良という点に異論があったわけでないので、論争点はもっぱらその資金の調達方法となった。

ロイド・ジョージは演説において、予算案について今後の計画を述べている。彼はこれまで農業や運輸（道路整備などを含む）などへ支出されていた少額の助成金を一括して、開発助成金として二十万ポンドを支出すると説明する（表11-1）。そしてその趣旨について、次のように述べている。

一国家は個々人よりも、長期の視点で、さらに広い視野で資金の投入ができるはずである。国土内の人の住んでいない不毛の地域を定住可能にしても、そのために支出された資金を補塡するに十分な収入をもたらさない

表 11-1　1910年度の予算案

（単位：ポンド）

歳入見積		1909-10年
関　税	28,100,000	
（追加）		
ガソリン税新設	340,000	
蒸留酒税引上	400,000	
タバコ税引上	1,900,000	30,740,000
消費税	32,050,000	
（追加）		
蒸留酒税引上	1,200,000	
免許税改訂・引上	2,600,000	
自動車免許税引上	260,000	36,110,000
相続税	18,600,000	
（追加）		
税率改訂	2,850,000	21,450,000
印紙税	7,600,000	
（追加）		
税率引上	650,000	8,250,000
地　租		700,000
家屋税		1,950,000
所得税	33,900,000	
（追加）		
税率引上	3,000,000	
超過税新設	500,000	37,400,000
（追加）		
地価税新設		500,000
税収合計		137,100,000
郵　便		17,750,000
電　信		3,000,000
電　話		1,650,000
王領地		530,000
スエズ運河株等収入		1,166,000
雑		1,394,000
税外収入合計		25,490,000
歳入見積合計		162,590,000
資本支出のための借入		1,795,000

歳出見積		1909-10年
I　既定費		
国債費		
(a)利子・管理費		18,120,000
(b)元本償還	9,880,000	
（控除）		
減債基金削減	3,000,000	6,880,000
計		25,000,000
その他既定費		1,670,000
地方課税勘定への支払	9,483,000	
（追加）		
自動車関係税交付金	600,000	10,083,000
既定費合計		36,753,000
II　議定費		
陸軍費		27,435,000
海軍費		35,143,000
民事費	40,070,000	
（追加）		
新開発基金への補助金	200,000	
職業紹介所費	100,000	40,370,000
関税・消費税・内国税収入諸部局	3,373,000	
（追加）		
土地評価費	50,000	3,423,000
郵便局		18,978,000
議定費合計		125,349,000
歳出見積合計		162,102,000
残　高		488,000
合　計		162,590,000
資本支出		1,795,000

Great Britain, Parliament, House of Commons, Parliamentary Papers, 1909, *Accounts and Papers : 1909*, Vol. LVII, Financial Statement, 1909-10 より作成。
資料：佐藤芳彦『近代イギリス財政政策史研究』勁草書房，1994年，443ページ。

かもしれない。しかしながら、間接的であっても国土資源を豊かにすることは、短期的な損失を補償する以上の意味をもっている。個々人は資金投入の結果を待つ余裕はないが、国家であれば待つことは可能である。個々人はいわば銀行通帳に書き込まれた数字によって今後の企業の継続性について判断しなければならない。他方、国家は数多くの通帳をもっているが、それはすべて数字が書き込まれた通帳とは限らない。国家は費用のかかる実験から、どのような結果を引き出せるのかを判断する前に、どのような通帳をもっているのかを確認しなければならない[45]。

ロイド・ジョージは国家の果たすべき役割を強調し、個々人の投資とは異なる行動を国家に対して求めている。そしてそれは短期的な経済採算性を求めるような行動ではなく、長期的にしか効果が現れないような行動であるとしている。

開発法案はこのような趣旨に基づいて提出された。しかしながら開発法案では農業や農村開発をどのように支援するのかについて、詳細な点は語られていない。植林、科学研究、家畜改良、農業協同化、試験農場、農業教育の施設の充実などの事項が列挙されているが、総花的に入っているにすぎないものであった[46]。チャーチルは開発法の草案をみて、列挙された目的が多くの議員に対して「まったく熟考されたものでないという印象を与えたようである」と懸念している。チャーチルは開発法に盛り込まれた内容について、次のように語っている。

それ自体で十分良いことであるのは疑いないが、気まぐれに選択された、輪郭がぼやけた流行のカタログのような印象を受ける。それは大蔵省の助成金の分け前をよこせと、やかましく要求する数千の人々が疑念を抱いてしまうのと同じように、たとえ開発法案を詳しく説明したとしても、農村で新たに何を生み出すことができるのかという疑問を抱かせてしまうものである[47]。

開発法を執行するための予算総額は二五〇万ポンドであり、それには公債基金があてられ、五〇万ポンドずつが一九一一年から一五年までの各年に分けて支出されることが予定された。この基金から補助あるいは融資という形で、開発法に列挙された七項目に対して、あるいは「イギリスの経済発展を促進すると見込まれる他のさまざまな項目に対して」財政支援が行われる予定であった[48]。そしてこの基金の管理は、ロイド・ジョージが大臣を務めていた大蔵省が担う。開発法の第三条によれば、大蔵省が一人以上の委員を任命でき、基金管理のために職員の雇用も認められていた。

　資金と人員をめぐって開発法と大蔵省は、このような関連性をもったが、実際の業務では他の既存省庁のものと開発法による事業とでは重なりが多く、既存省庁から開発法の事業に対する反対があった。たとえば、道路に関しては地方自治省（Local Government Board）、港湾に関しては商務省（Board of Trade）、農林業に関しては農務省（Board of Agriculture）というように、なぜ既存の省庁の制度を利用しないのかという反対がみられた。一九〇六年に初当選した自由党のモンタギュ（Edwin Samuel Montagu, 1879–1924）は、この問題について、次のような書き出しで始まる覚書を記している。

> （開発法）と最も関係の深い省庁はおそらく農務省であろう。しかしながら農務省の業務は不明瞭で、それほど重要な役割を果たしていないという批判があったので、おそらく開発法による事業については既存の省庁（農務省）と競合しないということになったのであろう。
>
> 　しかし現在、農業への関心は再び大きくなっている。農業問題が議会において最近のどの問題よりも大きいことは、議論の余地のない点である。農務省は設置以来、絶え間なく拡大しているので、農務省が（ロイド・ジョージ）大蔵大臣によって計画された事業を委託されれば、農務省はさらに拡大再編されていくであろう。そしていずれ農務省は年間支出額が大陸諸国あるいはアイルランド一国の支出額に匹敵する省庁となるにちが

いない[49]。

モンタギュは既存の省庁が巨大化することに対して懐疑的であった。そのために既存の省庁に開発法に基づいて事業を割り振ってしまえば、組織の拡大再編が行われるだけであり、事業は推進されないと考えた。それゆえ彼は、開発委員会という組織を立ち上げ、新しい体制を形成すべきであるとする。開発委員会が事業を「新たに開始し、とりわけ同じような省庁を形成するので、既存の土地（関連）省庁を無視するのか解体するのかという選択肢のみとなる」から、事業の推進が可能となるというのである。モンタギュは開発法に基づく事業自体は好意的に受け止めていた[50]。

その一方で、議会では「ごく少数の頑固な保守党員」から開発法に対して反対があった[51]。反対理由は、開発法が反民主主義的で官僚的であり、国家にとって無用であるというものであった。たとえば当時、保守党の下院議員であったセシル（Edgar Algemon Robert Gascoyne-Cecil, 1864–1958）は開発法に反対の立場をとり、開発法は「有権者をワイロで抱き込むための巨大な計画」の一部であると批判した[52]。このセシルの危惧は、その後一九一三年の補欠選挙の際に、開発法による港湾改修への資金投入が物議を醸して表面化した[53]。さらにセシルの意見を支持したモーペス子爵（Viscount Morpeth, Charles James Stanley Howard, 1867–1912）は、開発法によって新たな中央集権的な官僚制が創出されるのではないかと批判した。モーペス子爵は、次のように述べている。

政府はさらに中央集権的な官僚の統治下に移行し、反民主主義的となる。我々はますます官僚の手に権力がわたるように感じる。しかしシドニー・ウェッブ氏による助言や意見は、政府の権限をさらに強めていこうとするものであり、その上ウェッブ氏は民主主義的な選挙を嫌悪して、専門的な官僚だけが国家業務を続けていくのに適していると考えている[54]。

モーペス子爵は開発法によって官僚が政治に大きく関与することに危惧の念を抱いているので、ウェッブによる国家介入を重視する考え方に強く反対しているのである。

このような批判を受けて、委員の任命に関する開発法の第三条が改正される[55]。しかしながら開発法が改正されたとはいえ、ウェッブが相変わらず委員に名を連ね、さらに委員が必要に応じて職員（公務員）を雇用できるとされ、政府の権限が拡大することには変わりがなかった。これに対してモーペス子爵の批判はなおも続き、「全国のあらゆる地域の委員や官僚に関係するこの開発法案では、これによって実施される政策はおそらく単なる資金の争奪戦へと堕落していくことになるであろう」と語っている。年間当たり五〇万ポンドの支出を五年間行う計画について、モーペス子爵はロイド・ジョージに対して、疑問を投げかけている。

一九一五年という計画の最終年に、イギリス議会が五〇万ポンドの助成金の継続を打ち切ることができると考えておられるのであろうか。この時点では、おそらく既得権益を獲得した官僚の集団に支えられて、継続への動きが揺るぎないものとなっているであろう。たとえこの事業が過去に失敗していたとしても、助成金の継続に対して熱心に取り組む雰囲気になっていることであろう[56]。

モーペス子爵は将来的には既得権益を獲得した官僚が、事業の成否にかかわらず、資金の争奪を繰り広げるだけであると予想している。

また開発法が官僚的で、対象となる事業が広範囲に及ぶことに対する反発と結びついて、開発法で謳われている主要な目的を達成するのに、開発法というわざわざ新たな法律と制度をつくる必要はなく、既存の省庁と法律で十分に対応できるのではないかという批判も出てきた[57]。たとえば、農業研究の推進という目的であれば、農務省へ追加的な資金をまわせばよいのであって、わざわざ開発法によって新たに加えるような組織をつくり出す必要はないのではないかという意見が出された。農務省は一八八九年に農業研究（厳密には農業教育）にも着手するということで設置されたのではなかったのかというのであった。これら批判的な政治家は、研究体制の必要性を訴える科学者を疑っていたわけではないが、開発法によって描かれた組織体制が中央集権的であることに反対し、さらにその背後にフェビアン協会のウェッブの影響、つまり社会主義の影響があるのではないかと懸念していた。

このように、開発法に批判的な政治家は、ウェッブの影響を問題視した。実際にウェッブは開発委員会の委員に選出されたので、その影響力は強かった。しかも、ウェッブによる直接的な影響ばかりでなく、ウェッブ夫人やフェビアン協会が農業政策への国家介入の必要性を強調したので、間接的な影響もあった。ウェッブは妻のベアトリス・ウェッブ（Beatrice Webb, 1858–1943）とともに、一九〇九年に刊行された救貧法に関する少数派報告（Minority Report）において、十年間にわたって年間四百万ポンドの予算で、植林・護岸・土地改良などの計画を遂行する事業を農務省の業務とするように、政府に対して提言していた[58]。そしてこの四年前の一九〇五年にも、フェビアン協会の農業委員会がイギリス農業に関する国家政策について報告を行い、農業に対する国家介入の必要性を強調していた。この農業委員会では「農村に広がる未耕作地や都市における失業者は、大いなる資源浪費の徴候である」として、「農業人口を維持ないし増加させることを望む」としていた[59]。そして農業人口を増加するにあたって、長期的な視点をもって政策を行うことが必要であると強調した。さらにこの政策の具体的な事業として、農民間の協同を推進すべきであり、各地域の委員会が強制的に土地を購入する権利をもつべきであると訴えた。これらの提案は、マルクス主義を修正して議会政治の枠内で漸進的な社会改革を進めるというフェビアン協会の方針に応じたものであった。

要するに、このフェビアン協会の主張が、ロイド・ジョージによって提案された法案に反映されたことに対して反発があったのである。しかしこの反発に対抗して、ロイド・ジョージを強力に後押しする人物が政府内に現れる。それがチャーチルであった。チャーチルは、ドイツへ視察に行った労働組合主義者（Trade Unionists）が書いた報告書（保険と公共職業安定所の仕組みに関する報告）を読んで、イギリスにおける保険や公共職業安定所の必要性を感じていた。チャーチルは一九〇八年十二月にアスキス宛てに書いた手紙のなかで「ドイツの社会組織の形成は優れた政策によって行われている。イギリスでは今や社会組織の必要性は差し迫り、機は熟している」と訴え、「ドイツは戦時のためだけでなく、平時のためにも組織化がなされている。しかしながら、わがイギリスでは党利党略の目的で組織化が行われている」と記している。手紙のなかでチャーチルが強調した政策は、「拡大すべき国家産業としての植林と道路整備」であった[60]。チャーチルはロイド・ジョージに、これら二つの課題を推進するよう促す一方で、大蔵省に対して「この分野で積極的な役割を果たす部局」として、資金の支出を拡大するよう求めた[61]。こうして脈絡は異なっていたものの、フェビアン協会の主張とチャーチルの主張は符合していたのである。

三　開発委員会の設置

イギリスの科学研究全般では、国家支援による研究所の設立や、その支援や発展に関わる行政組織の整備は、第一次世界大戦時に行われた[62]。しかし農学の場合は、第一次世界大戦以前にすでに研究体制がほぼ確立していた。この農業分野の研究体制の確立において中心的な役割を果たしたのが、開発法に基づいて設置された開発委員会であった。

この開発委員会については、開発法案を検討する委員会（Committee C, 以下は検討委員会）に所属していたセシルが、開発法案の第三条に関して強く反対して、その仕組みが改正されたという経緯がある[63]。その改正によって、開発委員会は五人の委員で構成され、単独で法令を執行できるものの、政府のどの省庁に対しても政治的な権限を行使できないとされた（委員数は一九一〇年に八名となる[64]）。さらに検討委員会では、開発委員会への申請事項はすべて、政府の省庁から行うか、あるいは非政府機関が行う場合には、一旦政府の省庁に照会してから申請を行うという体制が検討され、導入されることになる。こういった体制をとれば、既存の政府省庁から独立した権限を有する組織となることが避けられたので、既存の官僚制度と競合するようなことにはならないと考えられたからである[65]。これらの改正によって、法令制定の機構を変えてしまうのではないかという疑念が払拭され、この法案に対する反対意見が抑えられた。セシルや反対していた議員は、この改正によって開発委員会の政治的な権限の乱用を避けることができると考えたので、改正案の通過に問題はないと考えたのである。

こうして開発委員会が正式に設置されることになるが、実際に就任する委員を決めなければならなかった。開発委員会は次の八名の委員で構成されることになる[66]。

キャヴェンディッシュ卿（Lord Richard Cavendish）：委員長、大蔵省の被任命者
ホップウッド卿（Sir Francis Hopwood）：副委員長、年間三千ポンドの有給委員
ウィルモット卿（Sir Sainthill Eardley-Wilmot）：インド森林監察官
ジョーンズ-デイヴィス（Mr. Jones-Davies）：ウェールズの農業従事者
エニス（Mr. M. A. Ennis）：アイルランドの密集地区委員会の委員
ホールデン卿（Sir William Haldane）：スコットランド財務担当官
ホール（Mr. A. D. Hall）：ロザムステッド農業試験場の場長
ウェッブ（Mr. Sidney Webb）：労働党の政治家

ホールによれば、これらの委員は各分野ですでに評価を得ている、各分野を代表する人物であった。

開発委員会の委員長は、一九〇六年の自由党の勝利によって議席を失っていたキャヴェンディッシュ卿である。キャヴェンディッシュ卿は議席を失ってから、財政問題で議会の反対党に転じ、自由党の公認候補となっていた。彼は「幾世代にもわたってキャヴェンディッシュ家を存続させた良識そのものといえるような存在であり、委員会をまとめていくには最適の人物」とされた。彼の委員長就任は、すぐに決まったものの、ロイド・ジョージは有給

の副委員長の人選に苦労した（一九〇九年の開発法案では委員のうち二名以下を有給として、俸給は年間総額三千ポンドまでとされた。開発委員会では結局、一名だけに俸給を与えることに決定した）[67]。副委員長の候補者が見当たらなかったというのではなく、副委員長の候補者と既存の省庁とのつながりや、その所属を重視して人選を行ったためである。ロイド・ジョージは副委員長にモラント卿（Sir Robert Morant）を推薦した。ロイド・ジョージの申し出を、モラント卿は一旦受けたものの、結局、就任を拒否する。次にロイド・ジョージは農務省大臣のエリオット卿（Sir Thomas Elliott）に打診をしたが、それも断られた[68]。そこで、植民地省次官であったホップウッド卿に打診した。ホップウッド卿は引き受けるが、南アフリカの業務に携わっていたため、植民地省での地位にとどまったまま、開発委員会の副委員長に就任することになる（ホップウッド卿が開発委員会に籍をおいたのは二年足らずで、一九一二年には開発委員会を辞職して海軍省へ移っている）。

開発委員会における実質的な計画者ないし運営者はホールであった。ホールは一九一二年までロザムステッド農業試験場の場長職に就いていたので、しばらくの間は開発委員会の委員と兼務していた。しかし一九一三年に試験場を辞職して、開発委員会の専任（事務局長）となる。この時にウィンブルドンに引っ越して、偶然ベイトスンの隣人となり、ホールとベイトスンは知り合うことになる。当時ベイトスンは genetics（遺伝学）という用語を生み出し、一九〇八年に *The Methods and Scope of Genetics*, 一三年には *Problems of Genetics* という著書を刊行して、遺伝学の基礎的諸概念の確立に努めていた[69]。この当時の成果が、その後の農学に大きな影響を与えることになったのは前章でみた。したがって、研究体制の確立に貢献したホールと、科学研究という面で影響力のあったベイトスンとのつながりは、現在に続くその後のイギリス農学の発展に大きく寄与するものとなる[70]。

開発委員会は、委員長のキャヴェンディッシュ卿が大蔵省から任命を受けた関係で、大蔵省の諮問委員会という位置づけで出発した。しかしホールが開発委員会を実質的に運営し、各委員は自分に与えられた権限の範囲内で、それぞれの役割を担った。このような運営方法をとった開発委員会は、一九二〇年代後半から三〇年代にかけてアメリカのロックフェラー財団においてウィーバー（Warren Weaver, 1894-1978）が採用した管理運営方法を先取りしたものであった[71]。この点でロックフェラー財団に先駆けて科学研究体制の形成に乗り出したといえ、開発委員会は独創的で先駆的なものであった。開発委員会の具体的な運営において重要とされたのは、それまで官僚制のもとで行われていた無方針ともいえる公的資金の分配、省庁間での事業の不必要な重なり、そして無目的な公的資金の獲得と個人の私的な資金流用などを避けることであった[72]。ホールらの委員は、包括的で首尾一貫した計画を作成するために、関係省庁や関係機関に対して事業実施案を提出するよう要請する。そして提出された実施案に基づいて、助成金額が開発委員会で検討され、それぞれの提案に対して割り当てるという方法がとられた。

ただし、開発委員会の委員は、開発法の対象となる科学分野や研究範囲の確定にかなり手間取った。開発委員会は経済的に価値のある研究を推進するよう要請されていたが、開発法にしたがう研究は「かなり柔軟に弾力的に」選択すべきであるとされていた。それを受けて委員が注意深く検討しなければならないとしたのは、

　科学研究に対する支出から即座に得られる成果への期待に関してであった。昨年（一九一一年）、委員が指摘したのは、どのような科学の進歩であっても、その最初の条件となるのは人材育成であるという点である。人材育成は資金の支出をすれば、すぐに成果が出るというものではない。さらにこの人材育成と同様に、研究計画の遂行にとって必要不可欠となる研究制度は、数年で現在の物的不備を補えるかもしれないが、それでさえ資金を投入してから目に見える成果が得られるまで長くかかるであろう。委員は人材育成や研究制度が最終的にイギリス農業にとって実りの多い成果をもたらすと信じている。そしてそれと同時に委員は、科学研究の本質的な部分は正確さと慎重さであり、性急に称賛や承認を得ようと求めたり、あるいは即座に満足を求めたりすることによって、科学研究の精神を破壊してしまうことがないようにと願っている[73]。

ということであった。

開発委員会は委員の意見を聴取して、農学にとって何が必要であるのかを確認している。それは三つの点であった。第一に、委員は農学を既存の科学とは異なる独特のものと考え、研究の必要性を強調した。これは、農学研究が研究機関や学会などの、「医学や化学にみられるような既存の専門家集団をもっていない」ために、研究体制が整備されていないという認識に基づいていた。たとえば、農業経済学では研究者数が少なく、研究機関を新たに設立しなければ、イギリス全体の研究体制も整備できない状況であった。開発委員会はオックスフォード大学に農業経済研究所を設立するよう要請し、資金を提供して一九一三年に設立している。イギリスにおける農業経済学の制度上の歴史は、この研究所に始まる。第二に、農業研究は継続的なサポートを必要とするということである。すなわち農業研究者は、ある一定の時間で成功あるいは失敗の結果が出る研究というよりも、継続性を必要とする独特の研究を行っているとされた。委員はこの点を、再発見されたばかりのメンデル学説を使って小麦の新品種の育成を行ったビフェンの事例をあげて説明した。前章でみたように、ビフェンはケンブリッジ大学においてベイトスンの研究から影響を受け、一九一〇年にリトルジョスという小麦の新品種を生み出し、この品種はその後約四十年間にわたってイギリスで最も多く栽培される品種となった。第三に、他に雇用機会がないような専門職（農学分野の専門職）に研究者の関心をひきつけるには、農学分野での「継続的な雇用の見通し」が必要だということである。この点から、常勤の研究員を雇用できる研究機関の設立が必要であるとされた。イギリスの農学がドイツやアメリカなどに遅れをとっていたのは、研究者の常勤での採用が少なかったことが大きな原因であったからである。

これらの特徴点を確認した後、開発委員会は既存の試験場などに対する支援を行うとともに、新しい研究機関などの設立を決定する。新しい研究機関は、可能な限り大学農学部ないし農業カレッジと同一の敷地内に立地させることになった[74]。これは、前述のように農業教育の充実をめざして教育施設の充実を図りたい農務省と、農業研究の強化をめざす開発委員会との意向が合意に達した結果であった。こうして農学の分野ごとにイギリス全土にわたって研究機関が配置されていくことになるが、ここにおいて、一九世紀末に設置されていた農業教育の場と、農業研究の場とが統合をみたのである。イギリス農学においては教育と研究の場が同時につくられたわけではなく、研究よりも教育が先行していたからであった。

新たに研究機関を設立するという制度上の改革は、今後の発展が期待できる新研究分野や、施設を必要とする研究分野にとって有効なものであった。たとえば、遺伝学や動植物病理学のような実験科学が、この研究体制の改革によって長足の進歩を遂げることになる。[75] さらに、研究機関は国家助成を受けて運営されるので、民間の研究機関で求められるような短期的で具体的な成果や、それによって生まれる経済的な利益を、直接的に求める必要はなかった。イギリス農学は長期的な研究に着手できるという、国家助成による研究機関が受ける研究上の恩恵を最大限受けることになる。

開発委員会は農業研究体制を形成する上で必要とされる以下の行動指針を承認した。[76]

(1)既存の協定に基づく資金提供には一切関与しない。
(2)資金提供をする研究機関に対しては、全体予算を等分に配分する。
(3)拡大ないし新規に設立される研究機関は、農業カレッジあるいは大学の一部として、その構内あるいはその近隣に設置する。研究機関は研究者としての雇用の保証を与える場であり、農学者となる課程を提供する。
(4)青年を農学研究へと導く奨学金制度を設ける。

開発委員会は既存の協定に基づいて行われていた事業に対して、それを資金面で補うという方法はとらなかった。さらに特徴的な点は、研究機関の設立は農業研究者の養成が大きな目的となり、人材育成という側面が強調されたことである。

この行動指針に基づいて、開発委員会の委員は慎重に研究機関の配置を決めた。開発委員会は、王立（政府調査）委員会（Royal Commissions）によって議論された「一拠点の中央研究所」という研究体制を否定する。[77] 開発委員会は、研究が全国を対象にしたものであると考えていたが、各分野を一箇所に、とくに中央に集中させるような

表 11-2　開発委員会によって計画構想された専門分野別の研究機関（立地場所）

植物生理学	インペリアル科学技術カレッジ
植物病理学(菌学)	キュー王立植物園
植物育種学	ケンブリッジ大学
果樹園芸学	ブリストル大学(サウスイースタン農業カレッジの付属農場)
植物栄養学・土壌学	ロザムステッド農業試験場
動物栄養学	ケンブリッジ大学
動物病理学	王立獣医学カレッジと農務省の獣医学実験施設
酪農研究	レディング・ユニヴァーシティカレッジ
農業動物学	マンチェスター大学とバーミンガム大学
農業経済学	オックスフォード大学

資料：Third Report of the Development Commissioners being the Report for the Year ended the 31st March 1913, *Parliamentary Papers*, 8 August 1913, pp. 697-8.

体制は好ましくないと考えていた。中央研究所という体制では、人材育成や研究成果の還元という面で全国的な広がりをもたないと考えられたからである。開発委員会は、各研究機関の研究対象はイギリス全土をカバーするものでなければならないと考え、委員は一〇の研究分野（表11-2）を構想するにあたって、各研究機関は各地域特有の農業立地（西部地方やケントの果樹、アイルランドの馬、スコットランドとアイルランドの木材など）に基づくべきであり、その一方でそうであるからといって、既存の研究機関（ケンブリッジの植物育種学とロンドンの獣医学）を無視するわけではないとしていた。

農学研究に関連する申請のほとんどは、当然のことながら、農務省を通して行われた。すべての申請は省庁を通して開発委員会へ提出されるか、あるいは開発委員会で検討される前に当該省庁で申請内容について調査が行われた。したがって、この申請手続きが行われる限りでは、開発委員会は既存の政府省庁の職務権限を侵害することはなかった。農務省とホールは一九一〇年六月に研究申請に関する意見調整を行い、研究申請に関してはこのような方法をとることに決めたのである。

開発委員会ではまた、農業あるいはその科学研究に対する基本的な活動方針を決定した[78]。

(1)農業生産性を向上させるために科学的な研究や教育を支援する。

(2)国内農産物の作目を増加させるため、新しい作目あるいはこれまでに放棄した作目の経済的な見通しを調査する――たとえばアマ・タバコ・アサ・ヤナギ・テンサイなど。

(3)農業の協同活動などの組織化を促進する。

(1)については、農村の発展につながる農学分野の拡大、既存の研究所への支援、植物育種学研究所やケンブリッジの動物栄養学研究所などの研究所の新設[79]、イーストマーリング（East Malling, サウスイースタン農業カレッジの近隣）の果樹研究への支援、牛乳生産記録などのデータ収集のためのネットワーク構築、農民に対する技術普及などであった。開発委員会の支援から大いに恩恵を受けた研究分野は、遺伝学、病理学、細菌学、動物栄養や繁殖に関する生理学などであった。このときに計画された研究機関は、現在のイギリス農業研究の基礎を築いた（表11-2）。(2)については、たとえば、アマ栽培に関する調査が行われ、その調査結果によれば、アマ栽培が第一次世界大戦中に一部で復活したものの、平時には継続的に維持あるいは拡大できなかったことがわかった。タバコに関する調査も、結局イギリスでは経済的にみて拡大できなかったことを明らかにした。この時の調査によって、多くの作目は経済的な見通しが良くないことがわかったが、テンサイだけは拡大の可能性が認められた作目であった[80]。(3)の組織化については、すでに協同組合運動が強かったアイルランドとは異なり、イングランドとウェールズの協同組合運動は不活発であった。そこで開発委員会は支援する意向をもっていたにもかかわらず、結局、財政的な援助は行われなかった[81]。

こうして開発委員会は農業・園芸・林業に関連する科学研究について国家計画を策定し、それに基づいて資金を助成したイギリス最初の国家機関となった。開発委員会は半永続的な国家機関であったにもかかわらず、その資金運用は議会における単年度会計に左右されることなく、さらに既存の政府省庁の指示系統にも属さないという特徴をもっていた。こうして開発委員会は、一九三〇年代に農業研究会議が設立されるまで、イギリスにおける農業研究体制の確立に重要な役割を果たすことになった。

しかし、開発委員会は研究機関の設立や資金援助という点においてその役割を果たしたものの、具体的な実施に

表11-3　第一次世界大戦後に設立された研究機関（立地場所）

動物育種学	エディンバラ大学
植物育種学	アベリストウィス
農業植物学	ケンブリッジ大学
動物栄養学	アバディーンのローウェット研究所
病理学	農務省(ウェイブリッジ)

資料：Olby, R., Social Imperialism and States Support for Agricultural Research in Edwardian Britain, *Annals of Science*, vol. 48 (1991), p. 522.

あたっては未だ不明瞭な点を残していた。たとえば、研究機関の設立場所については、円滑に決まったわけではなかった。動物育種学研究所の設置場所をめぐって混乱があった。動物育種学分野はケンブリッジ大学が担当する研究分野とされていたが、エディンバラに動物育種学研究所を設立するかどうかをめぐって、開発委員会のなかで議論があった。結局、開発委員会では動物育種学研究所をエディンバラに第一次世界大戦後の一九一九年に設立することに決まった[82]。しかし、設立が決まったものの、開発委員会が一九一九年までにエディンバラ大学に与えた支援額は、動物育種学の研究に関連するわずかな経費のみであった。ホールは動物育種学研究所の設立を了承したものの、設立に関しては相変わらず消極的な姿勢をとった。彼は動物育種学研究所に関して、ベイトスンを委員長とする諮問委員会を設置する。この諮問委員会での結論は、ホールの意思が反映されたものとなり、動物育種学の「研究が遂行される特定の研究所を設置するのは未だ早すぎる」というものであった[83]。第一次世界大戦後（一九一九年以降）に設立された研究機関は表11-3の五ヶ所であった。

　開発委員会がエディンバラ大学に動物育種学研究所を設立するに際して、直面した問題は他にもあった。それはスコットランド農務省が独自に動物育種計画を出していたことであり、この計画に年間五千ポンドを暫定的に割り当てたことであった。つまり、スコットランド農務省の資金がすでに導入されていたので、開発委員会の行動指針に一部抵触することになるというのであった。これに対してスコットランドは動物育種学研究所の設立を熱心に働きかけ、この計画がエディンバラ大学単独のものでなく、世界で初めて大学レベルで農業教育を実施した東スコットランド農業カレッジ（East of Scotland College of Agriculture）も巻き込んだものであることを強調した[84]。さらにスコットランドの動物学者ユーアート（Cossar Ewart, 1851–1933）

らは、開発委員会での議論をエディンバラ大学に有利に運ぶために、エディンバラ大学に対して農場などの施設を充実するよう提言した。ケンブリッジ大学にエディンバラ大学の先を越されないようにするため、開発委員会に対して、設備が充実した先端的な研究所であるという印象をもたせようとしたのであった[85]。

このような研究機関の設置に関する問題だけでなく、開発委員会は資金の流れに関しても問題点を残していた。開発委員会による資金援助の対象となる研究機関は全国にまたがっていたが、当初はケンブリッジ大学の研究所とロザムステッド農業試験場に援助額が集中していた。ケンブリッジ大学は等分に資金を配分するという規定が適用されなかった例外的な研究機関であった。この点で実際には研究資金の流れは偏ったものであった。この資金配分の偏りが、前述のホールとベイトスンのつながりに依存していたことはいうまでもない。開発委員会の資金援助の流れには、ケンブリッジ大学とロザムステッド農業試験場の場合のように、開発委員会、農務省、そして受入側の研究機関にまたがるホールを中心とした人的ネットワークが大きく関与していた。

人的ネットワークという点で、T・H・ミドルトン、ホール、ウッド（Thomas Barlow Wood, 1869–1929, ケンブリッジ大学におけるミドルトンの後継者）の三名のつながりは代表的なものであった。ミドルトンはケンブリッジの農業教授を退職した後、一九〇六年に農務省次官となり、さらに一九一九年には農務省を退職して、開発委員会においてホールの後継者となっている。一方、ホールは開発委員会を退職した後、農務省へ移っている。ミドルトンとホールは研究専門職を退いた後も、ウッドに対して研究に関する意見を求めた。このミドルトン、ホール、ウッドの三名は、研究に関する意見交換などのつながりだけでなく、開発委員会が設立される以前から、一九〇五年の *Journal of Agricultural Science* 誌の創刊をめぐって、すでにつながりをもっていた。三名はケンブリッジ大学の植物学講師であったビフェンとともに、農学研究を推進する目的でこの学術誌を創刊し、緊密な人的ネットワークを築いていたのであった[86]。

イギリス国内のすべての大学で、この人的ネットワークから最も恩恵をこうむった大学が、ケンブリッジ大学であったことはいうまでもない。ケンブリッジ大学ではすでに植物育種学研究所の設立が決定していたが、さらに動物栄養学研究所の設立も計画される。動物栄養学研究所の設立については、ケンブリッジとリーズがほぼ同時に候補にあがっており、農務省はリーズに研究所を設置するよう要請していた。しかしながら開発委員会は「農務省の要請は受け入れることができない」として、設置の候補地からリーズを外して、ケンブリッジでの設立を決定した。[87]もちろんこの決定に大きな役割を果たしたのはミドルトン、ホール、ウッドの三名の人的ネットワークであった。

開発委員会の実質的な運営をホールが担っている以上、研究機関の設立や資金配分がホールの人脈に依拠してしまうのは、いわば当然の帰結であった。しかしながら、恣意的に決められた研究機関の設立や資金配分は、ホールが農学研究の必要性を明確に認識していることによって、農学が大学やカレッジに定着していない段階にあっては、むしろ有効に機能しえた。表11-2で示した研究機関は、現在に至ってもイギリス農学をリードする研究センターの地位を保っている。たとえば、ホールがその研究を始めたというべきロザムステッド農業試験場は、これまで約百六十年間にわたって同一の場所で同一の条件の下で圃場試験を継続するという、世界では他に例をみない長期間にわたる試験研究を続行している。ロザムステッド農業試験場（一八四三年に設立）は、民間で運営された当初の約五十年間には、資金不足で閉鎖の危機に追い込まれたこともあった。しかしながら開発委員会の国家助成によってその危機を脱している。[88]他の研究機関においても、開発委員会による資金助成や支援によって農学の各専門分野を確立し、今日に至っている。

農学に関連する分野においても、生化学や細菌学のような新しい科学分野が地歩を固めつつあり、それらの科学分野が政治的・経済的価値をもつようになった。たとえば植民地に対する熱帯医学の価値こそが、植民地省における熱帯医学の存在理由となり、一八九九年にロンドン熱帯医学スクールの創設をもたらしている。この熱帯医学はインペリアル科学技術カレッジにおいて、開発委員会の助成によって植物生理学が進展する要因となり、その一方で前述のように植民地経営にとって必要不可欠なものとなっていった。[89]

開発委員会は、イギリスの戦間期に設置された「農業研究会議」の先駆的な形態であった。戦間期には農業研究を促進する活動が数多くみられるが、そのほとんどは開発委員会が出発点となっている。[90] 開発委員会が設置された二〇世紀初頭はイギリス政治構造の転換期であった。この時期はイギリス社会に不安や不確実性という雰囲気が漂っていたものの、政治構造の転換によって、教育や研究に対する国家助成の増大がもたらされ、科学の推進に対して意欲的な時期となった。開発委員会は政治構造の転換による産物であったと同時に、農学の発展に大きな貢献をもたらした。

二〇世紀初頭の農学の進展における代表的な事例は、前述のベイトスンによる遺伝学の影響であった。ベイトスンは「直接的な成果として、この科学（遺伝学）から生み出されるものは、他の科学分野における発見を凌駕していないかもしれないが、他の科学分野に見劣りするものではない」と語っている。[91] 遺伝学への資金投入に関する研究[92]によれば、開発委員会の資金援助や民間からの寄付などによって、遺伝学は二〇世紀初頭に生まれた新しい専門分野であったにもかかわらず、その資金は豊富であった。その後、遺伝学は農学には欠かせない研究分野となって、今日の生命科学につながっていく。[93]

四　おわりに――農業研究と国家助成

開発委員会の運営にあたったホールは、長期研究の確立やそれに従事する専門職を生み出す必要性を認識していた。このホールの認識は、それまでイギリス農学に関して一貫性のなかった提案、とくにロイド・ジョージの提案を統一的な計画へと変えていく役割を果たした。この点でホールは、現在まで続くイギリス農学の設計者であり、農業研究体制の建設者であったといえる。そしてホールを中心に開発委員会において立てられた研究計画は、各専門分野あるいは新しい研究の試みに対して、決して閉鎖的で否定的なものとはならず、適切なものとなった。それはたとえば、馬の品種改良へ投入された資金や廃棄農産物の再利用の試みなどをみればわかる。しかしながら、これまで開発委員会の役割は、それほど大きく取り上げられてこなかった。この理由は、おそらく第一次世界大戦以前に支援を受けるか、あるいは設立されたほとんどの研究機関が一九一四年（第一次世界大戦勃発の年）に、研究活動を停止したわけではないものの、何らかの研究活動の制限を受け、その連続性を保てなかったことによるものである。(94)

しかし開発委員会の役割をみれば、各専門分野あるいは専門職における国家的な基盤を生み出したことは明らかである。その設置の根拠となる開発法が生まれたきっかけは、ロイド・ジョージやチャーチルに代表される新しい自由主義の運動であった。新しい自由主義はチェンバレンによる社会帝国主義に対抗するものとみなされているが、ロイド・ジョージが、確固とした信念に基づいてというよりも、当時の国家効率、社会帝国主義、土地改革などから着想を得た結果であった。ロイド・ジョージによって考案された開発法は、それほど厳密なものではなかったので、柔軟な修正が可能であった。開発法は議会において修正されたものの、ホールや各委員によって研究計画が実施されることによって、研究動向に十分対応できるものとなった。その結果、開発法は農業とその関連諸科学の研究を支援するのに効果的なものとなった。開発法によって、農学に特有の長期研究は、即座に直接的な成果が出なくても支援された。しかしこれとは反対に、開発法は短期的な研究成果あるいは一貫性のない研究成果を軽視する傾向にあった。詳しくは次章でみるが、これは、たとえばロザムステッド農業試験場とレディング大学酪農研究所を比較すると顕著である。もちろん、長期的な研究を重視したのはロザムステッド農業試験場であり、短期的な研究成果を出そうとしたのはレディング大学酪農研究所である。このためにレディング大学酪農研究所に対する開発委員会経由の国家助成額はきわめて少ないということになる。

一般に、徐々に巨大化し複雑化する科学技術政策を推進していくには、行政機構の適切な組織化が必要となる。その際に行政機構を統合するか分散するかのいずれかの方法をとることになる。集中化を推進して政府研究機関、大学研究機関、産業化との関係などを一つの担当省でまとめる場合には、すべての計画が中央で統合されることによって重複を避けることができ、計画の遂行も容易となるのかもしれない。しかしながら、それと同時にあまりにも多くの問題が集中してしまうために、画一的で総花的な対策がとられやすくなり、各問題を徹底的に解決しようという意識が失われてしまう。これとは逆に、関係各省庁に分散してしまう場合は、おそらく統合する場合とはまったく逆の現象が生ずる可能性がある。分散すると、多様な問題への対応は円滑に進み、柔軟な対応が可能である一方で、計画段階で重複が多くなり、そこに競合が発生して計画の遂行が困難となる。イギリスの場合には、開発委員会という、それ自体では大きな権限をもたなかったけれども科学行政の管理を担う組織を新たに設置することによって、集中と分散の問題を、ある程度まで回避できたといえる。

しかし行政機構間の軋轢は避けられなかった。たとえば、農業研究のあり方をめぐって開発委員会と農務省の方針が乖離した[95]。農務省は、農業研究は各地域の特性を活かし地域に密着した活動でなければならないと考えた。したがって各地域に研究拠点を分散することに対して前向きであった。さらに農務省は、農業研究によって農民が実際に抱えている問題を解決しなければ、農業科学政策の意味がないと考えていた[96]。これに対して開発委員会を代表するホールの見解は、農業研究を三つの形態に分類するものであった。すなわち、⑴実践的に役立つ成果とは関係ないが、新知識の獲得を目的とする研究、⑵明確な実践的目的をもつ特定問題に関する研究、⑶特定地域の環境のもとでの既知の原理の論証、である。そしてホールは⑴の研究こそが、農学にとって最も重要であると考えていた。農学にとって⑵や⑶は無視できないものの、科学としての確立を考えた場合には、⑴の研究こそが重要であると語っている[97]。つまり開発委員会の見解では、農業研究とは体系的な農学を確立するための研究ということになる。

農務省はホールの見解に対して、開発委員会の構想は結局、「実際の農業問題を考慮して調整されたものではなく、農業研究者を強引に各専門分野にグループ分けしたもの」にすぎないとみなした[98]。農務省と開発委員会との間で、この点をめぐって意見調整が行われたが、結果的に開発委員会の見解が、研究機関の存立にとって必要であると判断されて、優先されることになった[99]。その結果、前述の予算配分にも現れているように、いわゆる均等配分ではなく重点配分が行われ、実用的な応用研究よりも、科学の確立をめざす基礎研究が重視されていくことになる[100]。

イギリスにおいて農業研究体制を確立するには、さらに大きな問題が残されていた。それは農学に通じた行政官（技術官僚）が不足していたという問題である。科学政策を推進するには、科学行政官が必要となる。イギリスは研究体制という仕組みの問題だけでなく、科学行政官という人の問題も抱えていた。ホールは科学行政官の典型的な例であるが、ホールのような人物はごくわずかしかいなかった。イギリスの場合、行政官の採用試験では人文科学に重きがおかれていたために、人文科学教育に重点をおくパブリックスクールからオックスブリッジへというキャリアの持主が最も多くなっていた。このために科学行政官はきわめて少なく、イギリスにおける科学政策がドイツなどに比べて立ち遅れる原因となっていた[101]。

二〇世紀初頭のイギリス農業科学政策は、農業の発展という国家的課題から派生したものであり、それが農業研究のための国家助成、あるいは社会福祉事業のような国家事業へと変化していったのであった。しかし二〇世紀初頭のイギリスにおける科学大国への出発は、ただちにビッグサイエンスとしての国家科学のきっかけとみなすことはできない[102]。少なくとも農学の場合は、国家科学となったとは言い難い。もっとも、農学の課題が農業問題や食料問題という国家的な課題と結びつけられることによって、農学自体が「公共性」を帯びたものとなっていった。そして農学の公共性をきっかけにして、農学を対象とする科学政策について議論が行われていった[103]。開発委員会が実施した政策は、結果的に農学の確立へと向かい、それと同時に農学が公共性を帯びたものとなった。公共性を備えた農学であれば、当然、公平性を意識せざるを得なかったが、その予算配分は当初から人的ネットワークに依存するという欠陥を抱えていた。この問題は最近に至るまで解消されなかったが、近年、この欠点を克服すべく研究費の配分などをめぐって組織再編が行われている。

第12章　農学と研究機関

二〇世紀初頭にイギリス政府は、科学研究体制を整えるために、国家的な規模で系統的な計画を推進し始めた。その最初は農学と医学の分野であり、その後に続くのが工学分野であった。この展開は明らかに科学界の要請に基づいたものであり、科学研究に対して多額の国家援助が行われるようになった。[1] とくに農業に関する国家事業は、農業全体を回復させる目的で行われたものとなり、農業研究への助成はその一環であった。[2] そのなかで重要な役割を担ったのが開発委員会であり、開発委員会は農業の再建を支援する研究計画を策定する任務をもっていた。したがって資金援助は、研究分野の経済的重要性あるいは潜在的な拡大可能性に基づいていたであろうと推測できる。当時のイギリス農業は穀物生産から畜産へと移行し、酪農、とくに生乳の生産が成長部門となっていた。[3] したがって酪農が研究にとって重要な分野となり、たとえば、牛乳産出高の増加、保存と貯蔵、乳製品の製造などの研究が注目されたと予想される。しかし注目すべきことに開発委員会は、レディングにあった酪農研究を代表する研究機関である酪農研究所に対して、資金面での優先権を与えていない。そのために一九二〇年代と三〇年代を通じて、酪農研究所は存続の危機にしばしば見舞われている。その一方で同時期に、ロザムステッド農業試験場は穀物研究の中心的な研究機関として活動しており、穀物生産がイギリスにおいてさほど重要でなくなっている時期にもかかわらず、かなり多くの援助資金を獲得している。

しかし、開発委員会の研究資金援助は、農業の動向をまったく無視して行われているわけではなかった。開発委員会は、何のために研究体制をつくるのか、それはどのように組織されるべきなのか、どのような種類の研究に着手すべきなのか、ということについて明確な考えをもっていた。前章でも述べたように開発委員会は、経済あるいは農業自体を優先しているわけではなく、農学への貢献度を重視していたのである。それゆえ研究助成金は、農学の各専門分野に貢献する研究計画に振り分けられた。この点で作物栄養と土壌科学の基礎的な研究[4]を展開していたロザムステッド農業試験場は、開発委員会の考え方に適合していたことになる。これと対照的に酪農研究所では、その研究目的を酪農業の問題解決であるとして、農民への実践的なアドバイスに重点をおいたために、系統立てて科学研究を行っていくことにはあまり関心がもたれず、基礎的な研究に注意が向けられなかった。酪農研究所は当時のイギリス農業が抱える最大の課題に取り組んでいたにもかかわらず、「研究」に関する考え方をめぐって、開発委員会との間に大きなズレがあったのである。

もっとも、開発委員会が基礎的な研究への助成政策を順調に進めていたとは言い難い。農務省と開発委員会の間では、どのような専門分野の研究を助成するのかをめぐって、かなりの議論がなされた。研究の特徴とその目的に関してやり取りが繰り返され、この展開の中で徐々に開発委員会の考え方が主流となり、その結果、農業研究体制の展開は農民の関心（実際の農業問題）から離れていった。この点については、すでにK・ヴァーノンによって、明らかにされている[5]。ヴァーノンによれば、農業研究体制の確立は、本来的に農民の問題意識から乖離する傾向にあった開発委員会の考え方に大きく左右された。確かに助成金の流れをみた場合、ヴァーノンのように説明できる。

しかし農業研究体制は政府助成に依存することによって確立できるわけではない。前章まで述べてきたように、イギリスでは二〇世紀初頭に至るまでに、多くの農業研究の萌芽的形態が存在し、多くの研究蓄積があった。この蓄積に基づいてこそ農業研究体制の確立はなし得た。国家的規模での研究体制の確立にとって、政府助成は必要であるといえるが、研究体制を確立するために、最も必要とされるのは、それまでの研究蓄積であり、さらにその研究の継続性である。たとえば、ロザムステッド農業試験場は、政府助成によって研究資金が潤沢となるが、その前提としてそれまでの六十~七十年間に及ぶ研究実績があった。それは単なる蓄積というのではなく、今後の研究継続を担保するものであり、今後の研究方針を保証するものでもあった。本章では、まず農務省と開発委員会との間の論争から始め、開発委員会の考え方がロザムステッドとレディングの各研究機関に、どのような影響を与えたのかを考えていくことにする。

一　開発委員会と農務省の論争

前章でも述べたように、開発法では農業振興がその目的のひとつとなった。一年当たり約五十万ポンドが、農村社会と基幹施設の整備や、農業協同化の推進と新作目の可能性の調査や、農業研究の推進のために、五年にわたって配分された[6]。しかし農業政策に関連していたとはいえ、資金運用が、農務省に完全に任されていたわけではない。資金運用は農務省に一応任されていたものの、実際には大蔵省が資金を支出する前に、開発委員会による承認を受けなければならなかった。農務省はこのような支出手続きがとられることになって、その権限が奪われることに反対したが、この手続きを覆すことはできなかった。そして研究計画が具体化するにつれて、直ちに問題が起こった。この問題は農務省と開発委員会が研究資金の配分をめぐって異なる見解をもつことに始まるが、これは両者が何の研究を行い、何のために研究をするのか、について異なる認識をもっていたからであった。

これまでの章でもみたように、農務省は一八八〇年代以降、農業研究と教育に対して助成するようになった。そして二〇世紀初頭にかけて、農業研究・教育の重要性が認識されるにともない、助成額は数倍になった。一九〇八年に農業の科学・技術教育を調査したレイ委員会は、研究教育に携わっている機関を次の四つに分類して、その状況について報告している[7]。すなわち、(1)大学あるいは大学カレッジ、(2)農業カレッジ、(3)農業・農場施設、(4)ロザムステッド農業試験場のような専門試験場、という四つであった。そしてこの報告では地方の研究教育施設にも焦点を当て、最優先の課題は実際の農業を支援するような研究・教育を推進することだとしている[8]。しかし農民のなかには、研究者のアドバイスに対して抵抗する人もいた。レイ委員会によれば、農業教育が直面している最も重要な問題は、研究・教育の成果が「実際の耕作者に影響を与えていないことである」という[9]。さらに報告では、それはすべての国に共通する問題であると一般的に考えられているが、この問題はデンマークとドイツで克服され、アメリカでもある程度まで克服されているとする。そこで農務省の役割は農民が直面している問題に関して、農民にとって直接的に価値をもたらす情報を提供することであり、農民がそのような情報を信頼して受け入れるような体制を築くことであるとされる。報告書は、「イングランドとウェールズの農業教師は、地元の状態をくわしく研究した資料を十分にもっていない」うえに、農業教師は「外国の研究成果に関する知識を追い求める傾向が強く、外国の知識に過度に依存することになれば、農民が地元の状況にあわせて、その知識を適用することがますます困難になる[10]」と述べている。

農務省は当初、農業研究・教育に対して二万五千〜三万ポンド程度を助成できると見積っていたが、それを有効に利用する方法については、いくつかの案を策定する必要に迫られていた。農業研究者でもある農務次官T・H・ミドルトン[11]は、一九一〇年三月に検討資料をまとめている[12]。これほどの多額の資金支出は、前例がまったくないので、ミドルトンは基本的な問題（すなわち、資金は何を達成するためのものなのか、そして研究とは何かという問題）から始めた。彼は、研究成果の受容次第で研究を行うというアメリカの農業試験場の方法は、長期的な農業研究の妨げとなっているので避けたいと考える。しかしながら、実際の農業に対して直接的に恩恵をもたらすような研究に資金を使いたいとも考える。そこでまず、こういった研究を実現する第一歩として、国立の中央農業研究所を設立し、それに資金を支出する可能性を模索する。もっとも、このような中央農業研究所はロザムステッド農業試験場やケンブリッジ大学と競合することになり、さらに農業研究は地域に密着した活動でなければならないという考えから、これは実現が困難であるとしている。農務省当局も各地域で農業条件が異なっているにもかかわらず、唯一の農業研究所を設立することに対しては、イギリス全土の気象観測のために唯一の気象観測所を設けるようなものであると指摘している[13]。さらにミドルトンは、広範な適用性をもつ一般原理の発見を重視しているが、イギリスでは適用の研究や一般原理の発見などの広範にわたるすべての研究に対して、片っ端から助成金を支出する必要はなく、一般原理についてはドイツやアメリカで発見されたものを利用するだけでよいと考えている。

ミドルトンが考えるのは、大学や大学カレッジに対して広範囲の分野に助成金を出すことによって、農業研究を発展させることである。この考え方にしたがって、研究費が数多くの研究者に与えられることになり、農業研究の進展が見込めるが、さらに重要なことは大学や大学カレッジにおいて農業研究が教育と密接に結びつくことであるとする。一九一〇年後半に農務省はミドルトンの方針にそって見解をまとめている[14]。これに基づいて研究・教育・普及活動が密接に結びつけられ、それにしたがって各地域の組織計画案が出され、当該州は大学農学部あるいは主要な農業カレッジを中心にして、グループ化されることになった。イングランド中部のサイレンセスタの王立農業カレッジのような伝統的なカレッジも、近隣の大学と連携するように要請された。農務省はイギリス全体で、一二の地域センターを想定していた。一九一〇年八月二十六日に農務省は大蔵省に対して、開発基金からの五万ポンドは、約三万ポンドを普及活動に対して、残りの約二万ポンドを研究に対して、それぞれ配分し、さらにそれぞれの配分は、一二の地域センターと緊密な連絡をとって行うようにと正式に要請する[15]。

しかし開発委員会側は、資金配分が委員会に委任された事項とみなしていたので、それを農務省に委ねたくなかった。開発委員会は資金が「農務省の監督のもとで」使用されることを、一応認めていたけれども、それは開発委員会の「委員にあらかじめ提出され、承認された計画に従って」いなければならないとする[16]。そこで開発委員会の委員はミドルトンに対して、開発委員会において検討したいので、農務省の考えを詳細に説明した報告書を提出するように求めた。ミドルトンは、*The Development of Rural Economy by Promoting Agricultural Scientific Research* という覚書を提出し、その見解を説明した[17]。彼は、多数の地域センターが必要であるという農務省の見解を代表し、研究は農業の必要性に応えるものでなければならないことを強調した。ミドルトンは、知識を増やすことを目的とする研究は、農民が理解できる方法で普及することによって、実際の農業問題を解決できなければ、なんら重要性をもたないと語り、「過去においては、この点に十分な注意が払われていない」と警告する[18]。ここに従来の農業研究・教育の問題点があったという。

開発委員会の委員は、もちろん農業研究・教育を推進する最良の方法を考えているが、ミドルトンとはその強調点が異なっていた。前章でもふれたように、委員にとって優先すべき点は、農学の基礎的な研究分野、たとえば、動植物の生理学や病理学あるいは獣医学研究の発展であった。一九一〇年十二月に委員の見解は、ロザムステッド農業試験場の場長A・D・ホールによって、委員会用に作成された覚書で示された[19]。当時、イングランドにおいて著名な農業研究者となっていたホールは、穀物作を基礎とするハイファーミング（高度集約農業）を重視する傾向があり、混合農業や酪農を軽視する傾向にあった[20]。

ホールは一九〇五年にロザムステッド農業試験場の場長に就任した。ロザムステッドはすでに農業試験によって国際的な名声を得ており、一九世紀末にローズとギルバートが死去した後も、農業試験はローズが設立したトラスト基金によって継続されていた。しかし一九〇五年頃に、資金不足によって研究継続が困難となり、それを改善するために、ホールは就任後すぐにロザムステッド試験拡張協会（Society for Extending the Rothamsted Experiments）を設立した[21]。その後五年間でホールは運営資金を集めることができ、ロザムステッドを作物栄養や土壌に関する研究に特化した試験場として再生させた[22]。この実績を買われて、イギリスでもっとも古い農業試験場の場長が、その後に開発委員会の委員となり、イギリス全体の農業研究計画の作成にあたることになったのである。ホールが描く研究体制の構想においては、農学の継続的で体系的な研究を行う研究機関が必要とされた。この研究機関では常勤の研究者が勤務し、農学の特定分野において首尾一貫した長期の研究計画を実施していくのである。この構想はロザムステッド農業試験場を彷彿とさせるものであった。ホールが、研究とは何か、何のために研究をするのか、という問題について発言する場合は、明らかにロザムステッド農業試験場を想定していたのである。[23]

さらにホールは開発委員会において、*Journal of Agricultural Science or Proceedings of the Chemical Society* 誌などの学術雑誌に投稿されている論文に基づいて、研究機関の研究状況とそれぞれの存在意義を確認している。ホールは、イギリス全体で学術論文を公表している一七の研究機関、そのなかでもロザムステッド農業試験場、ケンブリッジ大学、ワイの農業カレッジなどが、数多くの論文を発表していることを知る。これによってホールが意図したのは、農学の各分野のリストを作成し、各分野について活動する研究機関を、イギリス全体にセンターとして配置することであった。たとえば、ロザムステッドを土壌研究のセンターとし、ケンブリッジは植物育種のセンターとするなどである。そして助成金が、センターの役割を担う各研究機関に配分され、継続的で体系的な研究に使用されていく。ホールは農学を一一の分野に分け、助成金を主にロザムステッドやケンブリッジなどのような主要な研究機関に割り当てる。[24]したがって、開発委員会によって提案された資金計画では、総額四万ポンドのうち約三万七〇〇〇ポンドが、一一の指定分野（センター）へ重点的に配分（均等配分ではない）され、残りのわずか約三〇〇〇ポンドが、他の分野や研究者に配分されることになる。[25]

農務省はこの開発委員会の提案に戸惑う。このような研究計画は、「実際の農業問題への考察に基づいて調整されたというよりも、農業研究者を（強引に）各分野にグループ分けしたものに基づいている」[26]にすぎないととらえた。農務省と開発委員会は研究体制のあり方をめぐって、かなり見解が異なっていたが、結局、研究計画の策定にあたっては、開発委員会と農務省の折衷案がとられる。しかしながらこの折衷案は、農務省の見解よりも、開発委員会の見解のほうが強調されたものとなった。[27]助成金の配分は、一万二〇〇〇ポンドが普及事業のために一二の各地域センターへ一〇〇〇ポンドずつ支給され、さらに一万六五〇〇ポンドが研究奨励金の名目で支給され、三〇〇〇ポンドが特定研究のために支給される。その配分額で最も大きいのは、一一の指定研究に対して支給される三万ポンドであった。指定研究を多く抱えているのはロザムステッドとケンブリッジであり、当然、この二つの研究機関に対する支給割合が大きかった。この結果、助成金の配分割合にしたがう研究体制は、主要な研究機関の階層構造を生み出すことになる。そして多額の資金を受け取った研究機関が、農学の基礎的な研究に向かう。これによって生み出された研究体制は科学的な基準に基づいているとはいえ、資金配分に大きく左右されてしまうと同時に、実際の農業問題とかけ離れていくものとなっていく。

二　ロザムステッドとレディング

農務省と開発委員会との論争は、第一次世界大戦の直前に行われたので、最終的に決定された研究計画は、戦争のために実施できなかった。第一次世界大戦中に科学研究は、とくに科学・産業研究局（Department of Scientific and Industrial Research）[28]の設置によって、より一層その必要性が認められるようになった。一般に科学は農業も含めて産業を発展させる重要な手段とみなされるようになった。そこで農業研究をめぐる議論も盛んに行われるようになる[29]。ここでは二つの研究機関、ロザムステッド農業試験場とレディング大学の酪農研究所を取り上げ、その比較を通して、農業研究をめぐる議論を追っていく。

ロザムステッドもレディングも開発委員会によってセンターとして認可された研究機関であったが、ロザムステッド農業試験場のほうは、政府ばかりでなく民間からも多くの資金を受け入れて、両大戦間期にも順調に運営されている。ロザムステッドは、二〇世紀初頭から基礎的な試験研究へ傾斜し、開発委員会の要求に応える体制が、すでに整いつつあった。開発委員会から認められることによって、ロザムステッドは作物栄養と土壌科学の研究に関して、国際的な名声を保つ。一方、レディング大学の酪農研究所は資金難で運営が困難となり、窮地に陥る[30]。民間資金を導入できず、開発委員会からも少ない資金しか受け取れなかったからである。酪農研究所が主に研究課題としたのは、酪農家や農民の損失問題であり、それに関連して、汚染牛乳の腐敗から生ずる公衆衛生の問題に取り組むことであった。この研究所は、原料乳の段階で衛生的な（＝細菌が含まれない）牛乳（pure milk）の生産法を発展させて、衛生的な牛乳を使う酪農品の製造を研究した。さらに飼養改良のために、乳牛に関する飼養記録をとる体系的な方法をつくっている。しかしこの公衆衛生につながる予防措置に関する研究は、開発委員会の研究計画に沿っていなかった。これによって開発委員会からの資金援助はわずかなものにとどまる。

前述のようにロザムステッドはイングランドでは最長期にわたって存続している農業試験場であった。二〇世紀初頭にホールがこの試験場の財政を建て直し、創設当初から行われていた圃場試験を継続する一方で、新たに長期的な試験研究にも着手している。一九一一年頃にロザムステッド試験拡張協会は三〇〇〇ポンドを超える銀行残高をもち、民間からもかなりの寄付を受け取っている。たとえば、マッソン（James Mason）下院議員から一〇〇〇ポンドの寄付を受けることによって、ジェイムズ・マッソン細菌学実験室を設立し、またゴールドスミス社から一万ポンドの寄付を受けることによって、土壌化学の実験室と研究職を設置している。[31] ロザムステッドはホールによる研究計画のモデルともいえる研究機関であり、一九一一年には作物栄養と土壌科学のセンターとして認められ、その財政状態はより一層、改善される。[32] 一九一二年にホールはロザムステッド農業試験場を辞職し、開発委員会の常勤事務局長に採用され、場長職はゴールドスミス社の化学者E・J・ラッセルが引き継いでいる。[33] ラッセルは実験施設の大規模な拡張のために、引き続き資金を投入する。開発委員会は新しい実験施設の建設のために、ロザムステッド試験拡張協会から要請のあった総額三〇〇〇ポンドの支出を約束している。[34] 新しい実験施設は一九一三年に開設され、これによってロザムステッドは全部で五つの実験施設をもち、その各々は作物栄養や土壌肥沃度などの研究を重点的に行うことになる。

ロザムステッド農業試験場では、新しい実験施設による拡張再編にともない、古い実験施設を改修する決定がなされ、一九一三年には開発委員会に対して一万二〇〇〇ポンドにのぼる新しい要求が出される。[35] この要求は数百ポンドの削減があったものの、一九一七年のローズとギルバートの生誕百周年（厳密には、ギルバートの生誕百周年）を記念して、新しい実験施設として開設された。その後もロザムステッドは一九二〇年代と三〇年代を通じて、潤沢な財政状態を維持し続ける。ロザムステッドの年間の研究助成金は一九二〇年代中頃までに二万七〇〇〇ポンドを超え、研究スタッフもそれにともなって増加し、ラッセル場長が「試験場の設備は、今や非常に良くなっている」[36] と語っているように、研究環境として整った状態になる。一九三〇年代初期の経済不況期には、他の研究機関と同様、ロザムステッドも多少の削減を受け入れなければならなかったが、三四年にはローズ家から領主邸と所領の貸借物[37]を買い取るために、農業界や科学界の主要な人々からの助力もあって、短期間に三万五〇〇〇ポンドの資金を集めている。[38]

ロザムステッドの財政や建物の拡張は、もちろん試験研究や科学研究の拡大と直接的に結びついている。ロザムステッド農業試験場の設立以来の意図は、異なる種類の肥料の圃場試験を行い、飼養や作物成長に対する肥料価値を調べることであったが、その研究の重点は徐々に変わっていく。この変化は年報（*Annual Report*）の割付や構成から明らかである。最初に年報が刊行された一九〇八年には、そのページのほとんどは圃場試験の結果を示す図表に割り当てられ、化学者と細菌学者によって前年に行われた試験研究の概要説明が付けられていたにすぎない。[39] しかしその後の十年間で、圃場試験の結果は年報の付録となってしまい、年報の片隅に追いやられている。[40] 年報は研究報告が大きなスペースを占めるようになり、その年に行われた活動の概説的な説明というよりも、特定の試験成果に関する論述を掲載することによって、徐々に科学雑誌としての体裁を取り始めている。

ラッセル場長は、研究自体が実用的な価値をもっているので、試験研究の成果は自ずと実際の圃場や農場へと持ち出されるであろうと述べる。しかしロザムステッドの研究目的は明らかに実際の農業に対して有用な成果を生み出すことではなくなっていた。むしろラッセルの言葉とは裏腹に、ホールが常に語っていたように、ロザムステッドは作物生育と土壌作用の基本原理に関する基礎的な研究を目的としていると明言するようになっていった。たとえば、一九一四年の年報においてラッセルは、次のように語っている。

一般に農業研究の特徴は、農業の発展に対する教師や技術者の役割によって左右されるといえる。（中略）しかし専門アドバイザーや教師が、仕事に着手する前には、必ず明確な体系的知識をもっていなければならない。彼らが着実に仕事を進める唯一の基礎は、体系的な研究によって得られた正確な知識である。（中略）研究機関の役割は、そのような知識を獲得し、その知識を教師が教え、技術者が利用できる農学を発展させることである。研究の真の評価は、農業実践の場ですぐに応用できることではなく、農学の発展における重要性で下されるのである。[41]

もっとも、ロザムステッドの研究成果は、専門家向けの学術雑誌で発表されているので、それが教師が教える形態で、あるいは技術者が利用できる形態で、どの程度まで提供されていたのかは不明である。確かに農業研究においては、実践的に有用な副産物を生み出すこともある。たとえば、ロザムステッドの土壌研究のうち、土壌を部分的に滅菌して、その後、純粋培養した微生物を再び植え付けるという研究成果は、実際に役立てられた。[42]しかしロザムステッドでは、研究成果が実際的な有用性をもつやいなや、試験場にとっては不要なものとみなされた。ロザムステッドでは、土壌への微生物の植え付け技術を、すぐに園芸業者へと無償で手渡していた。それと同様に、人造肥料の製造や窒素固定菌をもつ種子の植え付け技術も、民間企業へと手渡してしまっている。[43]

世紀の変わり目の頃には、試験に基づく農業研究が実際の農業への配慮を忘れ、科学的探究そのものに対して過度に価値を見出していると問題視された。これはちょうど農務省が主要な資金配分を管理している時期にあたっていた。この時期にローズ農業トラスト委員会（Lawes Agricultural Trust Committee）[44]は、ローズの死後、農務省に対して試験研究を拡大する助成金を得ることが可能かどうかを打診している。もちろん農務省はロザムステッド農業試験場を「(実際の農業を無視して) 科学的探究そのものへと傾斜しすぎる」とみなしていたので、助成金を出さなかった。[45] 一九一四年に至ってもなお農務省ばかりでなく、ロザムステッド農業試験場内においてさえも、その研究が実際の農業との関連を無視していると考える人もいた。とくにラッセルの研究に対して、そのようにみなす傾向があった。[46] しかしながら開発委員会の設置によって状況は一変する。ホールはロザムステッド農業試験場の研究を、さらに科学的探究そのものへと向けるよう指示する。さらにそれまでの農務省の権限に代わって、開発委員会が農業研究体制の確立に対して優先的に権限をもつように主張した。

ホールとラッセルは、農学が発展すれば、それは農民にとって価値のあるものになると信じていた。[47] しかしながら農民にとって価値あるものとするには、どのような経過をたどればよいのか、あるいは、どのような方法で達成できるのか、ホールにもラッセルにも説明できなかった。ラッセルが提示できた事例は、小麦収穫高が一八九五年以降わずかに改善された時期は、農民の間に研究者による助言が行き渡り始めた時期と一致しているということぐらいであった。[48] 一九三〇年代初期においてラッセルは、「近年の農業危機は、私たちの歴史において最悪の出来事であるというのは、一致した意見であるけれども、農民は従来の農民と同程度の不幸な結果を被っていない。その大きな理由が、研究や教育・普及サービスが有効であったからなのは、ほとんど疑う余地がない[49]」と断言している。ラッセルは、たとえ実際の農業への有効性が農業研究者の主要な目的ではないとしても、農業研究者の研究成果がいずれ実際の農業にとって有益となるであろうと信じて疑わなかった。

ラッセルはロザムステッド農業試験場に蓄積された膨大なデータをみて、これらの記録を統計学的に調べれば、何か科学的な原理がいえるに違いないと確信する。ラッセルは、ユニヴァーシティカレッジ・ロンドンのゴルトン研究室で統計研究員であったフィッシャー（Ronald Aylmer Fisher, 1890–1962）に声をかけ、一年当たり一〇〇〇ポンドでの雇用を申し出た。こうしてロザムステッドにおいて統計学を中心に農学が飛躍的な発展を遂げることになる。シンクレアによって約百三十年前に唱えられた statistics 概念は、フィッシャーによって本格的な統計処理ないし統計学として確立されることになった。フィッシャーは一九一九年から三三年までロザムステッドに在職するが、後に「厩肥の山を調べ上げる」と語っているように、ロザムステッドにそれまで約九十年間にわたって蓄積された試験データに取り組んだ（フィッシャーは一九三三年にロザムステッドを去った後、ユニヴァーシティカレッジ・ロンドンの優生学教授となる）。ロザムステッドは約九十年間にわたって、異なる肥料成分を用いた試験を行ってきた。その試験結果は膨大なデータの集積であったが、統一性に欠けるものであった。たとえば、いくつかの系統の小麦に施肥の効果があったようにみえても、単に多雨の結果かもしれなかった。他の試験ではどの肥料成分が実際に効果をもたらしたのか明らかにできなかった。

フィッシャーは数学的知識を駆使してロザムステッドで利用されていた「肥沃指数」[50]を検討した。肥沃指数はロザムステッドだけではなく、各農業試験場が独自に算出して使っていた。フィッシャーは、各農業試験場によって違いがあるとされていた肥沃指数に差が認められないことを示し、さらに異なる圃場での肥沃度の違いを調整するには、肥沃指数の補正では不十分であることを示した。また、九十年分の降水量と穀物収穫量のデータを洗い直し、年々の天候の違いによる影響は、肥料による違いよりも影響が大きいことを明らかにした。こうした経緯によってフィッシャーは農業試験や計画について考えるきっかけを得た。フィッシャーは後に「ロザムステッドでの初期の仕事で注目したのは、長い歴史を誇るこの試験場に蓄積されてきた気象、収穫量、収量分析などの膨大な記録であった。これらは明らかに、気象上の数字がどの程度まで収穫量の予測に役立つのかを確証する問題に対する、またとない価値があった」[51]と回顧している。

そしてフィッシャーは一九二一年の「収量変動の研究Ⅰ」を手始めに、二九年の「収量変動の研究Ⅵ」まで、一連の収量変動に関する論文を発表する。[52]これらの論文は単に収量の変動を明らかにしたものではなく、データを分析するための独自の手法を開発し、その手法の数学的基礎を導き出し、さらに他の分野に拡張し、実際のデータに手法を応用したものであった。これらの論文の独創性はきわめて高かった。そのなかには経済学、社会学、医学、化学、薬学、天文学などで用いられる現代統計手法の基礎が含まれていた。フィッシャーは推計統計学を確立し、また集団遺伝学の創始者のひとりとなった[53]。彼は当時、数学界からは無視されたが、農学分野の研究者には多大な影響を及ぼした。一九二五年に刊行された著書 *Statistical Methods for Research Workers*, Oliver and Boyd[54]は研究者が統計的手法を学ぶテキストとして重要なものとなった。

一方、レディングの酪農研究所はロザムステッドと同様に、一九一一年に開発委員会によって認可された主要な研究センターのひとつであったが、開発委員会が適切と判断するような研究をしているとはいえなかった[55]。酪農研究所は一九一二年に二人のスタッフで開設された。一人はミッドランド酪農研究所から来た化学者ゴウルディング（John Golding, 1871–1943）[56]であり、もう一人はリヴァプール大学で公衆衛生研究に携わっていた医師で細菌学者のウィリアムズ（Robert Stenhouse Williams, 1871–1932）[57]であった。レディングの酪農研究所はゴウルディングとウィリアムズの共同運営となっていたが、研究所設立の初期の頃、ゴウルディングは軍務に就いていて不在であったため、ウィリアムズが中心となって運営された。この研究所は最初に一五一〇ポンドの助成金を受け取って始まっているが、建物は転用家屋であり、しかも借用した実験室を使っているという状態で、研究所の体裁が整っているとはいえなかった[58]。ウィリアムズによって研究所は拡張をみるが、それは常に存続の危機に直面しながら運営されていた。ここでの研究は酪農業を支援するための重要な研究であったが、開発委員会が構想する（研究機関にとって適切と考えられる）研究とは異なり、農学の発展に資する基礎的な研究ではなかった。そのために開発委員会によって評価されることはなく、助成金はあるものの、ごくわずかにすぎなかった。

酪農研究所はランカシアチーズ工場の研究委託、ニュージーランド政府の研究要請、さらに結核に関する医療研究委員会の研究要請に応じて研究を始めるという、いわば一貫性のない散漫な研究によって活動を開始している。研究活動の拡大にともない、ウィリアムズはレディング・ユニヴァーシティカレッジの学長チャイルド（William Macbride Childs）[59]とともに、大規模な研究所にするために拡大計画に乗り出している。一九世紀末以降のイギリスの酪農業の拡大によって、ウィリアムズは酪農業が約九五〇〇万ポンド規模の産業というのであれば、この産業規模に応じて、さらに大規模な研究施設があってもよいと語る。それは実験施設・試験農場・モデル酪農場を所有するような研究所である。この拡張計画の呼びかけに対して、最初に高額の助成を申し出たのは、すでに酪農研究所に対して一連の試験を委託していたネッスル（Nestle）のイギリス支社であった。これに呼応するかのように、一九一七年には酪農業者や酪農品製造業者の代表者による非公式の会合が開かれ、「酪農のすべての分野にわたる教育と研究の必要性と重要性について認識し、財政面などでできる限り（酪農研究所を）助成していくつもりである」[60]という声明が出される。この会合ではこれら代表者が、農務省に対しても資金提供の要請を始めていくことを決議している。

酪農研究所の研究計画は、当初の資金総額の目標を五万ポンドに設定するという大規模なものであった。その資金の内訳は適切な研究施設を購入し、さらに研究成果を公表する雑誌の刊行費にするというものであった[61]。ちょうど同時期にユニヴァーシティカレッジのほうでは、チャイルド学長が、レディングのユニヴァーシティカレッジが大学（university）としての地位を獲得できるよう活発な運動を行っていた。チャイルド学長はカレッジの研究費に関して、大学助成委員会（University Grants Committee）へ働きかけを行っていたが、そのなかには酪農研究所の研究費も含まれていた[62]。ウィリアムズも、研究所の資金獲得のために産業界に対して働きかけを行っていた[63]。しかしチャイルドやウィリアムズの資金獲得の運動は、ロザムステッドよりもはるかに多くの困難をともなうものであり、両大戦間期を通して酪農研究所は常に財政危機に振り回されることになる。

一九一八年に酪農研究所の管理委員会は、レディング郊外に位置するシンフィールドの邸宅と土地が売りに出ていることを知る[64]。提示価格は三万七〇〇〇ポンドであり、ウィリアムズはこの購入に関して産業界の支援を打診し、一方、チャイルド学長は農務省に打診した。チャイルド学長は購入費・改修費・補充費・維持費をまかなうために、六万ポンドにのぼる見積りを提出した[65]。研究所の後援者であったエルヴデン卿（Lord Elveden, Arthur Onslow Edward

Guinness, 1912–1945)[66]も大蔵省に対して、この見積りを検討するように要請した。[67]しかしながら開発委員会が提示したのは、はるかに少ない二万ポンドであり、その他には結核研究という名目で、厚生省からわずかに五〇〇〇ポンドを支給される可能性があるだけにとどまった。[68]農務省の回答は、五年間にわたって年間五～六〇〇〇ポンドの維持費のみを助成するというものであった。チャイルド学長はこの助成額の少なさに、かなり当惑する。彼は、研究所がカレッジの評価を上げることにはまちがいないが、研究所の費用をカレッジが負担しなければならないとは考えていなかった。[69]この状況に対して酪農研究所はあきらめることなく、一九二〇年に年間維持費を捻出するための基本財産をつくることを目的に、むしろ増額した一〇万ポンドの要求をあらためて提出する。[70]この法外な要求は通らなかったが、とりあえずシンフィールドの邸宅と土地は、開発委員会の助成金によって約一万四五〇〇ポンドで購入できた。そして残りの必要経費は寄付金によってまかなうとされたが、実際にはその多くはエルヴデン卿が保証人となって銀行からの借入金でまかなわれた。[71]

一九二一年に酪農研究所は領主邸・土地・農場を取得したために、多額の借金を抱え込んだ。ところが、研究に必要な乳牛は一頭もいないという状態であった。当初、開発委員会は家畜の購入資金の助成を拒否したが、ユニヴァーシティカレッジ・農務省・大蔵省などからの圧力で、酪農研究所が研究施設をつくるための資金だけは提供することになった。[72]そしてその直後にもウィリアムズは建物の拡張のために、さらに三万ポンドの資金捻出に取り組む。[73]再びエルヴデン卿が保証人となってその資金の半額を借入し、残りの半分を農務省が開発委員会に対して助成するよう要請する。ちょうどこの時、偶然にも開発委員会は穀物生産法（Corn Production Act）の廃止によって一〇万ポンドの資金が手元にあり、この一部が、酪農研究所への助成金に充てられる。[74]もっとも、これによって酪農研究所は財政危機を免れたわけではなく、一九二六年に満期となる約二万五〇〇〇ポンドの借入金（エルヴデン卿が保証人）を抱えていた。それでもウィリアムズは楽観的に、「わが国の酪農業の将来に関心をもっている人々が、借金を帳消しにしてくれるはずだ[75]」と語っている。もちろん実際には、そのようにならなかった。

酪農研究所は一九二〇年代後半も借金を抱え続け、ウィリアムズによる取り止めのない研究所の拡張計画によって、二九年には財政状態はさらに深刻化する。酪農研究所にとって発展の阻害要因となったのは、皮肉にもウィリアムズが楽観的な拡張計画を押し進めたことであった。研究所は実際にはわずかの資金で運営されていたにもかかわらず、ウィリアムズは絶えず研究所の活動を拡大しようとした。彼は有能な管理者であったことは確かであるけれども、研究計画はその場限りの印象を与えるものであり、長期的な研究計画をもっていないような印象を与えるものであった。研究計画に長期的な構想が欠落しているのは、開発委員会から助成金を引き出そうとする場合には、致命的な欠陥となった。

しかし農務省側は、ウィリアムズの行動に不満をもってはいたものの、概して好意的であり、彼の計画を支援しようとしている。たとえば、ウィリアムズによる研究計画の代表的なものに生理学実験室に関する計画があった。この研究計画は、授乳期の生理学に関する研究への助成金を要求することから始まっている[76]。ウィリアムズは、建築費を概算で三万八〇〇〇ポンドと見積もり、年間助成金六〇〇〇ポンド（複数年）と寄付一万一四〇〇ポンドで、十分な規模の生理学実験施設や酪農機器を設置する試験施設の建設を承認してもらえるように、研究計画を提出する[77]。しかしながらウィリアムズは、この研究計画を提出する一方で、自分はスコットランドのハンナ酪農研究所（Hannah Dairy Research Institute）へ就職するための移籍活動を行っている。農務省は思いつきのような研究計画とウィリアムズの身勝手な就職活動に対して、怒りを募らせる。農務省事務次官のデール（Harold Edward Dale, 1875–1954）[78]によれば、農務省は「この提案は、（中略）一つの考え方によって統一されたものではなく、一貫性のない異なる研究を寄せ集めたものにすぎない[79]」という判断を下す。

そして開発委員会・帝国マーケティングボード（Empire Marketing Board）・農務省の代表者による会議が召集され、ウィリアムズの計画を検討し「この申請を取り扱う際の方針について」議論された[80]。この会議に集まった人々は、ちょうどその時、酪農研究に関して帝国マーケティングボードの報告書の作成にあたっていたダンピア（William

Dampier, 一九三〇年までW. C. Dampier-Whetham, 1867-1952)[81]に、酪農研究所の要請に関する見解を聞いている。ダンピアが指摘した問題点は、農務省が危惧した点と同様、ウィリアムズ自身の問題と、彼が要求する助成額の問題であった[82]。ダンピアは、酪農研究所の資金としては、五年間にわたって年間助成金四〇〇〇ポンドまでで、総額では一万四〇〇〇ポンドという金額が妥当であろうと語る[83]。ウィリアムズは、これに対して反発しているが、結局、リチャードソン（Arnold Edwin Victor Richardson, 1883-1949)[84]の仲介で妥協する[85]。もっとも、妥協したとはいえ、助成金は財政引締めによって、さらに引き下げられたので、酪農研究所は財政状態の改善には至っていない[86]。酪農研究所は時には研究用乳牛から搾った牛乳を販売しなければならないほどの危機的な状態に陥る[87]。

しかし酪農研究所は多くの債務、農務省との確執、開発委員会の冷遇があったにもかかわらず、畜産学、酪農細菌学、乳製品の生産と消費などに関する多くの研究に着手した。開発委員会の認識とは逆に、酪農研究所では長期研究を推進し、研究所としての存立を確固としたものにする課題に着手する必要性が認識されていた。もっとも、その一方で酪農業者や酪農業においてすぐに利用できるような、実際の酪農に直接的に役立つ研究にも多くの関心を払っていたことも確かである。ウィリアムズは酪農業の中心的な課題として、牛乳の腐敗による損失があると考え、衛生的な牛乳[88]の生産方法の確立こそが、酪農研究所が取り組む主要な課題だと考えていた。非衛生的な牛乳は、その牛乳が返品されれば、結局、農民にとって損失となり、低温殺菌や供給変動に対する補償の必要もあるので、産業全体にとっても損失となり、さらに、牛乳がすぐに酸敗すれば、消費者にとっても損失となる[89]。ゴウルディングのほうは、当初から牛乳の品質を保持する研究を始めていたが、ウィリアムズのほうも元々は公衆衛生を専門とする細菌学者であったので、牛乳に関する研究は無関係というわけではなかった。

二人の研究は牛乳の特性維持や、衛生的な牛乳から実際に乳製品が製造できるのかどうかという問題に移っていく。実際に牛乳のなかには、チーズあるいはバターをつくるのに必要とされる細菌もあるが[90]、二人が強調した重要な点は、完全に衛生的な牛舎や搾乳施設によって、衛生的な牛乳が生産できるようにすることであった。酪農研究所は衛生的な牛乳生産の指針を作成し、酪農共進会で利用する衛生的な牛乳の規定を作成している。[91] しかし、これらの活動は酪農業や酪農業者を対象として行われるものであり、科学研究というよりも、普及運動という側面が強かった。もっとも、この運動はある程度の成功をおさめているので、この点では酪農研究所の活動自体を支離滅裂で一貫性がないとみなすことはできない。しかも明らかに長期計画をもったものであった。ただし、実践的な方法で問題の解決をめざしているものであった。このような活動は、当然、開発委員会が評価する点ではなかった。基礎的な研究に関心をもっている開発委員会にすれば、酪農研究所が取り組んでいることは、確かに長期的な計画に基づく活動といえるかもしれないが、研究活動といえるのかどうか疑わしいということになる。

三　研究目的と研究機関

ロザムステッドとレディングの研究機関を比較してみると、ロザムステッドは、ホールが場長となってから、財政的な危機に直面することもなく、拡大のための助成金を獲得していたが、酪農研究所は、ほとんど常に借金を抱えながら活動していた。ロザムステッドは、一九二二年頃には二万二〇〇〇ポンドの運営資金によって維持されていたが、酪農研究所が集めることのできた運営資金は、せいぜい六〇〇〇ポンドにすぎなかった。この違いは何によって生じたのであろうか。ロザムステッドの作物栄養や土壌科学に関する研究が、酪農研究所の酪農研究よりも重要であったからとすることはできない。ラッセルが一九二一～二二年の年報に書いているように、「農業の最も基本的な部門は、作物生産であり、ロザムステッドの研究のほとんどはこれに向けられている」[92] とされ、作物生産に関する研究が重視されるという側面も確かにあったが、一九世紀末以降、イギリス農業において、研究対象として必要性が生まれているのは、急速に成長している畜産や酪農部門であり、とくに酪農と液乳生産の部門であった。[93]

牛乳は一九世紀末までに農業産出高において、小麦などの作物を上回り、これは二〇世紀初頭を通して、さらに拡大する。そして一九三八年頃には牛乳が「イギリス農業における最も重要な生産物となり（中略）小麦よりもはるかに、わが国農業の基幹的な生産物となっている」[94]とされた。

ただ、酪農の拡大があった時期においても、穀物生産に基づくハイファーミングという伝統的な考え方がまだ混合農業あるいは畜産業よりも高い評価を得てはいた。第一次世界大戦後でさえ、穀物自給を高めるために草地を耕地に戻す政策を続けるよう求めた保守党政治家もいた[95]。この伝統的な考え方は、まちがいなく作物に関する研究を推進していたロザムステッド農業試験場に影響を与えている。第一次世界大戦後すぐに、ラッセルは農業試験場の研究目的について「多くの農業事象の根底にある原理を発見することであり、農村の生活を向上させ、農業の水準を改善するために、教師・技術者・農民が利用可能な形態で、知識を提供すること」[96]であると語っている。さらにラッセルは自分の研究目的を「伝統的な農業と良き農村生活の回復」であるとも語っている。第一次世界大戦中にホールもまた、穀物作に基づくハイファーミングのほうを好ましいものと考えていた[97]。つまり、ロザムステッドは根強く残る伝統的な考え方に支えられていた。しかし、ホールやラッセルの考え方が伝統に支えられていたからといって、レディングよりもロザムステッドのほうが恩恵を与えられていたと言うことはできない。酪農業が拡大していた以上、ロザムステッドの研究が酪農研究所の研究よりも経済的に重要性をもったと言うことは難しく、あるいは、穀物作に対してある種の文化的な重要性が支配していたと言うこともできない。

酪農研究所の資金問題は、酪農という成長部門に寄与したのかどうかに由来するのかもしれない。たしかに酪農研究所の資金が不足したひとつの理由は、実際に牛乳や酪農業を改善していくことができなかったことに求められよう。設立当初はいくつかの企業、たとえば、ネッスル社が助成に熱心であったけれども、両大戦間期には酪農研究所は乳製品製造業者から、ほとんど助成金を受け取ることができなかった。その上、酪農研究所と乳製品小売業との間で意見の食い違いも生じている。第一次世界大戦の終結頃に、酪農業では、ユナイテッド・デアリーズ社

(United Dairies) のもとで徐々に牛乳の集荷が進み、それにともなって牛乳の大量低温殺菌が急速に拡大する。[98] 酪農研究所のメンバーによれば、もし酪農研究所が低温殺菌を支持していれば、おそらくユナイテッド・デアリーズ社は、自分たちにかなりの助成金を与えたであろうと考えられるという。[99] にもかかわらずウィリアムズは低温殺菌技術に酪農研究所が関わることを拒否した。彼は低温殺菌のような技術が定着すれば、酪農の現場で非衛生的な牛乳の生産を促すことになるだけであると考えた。さらに低温殺菌による牛乳の栄養価への影響に関しても議論の余地があり、熱処理によって牛乳本来の栄養価が破壊されるという意見もあると語っている。[100] ウィリアムズは低温殺菌を回避し、牛乳の栄養価を保持できるように、衛生的な牛乳生産を促進することを強調した。そして自らもこれを積極的に推進する運動を展開している。しかし産業界と医学界における多数意見は低温殺菌を支持するものであり、低温殺菌という方法は、衛生的な牛乳生産という手間のかかる方法よりは、迅速で便利な方法であるとされた。さらにユナイテッド・デアリーズ社のような大企業は、低温殺菌やビン詰め設備へ資金を投入し、そして牛乳集荷の地域独占や規模の経済を活かして、牛乳市場での地位を堅固なものとしていく。これによって酪農研究所が提唱する運動の入る余地はなくなる。

酪農研究所は殺菌技術をめぐって産業界や医学界の支持を失ってしまう。しかし産業界の支持を失っても、酪農業の現場を改善するというウィリアムズの意見は、傾聴に値するものであった。この点で助成金を獲得する可能性を失ってしまったのかもしれないが、ロザムステッドに比べて酪農研究所の研究は、農業部門に対して直接的な恩恵をもたらすものであったといえる。このために農務省は酪農研究所を支持し続けている。ウィリアムズの行動は農務省を時として怒らせるものであったが、農務省は研究所に対して引き続き好意的であり、酪農研究センターとしての発展を願っていた。大蔵省でさえ、一九二一年に研究所農場に家畜を導入し、さらに一九二二年にそれを拡張するために、助成金を出すように開発委員会を説得している。にもかかわらず開発委員会は、酪農自体を研究対象として重視することはなく、その研究や研究所の運営方法に関して、懐疑的であり続けた。[101] 開発委員会が酪農分野について問題視していた点は、酪農分野が化学・細菌学・生理学・家畜学・工業技術を混合したような分野であり、酪農分野から生まれる科学的な知見に乏しいということであった[102]。ホール自身は、耕作地が牧草地へと移行している実際の動向とは逆に、穀物の安定的な供給という観点から牧草地を耕作地へと戻したいと考えていた[103]。つまり、耕種部門の研究に力を入れたいと考えていた。

だが、酪農研究所にとって重要な問題点は、ホールの個人的な考え方に反しているという以上に、研究所は何をすべきか、という認識が開発委員会と決定的に異なっていたことである。ホールが強調した研究の基準は、実際の農業との関連ではなく、科学的探究そのものに目的をおくことであった。すなわち研究機関の活動とは、傑出した研究者が所長となり、一貫した研究計画を遂行して科学的な成果を生み出し、その成果を学術雑誌で公表することである。酪農研究所の活動は、ホールの示した研究活動とほぼすべての点において合致していない。たとえば、ウィリアムズによる研究所の運営は科学研究者のそれではなく、さらにさまざまな分野に手を出すという方法は、研究成果を生み出すようなものではないとみなされた。少なくとも開発委員会はそのように判断した。実際に酪農研究所の主な活動は、衛生的な牛乳生産の場を生み出そうと呼びかける運動であって、科学の発展を目的にした活動や運動ではなかった。酪農研究所は「あなたの牛小屋を清潔に」というメッセージを発して運動を行い、酪農家に情報を流すというまがいものの研究所であったといわれても致し方のないものであった。

四　おわりに——農学と研究体制の関連性

ホールの科学研究体制に関する認識は、一九世紀末を通して形成されたものであった。それは科学研究を規定するドイツの概念（Wissenschaft）から影響を受けていた[104]。イギリスでは、この概念は一九世紀末に科学を推進しようとする人々によって熱心に取り上げられた。これらの人々は科学研究に対して国家が多くの助成をすべきであると強調する一方で、それにともなって生まれる国家管理を望まなかった[105]。これらの人々にとって科学を推進する最も良い方法は、研究者が興味をもつことは何でも研究できるという体制を整えることであった。そしてこの結果として生まれる研究成果は、おそらく実際に役に立つ（波及）効果を自然にもたらすと考えられた。この科学研究体制に関する考え方は、農業研究体制の確立過程においても支配的な見解となっていた。

しかし一九〇九年の開発委員会の設置時点に農務省に在籍していたミドルトンは、農務省の立場を代表して少々異なる意見をもっていた。彼は当時、科学的な興味だけによって研究が推進されていくことに懐疑的であった。ミドルトンの提案は表面的にはホールのそれと類似していたものの、その強調点にはかなりの違いがあった。ミドルトンによれば、農業研究は講習やコンサルタントを通じて、研究者の好奇心よりも、農民の問題によって導かれるべきものである。これに対して開発委員会のホールは、研究というのは農業研究者が科学的な関心によって進めるべきものであり、その過程で付随的に実際の農業に役立つような成果も生まれると考える。この研究に関する見解の違いは、ロザムステッド農業試験場とレディングの酪農研究所との違いに反映されている。ホールとロザムステッドにとって、研究の出発点は科学的な問題であり、ミドルトンと酪農研究所にとって、その出発点は実際の農業問題であった。前者は科学者の関心に比重をおき、後者は農民のそれに比重をおいていた[106]。

しかしなぜホール（開発委員会）の見解が、ミドルトン（農務省）の見解より優勢になったのか。すぐに導き出せる答えは、資金を管理しているのが、開発委員会であったという点である。しかし資金管理がなぜこのような形態で調整されるようになったのかは不明である。あえて、これに対する答えを求めるとすれば、科学全般における研究体制の整備の高まりのなかで、農務省がすべての資金を通常の農業政策にまわしてしまわないように、資金管理を独立の団体に委ねたことであろう。新たに「農業科学政策」が実施されることによって農業研究体制が整備されるとともに、ドイツの研究体制の拡大要因であった「科学的知識をもつ官僚」の存在が明確になる。その代表的な人物がホールとミドルトンであった。さらに前章で述べたように、ミドルトンは一九一九年に農務省を退職後、開発委員会でホールの後任となり、一方、ホールは開発委員会を退職した後、農務省へ移った。この人事異動は研究の出発点が科学的な問題であるのか、実際の農業問題であるのかに関わりなく、農業科学政策が動いていたことを端的に物語っている。

一九世紀末からイギリス政府は大学カレッジへの助成金を通じて科学分野への助成金を増加させ、開発委員会の設置以降は、医学・科学・産業の各研究に対する助成金を増加させていた。一般に「大学」に対する助成は、まずどれくらいの金額が必要かという報告が政府に提出されてから、（大学助成委員会が認める）大学自治の原則が維持されるという条件で、政府が適切とみなす（科学上の）権威者に資金を手渡すという方法がとられる。[107]一方、「研究」に対する政府の助成は、基礎的な研究計画の推進を目的として、科学者集団（研究機関）に対して政府資金の配分を行うという方法がとられる。開発委員会は研究に対する政府助成を推進する役割を担っていた。開発委員会は研究体制を形成する上で先駆的な役割を果たし、一九三〇年代に農業研究会議が設置される以前に、農業研究体制に関する組織原理（科学的探究の重視を基準とする）をすでに確立していた。[108]

一般にイギリスの科学研究は抽象的な研究を好み、技術的ないし応用的研究を嫌うという文化傾向を反映しているという指摘がある。[109]しかし少なくとも農業研究の場合、官僚や政治家が実践的な研究を高く評価していない、そしてその援助を拒否しているとみなすことはできない。開発委員会の展開や農業研究への支援を考えた場合に、農業研究体制に関する責任は、研究計画を作成する研究者のほうにあった。そして農業研究者に各研究機関の管理が任されているとすれば、研究体制の維持や発展はどのようにして可能であったのかが問われなければならない。農務省の研究計画はその成果を厳密に評価することは困難であるが、その一方で、少なくとも開発委員会によって実施された研究計画は、農業の必要性よりも農学の関心が優先されていたといえる。そして実際に開発委員会の研究計画に適合した研究機関が拡大する余地を与えられた。しかし、そうであるからといって、研究体制の確立には、農業の必要性よりも農学の発展が重視されなければならないということではない。ロザムステッドとレディングの比較からもわかるように、農業の必要性と農学の発展は、もちろん二律背反的な関係ではなく、相互に関連をもっていた。これを前提にした上で、農業研究体制の確立にとって必要なことは、研究者が単に財政的な問題を解決することではなく、研究成果の蓄積と研究の継続性を保つということである。そして農業研究機関に求められるのは、研究の継続において一貫性を保つことであり、科学としての体系化をめざすということである。

第V部　プロフェッションと国際化の時代——二〇世紀前期

第13章　農業経済学とプロフェッションの誕生

イギリスにおいて農業経済学（agricultural economics）が、農業科学の一分野として独立するのは、二〇世紀初頭である[1]。この時期に、農業経済学が一つの専門分野として確立された科学となったとまでは言い難いが、一九世紀末から二〇世紀初頭にかけて、大学で初めて履修科目に加えられ、高等研究・教育の一部として認められる。これによって農業経済研究者の「再生産」が行われる途が開ける。そしてやがて卒業生が大学教授職を含むプロフェッション（専門職）に就くようになる。農業経済を研究対象とする専門的な職業が生み出されるのである。

第4章でみたように、農業経済研究については、すでに二〇世紀以前において著名なヤングによる研究成果をはじめとして、農業経済研究といえるものが数多く存在した。しかしながら、農業経済に関するほとんどの学説や研究成果は、農学から独立した専門分野として生み出されたものではない。農業経済研究は農業研究の一分野であることは確かであるが、独立の科学として継続性をもち、その蓄積があったというわけではない。当然のことながら、このような状況下では農業経済（学）が高等研究・教育の場において研究・教育の対象とされることもなかった。古くはエディンバラ大学の農業講座（一七九〇年）やオックスフォード大学の農業講座（一七九六年）などが創設されていたものの、これらは農業全般を対象とする講座であり、農業経済のみを対象とするものではなかった。

二〇世紀初頭になって初めて農業経済学が高等研究・教育の場に現れた背景には、大学やカレッジという高等農業教育機関が一九世紀末から二〇世紀初頭にかけて整備されたことがあげられる。この整備過程で農業経済学以外の専門分野は、既存の研究成果の継承という形で学問分野として成立する。これらの学問分野とは異なり、農業経済学は既存の研究成果の継承によっては生まれなかった。それまで農業研究の一環として成果が出されてきたので、まったく新たに成立した学問分野とはいえないものの、農学のなかの他の専門分野に比べると、その成立過程にかなり違いがあったのである。もちろん、経済学の一専門分野として農業経済学が生まれたわけでもない。

本章ではイギリス農業経済学の形成過程について考え、農学の専門化の進展を追っていくことにする。その際に注目するのは、農業経済学という科学の形成過程には、プロフェッションの誕生が大いに関わっていたという点である。農業経済学以外の専門分野とその展開に違いがあるとすれば、それはプロフェッションの誕生という点である。ここでは profession をプロフェッション（専門職）と翻訳するが、その定義はさまざまである。たとえば、一般的な知識人を加えるという広義の定義もある。[2]しかしここでは、高度の知識や技能を有し、それによって生計を維持している人々と定義する。イギリスに限定すれば、一九世紀の多くのプロフェッションは、産業革命と工業化の進展によって生まれた。たとえば、大学教授・医師・薬剤師・法律家・測量士などである。[3]農業経済学の場合、そのプロフェッションが生まれた背景を問うとすれば、それは農業の生産形態の変化ということになる。イギリス農業は一九世紀末から二〇世紀初頭にかけて穀物作から酪農・蔬菜作へと転換し、「農業再編」を遂げた。[4]農業経済学のプロフェッションはこの農業再編という状況のもとで必要とされるようになった。

以下では、まず二〇世紀初頭の高等研究・教育の場における農業経済学の形成を概観し、プロフェッションの誕生に至る過程を明らかにしていく。次に、プロフェッションのなかでも重要な役割を担う農業経済アドバイザー（advisory agricultural economist）および農業経済アドバイザーが中心となって設立される農業経済学会の展開を通して農業経済学の形成を明らかにしていく。農業経済アドバイザーとは、単に農業普及事業に携わる「普及員」を意味するのではなく、普及と同時に研究にも携わる人を意味する。[5]この点から「普及」という言葉を使わずに、「アドバイザー」という言葉を使用する。「アドバイス」も、これまでの翻訳では「勧告」「助言」などとされていたが、プロフェッションのひとつの役割という点を重視して、そのまま使っている。

一　農業経済への関心

農業経済学という用語は、すでに二〇世紀以前にイギリスで使用されていたが、その分野は明確に定義されてこなかった。一九世紀後期にイギリス以外のヨーロッパ大陸やアメリカにおいては、農業カレッジなどで農業経済学の対象領域として、競争市場における価格理論や農業財政・税制・土地評価などを教えていた。さらに大学の経済学部では収穫逓減の法則や地代論などについて講義が行われ、土地保有形態などについても講義の対象となっていた。[6] さらにドイツやフランスでは、国際競争市場から国内の農業所得や雇用を保護しなければならないという理由で、農業の政治経済学（political economy）ないし農業政策学についても教えられていた。

イギリスでは二〇世紀になって、それまでの農業化学の優位が、メンデル学説の再発見をきっかけとする生物学の進展によって幾分か脅かされるという状況であった。したがって農業経済学ないし農業経営学などが農学のなかの専門分野となるのは、かなり後になってからであった。とくに農業経営は技術（科学ではない）と考えられ、その修得は実際の経験を通して学ぶものであり、学ぼうとする側も実用的な知識の獲得を望む傾向が強かった。しかし一九世紀から二〇世紀への変わり目に、高等教育機関において農業経済ないし農業経営などの履修科目としての萌芽が現れる。農業カレッジや大学などにおいて、試験のない選択科目として開講されたのである。もっとも、必須科目ではなかったので、学生は積極的に受講しようとはしなかった。講義内容は少しずつ異なっていたものの、アベリストウィス、リーズ、そしてケンブリッジの三校で始まった。

ウェールズのアベリストウィスでは、一八七八年に設立されたユニヴァーシティカレッジにおいて、政治経済学部のエドワード（William Edwards）教授が、九九年から土地経営あるいは所領経営（estate management）に関心のある学生を対象にして、測量や土地法とともに農業経済の講義を行った(7)。エドワードの後任のルイス（E. A. Lewis）教授は、一九一二年頃から農業経済学という科目として充実をはかり、農業経済研究者の養成を積極的に推進した。リーズでは一九〇四年に農業の学位コースが設立されたときに、農業経済学という科目が誕生し、〇八～〇九年から選択科目として開講された。一九一〇～一一年から経済学部教授のマクレガー（D. H. MacGregor）が農業に関する経済学と統計学について講義を始めている(8)。ケンブリッジでは一八九六年から、ギルヴィ卿（Sir Walter Gilbey）が出資した年間百ポンドの資金を利用して、非常勤講師が採用されることになり、新設の農業スクールで農業史と経済学の講義が始まった(9)。初代講師は王立農業協会の事務局長（secretary）クラーク（Sir Ernest Clarke）であった(10)。クラークはイギリス農業史に関して、三年間にわたって一二回の講義（年間四回）を行っている。イギリス農業史といっても、その内容は主に王立農業協会の成り立ちや一九世紀の著名な農業家（agriculturist）を紹介するというものであった。クラークはこの講義内容を一八九〇年代から一九〇〇年代にかけて王立農業協会誌に発表している。ケンブリッジでは、その後も農業史の講義が中心に続けられるが、政治経済学教授のニコルソン（J. S. Nicholson）は、農業史のみでなく一九〇四～〇六年に農業の政治経済学についても講義をしている(11)。もっとも、その内容は農業経済学として体系立ったものではなかった。

　このように一九世紀末から二〇世紀初頭にかけて農業経済（学）という科目がカレッジや大学で導入され始める。しかしその多くは農業史を基礎にするものであり、農業経済学の理論の構築をめざすような講義ではなく、あるいは実用的な農業経営を講義するようなものでもなかった。もちろん、農業経済研究者などのプロフェッションの養成は、科目設置の目的には入っていなかった。

　イギリスにおいて農業経済プロフェッションを生み出した人物をあげるとすれば、A・D・ホール(12)の名がまずあげられる。これまでの章でみたように、ホールは一八九四年に設立されたワイのサウスイースタン農業カレッジ(13)の初代学長となり、次いで農業化学者ギルバートの死去にともなって一九〇二年にロザムステッド農業試験場の場長となった。[14]サウスイースタン農業カレッジでは多くの農業研究者を育て、ロザムステッド農業試験場では試験場解体の危機を救って、農学の発展に寄与している。ホールは農業カレッジや農業試験場においてプロフェッションを生み出すことに熱心であった。しかしながらホールは農業カレッジに在職している当時から、資格試験に基づくプロフェッションの育成には反対していた。イギリスでは一九〇〇年以降に、イングランド王立農業協会とスコットランドの高地地方農業協会とが共同で認可する農業資格、酪農資格、そして測量士協会の資格などの農業資格試験あるいは農業関連の資格試験があった。[15]資格認定によって各プロフェッションとなることが奨励されていたのである。農業分野において資格が設けられたのは、医師や法律家などと同様に、一定の知識・技術水準に達すれば、それを認定することによってプロフェッションとしての地位が高まると考えられたためである。しかしホールは学生が、資格を取るためだけの勉学に励むようになるとみなし、「これらの全国資格が、農業教育の進歩に対する重大な障害となっている」[16]と猛反対した。ホールにとって、プロフェッションを生み出すこと自体が重要なのではなく、農学の発展にとって、それがどのような役割を果たすのかが重要なのである。実際にも、その後の展開からも明らかなように、資格認定によるプロフェッションは農学の発展に対してほとんど貢献していない。

ホール自身が農業に接触する機会をもったのは大学卒業後であった。ホールはオックスフォード大学のベイリャルカレッジ（Balliol College）において化学の学位を取得したが、大学公開カレッジ（University Extension College）を通じて、約八年間にわたってイギリス南東部の各州で農民と接触する機会をもったのだった。具体的にはホールが農民に農業化学を講義するのと同時に、農民から農業問題に関する情報を得る機会をもったのである。ホールはそこで農学の重要性とともに、それまで農業研究者に無視されてきた農業経営研究の重要性を認識する。さらにホールは一九〇四年からギネス醸造会社が経営するホップ農場の顧問となっている。[17]そこで農場の会計担当者とともに原価計算体系について検討している。一九〇六年にホールが送った手紙には、次のように記されている。

私は原価計算体系を確立しようとしている。それは複雑にみえるが、いったん運用を始めれば非常に簡単であり、資産計算体系は必要でないといえるかもしれない。私はホップ栽培やオート麦栽培などのエーカー当たりの原価、放牧あるいは舎飼での家畜一頭当たりの原価、厩肥トン当たりの原価、馬力利用の一頭当たりの原価などを算出しようとしている。それによって各部門がどれだけの費用を使ったのかを明らかにできると思う。[18]

ホールは農業経営に関心をもち、とくに費用計算に関する研究の必要性を感じる。それまでイギリスでは将来の農業生産計画を立てるために、必要な部門別の費用分析が行われたことがなかったので、とくにその必要性を感じたのである。さらに一九〇八年にホールはアメリカ農務省の招聘でアメリカを訪れ、アメリカ農業経済学が急速に発展していることを知り、そこであらためてイギリスにおける農業経済学の必要性を認識した。その後、ホールは開発委員会のメンバーという立場で、オックスフォード大学に対して農業経済研究を推進する研究所を設置するよう要請する。その資金は開発委員会によって提供され、一九一三年一月にオックスフォードに農業経済研究所（Agricultural Economics Institute at Oxford）が発足した。

研究所の設立によって初めて農業経済を研究対象とするプロフェッションが生み出されることになる。所長にC・S・オーウィン[19]、研究員（この資金は農務省が提供する）にバートン（E. W. Barton）とA・W・アシュビィ[20]、研究助手にウェイクマン（E. O. P. Wakeman）、事務助手にアップフォルド（S. J. Upfold）が就任した。[21] 所長オーウィンと研究員アシュビィは、イギリスで最初の農業経済学を専門とする研究者となる。もう一人の研究員バートンはアベリストウィスで教育を受けた後、農業経済研究所で採用されたのだが、一九一七年に第一次世界大戦の戦傷がもとで亡くなっている。[22]

オックスフォードにおける農業経済研究所の設立には多くの障害があった。[23] その主な点は二つある。その一つは農業経済学が農学の他分野とは異なり、一九一三年時点で学問分野として確立していたとはいえないことである。

多くの人々が問題にしたところであるが、経済学のなかのマイナーな分野（応用経済学のひとつ）とみなされていた農業経済学に、国家的な研究所が必要なのかどうかという問題が出された。もう一つは、農業経済研究所は大学という場に相応しいものであるのかどうかという点である。これは第二次世界大戦後になって、ようやく農業経済学がイギリス農業にとって必要である分野として認められることによって、オックスフォード大学公認の研究所となった。このような問題を抱えていたものの、農業経済研究所はプロフェッションの育成に対して大きな役割を果たしていく。

一方、スコットランドにおいても、オックスフォードの農業経済研究所と直接的な関係はなかったものの、農業経済に関心をもつ人物が現れ、農業経済学の発展に大きな影響を与える。それはダンカン（Joseph Duncan, 1880–1964）[24]であり、彼は第一次世界大戦後にオーウィンやアシュビィとの交流をもつことになる。農業経済プロフェッションの誕生については、ホールがまず道を示したとすれば、オーウィン、アシュビィ、ダンカンの三人がその道を切り開いたといえる。以下では、この三人の事績を通して農業経済プロフェッションの誕生を追っていこう。

二　農業経済プロフェッションの誕生

オーウィンは、ホールが学長であったサウスイースタン農業カレッジの初期の卒業生であった。カレッジを卒業後、約二年間はシティで不動産経営に携わり、その後、農場経営と簿記の講師としてカレッジに戻っている。そして一九〇六年にオーウィンは、リンカンシアで約二万五千エーカーの所領地主で政治活動にも関わっていたターナー（Christopher Turnor）の土地管理人となる。オーウィンはここで約七年間にわたって土地管理人の業務に従事するが、この経験が彼に大きな影響を与えた。ホールと同様、オーウィンも農業実践の場から農業経済への関心を強めていったのである。オーウィンの農業経済との関わりでは、具体的に三つの点があげられる。第一に、土地管理人の経験から、その後の彼の研究を特徴づけることになる農業・歴史・経済問題への取り組みを始めている。第二に、管理の問題などに大きな関心をもち、その関心は徐々に農業経営研究やその研究手法に向かうことになり、効率的な農業経営ないし所領経営のあり方をめざすことになる。第三に、農政あるいは行政の世界との接触をもつ。これはターナーの政治活動に触発されたものであった。一九一三年に農業経済研究所の所長に就任したオーウィンは、その後一九四六年に所長職を退くまで、ほぼ三三年間にわたって、この三つの関心事から始まる農業経済の研究に携わっていくことになる。

オーウィンは農業経済研究所の所長職採用のための就職面接に備えて、マーシャル（Alfred Marshall, 1842–1924）の著書 *Principles of Economics* を購入し、オックスフォードまでの車中で読んでいる。オーウィンは経済の研究職ということから、当時よく読まれていたマーシャルの著書に一応、目を通しておいたようである。しかし、この著書から得られた知識を面接で調べられることは、まったくなかった[25]。農業経済という名称が使われていたものの、農業経済研究所での研究は、当時の経済学の応用という意味ではなかった。さらにオーウィンは三〇歳代半ばで所長に就任することによって、その知名度が高まるものの、オックスフォードの学問の世界に容易に適応したというわけではない。オーウィン自身は様々な経験を積んだ順応性の高い人物であったが、オックスフォード大学では伝統的に、実際上の問題を扱うのは学問として相応しくないと考えられていたために、農学あるいは農業経済学という「パンのための学問」（bread studies）は依然として疑いの目で見られ続けていたのである[26]。これに対してオーウィンは研究成果を発表していくと同時に、ベイリャルカレッジに所属（農業経済研究所との兼務）して、一九二六年にカレッジのフェローおよび財務担当者となり、土地管理人時代の実務経験を発揮していくことになる。こうしたことを通してオーウィンは徐々にその地歩を固めていった。

オーウィンはホールの意思を継いで費用計算体系の確立に努める。しかしながらオーウィンの学問の出発点は、農業経営の費用計算ではなかった。オーウィンの最初の著書はS・ウィリアムズとの共著 *A History of Wye Church and Wye College*, Ashford, 1912 であり、その後に *Reclamation of Exmoor Forest*, Oxford U. P., 1929, さらに妻クリスタベルとの共著 *The Open Field*, Oxford U. P., 1938 などを刊行している。[27] これらの著書の表題からもわかるように、オーウィンは農業史からその研究を始め、研究を継続している。一九一二年の著書は、オーウィンが卒業したサウスイースタン農業カレッジの地域的な特性を述べたものであり、このカレッジが立地するワイの地域史を概観したものであった。さらに一九二九年の著書は、オーウィンが叔父からエクスムアに近接する土地を相続したことをきっかけに、一八一五年の囲い込み法以降のエクスムア・フォレストの開墾に関する包括的な研究に取り組んだ成果であった。[28] その内容は、一九世紀初頭から二〇世紀初頭にかけてナイト（Knight）家によって購入された約一万エーカーの土地が、利益をもたらす地域へと変わり、さらに道路、農場、囲い込み地、防風林、住宅、そして学校・教会・牧師館などが立地する教区となり繁栄がもたらされたというものであった。いわゆるオープンフィールドシステム（開放耕地制度）が囲い込みの進展によって消滅し、それによって地域の発展がもたらされたということである。この研究は厳密で詳細な調査に基づいており、オーウィンのその後の研究を方向づけるものとなった。[29]

オーウィンの研究は囲い込みによる影響ということにとどまらず、さらに歴史をさかのぼって、囲い込み以前から続いていたオープンフィールドに関心を向ける。その成果が一九三八年刊行の著書であった。この研究によってオックスフォード大学から学位を授与されるが、刊行された著書は前述のように妻との共著となっている。オーウィンによれば、研究を始めたきっかけは、当時は囲い込み研究に比べてオープンフィールド研究がきわめて少なかった上に、オープンフィールドを慣行的な農法の自然な帰結とみなせるかどうかを見極めようとしたからであるという。[30] それまでの歴史家の既成概念となっていた「ストリップ農業と混在地が耕作者の平等性を確保している」[31] という点に対して疑問を投げかけ、実際の農業の必要性や土地の自然特性に基づいてオープンフィールドシステムを説明しようとしており、歴史学の理論展開というよりも農業経済的な考察に基づく論理を展開しようとした研究であった。オーウィンによれば、オープンフィールドシステムは社会システムというよりも農業システムであり、人々が土地からより多くの収穫物を得られるよう工夫したものである。これを裏づけるオーウィンの論拠は、ノーサンプトンシアのラックストン（Laxton）において当時唯一残存していたオープンフィールドの記録であった。オーウィンは史料に基づいて歴史学の理論を構築しようとしたわけではないが、農業経済的な考察を重視し、とくに囲い込みやオープンフィールドという土地保有形態に着目して、農業経済的な論理を展開していこうとした。この点でオーウィンは農業史の考察を通して、農業経済学の形成に貢献したといえる。

さらにオーウィンは、前述のようにホールの意思を継承した研究にも取り組んでいた。所長に就任した後に、まず刊行した著書 *Farm Accounts*, Cambridge University Press, 1914 では、土地管理人としての経験とホールの影響がみられる。この著書では、混合農業の主要作物に関する費用計算体系の必要性を説いている。オーウィンは具体的な数字をあげて、各圃場や各部門における馬（力）などの利用に関する詳細な記録に基づき、最終農産物が生み出された後の副産物に関する評価や馬（力）などの配分評価も行っている。イギリスの場合、耕種農業と畜産とを組み合わせた混合農業形態が基本となっているので、馬（力）などはすべての部門で使用されているため、その配分評価は費用計算にとって必要となる。オーウィンはその後も相次いで *Farming Costs*, Oxford, 1917 ; *Farming Costing and Accounts*, Benn Brothers, 1923 ; *Estate Accounts*, (with Kersey, H. W.), Cambridge, 1926 などの費用計算に関する著書を刊行し、研究成果を発表する。しかしこの研究は、その後アメリカの手法が導入されたこともあって継続されず、オーウィンの関心は徐々に農法や農業政策へと向けられる。

農法についてオーウィンは、*Progress in English Farming Systems* という題名の叢書において、一九三〇〜三四年に五冊の研究成果を発表している[32]。これらはいずれも小冊子であったが、オーウィンの著書のなかでは広範に読まれたもので、その点で影響力をもった。これらの著書においては、優良な経営をしている農民の事例を通して、企業的な経営の選択的な拡大や販売・購買法によって伝統的な農法が崩されて、農業発展がもたらされたことが描かれている。このオーウィンの著書をきっかけにして、農業経済研究所は牛乳生産、肉牛用草地農業、舎外酪農、機械利用農業、牧草乾燥、作物栽培の機械化などの「企業経営」研究に乗り出す。この研究は両大戦間期の農業発展にとって必要なものと位置づけられ、農業経済研究所の主要課題となった。

オーウィンの農業政策に関する主要な業績は、土地の私的所有に関連するものであった。一九二五年刊行の著書 *The Tenure of Agricultural Land* (with Peel, W. R.), Cambridge では、全国的に農場規模が小さいために近代的な農業技術が利用できないので、土地の国有化によって農業経営者や農業労働者の生活水準を向上させることが必要であるとしている。[33] この見解はその後、著書 *The Future of Farming*, Oxford, 1930 や著書 *Problems of the Countryside*, Cambridge University Press, 1945 において、当時の農業状況を改善する手段として強調される。オーウィンは農業政策論においても、常に歴史をたどる、とくに土地をめぐる歴史をたどるという傾向が強くあった。オーウィンがイギリス農業経済プロフェッションの最初のひとりであるとすれば、イギリス農業経済学の特徴のひとつは、農業史あるいは土地の歴史を中心に組み立てられていることだといえる。実際にこの流れは、後の農業経済アドバイザーの研究のなかにも色濃くみられる。

農業政策に関連して、オーウィンは *The Manchester Guardian* 誌や *The Yorkshire Post* 誌上でも定期的に論考を執筆している。これは当時の農業事情の紹介なども兼ねていた。しかしオーウィンの農業政策への貢献度は、歴史への貢献度に比べれば小さいものであった。さらに、農業政策論が中心となった農業経済学会や国際農業経済学会の設立や展開にも、あまり寄与していない。実際の農業政策との関わりという点でも、オーウィンは農業最低賃金委員会（Agricultural Wages Board）の非常勤委員（アシュビィはこの委員会の調査アシスタント）となり、[34] 一九二二〜二四年には農業評価委員会（Agricultural Tribunal）の評価担当者となっているが、積極的に委員の役割を果たしているとはいえない。オーウィンは農業史に対する関心が強く、農業政策やそれに関連した事業には、あまり関心を示さなかったのである。

次に所員となったアシュビィである。アシュビィは、ウォリックシアにあるタイソ（Tysoe）村のジョセフ・アシュビィの長男として生まれた[35]。父ジョセフは少年の頃から農業に従事し、メソジスト教徒であり、様々な農村の役員、救貧法の施行委員、治安判事、農業ジャーナリスト、地主の支持者、自由党の党員など広範な活動をしている。息子のアシュビィは、父親とともに農業に従事したので、農業経験が豊富であった。この点はサウスイースタン農業カレッジで農業を学んだオーウィンとは異なっている。アシュビィは父親からの影響を強く受け、父親の代理を務めることもあった。一九〇六年と一〇年の選挙で自由党のエージェント（選挙運動出納責任者）となり、一〇年にはオックスフォード大学のラスキンカレッジで二年間の奨学金を得る。ラスキンカレッジにおけるアシュビィの同級生は、ほとんどすべて町出身の労働組合の職員であり、アシュビィだけが農村出身であった。彼はこのカレッジで経済学や政治学などを学んでいる。この時の学修成果が一九一二年に刊行された故郷タイソ村における旧救貧法の施行に関する研究であり、彼のいわば研究の出発点となった。その内容は農業賃金に関するキリスト教社会連合教会の地方支部の考え方をまとめたものであった。アシュビィはその後バーミンガムの成人教育のチューターに約一年間従事した後、一九一三年にオックスフォードへ戻った。

農業経済研究所の発足当時、オーウィンは農業形態に関する情報を収集するために、農業調査を奨励した。そこでアシュビィはオーウィン所長の下で、オックスフォードシアの小貸与地（allotments）や小保有地（small holdings）の調査に携わった。この調査は農業経済研究所が独自に実施したというわけではなかった。自作農の創設をめざして、一九〇八年に制定されたSmall Holdings and Allotments Actの施行状況を調べるという目的をもつ調査であり、農務省から調査資金を得ていた[36]。政府による農業政策の進行状況の調査は、農業経済プロフェッション（後に農業経済アドバイザー）の重要な役割のひとつとなる。アシュビィは一九一四年にアメリカへ留学するが、一五年末（第一次世界大戦中）に帰国してから、再び小保有地に関する研究を再開し、一七年にその成果を発表している[37]。

しかしオーウィン所長は行政単位で行われる調査に満足していなかった。農業調査は行政主導で行われていたので行政単位である州ごとの調査結果となってしまい、それは必ずしも農業形態の分布とは一致していないからである。それでは研究として不十分なものになってしまうとオーウィンはみなした。しかしアシュビィによる小保有地に関する調査は、二つの州（バークシアとオックスフォードシア）という行政単位に限定されていたものの、農業経済調査では初めて統計的な手法が使われた。その後、農業調査は、第一次世界大戦後にスイスやアメリカで発達した統計手法によって多くの成果が発表される。その代表的な業績は、アシュビィが研究所を離れた後に出版されたものであるが、オーウィンの指導で編纂されたHowell, J. P., *Agricultural Atlas of England and Wales*, London, 1925であった。

アシュビィは前述のように、農務省からの奨学金受給の最終年である一九一四年に、エリィ（Richard T. Ely, 1854–1943）教授やテイラー（Henry C. Taylor, 1873–1969）教授の指導を受けるためにアメリカのウィスコンシン州立大学へ留学している[38]。そこでアシュビィは、すでにアメリカでは農業経済学の学部が設立されていることを知った。この学部では、土地利用や評価理論、地元の農民から収集した資料に基づく農場経営の分析、主要農産物に関する費用計算などを教えていた[39]。アシュビィも、ホールと同様、アメリカの研究・教育体制の充実から大きな影響を受けた。アシュビィは一九二四年にオックスフォードを去り、アベリストウィスにおいて農業経済アドバイザーという新たなプロフェッションに就任する（農業経済アドバイザーとしてのアシュビィについては後述）。

最後に三人目の農業経済プロフェッションのダンカンである。彼が農業経済に関心をもったのは、スコットランドの農業賃金問題であった[40]。ダンカンはアバディーン近郊の園芸業者の子として生まれた。一五歳で学校を卒業して事務員となり、一九〇四年にスコットランド蒸気機関士および機関助手組合（Scottish Steam Vessels Enginemen's and Firemen's Union）の事務局長となる。さらに市の労働組合評議会の中心的なメンバーになる。それ以後、図書委員会の委員、議案委員会の召集者、独立労働党のスコットランド東地区のオルグ担当者にもなっている。忙しい仕事の合間をぬって、ダンカンはアバディーン図書館の蔵書で、経済学および政治理論を独習している[41]。ダンカンもマーシャルの *Principles of Economics* を購入して読んでいたが、オーウィンと同様、この著書からほとんど影響を受けていない[42]。先駆的な農業経済プロフェッションをみる限り、当時の経済学の流れとは一線を画していたようである。もちろん農業経済学も同様であり、まったくということはないものの、ほとんど経済学から影響を受けることはなかった。

一九一二年にダンカンはスコットランドの農業労働者を集めて、スコットランド農業労働者組合（Scottish Farm Servants Union）を組織する。さらに同年にスコットランドの住宅供給調査委員会（Royal Commission）の委員となり、劣悪な住居地域を視察している。その地域は借地農や既婚の農業労働者が暮らす、二部屋だけの非衛生的で粗末な家屋が立ち並んでいる場所であった。ダンカンは農業労働者に組合への加入を促すために、スコットランドのほとんどの農村地域へ出向いている。そして列車や自転車で移動するときは常に書籍を持ち歩いていた。ダンカンの農業あるいは農業労働者に関する知識は、この視察と書籍から得たものであった。ダンカンのプロフェッションとしての資質について、次のような評がある。

ダンカンはいざというときばかりでなく、いつも申し分のない外交家であり思慮深い人であった。彼がスコットランドの農業労働者の実態を深く調べれば調べるほど、複雑な農民の問題、土地および経営の問題への理解が広まり、そして科学的・経済的・社会的な調査が緊急に必要であることをひしひしと感じた。友人は良き労働者の代表として（ダンカンが）政界に入ることを望んだけれども、彼はそのための心の準備をしていなかった。彼はあまりにも現実的であり、非常な頑固者であり、地味であり、長期の視野をもつ私心のない哲学者であった。彼の関心はあまりにも広い視野のもとに動いていたので、人間と家畜とが区別できないほどであった。彼は世界中の抑圧された農業労働者の味方となったが、非常に現実的であり、人間味にあふれ賢明であったので、安直なスローガンに惑わされるようなことは決してなかった[43]。

ダンカンは当初、農業労働者の雇用改善に努力を傾け、各地域の指導的な借地農と非公式の会合をもって、雇用問題について話し合い、法律ないし権威に訴えるようなことはなく、論理を押し進めて規範について話し合った。そのような会合を通じて、ダンカンはスコットランドの借地農や農業労働者に広く知られるようになった。

当時は第一次世界大戦の影響によって離農者（入隊のため）が多く発生し、農業賃金が急激に上昇した時期であった。第一次世界大戦中の一九一六年末に政府によって食料増産政策がとられ、ダンカンはスコットランドにおける計画の管理委員会のメンバーとなる[44]。当時の地方最低賃金委員会において合意された最低賃金は、実際の支払賃金や農業労働者組合の交渉後の賃金よりもかなり低いものであった。ダンカンは委員会において賃金の実態を示すことが必要であり、そのために実態の把握こそが最も必要であると認識する。さらに多くの農業労働者と接触するなかで、国家助成への依存体質が、結局、国家助成の目的達成を阻んでいると考えるようになる。そして農業労働者の生活改善のためには、賃金委員会などの公的機関に依存することなく、その自助努力が最も重要であると考えるに至っている[45]。ダンカンは、スコットランドにおける農業労働者に関するプロフェッションとなり、スコットランド農業に関する広範な知識をもっていたので、エディンバラ農業局からしばしば協力を求められた。彼は、農業問題は政治問題にも大きく関わると考え、農業の政治経済学の必要性を唱えているが、この政治経済学が対象とする最大の問題は、農業労働者の生活水準の向上であった[46]。

第一次世界大戦の終わり頃にはオーウィン、アシュビィ、ダンカンの三名は、イギリスにおける農業経済プロフェッションとして、その先駆的な役割を果たすようになる。オーウィンは農業経済研究所の所長として大きな影響力をもち、アシュビィは農業実態に多く触れ、農地や農業賃金の調査に従事して、プロフェッションとしての地位を築く。そしてダンカンはスコットランドにおいて、オーウィンやアシュビィとは異なる展開でプロフェッションとしての地位を確固としたものとする。しかしオーウィンは所長として安定した地位と報酬を得ていたものの、アシュビィは一九一九年に農業勅命委員会（Royal Comission on Agriculture）のメンバー（ダンカンもメンバー）となり、そこでは農業統計学者（agricultural statistician）と紹介されているが、プロフェッションとしての地位および報酬は未だ不安定なものであった。戦時体制の終わりを告げたともいえる一九二〇年の農業法（Agriculture Act）廃止とともに、アシュビィはオックスフォード農業経済研究所の研究員以外の職をすべて失った。

三　農業経済アドバイザーの役割

農業勅命委員会は一九二〇年の農業法が廃止されるとともに解散した。これによって委員は一九二一年に解任される。オーウィンは解任された委員をオックスフォードの農業経済研究所でスタッフとして迎えようと試みるが、失敗に終わる[47]。この一方でホールは一九一七年から二八年までの間、農務省の事務次官（Permanent Secretary）に就任し、農業法撤廃法のなかに総計百万ポンドにのぼる農業教育と研究という項目を書き入れている。この教育・研究資金が生まれることによって、農業経済学は新たな展開をみせる。

第11章でふれたように、イギリスでは一九二〇年代までに各地域において、オックスフォードの農業経済研究所と同様、開発委員会の支援によって大学やカレッジ内に農業の研究と普及を目的とするセンター（advisory centre）が設立された。各センターは課題（専門分野）別に組織化された。大学やカレッジ内にセンターが設置されたのは、教育施設の充実を図る農務省と農業研究の強化を図る開発委員会の折衷案が合意に達した結果であった。そして各センターには農業アドバイザーという、研究と普及に従事する常勤の研究者が配属された。アドバイザーには農業経済のみではなく、農業化学や植物学など他の分野もあった。オックスフォードの農業経済研究所は前述のようであったが、一九二三年になって初めて農業経済研究者がいくつかのセンターへ配属され、その後二〜三年間で、すべてのセンターに農業経済研究者が配属された。[48] 各センターと配属された人々は、

アベリストウィス：アシュビィ（A. W. Ashby）　ブリストル：ベラ（E. P. Weller）
ケンブリッジ：ベン（J. A. Venn）　ハーパー・アダムス：デニス（F. S. Dennis）
リーズ：ラストン（A. G. Ruston）　マンチェスター：オール（J. Orr）
ニューカッスル：ディンスデイル（D. H. Dinsdale）　レディング：シンプソン（J. S. Simpson）
オックスフォード：ブリッジズ（A. Bridges）　ミッドランド：キング（J. S. King）
シール-ハイン：ロング（W. H. Long）　アバディーン：インペア（A. D. Imper）
ワイ：ワイリィ（J. Wyllie）　グラスゴー：ギルクリスト（J. A. Gilchrist）
エディンバラ：ウィタカ（E. Whittaker）

であった。それぞれ二〇世紀前半のイギリスを代表する農業経済研究者となった。この一五名にオーウィンとダンカンを加えた研究者が、当時のイギリス全土における農業経済研究者すべてということになる。各研究者の当初の任務は「費用計算担当」となっていたが、それはすぐに「農業経済アドバイザー」へと変わり、費用計算だけでなく広範囲の業務が求められた。もっとも、当初の数年間は、各センターでは研究者は唯一人の大卒助手と一〜二人の事務職員という数少ないスタッフで業務にあたっていたので、広範囲の業務に従事することは事実上困難であった。しかも農業経済プロフェッションの場合、大学の教育研究職あるいは国家官僚（研究員）、民間研究所の研究員などの形態ではなく、このようなアドバイザーという職業形態によって確立されるので、いわゆる研究者として養成されたというわけではなかった。そして農業経済アドバイザーの教育・研修はオックスフォードの農業経済研究所が引き受けていた。（スコットランド以外の）各センターの一二人の配属者のうちの半数とアバディーンのインペアは、農業経済研究所において学生・研修生として教育・研修を受けた。

農業経済アドバイザーを生み出す上で中心的な役割を果たしたオックスフォードの農業経済研究所、とくにオーウィンはアドバイザーの育成に大きな影響をもたらした。アドバイザーの業務や役割は、オーウィンの研究上の関心と大いに関係をもっていたからである。一九一九年の農業勅命委員会は同年十二月に提出した中間報告において、穀物増産政策の継続[49]のために穀物価格保証（小麦・大麦・オート麦が対象となる）政策をとることと、その保証価格を決定するデータを集めるために、農業費用委員会（costings committee）の設置を求めていた[50]。オーウィンはこの農業費用委員会のメンバーとなり、農業経営者から経営データを収集し、その整理にあたっている。最低価格保証制度は年ごとの生産費の変化に応じて、調整されるものであったからである。オーウィンはまた、牛乳の安定的な供給をめざす管理価格の基準とするために、牛乳生産費の調査も行っている。これらのことをきっかけにして、農業費用委員会の解散後においても、各地域の農業経済アドバイザーの業務は生産費調査やデータの整理などをするものであると認識されるようになった。さらにオーウィンは一九二二年に設置された農産物流通価格委員会（リンリスゴー［Linlithgow］委員会）において、いくつかのセンターで市場調査を担当するアドバイザーの必要性を提案し、結局、この業務は七つのセンターで実施されることになった。オーウィンは定期的に農業経済アドバイザーを集めて共通の課題を議論することによって、農業経済アドバイザーの役割を強化する上で大きな影響を及ぼしていった[51]。

オーウィンは、農業教育は大学やカレッジと連携して農業経済研究所が担う役割のひとつであると考えていた[52]。既存の農業経済アドバイザーに限らず、多くの奨学生が農務省・植民省・外国政府から農業経済研究所にやって来た。オックスフォード大学内では、オーウィンは研究所のスタッフとともに大学院生を指導し、農業の学位コースの一科目として農業経済学を教え、さらに哲学・政治学・経済学のコースでも、農業経済学を選択科目として教えた。こうして農業経済プロフェッションの養成は、数はわずかであったが、徐々に拡がりをみせる。具体的には農業経済アドバイザーがオーウィンのもとで教育を受けてから、農業経済研究所と各センターとの研究協力に携わることで推進された。

その研究協力については、たとえば一九二五年のイギリス砂糖（補助金）法以降に農業経済研究所とテンサイに関係するセンターとの共同調査として、二四〜二九年にテンサイ栽培の経済調査が行われている。さらに一九三〇年代のミルクマーケティングボード[53]設立のために、牛乳生産の経済調査も行い、農業経営調査も実施している。この牛乳生産と農業経営の調査は第二次世界大戦の勃発時まで続けられる。さらに農産物市場問題に関する研究の必要性もオーウィンは早くから認識していたので、牛乳の市場調査を一九二六〜三二年に実施している。しかし農務省自体が市場報告を行うようになり、また実際にマーケティングボード（marketing board, 牛乳やジャガイモなどの生産者が政府の承認を得て販売委員会を結成し、それを通じて農産物の買い上げ、貯蔵、加工、販売を独占的に実施する）[54]が設立され機能するようになると、農業経済研究所による流通市場研究は徐々に縮小せざるをえなくなり、やがて流通市場に関する研究は放棄される。しかし、流通市場研究はやめたものの、オーウィンは価格変動に対して関心をもち続け、農業経済研究所の継続的な研究課題として、その後も価格研究は取り上げられている。こうした経営や市場に関する調査研究以外にも、オーウィンの所長時代に取り上げられた研究課題がある。たとえば農村工業、農村教育、離村問題などである。もっとも、これらは継続的な研究というよりも、一時的な研究であった。そして一時的なものであったので、農業経済アドバイザーの業務にはそれほど影響を与えていなかった[55]。

農業経済アドバイザーは主に調査研究を中心にしていたが、オーウィン自身は、農業経済研究所の基本的な目的は農業経済の研究手法の開発であり、そのために各地域センターと連携することが重要であると考えていた。オーウィンの裁量で動かすことのできる資金や人員は限られていたので、それに応じて研究計画を策定し、新しい問題が起こったときにはすぐに対応できるように、必要性のなくなった研究や他でも着手できる研究は容赦なく切り捨てていった[56]。この点で研究成果の継続性や蓄積、それによる科学の体系化は、ほとんど考慮に入れられなかった。その反面、若い農業経済研究者が選択した分野に対しては自主性を尊重して、助力と励ましを与えていた。たとえその研究成果が政府の政策に反していたとしても、あるいは厄介なものであると考えられたとしても、オーウィンは姿勢を変えることはなかった。この意味でオーウィンは科学の形成に対しては無頓着であったのかもしれないが、研究活動に対しては自由を重んじたといえる。

このようなオーウィンの影響を受けたアシュビィは、一九二四年にアベリストウィスで農業経済アドバイザーのポストに就いた[57]。最初の仕事は、ウェールズの農業に関する情報収集であった。一九二八年にアシュビィが自ら書いているように、センターは「多くの問題を容易に、しかも確信をもって扱える詳細な情報という十分な背景[58]」をもっていなかった。アシュビィはアドバイザーと農民の結びつきを強めようと、農民を対象にした公開講座と夜間講義を開いている。アシュビィはウェールズの協同組合とその組合員を対象とする調査も行い、農業労働者を組織する労働組合を支援している。アシュビィはウェールズ語がまったく話せなかったが、数年で、問題を把握して有益な助言を与える人として、ウェールズの農民の間で評判になる。農民はアシュビィによる助言と引き換えに農業情報をもたらした。農民は自分の息子をアベリストウィスのアシュビィのもとに送って勉強させるとともに、自らアシュビィの報告やレポートに目を通すようになった[59]。

アシュビィはアベリストウィスで一人の学生アシスタントとともに仕事を始める。一九二七年にアドバイザーアシスタントとして学生のモーガン（J. Morgan）を獲得するが、これは同年に農業カレッジにおいて農業経済学専攻科が設けられていたからであった。これをきっかけにアシュビィはウェールズの農業研究に携わる多くのスタッフを育てることになる[60]。スタッフの増加とともに、アシュビィは費用計算に関する調査の対象を、酪農や家禽の部門だけでなく、肉牛や羊の部門へと拡大する。彼はまた、さまざまな部門に対する労働投入の基準を策定するために、馬労役や肉体労働の費用についても調査を行っている。さらにウェールズの農民への調査報告や協同組合への市場価格レポートを行うとともに、農業雑誌に論文を発表している。これらの業績によって、アシュビィは一九二九年にそれに値すると認められ、イギリスで最初の農業経済学教授となった[61]。

ところで各センターでの農業アドバイザー（農業経済のみでなく他の分野も含む）の採用は、センターが属している大学あるいは農業カレッジによって行われている。しかし各地域の州農業部局がほとんどの俸給や事務費用を支出していたので、当該地域の州農業部局の承認が必要とされた。この採用形態によって農業アドバイザーは、教員と専門員（指導員）という二つの役割が課せられていた。農業アドバイザーは、各専門分野で研究の義務を負う大学ないし農業カレッジの教員であるとともに、各専門分野での州農業部局の専門員であり各地域の農民に対する指導員でもあった。ここで農業アドバイザーが求められたのは、農業問題を理解する能力をもつ一方で、専門的な用語を使わずに農民を指導する能力をもつことであった。この点で農民出身者であれば、農業アドバイザーになろうとする場合に、その農業経験が有利にはたらくことになる。アシュビィをはじめとして多くの農業経済アドバイザーは、農業経験者なので比較的恵まれていた。実際に農業経済アドバイザーが着手する仕事は、まず農業情報を得るために、農民に対して労働面でも資金面でも出納簿をつけるよう説得することであった。さらにこの出納簿が自らの農業経営に生かされるだけでなく、優良経営であればその普及を考えて、他でも参考にできるように記帳農家を説得した。農業経済アドバイザーは各地域の農業経営調査に初めて着手することになるが、その一方で農民に対する指導員としての責任を果たさなければならなかったからである。これらの仕事を通じて、農業経済研究が進展し農業経済学の形成に寄与することになる。

しかし、農業経済アドバイザーあるいは農業経済研究者は、当時の一般経済理論を学ぶ機会を与えられていなかった。農業カレッジのほとんどの学生は、農業・園芸・酪農のうちのいずれかの分野で卒業資格を取っているという状況であった。大学の学位コースも一九二〇年代を通じてまだ農業化学専攻によって占められているという状況にあり、卒業後に農業経済研究者となる学生はほとんどいなかった[62]。ホールは一九一八年の大学教育に関する調査委員会の報告書において、この問題を憂慮して、次のように記している。

農業の歴史、農業の経済学、土地利用に関連する農業法や地域制度の発展、農民にとって重要な労働や共同体に関する社会問題について、教育らしきことは行われていない。実際に農業に従事する農民が高等教育機関に求めるのは、自然科学だけでなく、経済学や歴史に基づいた農業教育のできる人材の輩出である。なぜなら農業での成功は、農民の自然科学的な資質と同じ程度に、ビジネスに基づいてもたらされるものだからである。

このような考え方はイギリスではあまり発展していないので、多少とも詳細にわたって考えてみなければならない。高等教育機関では最初の一年あるいは一年半にわたる予備コースにおいて、農業の成立要因、歴史的に発展した基礎的な経済概念、そして農業に関連する物理学・化学・生物学の分野を教えるべきである。次年度の（最終）コースでは、農業に関係する経済学の分野を教えるべきである。農業発展・土地保有・地域慣行の歴史もまた、最終コースの重要な科目であり、このなかには農業法律の修得も含まれる。もちろん主要科目は農学自体であるが、科学的な側面と同様、ビジネスの側面からも取り扱われるべきである。実際に農業会計は、農法や農業実践の基礎を形成すべきものである。[63]

ホールが憂慮した十年後にも、その教え子であるオーウィンが同様に、高等教育において農業経済学と歴史のカリキュラムが不足していると嘆いている。[64]

四　農業経済学としての展開

ホールやオーウィンの憂慮があるなかで、事態の歩みは遅いものの、農業経済アドバイザーの活動を通して、大学や農業カレッジにおける農業経済学の比重が徐々に大きくなる徴候が現れる。一九一九年にリーズ大学では従来から存在したポストが「農業経済学講師」と改称され、その名称という点では最初の大学ポストとなる。[65]ケンブリッジでは農業経済学は一九一九年から農業コースの必修科目となり、非常勤ギルヴィ講師であったフェイ（C. R. Fay）が続けて科目を担当するように勧められるが、一九二一～二二年に農業経済アドバイザーのベン（J. A. Venn, 1883-1958）が、農業史と農業経済学の常勤ギルヴィ講師として採用される。[66]以下では、何人かの農業アドバイザーを取り上げて、農業経済学の展開について見てみよう。

まずケンブリッジのベンは、農業経済研究者というよりもむしろ歴史家であった。ベンの関心は、一九二三年に刊行された *Foundations of Agricultural Economics*, Cambridge U. P. で示されているように、経済よりも歴史にあった。農業経済のルー（Henry Rew）によれば、この著書はほとんど経済理論を含まず、しかも農業経営に関してもまったく記述されていないので、この題名は内容を反映していないという。[67]ベンは著書においてイングランド中部のオープンフィールドの歴史について記述している。すなわち、伝統的なマナー制度の衰退と近代借地制度の発展、そしてこの問題に関する法令の目的と達成について説明する。さらに、十分の一税・地方税・土地税の歴史、労働当たりと面積当たりの産出を測定する方法として、農業規模の違いによる効率性、イギリスにおける農業産出および農業労働者の賃金と雇用の推計法を記している。そして農業労働組合の発達、基本的な食料における輸入依存度の拡大を示し、統計を利用して作物の作付面積と収穫高を図示して、マーケティングの展開と、とくにイギリスの小麦供給の展開を説明している。

ベンは *Economic Journal* 誌などにおいても論評を発表している。彼はホールやオーウィンの考え方を忠実に継承し、オーウィンと同様、歴史に比重をおく学問傾向を持ち続けた。しかしベンは農業経済アドバイザーという職業柄、農業経営の分野を無視したわけではない。ケンブリッジ農業スクールとの接触を通じて、多くの農民の協力を得て生産費に関するデータを集めている。多くの他の農業経済アドバイザーも生産費や農業会計の調査研究に着手していたが、伝統的なオックスフォードとケンブリッジでは、歴史も研究対象に加えなければ、学問としての地位を認められないという意識が根強くあったのである。

次にミッドランド農業カレッジのキング（John S. King, 1884–1933）は、同カレッジで簿記講師となり、さらに経済アドバイザーに任命される。キングは一九二五年にレディング大学の農業経済学講師となるが、一九二七年にスコットランド農業局へと移り、農業経済アドバイザーとして、三つの農業カレッジにおける農業経済研究者間の調整役となっている。この時のキングが、イギリスにおける政府部局内のプロフェッションとして農業経済研究者が任命された最初であった(68)。

キングはミッドランド農業カレッジで教育を受ける以前に、ロンドン（London School of Economics）の夜間クラスで約四年間にわたって経済学を学んでいたので、農業の生産費問題に関する経済分析ができた。そのためにキングは農業コースで教えられている標準的な記帳法が、農業経営の効率化を高める上で、ほとんど役に立っていないという不満をもっていた。オーウィンによって推奨されている全部門を対象にした全体的な生産費計算という方法にも満足していなかった。全体的な生産費を算出するには、さまざまな部門にまたがる生産費や間接費の数値が必要となるからであった。一九二七年に刊行された *Cost Accounting Applied to Agriculture*, Oxford において、キングは一般的な混合農業において、地代、厩肥などの肥料代、耕作用馬力と労働力を加えた費用は、総費用のほぼ四十パーセント以上にのぼると指摘している。すなわち、既存の方法による生産物ごとの費用配分計算はあまりにも作為的であるため、個々の部門の収益性や個々の規模変更による成果を的確に評価できない。それを評価するためには、素原価あるいは変動原価を知る必要があり、キングはそれを計算した上で、各部門での原価と受取高との利潤差額（利鞘）の見積りを計算することを勧めている。このキングの指摘はその後四半世紀の間、忘れ去られることになるが、一九五〇年代になってケンブリッジのF・C・スターロックらによって取り上げられ、ある期間の混合農業の各部門における「粗利益」の分析へと発展する(69)。

キングはまた、生産費の記録を保存している農場は例外的で、ほとんどの農民が生産費に関する記録を保存していないと指摘する。しかし、たとえ多くの生産費の記録が保存されていたとしても、その分析の際の膨大な統計作業が農業経済アドバイザーにのしかかってくる。手動計算機はパンチカードとともに一九二〇年代に使用され始めていたが、生産費計算は各センターの二〜三人の職員に対して、あまりにも多くの表作成と集計の重荷を負わせることになる。キングは生産費計算に必要とされる詳細な記録を収集するよりも、優良農場の経営を裏づける財政的・数量的な資料を整備するほうが、今後の農業の展開を考える場合に有効であると考える。[70]そこでキングの研究は、生産費計算よりも優良経営の実態調査のほうに重点がおかれるようになる。

第三に、ワイで農業経済アドバイザーとなったワイリィ（James Wyllie, 1886-1968）は、アドバイザーとなる前に農業費用委員会の委員として採用され、オックスフォードの農業経済研究所で短期研修を受けている。その後ワイリィは、スコットランドの主任調査員に任命され、一九一九年の調査委員会において、生産費を計算する場合や、飼料や厩肥のように次の生産に使われる農産物（副産物）を評価する場合に、その統一基準を作成すべきであると強調している。ワイリィは、生産費はかなり変動するものであり、たとえ統制経済であったとしても、賃貸料が確定していない農場から、生産費の数字が算出されているようなものであると語る。すなわち統一基準があれば、多くの農場の生産費に関する記録は有効なものとなり、経営の指針にもなるという。[71]ワイリィは一九二三年にグラスゴーからワイのサウスイースタン農業カレッジへと移って農業経済アドバイザーとなり、五〇年に退職するまで、このカレッジに在職する。長年にわたってワイリィはオーウィンの生産費計算を支持し続けるけれども、その研究の重点は生産費計算から地域の農業に関する情報収集へと移っていく。[72]ワイリィも研究の傾向はキングと同様になっていくが、ワイリィの場合は、時代遅れとなった生産費計算を主張し続けることによって、徐々に研究の主流から離れ、一九二〇年代に設立される「農業経済学会」などには参加していない。

四番目に、一九二〇年代末にケンブリッジ出身のカーズロウ（Ronnie Carslaw）はヨーロッパとアメリカで農業経営研究の方法を学び、イングランドとウェールズにおけるプロフェッションについて考察している。少し長いが、当時の農業調査について詳細に表されているので引用する。カーズロウは各地域のアドバイザーに関する独自の計画について、次のように語っている。

各地域センターの農業経済アドバイザーは、生産費調査に集中すべきであり、各センターで統一した会計原理の概要を作成して、その年間報告をオックスフォードの農業経済研究所へ送り届けるべきである。これらの年間報告は研究所において分析されることによって、統計的に意味のある情報となる。この情報は各農業形態、各農業地域、年ごとの農業部門における収益性を明らかにする資料となるだけでなく、農業経営問題を調査する資料としても使用できる。しかし残念なことに、各センターで採用されている会計原理には違いがあり、その方法の統一性が欠落しているので、統一化や比較を困難にしている。しかし、農業にとって価値のある資料かどうか疑わしいものであったにしても、これらの調査から得られることはある。というのは、約百五十の農場の年間記録は農業研究にとって重要な資料となるからである。もっとも、広範囲にわたる地理・地質・気象・経済の事項が含まれているので、これらの資料は統計分析にはあまり適さないし、さらに調査方法が異なっているので、他の地域への適用が困難であるという欠点をもっている。

イングランドでは一九二三年以降にオーウィンによる生産費の算出方法が利用された。当初、農業経済アドバイザーはこの方法に統一すべきであるとされたが、一九二六年以降、統一はあまり言われなくなった。この展開は、農務省によるテンサイ生産の経済データの収集をみればわかる。テンサイは一九二四年の議会法に基づいて政府補助金によって奨励された作物であった。大規模な生産調査が始められ、そのとき基本データが収集され、栽培者に対して毎週あるいは毎月の聞き取り調査が行われた。この調査は細部にわたって正確さを保てなかった。というのは量的なデータはかなり正確であったものの、一日当たりの馬の費用や間接費用などに関する調査者の評価が確立されていなかったからである。しかし、この調査から得られたデータは、かなり価値のあるものであった。なぜなら取得したデータから、農業経営や生産体系から生じる収益性の違いを統計的に調べることができたからである。このときの調査によって、適性価格を設定する基礎がもたらされ、農業政策にとって要不要のものが明らかにされ、さらに最良の生産方法が描かれることによって、農業経営に対して大きな影響力をもった。結局、これによって農業調査の利点が明らかにされたのである。[73]

カーズロウの報告によれば、オーウィンのもとでの農業経済アドバイザー組織は、期待されたほどには、各センターでの農場経営研究を展開できるよう運営できなかった。生産費計算がワイ以外のほとんどのセンターで使われなくなり、オーウィンは調査手法を一致させるように農業経済アドバイザーを説得したが、農業経済アドバイザーはそれに従わなかった。[74]

農業経済アドバイザーが実際に着手した農業調査は、以下のようなものであった。ケンブリッジのベンとカーズロウは、できる限り多くの農場から集めた単純な財政的・数量的なデータに基づいて、各農業形態や農業規模に応じて分析するという方法をとった。これはシール－ハイン農業カレッジの農業経済アドバイザーであったロング(W. H. Long)によって設定された調査方法にしたがって行われた。この調査方法は当初はロングによって、次にカリィ(J. R. Currie, 1891–1966)[75]によって設定された方法であり、アメリカの農業カレッジ、とくにコーネル大学における実際の調査から導き出された方法であった。[76]この調査方法に則ってケンブリッジから最初に発表されたのは、ハーフォードシアの農業調査であった。この調査では収益が、面積当たりおよび労賃当たりの高い産出、資本の速い回転、酪農部門での高い産出、そして購入飼料当たりの高い産出と関連することが明らかにされた。さらに最も収益性の高い農場は、テンサイ・ジャガイモ・牛乳・家禽・鶏卵などの高付加価値の農産物に特化する傾向にあり、面積当たりでも家畜頭数当たりでも高い生産量をあげ、最も収益性の高い部門に特化する傾向にあることを明らかにした。[77]

しかし、農業調査を実施するにあたってコーネル大学の影響を受けているように、イギリスの農業経済学はアメリカから約十五～二十年ほど遅れていた。アメリカではすでに一九〇九年の時点で農務省が約三百五十人のスタッフを動員して、農業情報の収集にあたっていた。カーズロウはアメリカを訪問して、農業カレッジで収集された多量のデータを扱って、かなり精緻な統計分析が行われているのを目の当たりにする。当時、アメリカではホレリスカードシステム（一八八二年にアメリカにおいてＭＩＴの研究員ホレリスによって考案されたパンチカードシステム）が導入され、収集した記録をグループやサブグループに分類する作業を進めることによって、詳細な研究が行われていた。[78] そのような先進的な機械を使った研究とは対照的に、イギリスの農業経済アドバイザーが利用できるのは、二～三人の大卒アシスタント、そして事務職員と一～二台の手動計算機であった。しかもこのわずかな職員や施設を維持することさえ一九三〇年代初頭には危うくなり、賃金・手当・アシスタントが削られる。アメリカとイギリスの対照的な点は、これだけではなかった。一九二八年にコーネルを再訪したアシュビィによって記されているところによれば、コーネル大学には農業経済学部があり、農業経営学に四人の教授、農業経済学に三人の教授、農業マーケティングに四人の教授、そして普及講座に二人の教授を抱えていた。[79] これに対してイギリスでは、前述のようにアシュビィ自身が一九二九年にやっと教授職に就任するという状態であったので、その違いは歴然としていた。[80] アシュビィは、イギリスの現状では職員や施設の増加を望めないとしても、アドバイザーというプロフェッションの地位を少しでも向上させることが農業経済学の発展につながるはずだと述べている。

五　農業経済学会の設立

多くの農業経済アドバイザーは、自分が所属する大学や農業カレッジに溶け込んでいるわけではないと感じていた。むしろ孤立している状態であることに気づいていた。[81] 大学の経済学は、実際のビジネスの世界に科学の原理を応用しようとする人々をほとんど認めていなかった。一方、農業カレッジでは経済学部（あるいは経済学科）は設置されていなかった。さらに農業経済学に限らず農学全体についても、それに従事する研究者は、純粋科学よりも低いレベルの学位を獲得した人とみなされていた。そして各センターの農業経済アドバイザーは、大学人と公務員が混ざったような業務に携わったので、そこから受け取る二重の俸給は大学やカレッジの会計に混乱をもたらした[82]。農業経済アドバイザーは農家を訪問したときの費用を、センターから旅費として支給され、顧客（農民）からもらった謝礼（農産物）を自宅にもち帰った。このような行動は、利潤動機に縛られない真理を探究する大学の伝統を傷つけるものとみなされることもあった。その一方で、農業経済アドバイザーの仕事は公務員としての地位によって確保されながら、大学講師として研究休暇を楽しむこともできた。

しかし、農業経済アドバイザーは普及や研究の仕事が確保されていたとはいえ、農務省から支給される出張旅費はきわめて少なく、農業研究に関する会議への出席に対して助成金は出なかった。もっとも、一九三〇年代まで農業経済研究者が出席するような会議はほとんどなかったに等しい。農業経済アドバイザーは農業教育協会の会員であり、全国ないし地方農業（Agricultural Society）協会の会員でもあったので、農民と接触する機会をもっていたものの、それ以外に出かける機会はほとんどなかった[83]。しかし農業カレッジと大学農学部は、農業問題を課題とする報告書を刊行し始めるので、農業経済アドバイザーはかなり厳しい予算制約のなかで、農民と交流機会をもつようになる。農業新聞や地域雑誌のほうもまた、庶民的な短い記事を歓迎した。このような状況によって、多くの農業経済アドバイザーは、研究成果の普及手段として簡単な農業報告や地方紙で十分であると考えるようになる。農業経済学の重要な論文は、農業教育協会誌、各農業協会の年報、そして *Economic Journal* 誌や *Journal of the Royal Statistical Society* 誌に掲載されるものの、農業経済アドバイザーは論文掲載に対して、あまり関心を示さなかった。

ダンカンによれば、農業経済アドバイザーはデータの収集に追われ、独自の研究に着手することがなかなかできなかった。もちろん彼はこの点を問題視し、農業経済アドバイザーの仕事は直接的に農業経済学の発展にはつながらないと考えた。しかし農業経済アドバイザー自身は、各センターが大学やカレッジに立地し、その仕事場が大学やカレッジにあるので、公務員や官僚ではなく大学人であることに満足感をおぼえていた。[84] もっとも、このような満足感はあったものの、前述のように大学やカレッジ内では学問的に低くみられ孤立状態にあると感じていたので、学界の一員になっているとは感じていなかった。[85] そこで農業経済アドバイザーの指向は、農業調査に従事することよりも、大学やカレッジ内での地位の向上へと向かうことになる。地位向上のひとつの手段となったのが農業経済学会の設立であった。一九二五年に開催された農業経済アドバイザーを集めた委員会（Committee on Agricultural Economics）において、アシュビィはアメリカ農業経営学会（Farm Management Association）と類似の学会が、イギリスにおいても必要であると提案する。[86] そこで暫定的な委員会がオーウィン委員長のもとにオックスフォードで開催されることになり、翌一九二六年一月に提出する案件が検討された。[87] そして新設の学会では、アシュビィによって立案された機構が採用された。オーウィンは執行委員会の委員長に（事務職員の秘書とともに）選ばれ、リーズのラストンが会計担当となった。

こうして第一回イギリス農業経済学会がイギリス科学振興協会の会議とともに、一九二七年九月にリーズで開催された。しかしこの学会の設立は順調に進んだわけではなかった。学会の創設メンバーのひとりであったジョーンズ（Arthur Jones, ?–1978）によれば、オーウィンは三月の会議において、ホールこそが農業経済学のプロフェッションの創設者であるので、初代会長となるべきだと主張した。[88] しかしながら多くの農業経済アドバイザーは、それまでの経緯を無視して、あるいは経緯を理解することなく、オーウィンが脈絡のない無意味な提案をしているとみなした。そしてオーウィンの提案に反対して、イングランド農業史の研究者アンリィ卿[89]の任命を強行した。もっとも、アシュビィの回想によれば、官僚であったホールが新学会の設立に反対したことも、その原因のひとつであったようである。初代会長がアンリィ卿に決まったことで、オーウィンは秘書とともに執行委員会の委員長を辞任した。この代理を務めたのがアシュビィとキングであった。オーウィンは一九二七～二八年に会長として農業経済学会に戻っているが、その翌年には病気の妻の看護に多くの時間をとられ（オーウィンの妻は一九二九年に亡くなる）、学会にはほとんど出席できず学会活動から遠ざかる。その後、農業経済学会の会長はキングが務めている。当時のことをアシュビィは、キングでなければ学会の運営は困難であったと回顧している。[90]

農業経済学会は年二回開催され、夏の会議をオックスフォードとケンブリッジで交互に開催し、冬の短い会議をロンドンで開催している。これらの会議は学会員の出張を有効に使うために、スミスフィールド共進会やオックスフォードとケンブリッジのラグビーの試合がある週に開催された。会議で発表される論文は、当初は個々人に回覧されたが、一九三〇年十二月以降は刊行物となり、論文は *Journal of the Proceedings of the Agricultural of Economics Society* 誌に掲載された（学会誌はその後 *Journal of Agricultural Economics* 誌と改称する）。一九二八年にオックスフォードで開催された学会には、エルムハースト（Leonard Elmhirst, 1893–1974）の招きでコーネルのウォレン（George F. Warren, 1874–1938）やラド（Carl E. Ladd, 1888–1943）が出席する。[91]一九二九年にもウォレンとラドはイギリスにやってきて、エルムハーストによって組織された最初の「国際農業経済学会」に出席する。農業経済アドバイザーによって一九二〇年代半ばに設立された農業経済学会は、その四〜五年後には国際学会を設立することになる。

しかしながら農業経済アドバイザーだけが、イギリス農業経済に関する委員会や学会に貢献していたわけではない。エンフィールド（R. R. Enfield, 1885–1973）や前述のダンカンの活動も見逃せないものである。エンフィールドはオックスフォードの化学専攻を卒業後、第一次世界大戦中は軍需省（Ministry of Munitions）に勤務して酸性糧食を扱い、その後一九一九年に農務省へ移る。エンフィールドは当時、効率性は自然科学よりも経済に依存しているという未熟な見解をもっていたと後に回想している。もっとも、彼はそれまで経済学コースを履修する機会がなく、独学で経済研究者をめざし、当時の経済研究者ホートリ（R. G. Hawtrey, 1879–1975）や組合運動家のヘンダーソン（A. Henderson, 1863–1935）と知己になって経済学を修得した。農務省時代に *The Agricultural Crisis 1920–1923*, Longmans, 1924 を執筆しているが、この著書は独学（読書と社会観察）の成果であったといえる。

エンフィールドが自分の専門として取り組んだのは、農業信用という分野であった。農業信用の分野では一九二三年法（信用組合）は成果をみることなく失敗に終わったが、それに続く二八年の法律制定によって農業抵当組合（Agricultural Mortgage Corporation）の設立がなされた。エンフィールドの尽力があったことは言うまでもない。その後エンフィールドは、一九三一年の厳しい財源カットにもかかわらず、農務省に資金提供を促して、ケンブリッジが農業所得調査を実施できるよう助力する。このケンブリッジの調査は、その四年後に行われる全国的な農業経営調査のきっかけとなっている。[92] さらにほぼ同時期に実施された国内の牛乳生産費調査をエンフィールドは統轄する。これらの農業経営調査や牛乳生産費調査は、オックスフォードの農業経済研究所と連携して実施される。オーウィンはこの調査に対して積極的ではなかったが、オックスフォードの農業経済アドバイザーのブリッジズ（Archibald Bridges, 1891-1977）[93]らが積極的に加わっている。オーウィンは調査に対して実質的には参加していなかったので、エンフィールドが調査の指導や調整の責任にあたった。このような農業経済との関わりを通して、エンフィールドは一九三〇年以降、ほぼ一九二五年から定期的に開かれた農業経済アドバイザーの会議で実質的な議長をつとめることになる。

ダンカンの活動も農業経済学会に貢献している。一九二二年以降、農産物価格や農業収益の低下、さらに生計費の低下にともない、農業賃金が急速に下落していたので、農業労働者を取り巻く労働環境は悪化していた。ダンカンは再び農業労働者組合に熱心に関わるようになり、農業の長時間労働の軽減をはかろうとする。さらにダンカンは、平和条約のもとで一九二〇年に設立された国際労働機関の一部であった農業労働者の国際代表団に加わっている。農業労働者の国際的な組織化については、オランダ農業労働者組合がヨーロッパの諸外国に代表者会議を呼びかけ、それは国際農業者連盟（International Landworkers' Federation）へと結実する。ダンカンは一九二四年に国際農業者連盟の会長となり、第二次世界大戦後の五〇年までこのポストに就いている。[94] アムステルダムで開催された会議は、その後ウィーンやベルリンで開催され、そこでダンカンは敗戦国における第一次世界大戦の影響を知る。ダンカンは、ヨーロッパの労働組合員が自国の社会状況に対して、教条的に過度の批判を行い、現実的な取り組みを軽蔑していることを認識する。[95] その一方で、イギリスでの戦時統制下の経験と、戦後デフレーションの突然の終焉によって、農業労働者の境遇改善に関する国家政策への不信感を強めている。ダンカンは、「農業労働者は、労働運動が盛り上がっている時でさえ、自分のこともわかっていないような劣った者として取り扱われている」と訴えている。さらに、「農業労働者は自分が悪いのだと考えてしまう。なぜなら労働者は（組織力を使って）自助努力をするよりも、あくまで助力を嘆願し続けているからだ[96]」と語っている。一九二〇年代末までにダンカンは組合運動を通じて、スコットランド農業に関する知識に加えて、ヨーロッパ諸国の農業労働者の状況、農業政策、そしてその生活を左右していた耕作形態に関する知識を得た。また彼は、都市の有権者や労働組合の役員が農民について無知であり、軽蔑していることに気づく。ダンカンは第一次世界大戦後、スコットランドや他の地域における農業状況の研究に着手するために、農業経済研究所がエディンバラあるいはグラスゴーに設立されることを望んだ。しかしダンカンにはこの設立計画を遂行する資金もなければ、明瞭な構想もなかった。そこでこれに代わるものとして、一九二〇年代に農業経済学会に積極的に関わるようになる。ダンカンは一九三九年から農業経済学会の会長となり、第二次世界大戦の影響もあって、結果的に戦後の四六年まで会長職に就くことになる。

農業経済学会は、ダンカンが会長になったことからもわかるように、単に研究者のみで構成された組織というわけではなく、農業や農業団体の実践者などを含む組織として発展した。会員数は一九二七〜二八年には五二名、一九二八〜二九年には九一名、一九三三〜三四年には一七二名、一九三八〜三九年には二〇五名となり、わずか十年余りで約四倍に増加する。[97] これは研究者などのプロフェッションが増加したのでなく、農民や行政担当者などのノンプロフェッションの加入が増加したためである。一九五三〜五四年に学会会長であったトマス（Edgar Thomas）は学会の歴史を振り返って、学会は二つの役割をもっていると語っている。[98] 一つは、農業の経済社会問題に関心をもつ「アマチュア」と研究者とが議論する場となる、ノンプロフェッションの集まりとしての役割である。もう一つは、農業の経済社会問題を科学的に研究する場として捉える科学学会としての役割である。長期的には学会は前者から後者へ、その傾向を強めていくことになるが、一九三九年頃までの学会創設期においてはプロフェッションの割合は少なく、前者の傾向が強い状況にあった。この学会創設期では農業経済学という科学も、その後に現れるような数量分析を必要とするようなものではなく、多分に現状記述的なものであるにすぎなかった。

六　おわりに――農業経済学の課題

以上、イギリス農業経済学とプロフェッションの関係について見てきた。この二つは相互に結びついて展開するが、イギリス農業経済学は科学としての規範が最初から確固としてあったわけではなく、研究者相互のコミュニケーションの結果として形成された。その特徴を推進することになったのが、農業経済アドバイザーであり、農業経済学会の設立であった。農業経済アドバイザーは大学人と公務員の二つを兼ね備えるような役割を期待された。農業情報の収集から始めなければならなかった農業経済学という学問の特徴を考えれば、農業経済アドバイザーはその役割が期待されたプロフェッションであった。しかし農業経済アドバイザーは、農業経済学に対する軽蔑や偏見のなかで、大学人としての地位を高めるために農業経済学会を設立した。この学会は農業情報を多く収集するという目的をもっているため、プロフェッションのみではなく、農業従事者や農業団体加入者、官僚などのノンプロフェッションにも広く入会を求めた[99]。このような学会の特徴から、科学としての原理は公開性が求められる一方で、科学が専門分化によって必然的に負うことになる秘密主義あるいは排他性をもっていなかった。もっとも、多くの科学では初期の草創期には、農業経済学会と同じような特徴をもっているのかもしれないが、諸科学の展開と比較すれば、農業経済学は異質であった。一般的に科学学会の場合、学会に特徴的な「共通言語」を使用し、同じパラダイムのもとでなければ議論できないという排他性をもつ。またそのために研究成果は往々にして社会に対して閉鎖的なものとなってしまう。そのために現在、多くの科学では、科学的合理性に則った妥当性境界と社会との接点の問題、科学の社会的責任などの問題が発生している[100]。

ところがイギリス農業経済学の場合、当初から科学的合理性よりも社会的合理性が求められるという特徴をもっていた。さらに「ローカル・ノレッジ」（現場知と訳され、現場条件に状況依存した知識などのこと）[101]を科学体系にどのように組み込むかではなく、当初からローカル・ノレッジに基づいて組み立てられてきたという特徴ももっていた。しかし、そうだからといって、農業経済学は他の多くの科学が直面している問題に突き当たっていないというわけではなかった。むしろ多くの科学とは逆に、ローカル・ノレッジに振り回されて、科学の体系化にとって必要な科学的合理性を貫きにくい状況にあった。農業情報を収集する際には農業アドバイザーの個人的な関心に左右される場合が多く、さらに収集された情報を体系的にまとめることが困難であった[102]。したがって、農業経済学において科学的合理性を貫こうとすれば、「現場のことを知らない」「農業がわかっていない」といわれることを覚悟しなければならなかった。前述のようにホールは農業経済学会の設立に反対していたが、おそらくホールは科学としての独立性を維持するためには、前述のような特徴をもつ農業経済学の学会は障害になると判断したと考えられる。ホールにとっては科学としての発展が何よりも重要なことであり、農業問題にすぐに役立つようなことは科学発展の副産物にすぎないことなのである。ホールにとって農業経済学会は科学の発展にとって障害であり、危惧すべき存在であった。しかしホールの論理を発展させていけば、農学の基盤であるはずの実際の農業は、農学の問題外のことになってしまう。結局、農業経済学の科学としての確立と、現場から農業経済の知識を得ることは、両立が困難なことになる。多くの農業経済研究者は、この両者の間でジレンマに立たされていく。

イギリス農学史の視点から考えれば、このジレンマを克服するために、農業経済アドバイザーというプロフェッションが誕生したといえる[103]。しかし農業経済アドバイザーにとって、このジレンマはあまりにも大きな障壁であった。農業経済アドバイザーは各地域のセンターに配属されたので、いわゆる地域農業の情報に関しては獲得しやすい立場にいた。この意味で農業経済の知識量は着実に増加していった。しかし、これによって農業経済学という科学につながったとはいえない。アシュビィによれば、一九二九年の時点でもイギリスには農業経済学の標準的なテキストさえ存在しないという状況にあった[104]。その後、農業経済学は体系化に向かうことはなく、近年のイギリスでは農業経済学は、年々衰退していく方向にある[105]。その象徴的な出来事が、オックスフォードの農業経済研究所の解体（一九八五年）やワイの農業カレッジの解体・再編（二〇〇〇年）である。さらに農務省も解体・再編された。これらのことをみれば、イギリス農業経済学の歴史は、二〇世紀初頭に始まり二〇世紀末をもって一旦終わりを告げたといえるのかもしれない。農業経済プロフェッションも一世紀の歴史に幕を引こうとしている。

第14章　農業経済プロフェッションと国際化

前章でみたように、イギリス農業経済学の形成はプロフェッションの誕生と密接に関わっていた。農業経済学の形成過程において、プロフェッションは、研修や普及、調査プロジェクト、政府委員会など様々な制度や組織を生み出し、それに加わっていた。それら制度や組織のなかでも、科学が最も関連するのは学会であった。農業経済学のプロフェッションの誕生直後である一九二七年に、第一回イギリス農業経済学会が開催された。しかし学会の設立は円滑に進まなかった。会長の人選で混乱があり、さらに組織運営においても多くの障害があった。これらは単なる人事や派閥の争いというのではなく、イギリスの農業経済学という科学のあり方と結びついたものであった。

二〇世紀初頭のイギリス農業経済学の特徴をあげるとすれば、大きく二つある。一つは、アメリカ農業経済学に大きく遅れをとっていたという点である。これはとくに研究手法（生産費計算手法や経営分析など）や研究体制（研究・教育機関など）という面においてであった。もう一つは、プロフェッションが農業の実態について知識や情報をほとんどもっていなかったという点である。二〇世紀初頭に誕生したプロフェッションは、大学や農業カレッジにおいて農業以外の専門分野（たとえば化学・生物学など）を専攻した人々がほとんどで、卒業後に初めて農業に関わった。したがって、各地域に設置された地域（農業）センターでは、まず農業情報の収集がプロフェッションの重要な役割（政府による政策の遂行上も必要）となった。学会もプロフェッションだけが集まる組織ではなく、ノンプロフェッション（官僚・農業団体代表者・農民など）も加えた組織として設立され、農業情報の収集や交換が行われた。この学会はむしろノンプロフェッションが多く所属し、ノンプロフェッションにも開かれていたので、閉鎖的でない「公開性」をもった組織であり、多くの農業情報が収集された。しかし他の科学学会にみられるような科学を議論する場となっていたのかどうかは疑わしい。さらに農業経済学が学会という場を通して、体系性をもつ科学として確立されたのかどうかも疑わしいものであった。

イギリス農業経済学はこのような特徴をもったままで、上記の国内学会の設立ばかりでなく、その数年後の一九二九年には国際農業経済学会の設立をみ、「国際化」へと歩み始める。アメリカに遅れをとり、科学としての体系性をもたないまま国際化をめざすことになるのである。国際学会の設立はただちに国際化とはいえないかもしれないが、国際学会がイギリス帝国の展開に寄与したことは確かである。もっとも、イギリス主導の国際農業経済学会が設立されたのは戦間期の経済不況期である。この時期は第一次世界大戦時の経験をふまえて、農業に対する関心が再び高まった時期でもある。この農業への関心は、イギリス農業政策の再検討を迫ることになる。周知のようにイギリスはこの時期に自由貿易政策と訣別して保護貿易政策へと転換している。農業政策の転換あるいは当時のイギリス農業の展開については、すでに数多くの研究成果があるが[1]、農業政策の転換と農業経済学の歩みとの関係について言及した研究成果は乏しく、いまだ未整理の状態にある[2]。

この章ではイギリス農業経済学とその国際化をめぐる展開と、それを推進した農業経済プロフェッションについて考える。その際、農業経済学と農業政策との関連が中心となる。というのは、当時のイギリスが置かれた状況から、農業経済学という科学は、農業政策と大きな関連をもつようになるからであり、とくに農業経済プロフェッションは農業経済学との関わりよりも、むしろ農業政策との関わりを多くもつようになるからである。この点で農業経済プロフェッションは、農業経済学という科学の担い手であるのかどうかが問われるようになる。もし農業経済プロフェッションが変容したとすれば、農業経済学という科学の展開に対して、どのような影響を及ぼしたのであろうか。

以下ではまず国際農業経済学会の設立までの経緯とその後の展開について考察し、その展開のなかで農業経済プロフェッションがどのように農業行政と関わるようになり、どのように変容し、どのような課題を抱えていくのかを考えていく。これは現在も問われることの多い「科学の展開に対するプロフェッションの役割とは何か」という問題に応えようとするものでもある。[3]

一　国際化への端緒

前章で述べたように、イギリスでは一九二〇年代に農業経済アドバイザーという農業経済プロフェッションが誕生した。一九四〇年代にレディング大学農業経済学教授（イギリスで二人目の農業経済学教授）であったE・トマスによれば、一九三九年以前の段階でイギリス農業経済学を特徴づけていたのは、この農業経済アドバイザーというプロフェッションと、オックスフォードに設立された農業経済研究所であった。[4]しかしながら農業経済アドバイザーはその数も限られ（一九二〇年代にイギリス全土で一五名）、必ずしも農業経済学の発展に寄与していたとはいえない。しかしながら、その一方で農業経済アドバイザーは自分の職場である地域（農業）センターが大学やカレッジ内に立地していたので、自らを公務員や官僚ではない「大学人」であると考えていた。[5]しかし農業経済学は大学や農業カレッジ内では学問的に低くみられていたので、大学や農業カレッジは農業経済アドバイザーを学界の一員とは思っていなかった。[6]そこで農業経済アドバイザーの関心の対象は、大学や農業カレッジ内での学問的な地位の向上へと向かう。地位向上のための一つの手段となったのが、前章で見た農業経済学会の設立であった。しかしこの学会設立は学界の一員になるというプロフェッションの要求を満たしたのかもしれないが、農業経済学という科学の発展には必ずしも結びついていなかった。

一九二八年にオックスフォードで開催された第二回イギリス農業経済学会には、L・エルムハーストの招きで、コーネル大学の農業経済学において中心的な役割を果たしていたG・F・ウォレンとC・E・ラドが出席した。[7] この二人は、イギリスの農業経済アドバイザーの役割に関心をもっていた。そして翌一九二九年にウォレンとラドは、エルムハーストによって組織された最初の「国際農業経済学会」(International Conference of Agricultural Economists) に出席し、この学会の設立に寄与することになる。一九二七年に第一回大会が開催されたばかりのイギリス農業経済学会は、その数年後に国際学会の設立をむかえたのである。[8] これほど早い時期に国際学会が設立できたのは、エルムハーストの尽力があったことは確かであるが、とくにエルムハーストとコーネル大学との結びつきが無視できない。

エルムハーストが農業経済学に関心をもち、コーネル大学との結びつきをもった経緯は以下のようである。エルムハーストは、ヨークシアの聖職者で地主であった家庭に育った。[9] ケンブリッジ大学で歴史の学位を取得してから、メソポタミアやインドでの戦争に従軍し、このときに農業労働者の窮状に関心を寄せるようになる。農業労働者の問題に関心をもった点はダンカンの問題意識ときわめてよく似ている。エルムハーストはダブリンの科学カレッジ (Royal College of Science) において農業の短期コースを履修する。その後、当時のイギリスでは本格的に体系的な農業経済学を学べないと判断して、アメリカのコーネル大学へ留学する。エルムハーストはコーネル大学で一年目は植物学・微生物学・化学などの基礎的な科学を履修し、二年目は家禽学・畜産学・農業経営学などの応用的な科学を履修している。最終的に履修した学位コースは農業教育であった。その学業成績については、農業経営学はCであったが、家禽学と農業教育ではAを取得している。[10] この成績評価はエルムハーストが、その後に関心をもって取り組む分野が農業経営学ではなく、農業教育ないし農村教育であることを暗示していた。

エルムハーストはコーネル大学での研究生活で大きな影響を受けるが、その後の活動に影響を与えたのは、コーネル大学での研究活動や成績評価だけではなかった。彼はアメリカ留学中の一九二五年に結婚するが、それ以前の約三年間にわたってインドに出向き、ベンガルの農村において、農村改良事業ともいうべき事業に携わっている[11]。コーネル大学において農業教育の成績が良かったのは、おそらくこの経験が生きた結果であろうと考えられる。エルムハーストがこの農村改良事業に関わったのは、タゴール（Rabindranath Tagore, 1861-1941）による貧困の解消と農民相互の助け合いの促進という考え方に共鳴したからであった。タゴールはノーベル文学賞を受賞（一九一三年）したインドの詩人として著名であるが、詩人として活動する傍ら、農村開発運動にも携わっていた。タゴールはインドの貧しい農民に欠けているのは「個人は全体のために、全体は個人のために」という相互扶助の精神であると考え、農民に対して農業協同組合的な自治組織を設立し、農産物の販売をはじめとして家内工業の奨励や、道路・堤防などの補修をお互いに協力して取り組むように説いて回っていた[12]。そしてこのような運動を推進するためには、農村における青年指導者の育成が必要であると考え、一九〇六年にはアメリカのイリノイ大学にタゴールの長男と教え子を留学させ、農学や畜産学を学ばせている。

そして一九二二年には、インドにやって来たエルムハーストとともに、ベンガル近郊のシャーンチ・ニケタンにおいて、農業教育と農村開発の実験センターを開設している[13]。このセンターは、既存の「ブラフモチャルジョ・アシュラモ」（古代の森の草庵にちなむ）という名称の学校（一九〇一年に設立）の近隣地に設立されている。エルムハーストとタゴールは、このセンターの開設以前にニューヨークで共通の知人を介して面識があり、すでに二人は親交を深めていた。タゴールはエルムハーストを、農民の貧困問題を解決したいと願うイギリスの理想主義者とみなした[14]。センターの開設当時のことについて、タゴールはエルムハーストへ、次のような手紙を送っている。

あなたは大学を出たばかりの非常識な青年であったが、学究的であるばかりでなく、豊かな知性を持ち合わせていた。あなたは生まれついての人間味あふれる性格をもち、村で人々と密接に接したが、その行動の対象は数字の助けによって解決できるような単純な問題だけにとどまることはなかった。（中略）あなたは有り余るほどの同情心をもち、それはあなたの前に立ちはだかっていたすべての困難へ向かう根本的な原動力となった。あなたは自分の仕事を農村改良事業（Village Reconstruction Work）と名づけた。それは様々な活動を含む村の生活を対象としたものであり、単なる知識に基づいてできるような仕事ではなかった[15]。

インドでの経験は、その後のエルムハーストの人生を大きく左右したばかりでなく、農業経済学の展開にも大きな影響を及ぼすことになる。エルムハーストは農業経済学について論じるときには、各人の自助と相互扶助を信じ、室内での研究活動よりもフィールドでともに働くことによって学ぶことを強調するようになる。これはもちろんタゴールの考え方に触発されたものであった。エルムハーストは結婚直前の一九二四年九月から二五年にかけてタゴールとともに南北アメリカ旅行をするなど、その親交は長く続き、終生タゴールに対して財政的な援助を継続した。またエルムハーストの活動がインドにおける農業経済学の展開に寄与することにもなった[16]。

エルムハーストは一九二五年（結婚した年）に、サウスデヴォンのダーティントン（Dartington）で半ば放置された所領を購入し、その所領においてインドでの農村改良事業の経験を活かそうと考える[17]。この所領経営では従来の土地管理人が行っていたような、より良い建築物、囲い、排水施設などをもった集約的な農業が推進される。その上にインドでの経験に基づいて販売の共同化が行われ、さらに農業生産面だけでなく、生活面における改良にも着手している。農村生活面での改良は多分にタゴールの影響を受けたものであるが、具体的には討論クラブの設立や音楽・演劇などが積極的に行われた[18]。それればかりではなく、エルムハーストは男女共学の寄宿学校をダーティントンに設立した。これはイギリス流の教育ではなく、アメリカ流の考え方を取り入れたものであったので、マナーとモラルをめぐって論議を巻き起こした。これはエルムハーストのダーティントンでの活動に対する評判にも影響を及ぼすことになるが、結果的に、外部からの評価がその活動をさらに強化することにつながる。そしてこれは、タゴールから影響を受けたエルムハーストの信念ともいうべき、外部の支援を求めるよりも、自助や相互扶助に基づくべきであるという考え方を一層強めることにつながっていく。

ダーティントン所領では農業や園芸のみでなく、林業や製材業、そしてリンゴ酒製造などを含めた農村工芸にも着手し、地域的にも分野的にもその対象を拡大していく[19]。その一方で、住居や農場の建物、そして小屋などは現代風となり、ダーティントンホール（Dartington Hall）は中世風の建物を改築して、成人教育センター（Dartington Adult Education Centre）にしている[20]。そこでエルムハーストは農業をはじめ多方面の仕事に着手し、その実施母体であったダーティントンホール・トラスト（Dartington Hall Trust, 一九三一年創設）の管理にも携わっている。このトラストは、土地トラスト（Land Trust, エルムハースト家からすべての土地財産の所有を引き継ぐ）、学校トラスト（School Trust, 学校の管理と運営にあたる）、ダーティントントラスト（Dartington Trust, 研究を推進し会社の全株式を保有する）の三つのトラストを合体したものであり、エルムハーストは一九七二年まで、その会長（chairman）を務めた[21]。エルムハーストの活動は広範にわたり、多くの組織や団体の活動に関わりをもった。たとえばデボン州会、エクセター大学、さらに政治経済計画（Political and Economic Planning）、王立国際問題研究所（Royal Institute of International Affairs）、労働党、後に会長となる王立林業協会（Royal Forestry Society）などであった[22]。

エルムハーストがコーネル大学へ留学したのは、イギリスでは体系的に農業経済学が学べないと判断したからであったが、その留学時代にイギリス農業経済学のプロフェッションがアメリカから大きな影響を受けていたことを知る。エルムハーストはイギリスの農業経済学を発展させていこうとすれば、イギリスとアメリカとのつながりを重視し、この関係をさらに強固にすることが重要であると考える。そして一九二九年にダーティントンで一二ヶ国（イギリスを含む）から約五十名の農業経済プロフェッションを集めて会議を開催する。この会議の運営はオックスフォード農業経済研究所の所長C・S・オーウィン、コーネル大学のラド、そしてダーティントンで採用された農業経済プロフェッションのJ・R・カリィの三人があたっている。これが事実上の国際農業経済学会の発会となった。この会議ではイギリスおよびアメリカをはじめとする多くの農業経済プロフェッションが研究成果を発表している。

　このときの発表は農業経済学に関連するさまざまな研究分野が含まれていたが、その内容は主に三つに分かれている。土地制度や農業経営などの農業問題、農産物需給および国際貿易などの国際問題、そして各国の特徴などの地域問題であった[23]。この三つの内容は、その後のイギリス農業経済学の方向性を示すものであった。第一の農業問題については、イギリス農業において最も重要な問題である土地保有形態の歴史的展開に関する発表があった。発表者は、オーウィン（代読）、アルスターのハークニス（D. A. E. Harkness）、そしてマクストン（John Purdon Maxton, 1896–1951）の三名である。さらに農業経営学に関する発表も行われ、発表者はコーネル大学のウォレン、オックスフォードのブリッジズ、リーズのリバセイジ（Victor Liversage）、レディングのトマスであった。第二の国際問題については、農産物需給と国際貿易に関する発表があった。R・R・エンフィールドが農業と工業との間の交易条件の変化に関する発表を行い、イギリス国内農業生産者の保護によって生じた通貨不安と関税拡大のもとで、ヨーロッパ食料市場がどのように変化しているのかについて論じた。さらに国際貿易については、インペリアル科学技術カレッジ熱帯農学専攻のシェパード（G. Y. Shephard）が砂糖貿易について論じ、イギリス連邦のサトウキビ栽培者への影響を発表した。そして第三の地域問題については、アメリカのウォレス（H. A. Wallace, 1888–?）、H・C・テイラー、ベイカー（H. E. Baker, 1883–1949）がアメリカ農産物の需給動向について発表し、マンチェスターのオール（John Orr）は、ナポレオン戦争時の穀物法制定から百年間にわたるイギリスの農産物の需給動向について概観した。ミドルトンは、農業生産に関する研究教育に対してイギリス政府が行ってきた援助を回顧した[24]。ダイクス（G. M. Dykes）は帝国マーケティングボードの起源と役割について発表した。オックスフォードのプルウェット（F. J. Prewett）とアメリカのスペンサー（Leland Spencer, 1896–?）は、英米の牛乳販売に関する研究を紹介した。

　これらの発表は研究者や行政担当者によって、関心のある対象が異なっていた。英米の農業経営分野に関心をもつ研究者は、農業経済学、とくに農業のマクロ経済に注目する傾向にあったが、その一方で経済学専攻の研究者や行政担当者は、価格・費用・技術の変動に対応する農業政策に注目する傾向にあった。そしてイギリス農業経済学の展開のなかで注目すべき点は、この時の会議でイギリスの農業経済プロフェッションが初めて国際貿易問題に関心をもったということである。[25]これはその後の一九三〇年代における自由貿易政策の転換、帝国特恵関税の成立と国内農業保護というイギリス農業政策の転換を暗示するものとなった。

二　国際農業経済学会の研究動向

エルムハーストによるダーティントンでの活動、とくに国際農業経済学会をめぐる活動において重要な役割を果たしたのは、カリィとマクストンの二人であった。国際農業経済学会の展開はこの二人の活動を抜きには語れない。ダーティントンにおいて農業経済研究に従事するプロフェッションとして最初に採用されたのは、コーネル大学から推薦のあったカリィである。カリィは初等学校卒業後、母親とともにアラン島で農業を営んでいた。第一次世界大戦後まで初等学校以上の教育を受けていなかったが、グラスゴーでマクストンと出会い、マクストンとともにオックスフォードへ行き、オーウィンのもとで一年間にわたり農業経済学の教育を受ける。エルムハーストはこのカリィを通して、ダンカンとマクストンの二人と知己になった。一九二六年にカリィはコーネル大学へ留学して農業経営学を学び、二八年に帰国してダーティントンで農業経済のプロフェッションとなっている。[26]

カリィを通じて、コーネル大学とダーティントンとの共同研究が開始され、この研究において、サウスデヴォンにおける二百以上の農場について本格的な農業経済調査が行われた。この調査結果を公表するために、ホレリスカードによる整理作業が行われ、報告書が作成された。[27]これら一連の作業はカリィとロング（当時はシール-ハインの農業経済アドバイザー）によって、一九二八〜二九年の冬にコーネル大学で行われ、その後ダーティントンで最終的な調整が行われた。ちなみにホレリスカードによる整理作業は、イギリス国内では当時まだ行われていなかったために、コーネル大学で実施された。これが農業経済に関する英米共同研究の端緒となる。そしてこの報告書は第一回国際農業経済学会で配布された。こうしてカリィはイギリス農業経済研究の推進者になるとともに、国際農業経済学会の主要メンバーになる。彼は単に研究面での推進者であったばかりでなく、国際農業経済学会の学会運営という実務においても主要な役割を果たした[28]。カリィは会計幹事であり、開催担当者としての業務を担っていく。学会運営上の職務を長く続け、国際農業経済学会のプログラムには輸送、旅行、費用、財務などにおいて、常にカリィの名前がみられるようになる。またカリィは国際農業経済学会だけでなく、イギリス農業経済学会の創設メンバーの一人として、長年にわたって運営委員会のメンバーにも入っていた。そして一九五五年にはイギリス農業経済学会の会長に選出され、一九六一年に名誉会員となっている。

カリィは学会などの組織運営に優れていたようであり、学会以外にも多くの委員会や組織に関わっている。たとえば、委員会や組織の名称を列挙すれば、Young Farmers' Club, Devon Agricultural Executive Committee, Totnes and District Farmers' Discussion Club（一九四四年に創始）、ミルクマーケティングボードの牧草乾燥施設運営委員会（一九四四年にダーティントンで設立）、イギリス草地学会（カリィは創設会員）、家畜生産学会（カリィは創設会員であり、一九五〇年に会長に選出され、六〇年に三人の終身会員のうちのひとりとなる）、Devon Herd Book Societies, TT Milk Producers' Association, そのデヴォン（Devon）とコーンウォール（Cornwall）の支部会などであった。もちろんカリィがこれらの学会や組織に関わっているのは、組織運営という点からだけでなく、研究上の関心からでもあった。その所属した学会や組織から、カリィは畜産改良や草地利用に対して関心をもっていたことがわかる。実際に、彼は畜産や草地利用を課題とする調査あるいは普及活動を熱心に進めている。たとえば、ダートムーア（Dartmoor）におけるウェルシュ（Welsh）羊およびシェトランド（Shetland）羊とギャロウェー（Galloway）牛の牧場経営に関する七年以上におよぶ研究、泥炭地域（moorland）での初期ファーガソン（Ferguson）トラクターの導入に関する研究、泥炭地域での牛乳集荷の組織化に関する研究、リンゴ（酒）果樹園における雑種雌羊の試験研究（共同研究）、一九三八年頃の牛舎での作業時間および工程に関する比較研究、牧草の乾燥費用に関する比較研究などであった[29]。

カリィはこれらの研究成果を国際農業経済学会において発表している。彼はこれらの研究成果を、単にイギリス国内で共有するのではなく、国際学会での発表によって海外へ発信することも意識していた。カリィによれば、国際農業経済学会は国際間の相互情報交換の場である。たとえば、国際学会を通じて、ニュージーランドの新知識はノルウェー、カナダ、スコットランドなどへ送られ、あるいはノルマンディーから他の多くの地域へと農業情報を送ることが可能となった。カリィは国際農業経済学会を「国際農業情報センター」の役割を担うものとして位置づけている[30]。

ダーティントンの活動において重要な役割を果たしたのは、カリィだけでなく、もう一人マクストンがいる[31]。マクストンはカリィとは異なり、両親がともに教師であったので、農業の経験はなかった。マクストンは中等学校卒業後に、奨学金を獲得して、農業経済学を勉強するためにグラスゴー大学へ進学する。そして一九一六年の徴兵制が導入されたときに良心的兵役拒否者となり、刑務所に短期間入った後、グラスゴー近郊のロホウィノッホ(Lochwinnoch)で林業に従事し、一九年にグラスゴー大学へ戻っている。一九二一年に農業の学位を取得し、その後、奨学金を得て経済学分野で第一級M・Aを取得する。

そして農務省からの奨学金を獲得して、オックスフォードの農業経済研究所へ入っている。オックスフォードで二年間過ごした後、コーネル大学へ留学して一年間過ごし、再びオックスフォードに戻り、スコットランドの土地保有を研究テーマにして、農業経済プロフェッションとなる。さらに、その後の六年間にわたって農業経済研究所に在籍のままで、マーケティングボードに関わり、さまざまな調査に携わっている。そしてマクストンはカリィを通して、エルムハーストやダーティントンを知り、国際農業経済学会の設立に助力することになる[32]。しかしマーケティングボードは一九三二年に廃止となり、マクストンは有給のポストをみつけられないまま失職する[33]。当時は経済不況で職員削減が行われている時期でもあり、マクストンは三〇歳代半ばであったにもかかわらず、農業経済プロフェッションを続けていくための経済的な支えを失ってしまう。

しかし経済的な支えを失ったとはいえ、マクストンのマーケティングボードでの経験は、農業経済研究の進展を促すことになる。当時、マクストンもしばしば指摘しているように、農業問題を根本的に研究しようとすれば、オックスフォード農業経済研究所が従来まで行ってきたような農民の経済問題に関する研究では不十分であり、農産物市場の研究によって、農業経済研究を補う必要があった。[34] 農務省の農産物流通局によって刊行された報告書(orange book)と農業経済研究所の報告書では、農産物流通の経済分析についてごく表面的に触れているにすぎなかった。マクストンは農業問題を農家や農民だけの問題ではないと考え、農業経済の研究対象を拡げ、加工業者・小売業者・最終消費者、そして卸売業者や卸売市場もその対象に加えようとする。マクストンによれば、それまでよく行われてきた農業問題への取り組みは、ある作目の生産物市場という限定された論題であったので、作目を限定することなく、さらに生産段階に限定することなく、より広い研究対象を包括していくべきであるという。

マクストンは、この包括的な課題を扱う継続的な共同研究を行うには、すでにカリフォルニアで実施されていた先駆的な事例にならって、イギリスにおいても農産物流通を中心的な研究対象とする研究所(Food Research Institute)の設立が必要であると考える。[35] しかし一九三〇年代初頭において、このような研究所を設立する資金の見込みは立たなかった。資金調達の見込みが立たない上に、マクストンが遂行しようとした研究は、協同組合や農業団体、あるいは政治家とのつながりを必要とした。それゆえ当然のことながら、農業分野に「政治(経済)」研究がもち込まれることになってしまう。これに対してオーウィンをはじめとする農業経済研究者から反対の声が起こり、農業経済研究所でのマクストンの立場はきわめて悪くなる。これが原因でオーウィンはマクストンを解雇したわけではなかったが、マクストンに対して研究資金の便宜をはかることはなくなってしまう。マクストンとオーウィンとの関係は一九三一年まで良好なものであったが、その後マクストンの研究方針をめぐって対立が深まったのである。

マクストンのめざす研究は、オーウィンをはじめとする農業経済研究所の支援を得られなくなった。しかしそれで頓挫してしまったわけではない。エルムハーストの支援が得られることになり、マクストンの研究資金難はある程度解消された。それどころか、エルムハーストのダーティントンホール・トラストの援助によって、農業経済研究所と同じオックスフォードに立地しマクストンを所長とする農業問題研究所（Institute of Agrarian Affairs）が設立されることになる[36]。この研究所の設立によってエルムハーストがマクストンに期待したのは、研究所が国際農業経済学会の学会活動に関連するさまざまな業務を遂行するセンターないし事務局の役割を担うことであった。この業務は具体的には会報の編集と刊行を継続的に行い、さらに農業経済学や農業政策に関する情報を収集整理して、その報告書あるいは著書の刊行を行うことであった。実際にマクストンは一九三四年から四九年までに五回分の学会誌を編集し刊行している。さらに一九三四年から四〇年まで毎月、当時の農業政策と論説を概観した冊子を刊行している。これは小冊子とはいえ、農業経済研究や農業政策に対して大きな影響力をもったようであり、マクストンの研究所には、多くの研究者や行政担当者から問い合わせがあり、訪問者が押し寄せた[37]。多くの農業経済プロフェッションがマクストンの助言を求めたが、それに対してマクストンは親切に対応した。しかしマクストンはこの対応に追われることになり、自分の研究時間が不足する。結局、マクストンは研究に取り組める場が整ったものの、自身が思い描く農業の政治経済に関する著作を後世に残せないという皮肉な結果に陥った。

一九三五年にダーティントンホール・トラストは、農業問題研究所の設立を支援した関係上、研究所の過去と将来の方針や方策の再検討を、第三者（機関）であるダンカンに要請する。ダンカンの報告書は、農業問題研究所とマクストン所長の姿勢については評価するものの、刊行された冊子は農業情報の収集あるいはそれを報告したものにすぎず、学問的に高い水準にある著作を刊行しているとはいえないと結ばれている[38]。ダンカンによる評価を受けて、マクストンは学問的に高い水準にある著書を出そうと考え、一九三一年と三三年に制定された農業マーケティング法（Agricultural Marketing Acts）などを中心とする農業政策に対する批判的な論述の執筆を試みる。しかしマクストンは執筆にあてる時間を見出すことができなかった。一九三八年にはカナダのマクドナルドカレッジ（Macdonald College）で開催された第五回国際農業経済学会に出席するために、その前年の三七年からエルムハーストと行動をともにしていた上に、学会誌の編集にも多くの時間を割かれる。第二次世界大戦の勃発によって、マクストンはしばしこういった業務から解放され、執筆の機会を見出しえたのかもしれないが、戦争という状況下では、農業および市場政策について、わざわざ執筆する意味がなくなってしまう。一九四〇年にマクストンはイギリスの農業経済プロフェッションに対する批判的な論文を発表しているが、結局、マクストン自身の主要な研究業績といえる著書は執筆されないままとなった。[39]

しかも、農業経済研究所と農業問題研究所という農業経済学に特化した二つの研究所がオックスフォードに併置されたことは、混乱をもたらすことになった。元来、この併置はオーウィンとマクストンの農業経済に対する考え方の違いに端を発していたが、この二つの研究所が対等の立場を保持していたとはいえなかった。すなわち、オーウィンは当時すでに著名な農業経済プロフェッションであり、オックスフォード大学では制度上、農業経済学に関してオーウィンだけが学部学生や学部卒業生に教育をすることができた。一方、マクストンの農業問題研究所は大学と公式の関係をもっていなかったので、大学とのつながりといえば、マクストン本人とベイリャルカレッジとの個人レベルの関係や学士助手との関係があるだけであった。第二次世界大戦の初期の頃に、農業問題研究所は公的な認知を大学から得ようと交渉を続け、一九四三年になってようやく大学の一部と認められた。公認された一九四三年からマクストンが死去する五二年までの九年間が、農業問題研究所と農業経済研究所とが対等の関係になった時期であった。そして戦後の国際交流が再び回復した時期に、国際農業経済学会を通じてマクストンはようやく十分な活動ができるようになった。マクストンは主著といえるものを残せなかったが、学会活動を通じて情報収集や国際交流を促進した実務家であり続けたといえる。[40]

それゆえマクストンの活動が農業経済学という科学の発展に寄与していないとするのは早計である。研究についていえば、一九二五年にエルムハーストがダーティントンで所領を購入した後、約十年間にわたりこの所領を拠点にした農業経済研究において、マクストンもカリィと同様に貢献している。マクストンはカリィと同様、国際農業経済学会では組織運営という面において、さらに農業経済学に対しては情報収集や整理という面においていっそう貢献している。このような貢献にもかかわらず、主要な著書を残していないという点でマクストンはカリィとともに、農業経済プロフェッションの主流から外れているとみなされてきた。イギリス農業経済学の研究史において、今日マクストンやカリィの名があげられることはほとんどない。とくにマクストンが主流ではないという考え方に大きな影響を与えているのは、マクストンとオーウィンとの関係であろう。マクストンやカリィは、一般的にはイギリス農業経済学の主流とされるオックスフォード農業経済研究所を中心とした流れとは異なるととらえられてきたのである。しかしマクストンやカリィは、エルムハーストによるダーティントン所領を中心とする国際農業経済学会の流れを間違いなく主導していた。

エルムハースト、カリィ、マクストンの三名の関係によって、イギリスにそれまでの農業経済学とは異なる流れが生み出された。これはイギリス国内のみで生み出されたものではない。前述のように三名の関係はすべてアメリカとのつながり、とくにコーネル大学とのつながりによって築かれた。これら三名は、それまでのイギリス農業経済プロフェッションとの関係においてではなく、コーネル大学を中心とするアメリカとの関係において、国際農業経済学会の進展をはかったのである。[41]一九三〇年に第二回国際農業経済学会が開催されているが、場所はイギリスではなくアメリカのコーネル大学であった。この時の出席者は三〇九名であり、そのうち二三四名が地元アメリカの出席者であった。もっとも、アメリカで開催されたとはいえ、この開催はアシュビィが立案に大きく関わり、イギリスでは農業経済学者による学会（Conference of Agricultural Economists）として広く認知された。[42]カリィも会計および幹事を担当しているので、学会担当者という点では国内学会と国際学会はほとんど変わりがなかったといえる。

むしろ国際学会が設立されることによって、イギリス国内において国際的な農業問題に関心が寄せられるようになった。

三　農業行政とプロフェッション

このように国際農業経済学会は、主にコーネル大学との関係をもつカリィとマクストンの組織運営によって進展していく。その一方でイギリス農業経済学会の活動も、オックスフォードの農業経済研究所が中心となって、農業経済プロフェッションが養成されるのにともない、活発になっていった。しかし二〇世紀初頭においてイギリス農業経済学は、いまだ体系性をもっていなかったために、学会活動がイギリス農業経済学の発展に及ぼした影響となると、よくわからない。体系化された学問の場合は、一般にプロフェッションのみが学会の議論に参加することが多い[43]が、体系化されていない農業経済学の場合には、そうではなく、そのため学会活動が直接的に学問の進展へとつながらなかった。とはいえ、それが、学問の進展にとって無意味であったわけではない。農業経済学の学会の場合、前述のように広範に多くの人々が議論に参加できるという特徴をもっていた。農民も会員となって、学会で正式に討議や審議に参加している。農民会員のなかにはケイヴ（Wilfred Cave）のように、その後に農業経済学会の会長となる人も出てくる。学会の規模も、ノンプロフェッションの加入増加にともなって拡大した。

しかし学会が拡大する一方で、農業経済プロフェッションの養成が円滑に進んでいたわけではない。農業経済プロフェッションの数は徐々に増加しているものの、アメリカに比べると、絶対数は圧倒的に少なく、大学や農業カレッジも農業経済プロフェッションを養成するには未整備の状態であった[44]。この未整備を補ったのがアメリカである。このことは農業経済学会の場合のみでなく、国際農業経済学会の場合でも、その創設メンバーあるいは組織運営者をみれば明らかである。当時のアメリカはイギリスに比べて、プロフェッションの数や専門的知識においてかなり進んでいた[45]。イギリスの農業経済プロフェッションにとって、コーネル・アイオワ・ウィスコンシンの各大学において一定期間にわたって研究すること、そして博士号を取得することは、イギリスの大学やカレッジにおいて、より上位の地位を得るのに望ましい資格となっていた[46]。国際農業経済学会はイギリスで誕生したが、まさにアメリカで養成された農業経済プロフェッションが担い手となっていた。

実際の農業経済プロフェッションの職務は、学会を中心とした研究活動だけでなく、農民への普及やアドバイザーとしての活動、そして大学カレッジにおける教育活動など多岐にわたっていた。しかし、農業経済プロフェッションは徐々にその重点をおく活動によって分化し始める。すなわち、一方は基本的にアドバイザー事業に従事し、農場に出向いて農民との会話に多くの時間を費やす農業経済プロフェッションと、他方は室内で計算機を動かして価格や需給の分析をする農業経済プロフェッションである。もっとも、この分化した農業経済プロフェッションはお互いに没交渉となるのではなく、議論の場がもたれている[47]。まさにこの議論の場となるのが、農業経済学会であり国際農業経済学会であった。

しかし学会はこのような特徴をもつだけではない。一九三四年にドイツで開催された第三回国際農業経済学会において、エルムハーストは学会について、次のように述べている。

関心のある個々人や各国の学会によって構成されるのであって、政府の公的な代表によって構成されるのではない、（中略）この学会が科学的な特徴をもち、非政治的な特徴をもつという点は、学会を維持する上で非常に重要な点である[48]。

エルムハーストがこのように述べる背景には、農業経済学という科学に政治的な影響力が入り込んで来たからであった。エルムハーストは、学会での個々人のつながりを強調する一方で、その政治的な影響力に対して警戒感を抱いている。両大戦間期の当時では、農業経済をめぐる国際的な状況には、当然のように各国の政治姿勢が色濃く反映する。国内あるいは地域内の農業保護をめぐって政治的な対立もみられる。エルムハーストは国際的な農業経済問題を議論する場に、政治的な要素が入り込むことを忌避していた。とくに農業政策を担当する官僚が、学会に出席するのは好ましくないと考えていた。しかし彼は官僚を学会から完全に閉め出そうとはしなかった。彼は国内であっても国外であっても、官僚が公的な職務で学会に出席するのではなく、個人的な意思で学会の議論に参加するのであれば、たとえ農業政策に直接関係する官僚であっても歓迎している。

しかしながらこれは理想論であり、実際には学会に官僚による農業政策論がもち込まれている。エルムハーストはすでに学会の方針をめぐる議論以前に、農業経済プロフェッションが農業政策を通して政策当局に従属する危険性があると指摘していた。たとえ農業経済アドバイザーが研究上の権限を保持し続けるとしても、政策当局は農業経済アドバイザーに関する資金全体を左右できる権限をもち、その監督者でもあったからである。エルムハーストが強調した学問と行政との区別は一九三〇年代にあいまいなものとなっていった。それは一九三〇年代にイギリス政府が自由貿易政策を放棄し、国家による助成と保護に基づく農業政策を積極的に推進するようになったからである[49]。この展開のなかで農業経済プロフェッション自体も研究者ではなく、官僚が多くを占めるようになる。エルムハーストが学会において区別をつけようとした農業経済学と農業政策は、この時点でほぼ同一視されるようなあいまいなものとなってしまった。

科学と行政との区別があいまいな状況で、農業政策に重点をおく農業経済プロフェッションが現れた。その代表的な人物がエンフィールドである。エンフィールドは半ば独学で学んだ経済学を生かして、農務省において農業生産者の売渡価格と小売価格との差が大きいことに注目して価格分析を試みる。著書 *The Agricultural Crisis 1920–1923*, Longmans, 1924 のなかでエンフィールドはリンリスゴー（Linlithgow）委員会（一九二二年に設置された農産物流通価格委員会[50]）に言及し、一般物価水準の急落が農業部門に大きな影響を及ぼし、農業危機をもたらしていることを強調している。これはエンフィールドによれば、ちょうどナポレオン戦争後に起こった現象とよく似ているという。すなわち農業と他の産業との交易条件が農業にとって不利になっていき、農産物価格は急速に下落する一方で、農民の投入費用はゆっくりとしか下落しないのである[51]。このような農産物費用と価格動向に関する詳細な研究は、それまでのイギリスでは行われたことがなく、エンフィールドが最初であった。しかし先駆的な研究とはいえ、この研究は学問的な展開をめざしているというよりも、農業行政に活かしていくことを目的としていた。実際にエンフィールドの研究をきっかけにして、政府は当時の農業問題の解決法のひとつが、流通組織の合理化であると考えるようになり、後のマーケティングボード方式の創設へとつながっていく。

このエンフィールドの研究はW・C・ダンピアによって引き継がれる。ダンピアは一九一六年から二六年までの価格変動期と、一九二九年に始まり三三年に底をついた不況期におけるイギリス農業の価格変動について分析を行った。ダンピアによれば、農産物価格の急落によって農民は結果的に多くの費用を負担することになる。そしてこの過程で一般物価水準が上昇するにしても下降するにしても、費用と収入は価格変動に合わせて同時に動くわけではなく、費用と収入との間でタイムラグが生ずる。しかもこのタイムラグは耕種部門と酪農部門とで異なる（一九二〇年代と三〇年代は、耕種部門がイギリス史上、最も落ち込んだ時期であり、酪農部門は数少ない高収益部門であった。また畜産部門は一九三〇年代半ばには過剰生産の兆しをみせ始め、畜産物の流通問題が生じている[52]）。耕種部門の方が酪農部門よりも、そのラグが大きいのである。したがって耕種部門は価格高騰時には酪農部門よりも利益を上げるが、価格下落時には酪農部門よりも多くの損失を被ることになる[53]。

エンフィールドは研究成果を通して、価格変動に農業経営が対応する際の農業政策の重要性を強調した。彼によれば、農業政策のなかでもとくに農業信用の分野が重要である（前章で述べたように、農業信用がエンフィールドの専門分野とされる）。農民が多くの損失を被ることになった場合に、信用制度によって支援することが必要であるからである。農業信用の分野では一九二二年に農業信用調査委員会が設置され、農業信用制度の構築が検討された。

とくに農業経営者が肥料や家畜の購入などに必要とする短期資金の調達に関わる対応として、一九二三年に農業信用法（信用組合の設立）が制定され、一八年には法律制定による農業抵当組合の設立が実現をみた。しかし一九二〇年代の農業政策は、農業経営状態の悪化にもかかわらず、これらの農業信用法以外に、一九二四年の農業賃金法、二八年の農産物等級などに関する農産物法がある程度で、農業経営状態の改善をもたらすことはなかった[54]。

その後エンフィールドは、農業政策の実施状況を調べるために農業経営調査を実施している。さらにほぼ同時期に実施された国内の牛乳生産費調査を統轄している。この調査は、各地域のセンター（advisory centre）で実施された、約千の農場を対象とする牛乳生産費調査である（三つのセンターで行われた家禽調査も含まれている）[55]。そして、これらの農業経営調査や牛乳生産費調査に携わったのは、オックスフォードの農業経済研究所で研修や教育を受けた農業経済プロフェッション（農業経済アドバイザー）であった。これらの調査の実施は、実質的に農業経済研究所との連携で行われたが、これらの調査の指導ないし調整の責任は、エンフィールドが担った。さらにエンフィールドは、農務省の農業経済アドバイス事業担当の初代事務次官トンプソン（R. J. Thompson, 1867–1951）が一九二九年に退職した後、その事務次官職を引き継いだ。また一九三五年には農業経済学会の会長にも就任する[56]。こうして農業経済学は、農業行政の担当者あるいは農業行政に重点をおく農業経済プロフェッションが中心的な地位を占めていく。

農業行政の担当者が農業経済プロフェッションとなるのにともない、政府における農業経済プロフェッションの雇用も徐々に増えていく。しかしその過程で制度上の問題が生じた。それは農務省部局での等級・俸給・地位に関する問題であった。一般にイギリスの行政職は伝統的にオックスブリッジの学位（arts degree）をもつ人々が就き、これらの人々は昇進の階段を上り、そのうち数人は大臣や政務次官のもとで各省庁を代表する事務次官に上り詰める。一方、科学学位（science degrees）をもつ人々は、専門技術職として雇用され、その各専門分野では昇進するけれども、行政職における最高の地位に就くことはめったになかった[57]。農業経済プロフェッションは、もちろん科学学位を取得しているので、行政職と同等の等級・俸給・地位を得ることは困難であった。つまり農業経済プロフェッションは、制度的に行政職と同様の昇進はできなかったのである。しかしながら一九三〇年代初期の不況後にマーケティングボードや小麦や家畜に関する委員会など、多くの政府機関や委員会が設置されたので、農業経済プロフェッションが雇用され、その数は徐々に多くなる。数が多くなって発言力は高まったとはいえ、農業経済プロフェッションは、政府での地位の上昇は望めなかった。しかし政府から多くの資金を得ることができるようになり、その潤沢な資金によって統計資料や改良計算機を使用し、農業政策に寄与することになる。

この時期の農業経済プロフェッションの代表的な人物はロイド（E. M. H. Lloyd, 1889–1968）である。ロイドは官僚であり、イギリス農産物市場や新しい栄養学の研究を行った。それと同時に、長年にわたってイギリス農業経済学会の活動にも加わった。[58] ロイドは一九一三年にオックスフォードを卒業して内国歳入庁（Inland Revenue）へ入り、その後に陸軍省調達局（procurement branch）へと移っている。それから三年間にわたって第一次世界大戦の膨大な業務を処理するために、陸軍省における物品購入方法を整備している。第一次世界大戦の進行とともに食料不足が危機的な状況をむかえたため、ロイドは一九一七年に食料省（Ministry of Food）へ移る。戦後の一九一九年に国際連盟のイギリス人スタッフのひとりとなり、それから十年間にわたって帝国マーケティングボードや、農業マーケティング法のもとで設置された市場供給委員会（Market Supply Committee）の職務に従事している。

第一次世界大戦中から戦間期にかけてイギリスは「食料安全保障」という問題に近代国家として初めて直面した。[59] ロイドはイギリス政府の最重要課題であった食料確保という問題に取り組んだ。彼は食料供給というよりも食料需要という側面から、この問題を考える。ロイドは、イギリスのかなりの割合の家族が食品の購買力をなくしていると報告し、とくに子供に対して十分な飲食物が行き渡らない状況になっていると強調する。[60] この報告をきっかけにして、戦中・戦後に母子の栄養を改善するために、低価格のミルクの優先的な供給、学校給食、子供への配給などのさまざまな取り組みが行われた。第二次世界大戦下においても、食料供給とその配給について、ロイドは一九三九年九月に再編された食料省の中核となった食料（防衛計画）部門（Food (Defence Plans) Department）において、具体的な価格統制や食料配給の組織構築を推進している。[61] さらに一九四二年には中東部供給センター（Middle East Supply Centre）に着任し職務にあたった。戦後になって、ロイドは国民食料調査（National Food Survey）と食料省の国際担当次官に就任し、食料省へ戻る。このように戦間期および第二次世界大戦期において食料問題は重要課題となり、ロイドをはじめとする農業行政を担当する農業経済プロフェッションが多くなっていったのである。

四　プロフェッションの変容

一九三六年にイギリス農業経済学会の会長に就任したエンフィールドは、ローマの国際農業機関（International Institute of Agriculture）のイギリス代表に任命される。そして年に数回ローマを訪問して、各国の農業経済学者と意見を交換する機会をもつようになる。このエンフィールドの活動を通じて、イギリス農業経済学会による国際交流は盛んとなる。しかしその一方で国際農業経済学会は、第二回大会が一九三〇年に開催された後、経済不況下での財政的・政治的な理由で、その継続が危ぶまれるという状況に追い込まれる。さらに農業経済プロフェッションは農業行政担当者が多くなったこともあり、全体的にその関心は戦間期の国内農業政策に向けられるようになる。このような状況で国際農業経済学会は徐々に開催する意義を見失っていく。しかし何とか継続し、四年後の一九三四年に第三回大会がドイツで開催され（この時の出席者は一七一名で、第二回大会よりもかなり減少する。地元ドイツの出席者が九七名）、その後、再び開催地をイギリスへと移し、三六年にスコットランドのセントアンドリューズ大学（St. Andrews University）で第四回大会が開催される。当時のイギリスの農業経済プロフェッションは政府に雇われているか、あるいは大学やカレッジに雇われているかのどちらかであったが、その雇用先に関わりなく、ほとんどが第四回大会に出席している。この学会において、マクストンが編集した著書が刊行されているが、この序文においてエルムハーストは、次のように記している。

一九二九年にダーティントンホールで開催された第一回大会の会員の半数以上が、セントアンドリューズの大会に出席している。現在の会員二一九名のほぼ半数が、少なくともこれ以前に開催された大会の一つには出席している。(62)

国際農業経済学会が第二回大会から第三回大会の時に四年間途絶えていたものの継続性をもち、各会員が何らかの形で持続的に関わっていることを強調しているのである。

このようにエルムハーストは国際農業経済学会の継続性を重視し、そのためにイギリスとアメリカの間を頻繁に行き来し、さらに学会の合間を縫ってヨーロッパや中東を旅行して、多くの国の農業経済学者と広範なつながりを意識的にもつように努めている。しかしこのエルムハーストの熱心な活動が会員数に直接的に反映されたわけではなかった。表14-1によれば、第四回大会（一九三六年）から第五回大会（三八年）にかけて、アメリカの会員が多くなったので会員総数は増加したものの、第二次世界大戦による中断をはさんで、第六回大会（四七年）や第七回大会（四九年）では会員数は激減している。たしかにアメリカの会員は増加し続けているものの、とくにヨーロッパの会員が急減している。戦後の一時期にヨーロッパの会員が急増するが、アメリカの会員が最も多くを占めるようになる。

エルムハーストは学会を継続させるために自ら多くの交流をもったが、学会誌の発刊もその重要な手段であると考えた。学会の存続のためには、もちろん学会誌が必要である。学会誌は創刊号がオックスフォードの農業問題研究所から一九三九年一〇月に *International Journal of Agrarian Affairs* 誌として刊行された。この学会誌は農業情報を評価・記録・伝達する役割を担うべきものとされるが、統計年鑑や農業情報誌のような形をめざすのではなく、国

表14-1　国際農業経済学会の会員数

（単位：人）

地域＼年代	1930-34	34-36	36-38	47-49	55-58	70-73	84-86
北アメリカ	122	77	131	144	270	682	514
西ヨーロッパ	175	172	162	112	274	538	369
スカンディナヴィア	17	19	21	7	62	103	54
東ヨーロッパ	43	45	67	3	15	46	39
ソ連	5	2	9	0	2	66	2
オーストラリア・ニュージーランド	2	3	5	6	86	191	157
日本	7	3	3	0	9	26	84
インド	1	2	7	1	31	56	61
中国	15	8	9	2	7	5	15
他アジア諸国	-	-	-	0	23	37	65
近東	3	3	2	3	3	2	3
アフリカ	4	4	6	3	5	38	99
ラテンアメリカ	0	1	3	4	52	68	75
合計	394	339	425	285	861	1,879	1,543

資料：Raeburn, J. R. and Jones, J. O., *The History of the International Association of Agricultural Economists——Towards Rural Welfare World Wide*, Dartmouth, 1990, pp. 91, 100.

際的な討論を取り上げる討論雑誌という形で刊行された[63]。しかも定期的に刊行されることはなく、その時々の課題に関する論評が掲載された。ちなみに、第一巻第一号は一九三九年の刊行であるが、第一巻第二号は八年後の四七年に刊行される。一九三九年の学会誌の発刊時において、エルムハーストはそれまで十年間の国際農業経済学会の歩みを振り返り、各国の国家経済でブロック化が進むなかで、農業問題は国際的に議論すべき課題が多くなっていると述べ、その刊行の意義を強調している[64]。

創刊号ではまず、エルムハーストが農業経済をめぐって関心をもっている課題が取り上げられるが、それは過剰人口問題と農村貧困問題であった。これはエルムハーストが農業問題研究所に与えた課題でもあった。この課題について、コナチャー（H. M. Conacher）は過去のマルサスとリカードの論争に基づいて植民地問題を取り上げている。コナチャーは、植民地農業局（Colonial Agricultural Service）は改良農法や輸出用の新作物導入によって、あるいは工業発展の促進によって、この課題を解消しようとしていると説明する[65]。そしてイギリス国内では農業所得を維持するために、マーケティングボードによって産出が制限され、政府は輸出品の流れを抑えていると説明する。学会誌では、エルムハーストが当初取り組んでいた農村改良は、戦時体制に備える植民地経営と生産統制策の議論へと変わっていった。

この展開のなかでプロフェッションの役割は変化していく。国際農業経済学会の運営にあたっていたマクストンは、農業経済アドバイザーというプロフェッションの役割を再検討している。マクストンによれば、プロフェッションの職務は多くの農民にとって有効であったけれども、実際の問題を包括的に扱っていたわけではない[66]。各地域の農業経済アドバイザーは結局、農務省の要請にしたがって職務を遂行していたので、個々の調査は組織化されているとは言い難いものである。一九三六年になってやっと農業経営に関して全地域を対象とする統一調査が行われるという状態であった[67]。調査は統一性がなかったので、体系的な研究を推進するのは困難となっている。マクストンによれば、この体系化の不備が原因となり、農業経済学は大学カリキュラムのなかに受け入れられていないという。したがって学問上の独立性を保っているのかどうかもあやしく、この克服が必要であると強調している。マクストンは、農業経済アドバイザーというプロフェッションは財政や統制に依る農業政策を優先させるのか、あるいは農業経済学という学問の体系化を優先させるのかという問題に直面していると語る。この問題は結果的に、農務省が直接管理する全国アドバイザー局（National Agricultural Advisory Service）が設立されることによって、農業経済プロフェッションが直接的に農務省の管理下におかれることになり[68]、さらにオーウィンの引退によって農業経済研究所の方針が不明確なものとなってしまったこともあり、農業政策のほうが優先されることになっていく。

このような状況となって、農業経済学会のダンカン会長、エルムハースト執行委員長、トマス幹事らの理事は、農業経済学の担い手であるべき農業経済アドバイザーの将来について不安をもつようになる。とくに農業経済アドバイザーの大学での地位の確保、あるいは大学人としての位置付けについて不安視するようになる。そこで学会の理事は、農業経済アドバイザーが大学スタッフとしての地位を確保できるように、政府に働きかける[69]。その働きかけが功を奏して、農業経済アドバイザーは政府から資金提供を受ける一方で、大学スタッフとしての地位が保たれることになる。各地域のセンターも、実質的には全国アドバイザー局の管理下にあるとはいえ、各地の大学や農業カレッジの付属となり、組織上は大学の一機関となった。オックスフォードの農業経済研究所も、第二次世界大戦後も継続され、アシュビィが一九四六年にオーウィンの後任として所長になり、農業経済学の構築へ新たな一歩が踏み出されている。農業経済研究所は、イギリス全土にわたる研究所削減の方針にそって一九八五年に解体されるまで続く。[70]

一方、行政職としてのエンフィールドの地位は、前述のように一九三〇年代に揺るぎないものとなるが、その後、経済学と統計学を担当する次官補（assistant secretary）に就任し、一九三九年には農務省に新設された経済統計部門（Economics and Statistics Division）担当の主席次官補（principal assistant secretary）に就いている。しかし興味深いことに、エンフィールド自身は、データの収集・分析という職務が農業政策の立案と直接的に関係していないと思っていたので、自分が農業政策に携わっているとは考えていなかった。[71] 彼は経済統計部門での職務に携わる一方で、一九四三年にホットスプリングズ（Hot Springs）で開かれた食糧農業会議と、戦後の四五年一〇月にケベック（Quebec）で開催された国際食糧農業機関（ＦＡＯ）の設立総会においてイギリス代表となっている。この戦中・戦後期からエンフィールドは国際的な職務に多くの時間を割かれるようになり、一九四四年頃には農務省の経済統計部門での肩書はほとんど名目的なものとなってしまう。そして戦後の一九四七年から五二年まで、エンフィールドはＦＡＯ理事会のメンバーとなっている。ちなみに、ＦＡＯの本部はエンフィールドの理事在任中の一九五一年にワシントンからローマへと移った。

五　おわりに——プロフェッションの課題

以上、イギリス農業経済学の国際化とプロフェッションの変容について見てきた。農業経済プロフェッションによってイギリス農業経済学会が設立され、その数年後に国際農業経済学会が設立された。イギリス国内において農業経済学が体系性をもつ科学として確立されたのかどうか疑わしい段階での国際学会の設立であった。農業経済学の「国際化」は、それまでの農業経済プロフェッションとは異なる人々によって推進された。とくにインドやアメリカ（とくにコーネル大学）の影響を受けたエルムハーストの活動、そしてカリィやマクストンの活動は、国際化に大きな貢献をもたらした。この国際化には二つの大きな背景があった。一つは学問的に影響を受けた国との連携という点であり、もう一つは戦間期および戦中期における国際社会の形成という点であった。周知のように前者はアメリカとの関係であり、後者はインドなどの植民地を含む「イギリス帝国」、あるいは「パックス・ブリタニカ」[72]というイギリスを中心とする国際社会であった。イギリス農業経済学は、科学として確立されてから国際化へと進んだわけではなく、このような背景があって国際化がなされたのである。そしてこの国際化の過程において、農業経済プロフェッションは農業行政に関わることが多くなり、それとともに農業経済プロフェッションそのものの変容がみられた。

一九四〇年のマクストンと四六年のダンカンの二人によるイギリス農業経済学に関する概観は、二〇世紀前期のイギリス農業経済学の状況を端的に表していた[73]。マクストンはオックスフォードで変則的ともいえる地位に就き、ダンカンは学問的ないし行政上の地位に就いていない。この点でマクストンとダンカンはいずれも農業経済学の学問的な主流から外れていた。しかしこの二人は戦間期の農業経済プロフェッションの職務に密接に関わっていた。マクストンとダンカンはともに、農業経済プロフェッションが農業構造に関して収集した大量のデータを十分に活用できる理論的な概念を未だ確立していないと述べている。さらに農業経済プロフェッションは自分の職務を問われたとすれば、まず自分が農業行政の担当者となることであり、農業行政の遂行にあたっては農業情報を提供する農民の信頼を得ることであると答えるであろうと述べている。本格的な農業調査は、農務省やオックスフォードの農業経済研究所によって組織された全国的な調査へと発展していくものの、これは農業政策の実施状況の調査となってしまって、純粋に学問研究に役立たせるような調査ではなかった。公表された多くの刊行物（報告書）も、農業経済アドバイザーがこれらの職務を果たせたのかどうかを示しているだけであった。収集された多くの農業情報は、農民が経営を行う場合に有効なものとなる一方、それ以上に、マーケティングボードの設立や戦争という条件のもとで価格統制を行う官僚にとって必要なものであった。

農業経済プロフェッションは、一九三〇年代に設立されたマーケティングボードや委員会の行政上ないし統計上の事業を推進する際に、重要な役割を担った。この職務は農業経済プロフェッションが存続する（資金と雇用機会を獲得する）上で都合のよいものとなった。具体的には、マーケティングボードや委員会に対して、生産や各生産物の供給・市場・需要に関する情報を提供する見返りとして、ボードや委員会のメンバー（あるいは小麦委員会の場合には製粉業者）が支払う賦課金が、農業経済プロフェッションが農業問題に取り組む際の重要な資金となった。それとともに政策当局は一九三〇年代にスタッフを増加する必要に迫られ、多くの農業経済プロフェッションが雇用されることになった[74]。

しかしこれによって農業経済プロフェッションが農業行政の担当者と区別がつかないものとなったわけではない。農業経済プロフェッションは、農業行政と密接に関わることによって、その地位を保ち得たが、その一方で大学や農業カレッジのカリキュラムにおいて農業経済学という新たな科目を導入し、学問的に体系立ったものにすることをめざした。農業経済プロフェッションは「大学人」として、その地位を保とうとする指向が強かった。これによって農業経済プロフェッションが直面する問題はいささか複雑なものとなった。農業経済プロフェッションは、大学や農業カレッジにおいて他の分野と争って農業経済学の独自性を示すのではなく、政府によって推進される農業政策と農業経済学の違いを示さなければならなくなったからである。農学の他の分野、たとえば土壌学・応用植物学・応用昆虫学に関するプロフェッションは、それぞれの研究に取り組む際に、農業政策と未分離であることにほとんど疑いをもたなかった[75]。しかしながら農業経済学はその発展をはかろうとする場合には、農業政策との違いを問題としなければならなかった。

農業経済プロフェッションの職務は、基本的には農業行政のために行った業務成果（多くの場合、調査書や報告書）と研究成果（著書や学術論文）のどちらかで示された。しかし、イギリスでは戦間期に農業経済学、農業経営研究、農業の政治経済学などの分野で主だった著書が見当たらず、大学や農業カレッジでの教育は一般にアメリカからの著書の輸入に依存するという状態であった。ダンカンがイギリスでは理論研究が欠落していると語るのは、この点に基づいていた。イギリスではこの欠落を埋めるべく一九四〇年代に理論研究へと向かう動きがみられ、農業経済プロフェッションは農業行政と離れて、大学内での学問的な地位を確立していこうとした[76]。たとえば、一九四〇年代になってレディング大学においてイギリスで二番目（イングランドでは最初）の農業経済学教授職が誕生する（教授職の最初は、前述のように一九二九年にウェールズのアベリストウィスにおいて誕生した）[77]。理論研究に向かおうとする流れがある一方で、これまでの農業経済プロフェッションでは国際化に対応できないとする意見も出てきた。第二次世界大戦後（一九四七年）にエルムハーストは、国際農業経済学会において農業経済プロフェッションは以外のノンプロフェッションにも広範な参加を促した[78]。エルムハーストによれば、農業経済プロフェッションは国家の農業政策に従属している状態にあり、それでは国家間の利害を一方的に主張するだけとなってしまい、国際的な農業問題を議論できないという[79]。これは現在も続く、農業経済学やそのプロフェッションの課題である。

終　章

一八世紀末期から二〇世紀前期にかけて、イギリス農学の形成について考えてきた。イギリスでは一八世紀以降、各所領において蓄積された「所領知」が、約百五十年間を通して制度化されることによって、農学の形成がなされた。本書ではその過程をとくに「革新」のみられた時期にしたがって、大きく五つに分けた。第一は一八世紀末期から一九世紀初頭にかけて、農業実験が行われたものの、観察と啓蒙が中心となった時期、第二は一九世紀前中期で、土地管理人の活躍と農業試験が本格的に行われた時期、第三は一九世紀後期で、農業技術の進展とともに法則化と制度化がめざされた時期、第四は一九世紀末から二〇世紀初頭にかけて、国家助成による農業科学政策が推進され、研究・教育体制の整備が進んだ時期、そして第五は二〇世紀前期で、農学の各分野において、とくに農業経済学の分野においてプロフェッション（専門職）が誕生し、学会が設立された時期であった。その後、専門職の関心が海外に向かうにつれて、国際学会なども設立され、「国際化」が進んだ。

これら五つの時期を通して、調査項目の統一性、博物学と農学の関係、農業改良に対する科学の有効性、所領経営における農業知識の適用、実験室化学と圃場化学の関係、科学と技術の違い、カレッジの教育・研究体制、政策の意図と研究の目的、国家助成と研究の方向性、大学における農学の位置づけなどをめぐって、絶えず葛藤があった。それは農業現場から得られた所領知（経験知）と諸科学との緊張関係であったと言い換えることもできる。現場から得られた種々雑多な情報の存在と、それを整理する科学（統計学）や農業改良に生かそうとする科学（化学）

の影響のなかで、科学としての農学の萌芽がみられた。しかしながら「実用性」をめぐって、所領知に対する信奉は根強いものがあり、農業技術面では進展があったものの、農学の確立となると模索が続いた。圃場試験などの面においてイギリス農学の特徴がみられたものの、一九世紀を通じて農学は化学や植物学などの応用であり続けた。イギリス農学はこの葛藤のなかで模索を繰り返し、二〇世紀初頭になってやっと独立の科学と認識されるようになる。一般に科学として認識されることが遅かったとはいえ、農学は長期にわたる葛藤や模索のなかで、所領知は捨て去られることなく、むしろその蓄積を生かそうとする方向で、そして諸科学の影響は、むしろ農学のなかに包摂されるような方向で進展した。一般の諸科学と異なるイギリス農学の特徴は、このあたりにあった。

農学だけではなく、一般にイギリスの場合は、今日に続く科学研究・教育体制が一九世紀末から二〇世紀初頭にかけて形成されたといわれる。とくにその大きな要因となるのは、政府助成であったとされる。農学の場合も確かにそうであったが、政府助成を必要とするような財政的な問題は、その約一世紀も前から抱えていた。一八世紀末期から二〇世紀に至るまで、農業改良調査会やロザムステッド農業試験場をはじめとして、カレッジや大学、研究所などの展開において、必ずといってよいほど財政的な問題を抱えていた。イギリスでは農業分野に限らず他の分野でも、一九世紀末に至るまで政府助成が入ることなく、民間資金による運営に任されていた。しかしながら他の分野と異なり、農業分野ではその運営が小規模にとどまったために、農学がドイツやアメリカに遅れをとる要因となったとみなされてきた。

しかし、イギリス農学は遅れをとったかのようにみえるが、一九世紀後半の農業再編期には農業技術面での進展がみられた。農業協会での議論も多様化し、農業研究においても広範な展開があった。この点では一般に農業不況ないし農業衰退とされる時期にこそ、むしろその危機意識から研究が活発となる一方で、研究の継続性も保たれていたといえる。ただし研究の成果である技術については、経済的な理由から農民にはなかなか受け入れられなかった。そのため、技術＝科学という段階にあっては、科学の衰退ととらえられてしまった。また、王立農業カレッジでは研究・教育体制のモデルを既存の大学に求めたこともあり、農学の形成という点では馴染まなかった。キンチが来日・帰国したのも、多分にこれが影響している。

結局、一九世紀末から二〇世紀初頭に政府助成が本格的に行われ、農業研究・教育体制の確立がなされることになった。この点で自然系の諸科学と農学は大きな違いはない。しかし本書で取り上げた多くの研究・教育機関の展開からもわかるように、財政的な問題を解決したからといって、必ずしも研究・教育の進展があったというわけではない。多くは研究の継続性や研究成果の蓄積が最も重視されたのであり、逆に豊富な財政が継続性や蓄積の障害になったということさえあった。この点から、いわば当然のことであるが、研究・教育体制の確立には、財政的な問題の解決ばかりではなく、それまでの研究の継続性や研究成果の蓄積が行われているのかどうかも、大きな要因となっていた。これは一般の諸科学の発展についても同様のことがいえるが、イギリス農学の特徴点をあげるとすれば、研究・教育体制が中央に集中するのではなく、地域に分散するという方法が採られたという点と、体制の構築者である開発委員会の意図に反して、純粋科学としての発展が必ずしも好まれたわけではなかったという点である。

前者については、研究・教育体制の確立にあたって、開発委員会の役割、なかでもホールの存在が大きかったが、それまでの研究の継続性や研究成果の蓄積という「地域性」を重視して、各専門分野の研究所（センター）がそれぞれの地域に設置された。各研究所は大学内に設置され、「大学人」として大学教育の担当が求められる一方、「公務員」として地元農業の情報を収集する役割も求められた。にもかかわらず、農学は大学の科学として相応しくないと軽蔑される一方で、地元の農民からは純粋科学化していく農学に疑いの目が向けられるという大きな問題を抱えることになった。後者については、研究所の目的が科学としての確立にあるのか、実際の農業の発展にあるのかという問題であった。これはもちろん研究所の在り方にも関わるものであり、「実用性」をめぐって開発委員会と農務省の方向性の違いを反映したものでもあった。

これらの問題は農学の専門化が進むことによって解消される点もあったが、現在に至ってもなお続いているものもある。専門分野の純粋科学化は否応なく進み、大学での地位は確立できたといえる。しかしそれは農学全体のことではなく、個別分野、たとえば育種学、土壌学、食品製造学などである。一方、実際のイギリス農業生産の衰退を反映して、農学自体にはあまり目を向けられなくなった。実用性に対しては相変わらず注目されているものの、それは個別の専門科学による対応となってしまっている。つまり、専門分野相互の関連性はなくなり、農学全体でどのような意味があるのかは問われなくなっている。農学に代わる枠組みは今や「地域」ないし「環境」である。一九九〇年代にイギリス農業がＧＤＰに占める割合はわずかに一・五％にすぎなかったが、農村地域に居住する人口は全人口の約二五％を占めていた。しかも農村地域に居住する人口は増加傾向にあり「逆都市化」が進行していた。農業政策は、地域政策に包摂されるような農村政策への変容を迫られることになり、農業助成も総額で増加しているものの、二〇〇四年を境にして農業生産への助成は、それまでの約八十％から約十％へと急減した。ただし皮肉にも、この急変によって生まれたのは、農村地域政策であり、農業者を「田園地域の土地管理人」として位置づけるという事業であった[1]。まさにＡ・ヤングのいう所領経済学の復活である。

しかし地域や環境は、科学としての枠組みにはなりえない。科学としての要件は観察→試験→法則化だからである。地域や環境においては、観察はあるかもしれないが、試験や法則化はきわめて困難である。農学は実際の農業から得られる経験知に依拠することも多いが、それを試験や法則化を通じて実用化へと結びつけるものである。この点でイギリス農学は現在、新たな緊張関係に立たされている。もっとも、環境科学ないし環境学という分野が存在し、しかもその科学の歴史をみた場合、農学の歴史と重なるところも多々ある[2]。環境科学は、改めて「農学という科学」とは何かを問いかけるものであり、農学もそれに包摂されるかどうかが問いかけられている。

一方、イギリスでは農業に関連した専門職が増加し続けた。しかし厳密にいえば、農学者のなかには土地管理人や農業コンサルタント、農業経済アドバイザーは含まれない。土地管理人や農業コンサルタントは、農業研究に従事しているとはいえないからである。ここでいう研究活動とは、その他の社会的活動との違いを通して、次のようにいうことができる。すなわち、研究がその他の社会的活動と異なっている点は、仕事の成果（科学的知識）が研究者以外の人々に提供され、それに対する直接的な対価として継続的な生計維持機会が与えられていないという点である。このように考えれば、農業研究者の範疇に、土地管理人や農業コンサルタントは入ってこない。土地管理人や農業コンサルタント、農業経済アドバイザーはまさに生計を維持するために仕事の成果を提供しているからである。しかし土地管理人や農業コンサルタント、農業経済アドバイザーが、農学の発展に寄与しなかったわけではまったくない。むしろ、それどころか所領の管理から出発したといえるイギリス農学は、土地管理人に負っている部分が大きく、農業コンサルタントも所領の管理に寄与し、さらに農業経済アドバイザーは多くの農業情報を収集しているので、農学の形成に貢献していた。とくに所領知や農業情報は、大学や試験場などの研究教育機関で役立てられ、イギリス農学の確立にとって必要不可欠なものとなった。この意味で、近代イギリス農学の成立は、所領知の制度化であったといえる。

所領知を制度化したイギリス農学は、二〇世紀に入って各専門分野の展開があり、さらに各専門分野の比重が大きく変化した。しかしそれまでの研究機関が衰退してしまったわけではない。第12章でも述べたとおり、ロザムステッド農業試験場のように、伝統的な研究を継承しつつ二〇世紀初頭に飛躍的に拡大した研究機関もあった。逆にレディング大学の研究所のように、酪農という新たな問題に取り組みながら、研究機関の維持が困難となる場合も生じた。ここにおいて実際の農業問題と農学の方向性との乖離という問題に直面することになった。実用性を重視してきた科学が、研究・教育体制が整備されるにともなって抱える必然的な問題であったといえよう。

二〇世紀初頭のイギリス農学は、アメリカやドイツと同様、研究・教育体制が整備されることによって専門化が進行したが、その結果、研究者の養成状況を示した表終-1によれば、専門分野の数が多くなり、多くの人材が生み出されている。イギリスでは農業研究者の数が決して多いというわけではないが、農業研究を継続的な生計維持

表終-1　研究者数の分野別の推移

（単位：人）

分野＼年代	1914	1928	1938
農業化学	5	13	12
動物学	2	4	–
菌学	1	11	13
酪農細菌学	–	10	9
獣医学	–	4	9
植物学	4	2	1
昆虫学	1	10	13
植物病理学	2	2	–
経済学	–	12	11
草地学	1	–	–
計	16	68	68

資料：Holmes, Colin, Science and the Farmer, *Agricultural History Review*, vol. 36 (1988), p. 79 より作成。

機会とする「農学者」が、一九二八年には六八人となっている。数が少ないようにみえるが、ウィルモットによれば、一九世紀イギリスの農学者はギルバートただ一人であるとされているので、その数は飛躍的に増加したといえる。各専門分野の数の増減をみると、伝統的な植物学、およびその関連分野は減少傾向にあり、化学も研究者数は増加しているものの、全体に占める比重は減少している。それに代わって、菌学・酪農細菌学・昆虫学・経済学などが、飛躍的に伸びていることがわかる。つまり、穀物作に重点をおく研究体制から、酪農・蔬菜・果樹などを対象とする研究体制へと移り、それが着実に定着している。開発委員会によって行われた研究体制づくりが、軌道に乗っていったものと考えられる。

開発委員会による運営方法は、アメリカのロックフェラー財団の管理運営方法を先取りしたものであった。ロックフェラー財団の科学支援制度や体制づくりは、今日のアメリカの研究体制に影響を与えるとともに、二〇世紀のビッグ・サイエンスへの転換を支えたといわれている[3]。開発委員会も同様にイギリスの研究体制づくりに影響を与えたが、その支援は政府助成という形態であった。つまり農業政策の枠内での支援ということであったので、政府による農業振興策に従ったものであった。言い換えれば、農学の研究成果をどのように生かすかはともかくとして、少なくとも科学のための科学を推進することではなかった。もちろんロックフェラー財団には、このような制約はなかった。しかしロックフェラー財団の研究支援をめぐっては、開発委員会とは対照的に興味深い事実がある。第二次大戦後に、アメリカ政府による純粋科学への投資が急増すると、ロックフェラー財団は純粋科学の分野から撤退し、農業技術を世界に普及する研究支援活動を展開している。いわゆる緑の革命とよばれているものである[4]。

開発委員会の業務は、戦間期に設置された「農業研究会議」に引き継がれる。農業研究会議も開発委員会と同様、政府機関であったので運営方法は変わらなかったが、戦間期という時期を反映して、農業の増産や食料の確保が重要な課題となった。とくに一九三二年のオタワ協定によるイギリス帝国特恵関税体制によって、国内生産者第一、帝国第二、そして外国第三という原則が確立され、一九三〇年代以降は帝国からの食料輸入の占める割合が増大していった。このような状況のなかで、政策自体も農業政策から食料政策へと変わっていく。[5] これを受けてイギリス農学の研究ないし研究資金の配分も、それまでの農業生産よりも食料あるいは食品へと、徐々にその対象が移行していく。この傾向は戦後になって顕著になり、農業研究の方向性は食品加工業者や食品小売業者の要望に応じて主に決定されるという状態に変化する。一方、農業生産については、国内ばかりではなく、帝国を対象とすることが多くなっていく。たとえば、開発委員会で活躍したホールは一九二〇年代末に、ケニア農業委員会（Kenya Agricultural Commission）の委員長を務め、植民地の土壌侵食問題に警鐘を鳴らしている。[6] ホールは植民地経営にとって土壌侵食問題が重要になっていると指摘したのである。その後、一九三〇年代後半にイギリス帝国全体では土壌侵食論が本格化することになる。[7]

イギリスでは最近三〇年間で大学農学部や研究所などの農業研究機関が半減し、急速な組織再編が進んでいる。たとえば、第10章において述べたワイの農業カレッジは二〇〇〇年に解体再編され、生物学部門がインペリアル・カレッジ（同じロンドン大学のカレッジ）へ、農学・園芸学部門、環境学部門、および農業経済学・経営学部門が、T. H. Huxley School of Environment, Earth Sciences and Engineering へと統合された。これは農学をめぐる新たな組織再編の一環であった。農学という枠組みが必要性を失ったことを示唆しているようにも見える。また農務省についても、同様の再編が行われた。そして現在、日本においても大学農学部や農業試験場という高等研究教育機関において、農学のあり方が問われ、組織再編が進展している。これは直接的には生物科学や生命科学研究に基づくハイテクノロジーの進展による影響であると考えられる。しかし農学のあり方が問われるのは、現在に始まったことではない。これまでも農学はその展開のなかで、新技術の興隆や時代の要請によって、大きな変化を求められてきた。そしてそのたびに新たな研究・教育体制の構築が求められてきた。

ただしイギリス農学の展開からもわかるように、新たな研究・教育体制の確立は、研究の継続性や研究成果の蓄積という前提がなければ、その場限りのものとなり、短期間で実質的な意味を失ってしまう恐れがある。言い換えれば、イギリス農学は実際の農業動向の影響を受け、諸科学との緊張関係によって、その歩みは遅々としたものであったかもしれないが、その展開は研究の継続性を保ち、その成果を蓄積し、研究手法を確立していった過程であったといえる。さらにそのような展開から、未来指向的な問題意識が生まれ、新たな科学の発展が望めた。たとえば、スコットランドにおけるクローン技術の開発は、一朝一夕になされたものではなく、一八世紀末のエディンバラに始まる農業研究が、二〇世紀初頭の動物育種学につながり、長期にわたる研究の蓄積のもとで達成できたものであった。クローン技術は倫理上の問題を抱えているとはいえ、このような展開こそが、おそらく「科学的土壌の形成」あるいは、「科学的成熟度の高まり」と表現できるのであろう。そして科学的土壌の形成や成熟度の高まりによって、初めて「科学者」の養成が可能となる。ひるがえって現代日本の農学の現状をみた場合、生物科学や生命科学の研究などが盛んになっているものの、果たして科学的土壌の形成や科学的成熟度の高まりがあるのかどうか、改めて問いかけてみる必要がある。

また、科学政策を決定する立場の人びと（主に政治家や官僚）が、社会性を強調する場合は、しばしば「すぐに役立つ」という短絡的な思考のもとで、その結果を求めがちである。そのために基礎研究が軽視されがちとなる。一方、研究機関のほうは往々にして特定分野への巨額予算の配分を主張するが、それが社会全体としてのバランスを欠く場合も生じる。イギリスにおける開発委員会による研究・教育体制の確立や農業経済学会の設立をもち出すまでもなく、科学者も幅広く社会との接点をもち、過度の専門化の弊害に陥らないことが必要になる。それが農学という科学の進歩につながると考えられるのである。

あとがき

研究に着手してから、早いものでかれこれ四半世紀が経つ。もっとも、その間には私の怠慢で約十年間のブランクがあったので、足掛け十五年の労作ならぬ、老作といえるだろうか。まさに老残の身を横たえる気持である。しかし世の中には救いの神がいるものである。名古屋大学出版会の橘宗吾氏が言われた「もう煮詰まっているでしょう」の一言が、私にとって神の啓示であった。原稿はあるにはあったが、すでに化石化していた。化石であれば古代のロマンに思いを馳せることもできるが、赤茶けた別刷りを眺めても、穴に入りたい気持ちが募るだけであった。それでも橘氏には背中を押していただけた。恥ずかしい気持ちがある一方で、十〜二五年前に書いた論文を見ていると、その当時のことが思い出されて、楽しい思いに浸ることもできた。しかし思い出に浸りすぎて、肝心の原稿の整理や修正が進まず、約束の期限を守れないことが多々あり、ずいぶん迷惑をかけてしまった。

研究のきっかけは、現在の勤務校（京都産業大学）にあった国土利用開発研究所（組織再編によって二〇〇一年三月に廃止）に奉職したことであった。研究所では、現在の日本農業に関する調査をする一方で、農学の歴史、とくにヨーロッパの農学史を研究してみようということになった。私はイギリスを担当することになった。しかし農業の歴史に関する研究は数多くあったが、農学の歴史となるとあまり見かけなかった。そこから手探りの日々が始まった。とりあえずイギリス農学に関する資料収集と先行研究の検討であった。しかし農学といっても幅広く、現在では各専門分野が細分化されているために、資料の文言が何を意味するのか、まったくわからないことも多々あった。そのたびに研究所の先生や学内の先生にうかがった。各先生の専門分野は、育種学、土壌学、畜産学、植物遺伝学、動物遺伝学、マルサス研究、イギリス保険論、イギリス文学など多岐にわたっていた。各先生にはお忙しいにもかかわらず、多くのご指摘やご助言をいただいた。この時ほど、専門分野を異にする先生が多くおられる大学に奉職したことを幸せに思ったことはない。この意味でお世話になった各先生と大学には感謝を申し上げたい。

実は、農学の歴史に対する関心は学生時代からあった。母校（京都大学農学部）での専攻分野は「農学原論」（農学哲学および農学史）であったので、関心がないどころか、私の専門そのものであった。しかし学生時代には、まさかイギリス研究をするとは思ってもみなかった。ところで、この農学原論と国土利用開発研究所は同一人物によって創設されている。故柏祐賢先生である。私が京都大学に入学した時には、すでに柏先生は京都産業大学に移られていたので、大学時代に直接教えを受けたわけではなかったが、奉職後に教えていただける機会に恵まれた。私は給料をもらいながら、先生の教導を受けるという、何とも贅沢な機会を与えていただけたのである。この点で研究に関して最も感謝しなければならないのは、柏先生と京都産業大学である。心より御礼を申し上げます。

私にはもう一人、感謝しなければならない人物がいる。それはレディング大学のコリンズ先生である。私は一九九九〜二〇〇〇年に在外研究でイギリスに滞在した。約一年間にわたってレディング大学農業（農村）史センターに籍を置いて、研究活動を楽しんだ。楽しんだという表現は不適切かもしれないが、さまざまな面で実りの多い日々であった。研究で大いに助けられたのは、A４サイズ一枚の紹介状である。センター長のコリンズ教授にいただいた通称「マジックレター」（秘書女史いわく、見せるだけで「開け胡麻」の呪文のごとくドアーが開く紙）である。コリンズ先生は私が「農学史」研究をやりたいというと、頭を抱えられた（ジョーク好きの先生だったので、決してそのようには見えなかったが）。そこで秘書にマジックレターの作成を命じられた。私の研究内容をコンパクトに一枚の紙にまとめ、最後に関係機関の協力を依頼するという文章が記された。渡された時にはマジックレターの効き目がどれほどのものか知る由もなかったが、驚くべきことに、どこの訪問先でも「水戸黄門の印籠」以上の効き目があった。

イギリスにも先行研究があまりないということで、コリンズ先生はとりあえず資料のありそうなところを紹介すると言われた。まずめざしたのは、ロンドンの公文書館とオックスフォード大学のボードリアン図書館である。とくにボードリアン図書館は入館証を手にするのに手間取るはずだと、日本人研究者から聞いていたので、少し気後れしていたが、マジックレターのおかげで拍子抜けであった。その後、行った先々で訪問の目的をくどくどと拙い英語でしゃべる必要はほとんどなかった。私は図に乗って、思いつく限りのところへ行った。本書で幾度も登場するサイレンセスタの農業カレッジ、ロザムステッドの農業試験場、ロンドンの王立研究所、ワイの農業カレッジ、エディンバラ大学、オックスフォード大学、ケンブリッジ大学、そして公開されている貴族所領（の邸宅）などである。貴族所領の見学などは、できるだけ現地に立って、歴史の香りだけでも感じることができれば、という思いからであった。もちろん嫌というほどコピーを取って、資料を持ち帰った。このような事情で私は資料収集と研究に没頭できたが、おそらく関係機関の方々は迷惑であったと思う。図々しくも幾度も押しかけた主な資料所蔵先は、Rural History Centre (Universtiy of Reading), Reading University Library, そして Rothamsted Agricultural Experimental Station Library, Cirencester Royal Agricultural College Library, Wye College (London University) Library などである。コリンズ先生をはじめとして、ライブラリアンや研究員にはたいへんお世話になった。この場を借りて御礼を申し上げます。帰国後も農業専門の古書店（レディング大学の優秀なライブラリアンの紹介）とは直接メールのやり取りをして、農書や研究書などの情報を得ている。

こういうことで研究は曲がりなりにも順調であったが、農学の現状は暗雲が立ち込めていた。コリンズ先生によれば、すでにワイの農業カレッジはロンドン大学のお荷物状態（偏差値が最低）になっているということであった。今から考えると、解体が迫っていたようであるが、その時あらためて農学の危機を感じた。伝統のある機関では歴史を重視する雰囲気がまだ残っていたが、伝統のないところでは、「生き残り」にあくせくしている状況にあり、もはや歴史を振り返っている余裕などないという状態であった。もっとも、伝統を誇る大学であっても、農学史となると応答がほとんどない状態であった。

農学史の研究を進めようとすれば、さまざまな分野の資料を組み合わせなければならなかった。そこで役に立ったのは、図書館はもとより、書店であった。滞英中ほぼ毎日のように大学内の書店や、市街地にある大型書店・古書店に通っていた。延べ数にすると、大学の研究室に通う回数よりも多かった。農学に関係しそうな分野の書籍を開けてみることは興味深かったが、残念ながら、どこの書店でも肝心の agriculture や farm の棚はなかった。すでに以前からそうであったのかもしれないが、少なくとも在外研究中にはなかった。さすがに古書店は農書の類はまとめて置いてあったものの、農業関係の書籍は、農業史であれば歴史、生態学であれば環境、農業経済であれば経済学の棚にあった。農学の危機は、書店の棚を見ても一目瞭然であった。それから意外なことに、大学を一歩出れば、私の専門を尋ねられて、agriculture は通じず、farm でやっとわかってもらえた。英語の拙さを差し引いても、agriculture は通りが悪かった（記憶では入管の時だけ通じた）。この時に初めて、agriculture は学問の世界でのニュアンスに近いものであり、farm が実際の農業を表しているものであることがわかった。

そこでハタと気づいた。農学の危機といっても、それは学界という狭い世界だけのことではないのか。農業自体は続いていくにしても、時代とともに科学のあり方が変わるとすれば、農学など消えていっても不思議ではないであろう。農学を見直して一体何がわかるのであろうか。収集した多くの資料を眺めながら、その多さの影響もあったと思うが、半ば憂鬱な気分になった。しかしその一方で、多くの先人が多大な労力と資力を費やしてきた成果や遺産を、このまま捨て去ってよいものだろうかという一種の未練がましさも残った。そして歴史を歴史としてみるのではなく、未来社会の構築に活かせるものがないか、少しばかりあがいてみようと考えた。本書はその「あがき」の結果であるといえる。

あがいている中で、自ら助けられたことがある。私は学生時代から二宮尊徳や報徳社に関心をもって研究を続けている。この二宮尊徳のイメージと本書の土地管理人のイメージがつながるのである。土地管理人のことを調べる場合、二宮尊徳のイメージを重ね合わせると、不思議とよくわかった。土地管理人の場合は所領（管理）、二宮尊徳の場合は農村（復興）であるが、それぞれの運営や維持に大きな力を発揮している。さらに現在まで、その影響がみられるという点も両者は符合している。安易な結びつけは禁物であるが、研究を進める上では大いに役立った。「二宮尊徳とイギリスは何の関係があるんだ」という皮肉っぽい問いかけに対して、苦しい言い訳にしか聞こえないかもしれないが、「イギリスにも二宮尊徳と同じ役割を果たした人がいるかどうかを調べる」ために研究をやっていると答えるようにしている。

研究についての話は尽きないが、イギリスには家族で滞在していたので、近所の人たちや在英日本人の皆さんには、生活面で大いに助けていただいた。子供のことでは小学校の校長先生や担任の先生（息子と別れる際には、大粒の涙を流されたスイートマン先生）に助けていただいた。私自身は日常生活のことで戸惑うことも、多くの失敗もやらかしたが、生活面においては総じて恵まれた環境にあった。そして感謝しなければならないのは、「子供の友達づくり」と「妻の勇気ある行動」であった。この二つがなければ、イギリス生活はおそらく乗り切れなかったであろう、この意味で家族にはたいへん感謝している。

イギリス滞在も含め、総じて長くかかってしまった研究であるが、まだまだやり残したことは多い。柏先生はおそらく天国で本書をご覧になって「君はまだまだ勉強不足だね」と言われるにちがいない。先生は常々「勉強する目的は、人格を高めることにある」と仰っていたので、人格を高めるために、まだまだやるべきことは多くある。どうか本書の内容に関して、できるだけ多くのご指摘をいただきたいと思っている。人格が高まるかどうかはともかく、勉強不足を自覚して新たな一歩を踏み出すことに、協力していただければと願っている。

最後になったが、名古屋大学出版会より出版させていただくにあたって、橘氏と神舘健司氏には感謝の言葉もない。出版の話をもちかけていただいたばかりでなく、拙い原稿に根気強く付き合っていただいた。両氏の鋭いご指摘には、唯々うなずくだけであった。本書が形となったのは、何よりも両氏のおかげである。

なお、本書刊行に際しては、平成二八年度科学研究費補助金「研究成果公開促進費」（学術図書）の補助を受けた。あらためて関係各位に心より謝意を申し上げる。

二〇一六年九月

著　者

《著者略歴》

並松信久（なみまつのぶひさ）

1952年生まれ
1981年　京都大学大学院農学研究科単位取得満期退学
　　　　京都産業大学国土利用開発研究所教授などを経て
現　在　京都産業大学経済学部教授
著　書　『現代に生きる日本の農業思想——安藤昌益から新渡戸稲造まで』（王秀文・三浦忠司共著，ミネルヴァ書房，2016年）
　　　　『近代日本の農業政策論——地域の自立を唱えた先人たち』（昭和堂，2012年）
　　　　『報徳思想と近代京都』（昭和堂，2010年）他

農の科学史

2016年11月30日　初版第1刷発行

定価はカバーに
表示しています

著　者　並　松　信　久

発行者　金　山　弥　平

発行所　一般財団法人　名古屋大学出版会
〒464-0814　名古屋市千種区不老町1 名古屋大学構内
電話(052)781-5027/FAX(052)781-0697

印刷・製本 ㈱太洋社　　ISBN978-4-8158-0853-2

索　引

ア　行

カ 行

サ 行

タ　行

ナ　行

ハ　行

マ 行

ヤ 行

ラ・ワ行

図表一覧

初出一覧

本書は以下の論文を大幅に加筆修正したものである。

序　章　書き下ろし
第 1 章　「18 世紀末のイギリス農学と Board of Agriculture」(『京都産業大学国土利用開発研究所紀要』第 16 号，1995 年，26-47 ページ）
第 2 章　「18 世紀末スコットランドにおける農業研究の展開過程」(『京都産業大学国土利用開発研究所紀要』第 14 号，1993 年，30-49 ページ）
第 3 章　「18・19 世紀のイギリス農業における土地差配人と土地管理人の役割について」(『京都産業大学国土利用開発研究所紀要』第 17 号，1996 年，30-56 ページ）
第 4 章　「18・19 世紀イギリスの所領経営と農業改良の展開」(『京都産業大学国土利用開発研究所紀要』第 18 号，1997 年，23-40 ページ）
第 5 章　「19 世紀前半におけるイギリス農学の展開過程」(『京都産業大学国土利用開発研究所紀要』第 12 号，1991 年，113-30 ページ）
第 6 章　「19 世紀中期におけるイギリス農学の展開」(『京都産業大学国土利用開発研究所紀要』第 15 号，1994 年，24-41 ページ）
第 7 章　「19 世紀後半におけるイギリス農業の展開と農学の再編」(『京都産業大学国土利用開発研究所紀要』第 13 号，1992 年，56-82 ページ）
第 8 章　「19 世紀後半イギリスにおける農業研究体制の特徴」(『京都産業大学国土利用開発研究所紀要』第 20 号，1999 年，31-51 ページ）
第 9 章　「19 世紀後半のイギリス高等農業教育の展開――王立農業カレッジの模索」(『京都産業大学国土利用開発研究所紀要』第 22 号，2001 年，1-33 ページ）
第10章　「20 世紀初頭イギリスにおける農業研究教育体制の形成――メンデル学説の受容と関連させて」(『京都産業大学国土利用開発研究所紀要』第 19 号，1998 年，57-80 ページ）
第11章　「20 世紀初頭イギリスにおける農業科学政策――開発委員会と研究体制の確立」(『京都産業大学論集社会科学系列』第 26 号，2009 年，93-129 ページ）
第12章　「20 世紀初頭イギリスの農業研究体制と研究機関の存立要因――ロザムステッドとレディングの比較を通して」(『京都産業大学国土利用開発研究所紀要』第 22 号，2001 年，34-57 ページ）
第13章　「イギリス農業経済学の形成とプロフェッションの誕生」(『京都産業大学論集社会科学系列』第 21 号，2004 年，57-90 ページ）
第14章　「20 世紀前期におけるイギリス農業経済学の展開とプロフェッション」(『京都産業大学論集社会科学系列』第 23 号，2006 年，41-71 ページ）
終　章　書き下ろし

注

序　章

（1）　斎藤之男『日本農学史――近代農学形成期の研究』農業総合研究所，1968 年。

（2）　並松信久「農科大学の課題と教授職の役割――古在由直の再評価を通して」（『京都産業大学論集社会科学系列』第 29 号，2012 年，69-118 ページ）。

（3）　並松信久「明治初期の高等農業教育とその定着要因」（『京都産業大学論集人文科学系列』第 29 号，2002 年，72-102 ページ）；並松信久「近代京都における開拓村の展開――童仙房村の成立」（『京都産業大学日本文化研究所紀要』第 19 号，2014 年，408-43 ページ）。

（4）　並松信久「明治期日本における農業試験場体制の形成と課題――福井県松平試農場の事例を中心に」（『京都産業大学論集社会科学系列』第 20 号，2003 年，53-74 ページ）。

（5）　Wilmot, Sarah, *The Business of Improvement : Agriculture and Scientific Culture in Britain, c. 1700-c. 1870*. Historical Geography Research, Series, No. 24 (1990); Palladino, P., The Political Economy of Applied Research : Plant Breeding Research in Great Britain 1910-1940, *Minerva*, vol. 28 (1990), pp. 446-68 ; idem., Between Craft and Science : Plant Breeding, Mendelian Genetics, and British Universities, 1900-1920, *Technology and Culture*, vol. 34 (1993), pp. 300-23 ; Olby, Robert, Scientists and Bureaucrafts in the Establishment of the John Innes Horticultural Institution under William Bateson, *Annals of Science*, vol. 46 (1989), pp. 497-510 ; idem., Social Imperialism and State Support for Agricultural Research in Edwardian Britain, *Annals of Science*, vol. 48 (1991), pp. 509-26.

（6）　Brassley, Paul, Agricultural Research in Britain, 1850-1914 : Failure, Success and Development, *Annals of Science*, vol. 52 (1995), pp. 465-480.

（7）　この点は論文中において言及されており，この説明を補うために農業研究によって開発された技術が農業生産にどのように役立つかという説明が補論として付け加えられている。

（8）　Smith, David, The Agricultural Research Association, the Development Fund, and the Origins of the Rowett Research Institute, *Agricultural History Review*, vol. 46 (1998), pp. 47-63. この論文は，このような批判に基づいて，スコットランドの影響を考察したものである。

（9）　Russell, E. J., *A History of Agricultural Science in Great Britain*, London, 1966. ラッセルの主張を継承した論文と著書に，Sykes, J. D., Agriculture and Science (Mingay, G. E. ed., *The Victorian Countryside*, 2vols, London, 1981), vol. I, pp. 260-72 ; Brigden, R., *Victorian Farms*, Marlborough, 1986, pp. 198-201. などがある。

（10）　Russell, E. J., *op. cit*., pp. 9-10.

（11）　もっとも，この著書はロザムステッド農業試験場の展開のみが語られているわけではなく，それ以外のイギリス農学の展開についても，ロザムステッドで収集された資料を利用して，説明されている。しかしこの著書の序文では，スコットランドの研究史については，あまり触れられなかったと語られている。ロザムステッド農業試験場の

所蔵資料については，Rothamsted Experimental Station Library, *Catalogue of the Printed Books on Agriculture published between 1471 and 1840 with Notes on the Authors by Mary S. Aslin*, Rothamsted Experimental Station, 1926.

（12） Dyke, G. V., *John Bennet Lawes : The Record of his Genius*, Taunton, 1991 ; idem, *John Lawes of Rothamsted : Pioneer of Science, Farming and Industry*, Harpenden, 1993.

（13） Brassley, op. cit., p. 466.

（14） Alter, Peter, *The Reluctant Patron : Science and the State in Britain 1850-1920*, Oxford, 1987, p. 248.

（15） Grantham, G., The Shifting Locus of Agricultural Innovation in Nineteenth-century Europe : The Case of the Agricultural Experiment Stations, *Research in Economic History*, Supplement III（1984）, pp. 191-214 ; Rossiter, M. W., *The Emergence of Agricultural Science : Jutus Liebig and the Americans, 1840-1880*, New Haven and London, 1975.

（16） たとえば，19 世紀後半のイギリス農業の研究書である Mingay, G. E. ed., *The Victorian Countryside*, 2vols, London, 1981 では，モデル農場や農業協会に関連する章を，農業研究の範疇に含めていない。

（17） イギリスの専門職業化については Carr-Saunders, A. M. and Wilson, P. A., *The Professions*, Oxford, 1964. 松本三和夫「産業社会における科学の専門職業化の構造」（『思想』713 号，1983 年）。

（18） ボウルカは 1844 年頃にリービヒのもとに留学し，サイレンセスタ農業カレッジの農業化学教授職にも就いた。Goddard, N., *Harvests of Change*, London, 1988, p. 96 によれば，このボウルカにはじまるボウルカの一族が，1976 年までの約 120 年間にわたって，王立農業協会の化学コンサルタントの職に就いていた。

（19） Lesser, W. and Lee, D. R., Economics of Agricultural Research and Biotechnology（Rayner, A. J. and Colman, D. ed., *Current Issues in Agricultural Economics*, London, 1993）, p. 179.

（20） たとえば，Kealey, Terence, *The Economic Laws of Scientific Research*, London, 1996, pp. 51-3 においては，農業黄金時代とロザムステッドのローズの研究とが単純に結びつけられているが，農業研究の貢献という点については，不明なままなのである。

（21） Harvey, D. R., Research priorities in agriculture, *Journal of Agricultural Economics*, vol. 39（1988）.

（22） Russell, E. J., *op. cit.*, p. 9.

（23） Letter from Sir E. John Russell, 24th April, 1965, AUC 1086/10, University of Reading Library archives.

（24） ラッセルは，この問題ばかりでなく，都市化の影響によって，ロザムステッド農業試験場が宅地として売却されるかもしれないという，重大な危機にも直面している。

（25） 柏祐賢『農学原論』（『柏祐賢著作集』第 10 巻）京都産業大学出版会，1987 年，311 ページ。

（26） 本書では実験と試験との用語の区別をつけている。すなわち，「実験は，自然自体をして自己叙述させるものであり，試験は，仕組まれた自然をして自己叙述させるものである。実験においても，人為的な理性の考え入れによるのであるが，しかし自己叙述する主体は，何ら人為的に仕組まれたものではない。試験の場合には，自己叙述する主体が，人為的に仕組まれた自然」である。柏祐賢『農学原論』（『柏祐賢著作集』第 10 巻）京都産業大学出版会，1987 年，381 ページ。本書では，前後の脈絡によっ

て，厳密に区別することが困難な場合もあるが，基本的には上記の定義にしたがって区別する。

(27) Thompson, F. M. L., The Second Agricultural Revolution, *Economic History Review*, 2nd ser., vol. 21 (1968).

(28) Ernle, Rowland Edmund Prothero, *English Farming, Past and Present*, 6th edition, London, 1961, pp. 369-76.

(29) Thompson, F. M. L., An Anatomy of English Agriculture, 1870-1914 (Holderness, B. A. and Turner, Michael ed., *Land, Labour and Agriculture, 1700-1920*, London, 1991), pp. 211-40.

(30) 天野郁夫『旧制専門学校論』玉川大学出版部，1993年，115ページ。

(31) 並松信久「イギリスの農業保護政策の展開」(『農業および園芸』第89巻2号，2014年，247-57ページ)。

(32) 本書における人名表記は，原則として，岩波書店編集部編『西洋人名辞典』増補版，岩波書店，1981年に，地名表記は，原則として，松田徳一郎編集代表『リーダーズ英和辞典』第2版，研究社，1999年に，農学関連用語は，文部省・日本造園学会『学術用語集　農学編』日本学術振興会，1986年に依っている。さらに一般に馴染みの薄い農業家・農業論者・農業研究者の経歴については，煩雑さを避けるため，*Dictionary of National Biography* および *Who was Who* の該当ページを，注記に書き込むにとどめている。

第1章　農業改良調査会の設立と展開

(1) 報告書の著書別リストは，Knight, D. M., *Natural Science Books in English, 1600-1900*, London, 1972, pp. 123-4 に，州別リストは，Perkins, W. F., *British and Irish Writers on Agriculture*, Lymington, 1929, pp. 139-40 に掲載されている。

(2) 公刊された2編の論文は，Clarke, Sir E., The Board of Agriculture, 1793-1822, *Journal of the Royal Agricultural Society of England*, vol. 59 (1898) ; Mitchison, R., The Old Board of Agriculture (1793-1822), *English Historical Review*, vol. 74 (1959) である。前者は約100年前に執筆され，史実を忠実に追っているけれども，内容はイングランド王立農業協会とのつながりを重視したものである。後者は政治的な展開を重視したものである。未刊の論文は，Harrison, W., The Board of Agriculture, 1793-1822, with special reference to Sir John Sinclair, M. A. Dissertation, University of London, 1955 である。この論文はシンクレアの動向を中心に史実をまとめたものである。

(3) 「農業改良会」は，椎名重明『イギリス産業革命期の農業構造』御茶の水書房，1962年，および加用信文『増補版　イギリス古農書考』御茶の水書房，1989年，「農業院」は，C. S. オーウィン著，三澤嶽郎訳『イギリス農業発達史』御茶の水書房，1978年，「農業調査会」は，飯沼二郎『農学成立史の研究』御茶の水書房，1957年，および岩片磯雄『西欧古典農学の研究』養賢堂，1983年，「農業改良委員会」は，D. M. ナイト原著，柏木肇・柏木美重編著『科学史入門』内田老鶴圃，1984年において使われている。これらの訳語以外にも，「農務省」「農業会議所」とも訳される。しかし，1889年に Board of Agriculture と同名の省庁が設立されているが，本章が対象としている機関とは，全く別のものであるので，農務省と訳するのは誤訳であるといえる。

(4) シンクレアは，農業技術面だけの改良ではなく，社会的な側面をも加えたような広範

な改良を考えている。Mitchison, R., *Agricultural Sir John : The Life of Sir John Sinclair of Ulbster 1754–1835*, London, 1962, pp. 137–58. さらに，この農業改良調査会の設立背景として，ナポレオンの大陸封鎖令や対米戦争によって，イギリス農業の保護意識が高まり，それによって農業改良へと関心が向けられたこともある。Wells, Roger, *Wretched Faces : Famine in Wartime England 1793–1801*, Alan Sutton, 1988.

（5） ファシルは，イギリス農書に関する多数の研究業績を残している。Museum of English Rural Life ed., *G. E. Fussell : a bibliography of his writings on agricultural history*, University of Reading, 1967 ; Creasey, John S. and Collins, E. J. T., Dr. George Edwin Fussell——Agricultural Historian, *Journal of the Royal Agricultural Society of England*, vol. 151（1990）.

（6） Fussell, G. E., *More Old English Farming Books, from Tull to the Board of Agriculture, 1731 to 1793*, London, 1950 ; Fussell, G. E., *The Old English Farming Books, vol. III. 1793–1839*, London, 1983.

（7） Leslie, M. and Raylor, T., *Culture and Cultivation in Early Modern England*, Leicester U. P., 1992. 芳賀守『イギリス革命期の農業思想』八朔社，1992年。

（8） タルについては，Cathcart, Earl, Jethro Tull : His Life, Times and Teaching, *Journal of the Royal Agricultural Society of England*, 3rd ser., vol. 2（1891）; Shull, Charles A., Jethro Tull in Memoriam, *Plant Physiology*, vol. 16 no. 2（1941）; Fussell, G. E., *Jethro Tull : His Influence on Mechanized Agriculture*, Reading, 1973 ; Morgan, Raine, The Agricultural Revolution : Pioneers Jethro Tull, Robert Bakewell and John Ellman, *University of Reading Teaching Pack 7*, 1981 ; Hidden, Norman, Jethro Tull I, II and III, *Agricultural History Review*, vol. 37（1989）。ラッセルも農業研究（とくに土壌学）に着手し始めた頃，タルの研究をしている（Russell, E. J., Jethro Tulland Horse-Hoeing Husbandry, *Journal of the Agricola Club*, vol. 2.）。

（9） 川原和子「スコットランド啓蒙期の主要学・協会，クラブについて」（『経済資料研究』第24号，1991年）。

（10） Kames, Henry Home, Lord, *The Gentleman Farmer*, Edinburgh, 1776, pp. 367–78.

（11） Hudson, Kenneth, *Patriotism with Profit, British Agricultural Societies in the Eighteenth and Nineteenth Centuries*, London, 1972, pp. 1–23.

（12） シンクレアは1786年5月から1787年1月にかけて，北ヨーロッパ大陸の旅行に出かけている。この時に多くの情報や知識を得たようであるが，統計概念もそのひとつであった。その他にウプサラ大学でリンネ（Carl von Linné, 1707–1778）の業績にも接している。シンクレアによれば，農業改良調査会を設立する上で，この大陸旅行は大きな影響を与えるものであった。Sinclair, Sir John, *Account of the Origin of the Board of Agriculture and Its Progress for Three Years after Its Establishment*, London, 1796, pp. 4–5（以下では，*Account of the Origin* と略す）。この時期，イギリス貴族社会の間では，大陸旅行（とくに，フランス・イタリア旅行）が流行しているが，ヤングも同時期に大陸旅行を行っている。しかしヤングの旅行先は，多くの貴族と同様，南ヨーロッパであった。シンクレアはヤングや多くの貴族とは異なり，北ヨーロッパを選んだ。大陸旅行については Black, Jeremy, *The Grand Tour in the Eighteenth Century*, Sutton Publishing, 1992. 本城靖久『グランド・ツアー』中央公論社，1994年；岡田温司『グランドツアー——18世紀イタリアへの旅』岩波書店，2010年。

（13） Pearson, E. S., *The History of Statistics in the 17th and 18th Centuries*, London, 1978, pp. 2–3 ;

Plackett, R. L., The Old Statistical Account, *Journal of the Royal Statistical Society*, ser. A vol. 149 (1986).

(14) この点でシンクレアだけが，農業改良を客観的に観察できたという評価もある。Prebble, John, *The Highland Clearances*, Penguin Books, 1969, p. 26.

(15) 農業研究における本格的な統計処理ないし統計学の確立は，約130年後のロザムステッド農業試験場におけるフィッシャー（Ronald Aylmer Fisher, 1890–1962）の研究をまたなければならなかった。

(16) V. ヨーン著・足利末男訳『統計学史』（有斐閣，1956年，112ページ）において，その特徴が説明されている。シンクレア宛に送られた書簡からも，対象が広範囲にわたっていたことがわかる。イアン・ハッキング著，石原英樹・重田園江訳『偶然を飼いならす——統計学と第二次科学革命』木鐸社，1999年，26–51ページ。Creech, William, *Letters, Addressed to Sir John Sinclair, Bart. Respecting the mode of living, arts commerce, literature, manners, & c. of Edinburh, in 1763, and since that period. Illustrating the statistical progress of the capital of Scotland. together with some account of the physical phenomena in Scotland for the last fifteen years*, AMS press, 1982 (reprinted).

(17) 調査項目の詳細は，Sinclair, Sir John, *op. cit.*, Appendix F. に掲載されている。

(18) Galbraith, V. H., *The Making of Domesday Book*, London, 1961 ; Hallam, E. M., *Domesday Book through Nine Centuries*, London, 1986 ; Wood, Michael, *Domesday : A Search for the Roots of England*, London, 1999.

(19) Emery, F. V., A Geographical Description of Scotland prior to the Statistical Accounts, *Scottish Studies*, vol. 3 (1959).

(20) Mitchison, R., *op. cit.*, 1962, pp. 122–4.

(21) 当時の郵便制度については，星名定雄『郵便の文化史』みすず書房，1982年，110–3ページ。

(22) Fussell, G. E., Impressions of Sir John Sinclair, Bart., First President of the Board of Agriculture, *Agricultural History*, vol. 25 (1951), pp. 164–5. なお，シンクレアについては，Mitchison, R., *op. cit.*, 1962 以外に，Sinclair, W. M., Sir John Sinclair, Founder and President of the First Board of Agriculture, *Journal of the Royal Agricultural Society of England*, vol. 57 (1896) ; McCallum, Alex., Sir John Sinclair, *The Scottish Journal of Agriculture*, vol. 19 (1936).

(23) Malthus, Thomas Robert, *An Essay on the Principle of Population*, Sixth Edition, vol. 1, Routledge, 1996, pp. 19–20. 大淵寛・森岡仁・吉田忠雄・水野朝夫訳『人口の原理（第6版）』中央大学出版部，1985年，15ページ。

(24) 三澤嶽郎『イギリスの農業経済』農林水産業生産性向上会議，1958年，31–3ページ。

(25) *Society for the Improvement of British Wool*, Edinburgh, 1790. この時期の経済社会状況と，羊の品種改良との関係については，Carter, H. B., *His Majesty's Spanish Flock : Sir Joseph Banks and the Merinos of George III of England*, London, 1964.

(26) Sinclair, Sir John, *Address to the Society for the Improvement of British Wool*, London, 1791, pp. 1–2.

(27) O' Brian, Patrick, *Joseph Banks*, Harvill Press, 1997.

(28) ジョージ3世はウィンザーで実際に農業を行い，羊飼いラルフ・ロビンソン（Ralph Robinson）というペンネームで農業論文を書くほど，農業への関心が高かった。Bla-

kiston, Georgiana, *Woburn and the Russells*, Constable, 1980, pp. 40–1 ; Hibbert, Christopher, *George III*, Penguin Books, 1999, pp. 197–8.

(29)　Sinclair, Sir John, *op. cit.*, 1791, pp. 3–4.

(30)　Housman, W., Robert Bakewell, *Journal of the Royal Agricultural Society of England*, vol. 55 (1894) ; Pawson, H. C., *Robert Bakewell, Pioneer Livestock Breeder*, London, 1957 ; Harris, Helen, Pioneer of Britain's Livestock : Robert Bakewell (1725–1795), *Country Life*, vol. 157 (1975) ; de Lisle, Squire, Robert Bakewell and His Animals, *Ark*, vol. 20 (1993).

(31)　Wood, R. J., Robert Bakewell (1725–1795), Pioneer Animal Breeder and His Influence on Charles Darwin, *Folia Mendeliana*, vol. 8 (1973) ; Morgan, R., Advances in Livestock Breeding during the Eighteenth Century, an Evaluation of the Achievements of Robert Bakewell in the Light of Modern Population Genetics and Farm Practice, *Journal of the Royal Agricultural Society of England*, vol. 156 (1995).

(32)　Cannon, Grant G., *Great Men of Modern Agriculture*, New York, 1963, pp. 69–79 ; Young, A., *The Farmer's Tour Through the East of England*, London, 1771.

(33)　Wood, Roger J., op. cit., 1973, p. 239.

(34)　小川眞里子『甦るダーウィン――進化論という物語り』岩波書店，2003年，125–48ページ。

(35)　Wright, Sewall, Mendelian Analysis of the Pure Breeds of Livestock, I & II, *Journal of Heredity*, vol. 14 (1923), pp. 339–48 & pp. 405–22 ; Provine, William, *Sewall Wright and Evolutionary Biology*, The University of Chicago Press, 1986.

(36)　スコットランドにおいて急速であったのは，協会の役割もさることながら，すでに羊以前に，黒牛の改良経験が地主の間でかなり広まっていたという背景もあった。Handley, J. E., *Scottish Farming in the Eighteenth Century*, Edinburgh, 1953, pp. 145–6.

(37)　Prebble, John, *The Highland Clearances*, Penguin Books, 1969. W. ファルガスン著，飯島啓二訳『近代スコットランドの成立』未来社，1987年。

(38)　Sinclair, Sir John, *Account of the Origin*, p. 7.

(39)　Mitchison, R., op. cit., 1959, p. 42. スコットランドとイングランドの銀行成立の違いについては，北政巳『近代スコットランド社会経済史研究』同文舘，1985年。

(40)　Ehrman, John, *The Younger Pitt : The Reluctant Transition*, London, 1996 ; Evans, Eric J., *William Pitt the Younger*, London, 1999.

(41)　Sinclair, Sir John, *Plan for Establishing a Board of Agriculture and Internal Improvement*, London, 1793, pp. 5–7.

(42)　Sinclair, Sir John, *Account of the Origin*, pp. 25–30.

(43)　Wilmot, S., *The Business of Improvement : Agriculture and Scientific Culture in Britain, 1700–1870*, University of Bristol, 1990, p. 28. しかし農業知識に関するヤングとマーシャルの認識はかなり異なっていた。Kerridge, Eric, Arthur Young and William Marshall, *History Studies*, vol. 1 (1968).

(44)　Passmore, J. D., *The English Plough*, Oxford University Press, 1930 ; Brigden, Roy, *Ploughs and ploughing*, Shire Pubns, 1985.

(45)　ヤングは自ら農業を試験的に経営したが，失敗している。その記録がYoung, Arthur, *A Course of Experimental Agriculture*, 2vols, London, 1770である。

(46)　Mitchison, R., op. cit., 1959, p. 43.

(47) Betham-Edwards, M. ed., *The Autobiography of Arthur Young*, London, 1898, p. 437.

(48) イングランドでは10世紀頃から，10分の1教区税（Tithe）が教区聖職者の主要な収入源となり，これをめぐって納税者との紛争が絶えなかった。この税の金納化は16世紀頃からはじまっているが，正式な立法化は1839年（Tithe Commutation Act）であった。農業改良調査会の設立時の状況については，Minchinton, W. E., Agricultural Returns and the Government during the Napoleonic Wars, *Agricultural History Review*, vol. 1 (1953).

(49) Clarke, Sir E., op. cit., pp. 7–9.

(50) Mitchison, R., op. cit., 1959, p. 47.

(51) Sinclair, Sir John, *Address to the Board of Agriculture*, London, 1796.

(52) Betham-Edwards, M. ed., *op. cit.*, p. 243.

(53) Marshall, W., *The Review and Abstract of the County Reports to the Board of Agriculture*, vol. 1, London, 1818, p. xxxi.

(54) この構成については，Sinclair, Sir John, *Plan for Re-Printing the Agricultural Surveys*, London, 1795.

(55) Marshall, W., *op. cit.*, vol. 4, pp. 456–94. もっとも，ヤングは1809年頃から視力が衰え始めていたので，報告書の作成にも，それが影響を与えたと考えられる。

(56) Young, A., *General View of the Agriculture of Oxfordshire*, London, 1809, p. 36.

(57) テーヤは1798年から1804年にかけて，3巻本の *Einleitung zur Kenntniss der englischen Landwirtshaft*, Hannover を刊行するが，その第3巻の837–934ページに掲載されている膨大な参考文献のなかに，これらの調査報告書が多数含まれている。

(58) Clarke, Sir E., op. cit., p. 14.

(59) Somerville, John Southey, *Address to the Board of Agriculture, on its meeting the 8th of May, 1798*, London, 1798.

(60) Kinglake, R. A., *Lord Somerville, a Forgotten President of the Board of Agriculture*, London, 1888 ; Fussell, G. E., A Foggotten President of the Board of Agriculture, John, Lord Somerville : 1765–1819, *Journal of the Land Agents Society*, vol. 54 (1955).

(61) スミスフィールドクラブの活動については，Powell, E. J., *History of the Smithfield Club from 1798 to 1900*, London, 1902 ; Bull, L., *History of the Smithfield Club from 1798 to 1925*, London, 1926 : Trow-Smith, Robert, *History of the Royal Smithfield Club*, London, 1980.羊の品種改良については，ダーウィンの『種の起源』でも取り上げられている（ダーウィン著，八杉龍一訳『種の起源』(上)，岩波文庫，1990年，48ページ)。

(62) Somerville, John Southey, *The System followed during the Last Two Years by the Board of Agriculture further illustrated*, London, 1800, pp. 17–9.

(63) Clarke, E., John Fifteenth Lord Somerville, *Journal of the Royal Agricultural Society of England*, vol. 58 (1897), p. 8. シンクレアも，もちろん試験に無関心であったわけではない。とくにスコットランドの統計書が完成した後，農業技術への関心を強めている。そのなかで特筆すべきことは，エラズマス・ダーウィン（Erasmus Darwin, 1731–1802）に，農業原理に関する著書を執筆するように勧め，Darwin, Erasmus, *Phytologia ; or the Philosophy of Agriculture and Gardening*, London, 1800 の出版にこぎつけていることである。エラズマス・ダーウィンは，進化論の先駆者のひとりとみなされ，この著書も，その考え方を記した著書と考えられる（King-Hele, Desmond, *Erasmus Dar-*

win : A Life of Unequalled Achievement, London, 1999. 和田芳久訳『エラズマス・ダーウィン』工作舎，1993年)。エラズマス・ダーウィンの著書は，イギリス農業研究史のなかで取り上げられることは少ないが，農業研究の自然科学的側面を包括的に扱った著書であるといえる。Sykes, J. D., Agriculture and Science (Mingay, G. E. ed., *The Victorian Countryside*, vol. 1, London, 1981, p. 260. シンクレアは，実践的な面においても活動し，小麦作の改良に関心を示している。とくに当時のオランダにおける小麦品種の化学的処理法に関心をもち，自著 *Hint regarding the Agricultural State of the Netherlands, compared with That of Great Britain*, London, 1815 において，塩水選法について論じている。

(64) Chambers, J. D. and Mingay, G. E., *The Agricultural Revolution, 1750–1880*, London, 1966, pp. 121–2.

(65) 以下，Royal を便宜上「王立」と訳出するが，正しくは王室の認可（charter）を受けたということで，「王認」と訳されるべきである。中山茂『歴史としての学問』中央公論社，1974年，146ページ。もちろん「王立」は国家主導を意味するものではない。また Institution も便宜上「研究所」と訳出するが，この機関の特徴が啓蒙・普及であるとすれば，「会館」あるいは「学館」と訳すのが適切である。島尾永康『ファラデー——王立研究所と孤独な科学者』岩波書店，2000年，9ページ。

(66) Ellis, G., *Memoir of Sir Benjamin Thompson, Count Rumford, with Notices of his Daughter*, Boston, 1871 ; Sparrow, W. J., *Count Rumford of Woburn, Mass*, New York, 1965 ; Brown, Sanborn C., *Benjamin Thompson, Count Rumford*, MIT Press, 1979 ; Brown, G. I., *Scientist, Soldier, Statesman, Spy : Count Rumford the Extraordinary Life of a Scientific Genius*, Sutton, 1999. 奥田毅『ラムフォード伝——スパイ・軍人・政治家そして大物理学者』内田老鶴圃，1988年。

(67) Berman, M., *Social Change and Scientific Organization : The Royal Institution, 1799–1844*, Cornell U. P., 1978 ; Caroe, Gwendy, *The Royal Institution : An Informal History*, John Murray, 1985. ラムフォード伯爵の構想では，職人の技術教育が主要な目的とされていたようであるが，実質的にはかなり異なったものとなる。

(68) ガーネットはグラスゴーの Anderson's Institution の自然哲学教授であったが，王立研究所において，Professor and Public Lecturer in Experimental Philosophy, Mechanics and Chemistry という職に就く。Brown, G. I., *op. cit.*, p. 122.

(69) Martin, T., Origins of the Royal Institution, *British Journal for the History of Science*, vol. 1 (1962) ; Berman, M., The Early Years of the Royal Institution, *Science Studies*, vol. 2 (1972) ; Roberts, G. K., The Social and Cultural Significance of Science : The Royal Institution, *British Journal for the History of Science*, vol. 13 (1980).

(70) Knight, David, *Humphry Davy*, Cambridge U. P., 1996, pp. 42–5.

(71) デーヴィに関しては，多くの研究がある。その代表的なものは，Paris, John Ayrton, *The Life of Sir Humphry Davy*, 2vols, London, 1831 ; Davy, John, *Memoirs of the Life of Sir Humphry Davy*, 2vols, London, 1836 ; Wheatley, Henry B., Sir Humphry Davy, Bart., P. R. S., *Journal of the Royal Agricultural Society of England*, vol. 65 (1904) ; Crowther, James Gerald, *H. Davy, 1778–1829*, Paris, 1939 ; Kendall, James, *Humphry Davy : Pilot of Penzance*, London, 1954 ; Treneer, A., *The Mercurial Chemist, A Life of Sir Humphry Davy*, London, 1963 ; Williams, L. Pearce, Humphry Davy, *Scientific American*, vol. 202 (1960) ; Hartley,

Harold, *Humphry Davy*, London, 1966 ; Griffin, A. R., The Rolt Memorial Lecture, 1978 : Sir Humphry Davy : His Life and Work, *Industrial Archaeology Review*, vol. 4（1980）; Forgan, Sophie ed., *Science and the Sons of Genius : Studies on Humphry Davy*, London, 1980 ; Knight, David, *op. cit*., 1996.

（72） 1800年頃の農業化学とデーヴィとの関連については，Knight, D., Agriculture and Chemistry in Britain around 1800, *Annals of Science*, vol. 33（1976）. デーヴィの研究については，講演が Davy, Humphry, *Outlines of a Course of Lectures on the Chemistry of Agriculture*, London, 1803 ；土壌分析が Davy, Humphry, *On the Analysis of Soils as Connected with their Improvement*, London, 1805 ；皮なめし法が Davy, Humphry, *An Account of Some Experiments and Observations on the Constituent Parts of Certain Astringent Vegetables : and on their Operation in Tanning*, London, 1803 として刊行されている。

（73） Hunter, Michael, *Science and Society in Restoration England*, Gregg Revivals, 1992. マイケル・ハンター著，大野誠訳『イギリス科学革命――王政復古期の科学と社会』南窓社，1999年。

（74） Lennard, R., English Agriculture under Charles II : The Evidence of the Royal Society's Enquiries, *Economic History Review*, vol. 4（1932）. しかしイーヴリン（John Evelyn, 1620–1706），グルー（Nehemiah Grew, 1641–1712），メーヨー（John Mayow, 1640–1679），ヘールズ（Stephen Hales, 1677–1761）らの研究は，農業研究に関連するという点で無視できない。メーヨーは酸素にあたる物質の存在を説き，約100年後のプルーストリやラヴォアジェらの化学者によって，それが確認され，ヘールズは植物が空気中からも栄養をとることを説いている。グルーは細胞（cell）という用語を生み出し，デーヴィはその図示したものを，そのまま自著に挿入している。結局，プルーストリ，ラヴォアジェ，デーヴィらは，メーヨー，ヘールズ，グルーらの着想を，実験によって証明し，それを一般法則として作り上げていったといえる。

（75） Carrier, Elba O., *Humphry Davy and Chemical Discovery*, London, 1967.

（76） ドイツでは，ほぼ同時期の1803年から Agricultur-chemie という用語が使われた

（77） Foote, G. A., Sir Humphry Davy and His Audience at the Royal Institution, *Isis*, vol. 43（1952）.

（78） Gazley, J. G., *The Life of Arthur Young, 1741–1820*, Philadelphia, 1973, p. 489.

（79） これらの業績に対する評価に関しては，Crowther, J. G., *British Scientists of the Nineteenth Century*, London, 1935 ; Russell, Sir E. John, *A History of Agricultural Science in Great Britain*, London, 1966.

（80） このような新たな発見があるものの，デーヴィは窒素の生成メカニズムや，その必要性をあまり理解していないし，リン酸塩にもまったく言及することがなかった。これらの解明は，後のリービヒ（Justus von Liebig, 1803–1873）をまたなければならなかった。

（81） Harrison, W., op. cit., 1955.

（82） Berman, M., *op. cit.*, 1978, p. 129.

（83） ファラデーと王立研究所，およびデーヴィとの関連については，スーチン著，小出昭一郎・田村保子訳『ファラデーの生涯』東京図書，1992年；J. M. トーマス著，千原秀昭・黒田玲子訳『マイケル・ファラデー』東京化学同人，1994年。公開講座の実施は，theater と theory が同じ語源をもつという点で示唆的である。

（84） この変容に関しては，Berman, M., The Early Years of the Royal Institution 1799–1810 : A Reevaluation, *Science Studies*, vol. 2（1972）; Berman, M., Hegemony and the Amateur Tradition in British Science, *Journal of Social History*, vol. 8（1975）.

（85） 当時，東インド会社は，1784年に Pitt's India Act が議会を通過して以来，政府統制局が，東インド会社重役会を監督して，政策決定を行わせている。この結果，貿易（収入）よりも，政治（税金）のほうに重点がおかれるようになり，会社の収入は飛躍的に増加する。農業に関しては，農業改良調査会と東インド会社との間で直接的な関連はなかったが，王立協会と東インド会社とは，アヘン栽培をめぐって関係をもっていた。Philips, C. H., *The East India Company, 1784–1834*, Routledge, 1998. 加藤祐三『イギリスとアジア』岩波書店，1980年，159–71ページ。

（86） Betham-Edwards, M. ed., *op. cit.*, pp. 413–4.

（87） Sinclair, Sir John, *Address to the Board of Agriculture*, London, 1806.

（88） Mitchison, op. cit., 1959, p. 60.

（89） Crosby, T. L., *English Farmers and the Politics of Protection, 1815–1852*, Sussex, 1977.

（90） Betham-Edwards, M. ed., *op. cit.*, p. 465.

（91） この過程で，懸賞論文という形態で進められていた先進地の農法（とくに，フランドル農法）の紹介も中止された。Creasey, John S., The（English）Board of Agriculture and the Husbandry of Flanders : The Prize Essay Competition of 1818–20, *Acta Museorum Agriculturae Praguae*, vol. 12（1977）.

（92） Crosby, T. L., *op. cit.*, pp. 81–113. シンクレアの通貨に関する考え方は，Sinclair, Sir John, *The Speech on the Subject of the Bullion Report, in the House of Commons, on Wednesday, the 15th of May, 1811*, London, 1811 において明確に説明されている。

（93） Wordie, J. R. ed., *Agriculture and Politics in England, 1815–1939*, London, 2000, pp. 1–32.

（94） イングランド王立農業協会の設立史については，100年史である Watson, J. A. S., *The History of the Royal Agricultural Society of England, 1839–1939*, London, 1939. 150年史である Goddard, N., *Harvests of Change : The Royal Agricultural Society of England, 1838–1988*, London, 1988.

（95） Goddard, N., Information and Innovation in Early-Victorian Farming Systems（Holderness, B. A. and Turner, M. ed., *Land, Lavour and Agriculture, 1700–1920*, London, 1991）.

（96） ヤングは，視力の衰え出した1809年に農業改良調査会の役割を評価する著書を刊行する。Young, A., *On the Advantages which have resulted from the Establishment of the Board of Agriculture*, London, 1809. 農業改良調査会がアメリカの農業展開に与えた影響については，Loehr, R. C., The Influence of English Agriculture on American Agriculture, 1775–1825, *Agricultural History*, vol. 11（1937）; Loehr, Rodney C., Arthur Young and American Agriculture, *Agricultural History*, vol. 43（1969）; Woodward, Carl R., A Discussion of Arthur Young and American Agriculture, *Agricultural History*, vol. 43（1969）.

（97） 農業改良調査会の展開と，この時期に盛んに行われた「囲い込み」の動向とは関連性をもっている。農業改良調査や農業実験は，囲い込みを抜きに考えられない。しかしながらこの点を明確にするには，地主の所領経営上の問題を考えなければならない。

（98） ヤングも死去の直前，シンクレアと同様，体系化を試みている。しかし，その草稿（The Elements of Practice of Agriculture）は出版されることなく，大英博物館に保存されたままになっている。この草稿はシンクレアの著書と，かなり類似している。Nou,

Joosep, *Studies in the Development of Agricultural Economics in Europe*, Uppsala, 1967, pp. 88–9.

第 2 章　スコットランドの農業研究——諸科学との関係

（1）Trevor-Roper, Hugh, The Scottish Enlightenment, *Studies on Voltaire and the Eighteenth Century*, vol. 63（1967）; Chitnis, A., *The Scottish Enlightenment : A Social History*, London, 1976 ; Daiches, D., Jones, P. and Jones, J. ed., *A Hotbed of Genius : The Scottish Enlightenment 1730–1790*, Edinburgh U. P., 1986 ; Jones, Peter ed., *Philosophy and Science in the Scottish Enlightenment*, Edinburgh, 1988 ; Emerson, Roger L., Science and the Origins and Concerns of the Scottish Enlightenment, *History of Science*, vol. 26（1988）; Broadie, Alexander ed., *The Scottish Enlightenment An Anthology*, London, 1997. 田中秀夫『スコットランド啓蒙思想史研究』名古屋大学出版会，1991 年。

（2）Handley, James E., *Scottish Farming in the Eighteenth Century*, London, 1953, p. 110. 18 世紀のスコットランド農業については，この著書以外に，Franklin, T. Bedford, *A History of Scottish Farming*, Edinburgh, 1952 ; Symon, J. A., *Scottish Farming-Past and Present*, Oliver and Boyd, 1959 ; Smout, T. C. and Fenton, A., Scottish Agriculture before the Improvers——an Exploration, *Agricultural History Review*, vol. 13（1965）; Turnock, D., *The Historical Geography of Scotland since 1707*, Cambridge U. P., 1982.

（3）Dodgshon, R. A., Land Improvement in Scottish Farming : Marl and Lime in Roxburghshire and Berwickshire in the Eighteenth Century, *Agricultural History Review*, vol. 26（1978）.

（4）Handley, J. E., *The Agricultural Revolution in Scotland*, Edinburgh, 1963 ; Devine, T. M., Social Stability and Agrarian Change in the Eastern Lowlands of Scotland, 1810–1840, *Social History*, vol. 3（1978）; Adams, I. H., The Agricultural Revolution in Scotland : Contributions to the Debate, *Area*, vol. 10（1978）. T. C. スマウト著，木村正俊監訳『スコットランド国民の歴史』原書房，2010 年，270–93 ページ。

（5）Smith, Adam, *An Inquiry into the Nature and Causes of the Wealth of Nations*, Encyclopaedia Britannica, 1952, p. 44. 大河内一男監訳『国富論 I』，中公文庫，1978 年，152 ページ。

（6）Little, J. I., Agricultural Improvement and Highland Clearance : The Isle of Arran, 1766–1829, *Scottish Economic and Social History*, vol. 19（1999）.

（7）*Select Transactions of the Honourable the Society of Improvers in the Knowledge of Agriculture in Scotland*, Edinburgh, 1743, p. 3.

（8）*ibid.*, pp. 4–7.

（9）Hamilton, Henry, *The Industrial Revolution in Scotland*, London, 1966 ; Macdonald, Stuart, The Diffusion of Knowledge among Northumberland Farmers, 1780–1815, *Agricultural History Review*, vol. 27（1979）.

（10）加用信文『イギリス古農書考』増訂版，御茶の水書房，1989 年，291 ページ。

（11）Marshall, T. H., Jethro Tull and the New Husbandry of the Eighteenth Century, *Economic History Review*, vol. 2（1929）p. 47. このような区別は 17 世紀のイギリス科学革命における実験哲学の精神から影響を受けたものといえる。Fussell, G. E., *Jethro Tull : His Influence on Mechanized Agriculture*, Reading, 1973.

（12）Home, Francis, *The Principles of Agriculture and Vegetation*, Edinburgh, 1757, p. 107.

（13）*ibid.*, p. 36.

（14） Lee, Sidney ed., *Dictionary of National Biography*, vol. 27（1891）, pp. 228–9 ; Brown, Charles A., *A Source of Book of Agricultural Chemistry*, Waltham, 1944, p. 117.

（15） Gibbs, F. W., Boerhaave and the Botanists, *Annals of Science*, vol. 13（1957）; Smeaton, William A., Herman Boerhaave（1668–1738）: physician, botanist, and chemist, *Endeavour*, new ser., vol. 12（1988）. ブールハーフェは，オランダ科学史上，初めてニュートンとその経験的・数学的自然観を支持した。そして研究者としてよりも，教育者として影響力をもった。K. ファン・ベルケル著，塚原東吾訳『オランダ科学史』朝倉書店，2000年，56–60ページ。

（16） Grant, Alexander, *The Story of the University of Edinburgh, vol. 1*, London, 1884 ; Horn, D. B., *A Short History of the University of Edinburgh, 1556–1889*, Edinburgh U. P., 1967 ; Morrell, J. B., The University of Edinburgh in the Late Eighteenth century : Its Scientific Eminence and Academic Structure, *Isis*, vol. 62（1971）; Morrell, J. B., Science and Scottish University Reform : Edinburgh in 1826, *British Journal for the History of Science*, vol. 6（1972）. 高田紘二「18世紀スコットランドの大学――スコットランド啓蒙の一起源」（大阪市立大学経済学会『経済学雑誌』第90巻5・6号，日本評論社）。

（17） Mackenzie, J. E., The Chair of Chemistry in the University of Edinburgh in the 18th and 19th Centuries, *Journal of Chemical Education*, vol. 12（1935）; Morrell, J. B., Practical Chemistry in the University of Edinburgh, 1799–1843, *Ambix*, vol. 16（1969）; Donovan, A. L., *Philosophical Chemistry in the Scottish Enlightenment*, Edinburgh, 1975 ; Donovan, Arthur, Chemistry and Philosophy in the Scottish Enlightenment, *Studies on Voltaire and the Eighteenth Century*, vol. 152（1976）.

（18） Comrie, John D., *History of Scottish Medicine*, vol. 2, London, 1932.

（19） Home, Francis, *op. cit.*, p. 177.

（20） Handley, James E., *op. cit.*, p. 129 ; Fussell, G. E., *Crop Nutrition : Science and Practice before Liebig*, Coronado Press, 1971, p. 113. しかしこの提言が，どの程度浸透していたのかは明らかでない。化学実験農場はラヴォアジェ（Antoine Laurent Lavoisier, 1743–1794）によって試みられているが，それはラヴォアジェの処刑によって中断する。その後，実験農場はブサンゴー（Jean Baptiste Joseph Dievdonne Boussingault, 1802–1887）によって1834年にアルザスで設立されている。

（21） Stephen, Leslie ed., *Dictionary of National Biography*, vol. 15（1888）, pp. 38–9.

（22） Dickson, Adam, *A Treatise of Agriculture*, Edinburgh, 1762, p. vi.

（23） *ibid.*, p. 18.

（24） 18世紀にイングランド東部ノーフォーク州で始まった新農法である。その特徴は大麦→クローバー→小麦→カブの順に4年周期で行う四輪作体系であった。休耕地がなくなり，牧草栽培による家畜の飼育が可能になり，「囲い込み」の拡大とあいまって，穀物生産を増大させ，一般的に「農業革命」と称されている。

（25） Stephen, Leslie ed., *Dictionary of National Biography*, vol. 13（1888）, pp. 279–82 ; Doig, A., Ferguson, J. P. S., Milne, I. A. and Passmore, R. ed., *William Cullen and the Eighteenth Century Medical World*, Edinburgh U. P., 1993.

（26） Donovan, A. L., William Cullen and the Research Tradition of Eighteenth-Century Scottish Chemistry（Campbell, R. H. and Skinner, A. S. ed., *The Origins and Nature of the Scottish Enlightenment*, Edinburgh, 1982, pp. 98–105）.

（27） Withers, Charles W. J., William Cullen' s Agricultural Lectures and Writings and the Development of Agricultural Science in Eighteenth-Century Scotland, *Agricultural History Review*, vol. 37 (1989).

（28） Dobbin, L., A Cullen Chemical Manuscript of 1753, *Annals of Science*, vol. 1 (1936) ; Wrightman, W. P., William Cullen and the Teaching of Chemistry, Part 1, *Annals of Science*, vol. 11 (1955) ; Wightman, W. P., William Cullen and the Teaching of Chemistry-2, *Annals of Science*, vol. 12 (1956).

（29） ケイムズ卿については，McGuinness, Arthur E., *Henry Home, Lord Kames*, New York, 1970 ; Lehmann, W. C., *Henry Home, Lord Kames, and the Scottish Enlightenment*, Hague, 1971 ; Ross, I. S., *Lord Kames and the Scotland of his Day*, Oxford U. P., 1972 ; Tytler, A. F., *Memoirs of the Life and Writings of the Honourable Henry Home of Kames*, vol. 1, 2, Routledge, 1993. アーサー・ハーマン著，篠原久監訳・守田道夫訳『近代を創ったスコットランド人――啓蒙思想のグローバルな展開』昭和堂，2012年，87–110ページ。Henry Homeは，ヘンリー・ヒュームと発音するため，Francis HomeやDavid Humeと紛らわしくなるので，ここではケイムズ卿という名称を使用する。ジョン・レー著，大内兵衛・大内節子訳『アダム・スミス伝』岩波書店，1972年，38–9ページ。

（30） Emerson, Roger L., The Philosophical Society of Edinburgh, 1748–1768, *British Journal for the History of Science*, vol. 14 (1981) ; Emerson, Roger L., The Philosophical Society of Edinburgh, 1768–1783, *British Journal for the History of Science*, vol. 18 (1985).

（31） Lee, Sidney ed., *Dictionary of National Biography*, vol. 28 (1891), pp. 354–6.

（32） Crosland, M. P., The Use of Diagrams as Chemical Equations in the Lecture Notes of William Cullen and Joseph Black, *Annals of Science*, vol. 15 (1959) ; Donovan, Arthur L., Pneumatic Chemistry and Newtonian Natural Philosophy in the Eighteenth Century : William Cullen and Joseph Black, *Isis*, vol. 67 (1976).

（33） McCallum, Alexander, A Great Agricultural Improver――Lord Kames, *Scottish Journal of Agriculture*, vol. 18 (1935) ; Handley, James E., *op. cit.*, 1963 ; Grobman, Neil R., Lord Kames and the Study of Comparative Mythology, *Folklore*, vol. 92 (1981).

（34） Home, Henry, *The Gentleman Farmer*, Edinburgh, 1776, pp. x-xi.

（35） ケイムズ卿の著書の出版と，ほぼ同時期（1777年）に設立されたバース・イングランド西部協会の設立目的においても，競争的模倣心がうたわれている。*Rules and Orders of the Society, instituted at Bath, for the encouragement of agriculture, arts, manufactures, commerce, mechanics and the fine arts*, Bath, 1777, pp. v–vii.

（36） ケイムズ卿がカレンやブラックと交流を深めた背景には，ニュートン主義的な自然観に批判的であったという側面があったとされる。長尾伸一『ニュートン主義とスコットランド啓蒙』名古屋大学出版会，2001年，250–76ページ。

（37） Crosland, M. P., The Development of Chemistry in the Eighteenth Century, *Studies on Voltaire and the Eighteenth Century*, vol. 24 (1963).

（38） Brown, Charles A., *op. cit.*, pp. 135–9.

（39） Davy, Sir Humphry, *Elements of Agricultural Chemistry*, London, 1813, pp. 18–9.

（40） Clow, A. and N. L., *The Chemical Revolution――A Contribution to Social Technology*, London, 1952, pp. 456–514 ; Golinski, Jan, *Science as Public Culture――Chemistry and Enlightenment in Britain, 1760–1820*, Cambridge U. P., 1992.

(41) *Select Transactions of the Honourable the Society of Improvers in the Knowledge of Agriculture in Scotland*, Edinburgh, 1743, pp. 228-9.

(42) Maxwell, Robert, *The Practical Husbandman*, Edinburgh, 1757, p. 381.

(43) カレンはイギリスで臨床講義を行った先覚者であり，化学を活かして多くの治療剤を見つけ出したことでも著名である。Doig, A., Ferguson, J. P. S., Milne, I. A. and Passmore, R. ed., *op. cit.*, Edinburgh U. P., 1993, pp. 133-51.

(44) Lee, Sidney ed., *Dictionary of National Biography*, vol. 59 (1899), p. 74.

(45) 1745年のジャコバイトの反乱が一連の反乱の最後であった。この反乱はジャコバイト主義（王位は，王家の血統にしたがって，世襲されるべきものであるという世襲君主制の理念により，スチュアート家の王位継承を正統とみなす考え）を核にして，イングランド主導の合邦に対する不満，商業社会の文化と価値を否定ないし対抗するという意識から発生する。Smith, Annette M., *Jacobite Estates of the Forty-Five*, Edinburgh, 1982. 田中秀夫，前掲書，88-136ページ。

(46) Boud, R. C., Scottish Agricultural Improvement Societies, 1723-1835, *Review of Scottish Culture*, vol. 1 (1984). 高地地方農業協会の歴史については Ramsay, A., *History of the Highland and Agricultural Society of Scotland*, Edinburgh, 1879.

(47) Withers, Charles W. J., A Neglected Scottish Agriculturalist : the Georgical Lectures and Agricultural Writings of the Rev. Dr. John Walker (1731-1803), *Agricultural History Review*, vol. 33 (1985) ; idem., Improvement and Enlightenment : Agriculture and Natural History in the Work of the Rev. Dr. John Walker (1731-1803), (Jones, Peter ed., *Philosophy and Science in the Scottish Enlightenment*, Edinburgh, 1988, pp. 102-16).

(48) Taylor, George, John Walker, D. D., F. R. S. E., 1731-1803 : A Notable Scottish Naturalist, *Transactions and Proceedings of the Botanical Society of Edinburgh*, vol. 38 (1959) ; Scott, Harold, W., John Walker's Lectures in Agriculture (1790) at the University of Edinburgh, *Agricultural History*, vol. 43 (1969).

(49) Reed, Howard S., *A Short History of Plant Sciences*, New York, 1942. 西村三郎『文明のなかの博物学』（上）・（下），紀伊國屋書店，1999年。西村三郎『リンネとその使徒たち』人文書院，1989年。松永俊男『博物学の欲望』講談社，1992年。ハインツ・ゲールケ著，梶田昭訳『リンネ――医師・自然研究者・体系家』博品社，1994年。キャロル・キサク・ヨーン著，三中信宏・野中香方子訳『自然を名づける――なぜ生物分類では直感と科学が衝突するのか』NTT出版，2013年。

(50) ヘブリジーズに関しては，イングランドの文学者サミュエル・ジョンソン（Samuel Johnson, 1709-1784）による旅行記（1775年刊）がある。サミュエル・ジョンソン著，諏訪部仁・市川泰男・江藤秀一・芝垣茂訳『スコットランド西方諸島の旅』中央大学出版部，2006年。

(51) リン・L・メリル著，大橋洋一・照屋由佳・原田祐貨訳『博物学のロマンス』国文社，2004年，30-2ページ。

(52) この点について，同時代の博物学者ホワイト（Gilbert White, 1720-1793）は，次のような興味深い指摘を行っている。「植物学に対する非難は，と言えば，きまって，植物学はただ空想を楽しませたり，記憶力を働かせたりする学問であって，理知を進めたり，真の知識を向上させたりするものではないということです。この学問が，単に体系的分類以上に出ないものとすれば，遺憾ながら，この非難はあたっております。

けれども，植物学者にして，この誹謗を抹消しようと思う心のあるほどの者ならば，決して名称のリストで満足しているべきではありません。植物を学問的に研究し，生育の法則を討究し，有用草木の効能を調査し，その栽培を助長し，単に植物学者たるに止まらず，その台木の上に，園芸家かつ農夫の資格を接木しなければなりません。といって，決して体系を捨ててしまえと言うのではありません。体系がなければ，自然界は路なき荒野となってしまうでしょう。しかし，体系は学問の手段として意義があるのであって，主要目的であってはならないのです」White, Gilbert, *The Natural History of Selborne*, Penguin Classics, 1987, pp. 208-9. 山内義雄訳『セルボーンの博物誌』講談社，1992年，314-5ページ。

(53) Walker, John, *Essays on Natural History and Rural Economy*, London, 1812.

(54) *Essays on Natural History and Rural Economy* は，ウォーカーの死後に出版されたものであり，農業講座開設時の1790年までに，ウォーカーにはスコットランド農業に関する著書がなかったことも，農業教授になれなかった大きな要因であった。

(55) プルトニィはシンクレアの友人である。Mitchison, Rosalind, *Agricultural Sir John : The Life of Sir John Sinclair of Ulbster 1754-1835*, London, 1962, p. 168.

(56) Fleming, I. J. and Robertson, N. F., *Britain's First Chair of Agriculture at the University of Edinburgh 1790-1990*, Edinburgh, 1990.

(57) Morrell, J. B., The University of Edinburgh in the Late Eighteenth Century : Its Scientific Eminence and Academic Structure, *Isis*, vol. 62 (1971), pp. 162-3.

(58) Lee, Sidney ed., *Dictionary of National Biography*, supplement vol. 2 (1901), pp. 71-2.

(59) 高田紘二，前掲論文，67ページ。

(60) Lee, Sidney ed., *Dictionary of National Biography*, vol. 50 (1897), pp. 5-6.

(61) Shearer, E., Edinburgh University and Edinburgh College of Agriculture, *Agricultural Progress*, vol. 14 (1937) ; Richards, Stewart, Agricultural Science in Higher Education : Problems of Identity in Britain's First Chair of Agriculture, Edinburgh 1790-1831, *Agricultural History Review*, vol. 33 (1985), pp. 173-4.

(62) Coventry, Andrew, *Discourses Explanatory of the Object and Plan of the Course of Lectures on Agriculture and Rural Economy*, Edinburgh, 1808, p. 20.

(63) エリック・アシュビー著，島田雄次郎訳『科学革命と大学』中央公論社，1977年，27ページ。

(64) Richards, Stewart, op. cit., p. 63.

(65) Somerville, Robert, *General View of the Agriculture of East Lothian*, London, 1805, pp. 279-93.

(66) Davy, Sir Humphry, *op. cit.*, p. vi.

(67) Fraser, A., *The Building of Old College*, Edinburgh U. P., 1989 ; Fleming, I. J. and Robertson, N. F., *op. cit.*, 1990 ; Birse, Ronald M., *Science at the University of Edinburgh 1583-1993*, The Faculty of Science and Engineering The University of Edinburgh, 1994.

(68) 講座の展開ばかりでなく，その後，エディンバラの卒業生の多くが，イングランドの農業に大きな影響を与える。Hanley, J. A., Agricultural Education in College and County (Dale, H. A. and Others, *Agriculture in the Twentieth Century*, Oxford, 1939), pp. 87-121. 後のことになるが，19世紀末から20世紀初頭にかけて，スコットランドから著名な農業研究者が輩出され，イギリス農学に大きな影響を与えた。たとえば，サマヴィル

(Sir William Somerville, 1860–1932）やミドルトン（Sir Thomas Middleton, 1863–1943）らである。

(69) Lee, Sidney ed., *Dictionary of National Biography*, vol. 34（1893）, p. 182.

(70) Russell, Nicholas, *Like Engend'ring Like-Heredity and Animal Breeding in Early Modern England*, Cambridge U. P., 1986 ; Hall, Stephen J. G. and Clutton-Brock, Juliet, *Two Hundred Years of British Farm Livestock*, British Museum, 1989, pp. 16–7.

(71) Lee, Sidney ed., *Dictionary of National Biography*, vol. 62（1900）, pp. 115–6.

(72) この著書はわが国で明治期に邦訳され，岡田好樹訳『英国農業篇』勧農局，1878年として出版される。ただし，この邦訳ではウィルソンが重視した歴史と土壌の部分が削除され，農機具の部分から翻訳されている。おそらく当時の日本では，イギリスの歴史と土壌の部分は役に立たないと判断されたためであろう。ウィルソンの主著は *Our Farm Crops*, London, 1860であるが，この著書は教授の報酬が低い（年間50ポンド）ために，所得を補う目的で出版されたといわれる。

(73) Lee, Sidney ed., *Dictionary of National Biography*, vol. 30（1892）, pp. 65–6 ; Fussell, G. E. and Fussell, K. R., James Finlay Weir Johnston, 1796–1855 : the First Universtiy Advisory Chemist, *Agricultural Progress*, vol. 57（1982）.

(74) Snelders, H. A. M., James F. W. Johnston' s Influence on Agricultural Chemistry in the Netherlands, *Annals of Science*, vol. 38（1981）.

(75) スコットランドの学問的な体系が，産業発展のための技術的な関心の現れとは考えられず，あまりにも性急な原理的思考の結果であったために，19世紀科学に継承されなかったとも考えられる。S. メイソン著，矢島祐利訳『科学の歴史——科学思想の主なる流れ』（上），岩波書店，1955年，314–6ページ。

第3章　農業知識と土地管理人の役割

(1) 農業技術に関しては，アダム・スミスは，「大土地所有者が大改良家であるということは，めったにない」と語っている。Smith, Adam, *An Inquiry into the Nature and Causes of the Wealth of Nations*, Encyclopaedia Britannica, 1952, p. 188. 大内兵衛・松川七郎訳『諸国民の富 I』岩波書店，1969年，594ページ。地主と借地農の間での農業経営に関する責任分担は，地域によって異なり，時代によっても異なる。したがってどちらが経営の主体であったかは一概にはいえないが，一般的に地主が固定資本，借地農が運転資本を提供したといわれている。

(2) Fussell, G. E., *The Old English Farming Books vol. III, 1793–1839*, London, 1983, pp. 181–217において，各々の著者の経歴が述べられているが，多くは土地管理人（所領管理人）である。

(3) Habakkuk, H. J., Economic Functions of English Landowners in the Seventeenth and Eighteenth Centuries, *Explorations in Entrepreneurial History*, vol. VI, no. 2（1953)（ハバカク著，川北稔訳『十八世紀イギリスにおける農業問題』未来社，1967年に所収）。

(4) たとえば，Hughes, Edward, The Eighteenth Century Estate Agent（Cronne, H. A., *et al*. eds., *Essays in British and Irish History*, Muller, 1949）; Spring, David, *The English Landed Estate in the Nineteenth Century : its administration*, Baltimore, 1963 ; Mingay, G. E., The Eighteenth-Century Land Steward（Jones, E. L. and Mingay, J. D. ed., *Land, Labour and Population in the Industrial Revolution*, London, 1967）; Thompson, F. M. L., *English Landed*

Society in the Nineteenth Century, London, 1963 ; Richards, E., The Land Agent（Mingay, G. E. ed., *The Victorian Countryside*, vol. II, London, 1981）などである。この他にも研究はあるが，対象としている年代が18世紀前半以前である。邦文では高橋裕一「一八世紀後期イングランドに見る所領管理専門職」（『史学』第64巻1号，1994年）において，ケントに関して考察されている。

（5） Thompson, F. M. L., *op. cit.*, 1963.

（6） シャーン・エヴァンズ著，村上リコ訳『メイドと執事の文化誌――英国家事使用人たちの日常』原書房，2012年，26-31ページ。家令（house steward）は家のこと一切を取り仕切ったが，後に大規模な家以外では執事（butler）が兼ねることになった。執事はもともと，酒類の管理を担当したが，使用人全体の監督を行うようになった。新井潤美『執事とメイドの裏表――イギリス文化における使用人のイメージ』白水社，2011年。

（7） Kent, Nathaniel, *Hints to Gentlemen of Landed Property*, London, 1799, p. 245. この著書は第二版であり，初版は1775年に出版されている。この箇所は，初版にはなく，第二版で加えられたものである。この点からも1775年においては，stewardという色彩が強く，1799年頃にいたってagentという色彩が強くなったと考えられる。

（8） Lee, Sidney ed., *Dictionary of National Biography*, supplement vol. 1, 1901, pp. 365-8.

（9） Caird, James, *English Agriculture in 1850-51*, Second Edition, Kelley, 1967, p. 493.

（10） Spring, D., *op. cit.*, 1963, pp. 3-4 ; Thompson, F. M. L., *op. cit.*, 1963, pp. 152-3. とくにジェントリィ所領においては，明確な経営構造はもっていなかった。

（11） Thompson, F. M. L., *op. cit.*, pp. 153, 178, 182.

（12） たとえば，Mordant, John, *The Complete Steward : or the Duty of a Steward to his Lord ... Also a new system of Agriculture of Husbandry*, London, 1761, vol. 1, p. 213 ; Marshall, William, *The Review and Abstract of the County Reports to the Board of Agriculture*, York, 1818, vol. 1, p. 465 ; vol. 4, pp. 29, 130, 187. Caird, James, *English Agriculture in 1850-51*, London, 1852, pp. 27-8. もっとも，これら農業論者の意見に，地主層がどれだけ耳を傾けたかは不明である。どちらかというと無視する傾向が強く，事務弁護士出身の執事が激減するのは，1870年代，つまり大所領の解体期を待たなければならなかった。

（13） これに関しては対照的ともいえる意見がある。借地農は農業経験によって，従来までの執事よりも多くの仕事ができるという意見（Marshall, William, *op. cit.*, vol. 4, p. 187）と，独立して農業を営んでいる借地農が，雇用主の所領で積極的に仕事をするとは考えられないとする意見（Mordant, John, *The Complete Assistant for the Landed Proprietor*, London, 1824, p. 126）である。

（14） ノーフォーク農法は，トマス・コークやタウンゼンドによって，18世紀後半に普及したと考えられてきたが，すでに17世紀後半にかなり普及していたことが明らかとなっている。Overton, M., The Diffusion of Agricultural Innovations in Early Modern England : turnips and clover in Norfolk and Suffolk, 1580-1740, *Transactions of the Institute of British Geographers*, vol. 10（1985）; Beckett, J. V., *The Agricultural Revolution*, Basil Blackwell, 1990. ノーフォークの農業については19世紀初期から文献において紹介され，現在に至るまで多くの著書が刊行されている。The Practical Norfolk Farmer, *The Management of a Farm Throughout the Year*, Norwich, 1808 ; Rigby, E., *Holkham, its agriculture*, Norwich, 1818 ; Yelloly, John, *Some Account of the Employment of Spade*

Husbandry on an Extensive Scale in the County of Norfolk, London, 1838 ; Almack, B., On the Agriculture of Norfolk, *Journal of the Royal Agricultural Society of England*, vol. 5（1844）; Bacon, R. N., *The History of the Agriculture of Norfolk*, London, 1849 ; Riches, N., *The Agricultural Revolution in Norfolk*, Chapell Hill, 1937 ; Williamson, Henry, *The Story of a Norfolk Farm*, London, 1941 ; Bolam, P., Norfolk Farming, *Journal of the Royal Agricultural Society of England*, vol. 130（1969）; Wade-Martins, Susanna and Williamson, Tom, *Roots of Change : Farming and the Landscape in East Anglia, c. 1700–1870*, British Agricultural History Society, 1999. 土地利用の歴史については Peglar, S. M., Fritz, S. C., and Birks, H. J. B., Vegetation and Land-Use History at Diss, Norfolk, *Journal of Ecology*, vol. 77（1989）; Williamson, Tom, *The Norfolk Broads : A Landscape History*, Manchester U. P., 1997 ; Wade-Martins, Peter ed., *An Historical Atlas of Norfolk*, Norfolk, 1998. 楠井敏朗「ノーファクに於ける資本主義農業の展開」(『土地制度史学』第20号，1963年)。

(15) この時期の囲い込みについては多くの研究成果が発表されているが，代表的なものをあげると Turner, Michael, English Open Fields and Enclosures : Retardation or Productivity Improvements, *Journal of Economic History*, vol. 46（1986）; Allen, R. C., *Enclosure and the Yeoman*, Clarendon Press, 1992 ; Moselle, Boaz, Allotments, Enclosure, and Proletarianization in Early Nineteenth Century Southern England, *Economic History Review*, vol. 48（1995）. 邦文では，M. ターナー著，重富公生訳『エンクロージャー』慶應通信，1987年。重富公生『イギリス議会エンクロージャー研究』勁草書房，1999年。

(16) Johnson, Arthur H., *The Disappearance of the Small Landowner*, Oxford, 1909, p. 90.

(17) 家族継承財産設定とは，婚姻に際して継承財産設定証書（settlement）を作成した者が，その子が成年に達したときに，改めて子どもを保有者として設定することである。イギリスの土地制度は複雑で込み入っており，しかも地域性に富んでいる。フレデリック・ポロック著，平松紘監訳『イギリス土地法――その法理と歴史』日本評論社，1980年，戒能通厚『イギリス土地所有権法研究』岩波書店，1980年，高橋裕一『土地大国イギリスの終焉』慶應通信，1993年。

(18) Mitchell, B. R., *British Historical Statistics*, Cambridge, 1988.

(19) 18世紀の所領経営の展開については，ミンゲイの学説に依拠した酒井重喜「18世紀イギリスにおける地主の所領経営と農業資本主義」(『経済論叢』第116巻4号，1975年)。

(20) Mingay, G. E., *op. cit.*, pp. 3–4 ; Fussell, G. E., Agricultural Science and Experiment in the Eighteenth Century ; an Attempt at a Definition, *Agricultural History Review*, vol. 24（1976）. マーク・ジルアード著，森静子・ヒューズ訳『英国のカントリー・ハウス（下）――貴族の生活と建築の歴史』住まいの図書館出版局，1989年。

(21) Clapham, A., *A Short History of the Surveyor's Profession*, London, 1949. イギリスにおいては16世紀末以降に，近代的土地所有権の確立過程において，土地に対する権利の限界を確定するために，土地測量術あるいは製図法が発達する。これが，ウイリアム・ペティが『政治算術』を生み出す一つの基盤となったといわれている。というのは，地籍の調査は，必然的にその土地の生産物や家畜の計量や評価をともなうものであり，両者は不可分の関係にあったからである。ペティ著，大内兵衛・松川七郎訳『政治算術』岩波文庫，1955年。

(22) Lee, Sidney ed., *Dictionary of National Biography*, vol. 32（1892）p. 204. 高橋裕一「エドワ

ード・ロレンス考――イングランド初期近代に見るエステイト・「プロフェッション」をめぐる動向の一側面」（『西洋史学』第241号，2011年，40-59ページ）。エドワード・ロレンスとその著書を通して，18世紀前半の農業・土地問題を分析した業績に，楠井敏朗『イギリス農業革命論』弘文堂，1969年，185-216ページがある。

（23） Laurence, Edward, *The Duty of a Steward to his Lord, London*, 1727, pp. 181-3.

（24） 田中裕「英国定期借地農生成の基盤」（一）（『農業経済研究』第24巻4号，1953年），田中裕「英国定期借地農生成の基盤」（二）（『農業経済研究』第25巻1号，1953年），水本浩「英国近代農業成立期における不動産賃貸借法の構造」（『法社会学』第10号，1957年）。

（25） Laurence, Edward, *op. cit.*, p. 22.

（26） Laurence, Edward, *The Surveyor's Guide*, London, 1736.

（27） Mitchell, B. R., *op. cit.*, pp. 754-5, 1988; Beckett, J. V., Regional Variation and the Agricultural Depression 1730-1750, *Economic History Review*, vol. 35 (1982).

（28） Mingay, G. E., The Agricultural Depression, 1730 to 1750, *Economic History Review*, 2nd ser., vol. 8 (1956).

（29） Lee, Sidney ed., *Dictionary of National Biography*, vol. 32 (1892), p. 206.

（30） Laurence, John, *A New System of Agriculture*, London, 1726, The Preface to the Reader.

（31） 賛成論はロレンス兄弟が最初ではない。すでにティモシー・ナース（Timothy Nourse）が，1700年に出版した *Compania Foelix; or Discourse of the Benefits and Improvements of the Husbandry* において，共有地の利用に対して激しい攻撃を加えていた。しかし農業に対する影響力という点では，ロレンス兄弟の著書のほうがはるかに大きかった。

（32） Ernle, Lord, *English Farming past and present*, sixth edition, London, 1961, pp. 151-2. 囲い込みの功罪については，Anon., *Enquiry into the advantages and disadvantages resulting from Bills of Inclosure*, London, 1781という匿名著者による報告書が，出版されている。

（33） ここで資料としている農書類には，借地農の不満が書かれることは，ほとんどない。しかし一部のパンフレット類には，囲い込みへの危惧が記されていることが多く，たとえば，「議会を最近通過した多くの法律は，農書に依拠しているので，その原理は誤ったものである」と記されているものもある。Wilmot, Sarah, *The Business of Improvement: Agriculture and Scientific Culture in Britain, c. 1700-c. 1870*, Bristol, 1990, pp. 42-3.

（34） Fussell, G. E., *More Old English Farming Books, from Tull to the Board of Agriculture, 1731 to 1793*, London, 1950, p. 51. この他にもLey, Charles, *The Nobleman, Gentleman, Land Steward and Surveyor's Compleat Guide, ...*, London, 1787という著書が出版されている。

（35） ミンゲイによれば，カントリー・ジェントルマンは，もともと商人で，利益を目的に活動を行い，貨幣の扱いになれている人のことをいう。Mingay, G. E., *English Landed Society in the Eighteenth Century*, London, 1963, pp. 166-68.

（36） Robson, R., *The Attorney in Eighteenth-Century England*, London, 1959, pp. 84-96. なかには農業改良に興味をもち，自ら農業を実践した法律家もいた。

（37） Hughes, E., op. cit., p. 192. これはオックスフォードやケンブリッジの教授職の報酬に匹敵するものであった。

（38） Mingay, G. E., op. cit., 1967, p. 10.

（39）　Thompson, F. M. L., *op. cit.*, 1963, pp. 161–2.

（40）　Hughes, E., op. cit., p. 186. 一般的にアイルランドやウェールズでは，土地差配人の評判は良くない。Colyer, R. J., The Land Agent in Nineteenth-Century Wales, *Welsh History Review*, vol. 8（1977）.

（41）　Hollander, Samuel, *The Economics of Adam Smith*, Heinemann, 1973, p. 234.

（42）　イギリス文学においても，オースティン（Jane Austen, 1775–1817），サーティーズ（Robert Smith Surtees, 1803–1864），フォスター（Edward Morgan Forster, 1879–1970）らが描く土地差配人像ないし土地管理人像は，決して好ましいものではない。しかしエリオット（George Eliot, 1819–1880）は，父親が土地管理人であったため，好意的に受けとめている。文学の面から所領の改良を分析した研究に Duckworth, A. M., *The Improvement of the Estate, A Study of Jane Austen's Novels*, Baltimore, 1971 がある。

（43）　ナサニエル・ケントについては，Lee, Sidney ed., *Dictionary of National Biography*, vol. 31（1892）; Fussell, G. E., Nathaniel Kent, 1737–1816, *Journal of the Land Agent Society*, vol. 46（1947）; Anon., Robert Grosseteste and Nathaniel Kent, *Outlook on Agriculture*, vol. 8（1975）; Horn, Clifford A. and Horn, Pamela, *Nathaniel Kent : an 18th-century land agent*, London, 1981 ; Horn, P., An Eighteenth-Century Land Agent : the career of Nathaniel Kent（1737–1810）, *Agricultural History Review*, vol. 30（1982）. 高橋裕一，前掲論文，2011 年。

（44）　Horn, P., op. cit., p. 9.

（45）　Kent, Nathaniel, *Hints to Gentlemen of Landed Property*, London, 1775, p. 96.

（46）　*Ibid.*, pp. 191–2.

（47）　Kent, Nathaniel, *Hints to Gentlemen of Landed Property*, London, 1799, pp. 269–74. ケントによれば，もし契約条項がなければ，収入増の 3 分の 1 も達成できなかったであろうという。

（48）　ケントは農業改良調査会の要請でノーフォークの農業調査報告書を提出し，それは後に出版される。Kent, Nathaniel, *General View of the Agriculture of the County of Norfolk*, London, 1796. ノーフォークの農業調査書では，ヤングによる *General View of the Agriculture of the County of Norfolk*, London, 1804 という同名の報告書が著名であるが，これは再調査によって執筆されたものであり，最初はケントによって報告されている。コーク家については，Rye, W., Coke of Holkham, *Journal of the Royal Agricultural Sociiety of England*, vol. 56（1895）; Stirling, A. M. W., *Coke of Norfolk and his Friends*, 2vols, John Lane, 1912 ; O' Hanlon, S. R., The Handsome Englishman（Thomas William Coke of Holkham）, *Agriculture*, vol. 65（1958）; Edgar, C. D., The Cokes of Norfolk, *Journal of the Royal Agricultural Society of England*, vol. 140（1979）; Wade-Martins, Susanna, *A Great Estate at Work : The Holkham estate and its inhabitants in the nineteenth century*, Cambridge U. P., 1980 ; Soissons, Maurice de, *The Holkham People*, Norfolk, 1997.

（49）　Kent, Nathaniel, *Ibid.*, p. 123. マーリングの歴史については，Thick, Malcolm, Sir Hugh Plat and Chemistry of Marling, *Agricultural History Review*, vol. 42（1994）.

（50）　Parker, R. A. C., *Coke of Norfolk : A Financial and Agricultural Study, 1707–1842*, Oxford, 1975, pp. 39–60.

（51）　Creasey, J. S., The English Board of Agriculture and the Husbandry of Flanders, *Acta Museorum Agriculturae Praguae*, vol. 12（1977）; Wintle, Michael, Agrarian History in the Netherlands in the Modern Period : a Review and Bibliography, *Agricultural History Review*,

vol. 39 (1991). ケントはウインザーの王領地においても，多くの農業実験を行っている。Horn, P., Improving the Great Park : pioneer farming at Windsor, *Country Life*, vol. 170 (1981). フランドル農法とノーフォーク農法の違いについては，飯沼二郎「フランドル農法とノーフォーク農法」（『社会経済史学』第22巻2号，1956年）。

(52) ケントが1770年頃から引き受けたウィンダム家の所領管理において，その所領が囲い込みによって，1790年前半頃までに人口が増加（1.5倍）し，農産物の収量も増加したと報告している。ケントはこの実績から囲い込みの有効性を強調する。Kent, Nathaniel, *op. cit.*, 1799, pp. 254-62.

(53) Kent, Nathaniel, *op. cit.*, 1775, pp. 17-29.

(54) Kent, Nathaniel, *op. cit.*, 1796, pp. 223-25.

(55) Parker, R. A. C., *op. cit.*, pp. 135-52. しかし Stirling, A. M. W., *op. cit.* には，なぜかブレイキィに関する記述が全くない。

(56) クラリッジとピアースは，ともに農業改良調査会の依頼で州農業調査報告書を提出し，それが出版されている。Claridge, J., *General View of the Agriculture in the County of Dorset*, London, 1793. Pearce, W., *General View of the Agriculture in Berkshire*, London, 1794. しかしこれらの報告書の内容は不十分なものであった。

(57) Horn, P., op. cit., 1982, p. 10.

(58) Carr-Saunders, A. M. and Wilson, P. A., *The Professions*, Oxford, 1964, pp. 194-208 ; Thompson, F. M. L., *Chartered Surveyors : the growth of a profession*, London, 1968, pp. 48-50.

(59) Lawrence, John, *The Modern Land Steward*, London, 1801, pp. 43-4.

(60) *Ibid.*, pp. vii-viii.

(61) Spring, D., Ralph Sneyd : Tory Country Gentleman, *Bulletin of John Rylands Library*, 1956.

(62) Spring, D., A Great Agricultural Estate : Netherby under Sir James Graham, 1820-45, *Agricultural History*, vol. 29 (1955) ; Erickson, A. B., Sir James Graham, agricultural reformer, *Agricultural History*, vol. 24 (1950).

(63) Spring, D., Agents to the Earls of Durham in the Nineteenth Century, *Durham University Journal*, 1962 ; idem., The Earls of Durham and the Great Northern Coal Field, 1830-80, *Canadian Historical Review*, vol. 33 (1952). ノーサンバーランドの農業知識の普及については，Pawson, H. C., Plan of an Agricultural Society and Experimental Farm in Northumberland, *Agricultural History Review*, vol. 8 (1960) ; Macdonald, S., The Diffusion of Knowledge among Northumberland Farmers 1780-1815, *Agricultural History Review*, vol. 27 (1979).

(64) 長浜謙吾『暗渠排水発達史』農業土木学会，1981年；梅田安治・赤沢伝『暗渠排水――その施工技術の発達』農業土木学会，1982年。

(65) Johnstone, John, *An Account of the Mode of Draining Land ...*, London, 1801, pp. 4-5.

(66) ジョンストンは1821年に移民として，スコットランドからアメリカ合衆国へ渡り，アメリカにおいて「暗渠排水の父」と呼ばれている。長浜謙吾，前掲書。当時の移民と農業の状況については，Gray, M., Scottish Emigration : The Social Impact of Agrarian Change in the Rural Lowlands, 1775-1875, *Perspectives in American History*, vol. 7 (1973).

(67) Phillips, A. D. M., *The Underdraining of Farmland in England during the Nineteenth Century*, Cambridge U. P., 1989. pp. 27-49.

(68)　Davy, Humphry, *On the Analysis of Soils as Connected with their Improvement*, London, 1805. これがデーヴィの農業化学研究の出発点となったことは，前述のとおりである。

(69)　Berman, M., *Social Change and Scientific Organization : The Royal Institution, 1799-1844*, Cornell U. P., 1978.

(70)　近代初期の工業経営は大所領の経営方法が借用され，その実践から強い影響を受けている。Pollard, S., *The Genesis of Modern Management*, London, 1965, pp. 28-30. 産業革命と地主の動向については，川北稔「イギリス産業革命と地主」(『西洋史学』第75号，1967年)，椎名重明『イギリス産業革命期の農業構造』御茶の水書房，1962年。ロンドンの都市計画についても，大所領の経営方法が持ち込まれた。鈴木博之『ロンドン――地主と都市デザイン』筑摩書房，1996年。

(71)　Stone, Thomas, *A Letter to the Right Honourable Lord Somerville*, London, 1800, pp. 33-43. これら先進地域での農業形態については，Fussell, G. E., Eighteenth-Century Crop Husbandry in East Anglia (Norfolk, Suffolk, and Essex), *Journal of the Ministry of Agriculture*, vol. 44 (1937) ; Holderness, B. A., Landlord's Capital Formation in East Anglia, 1750-1870, *Economic History Review*, 2nd ser., vol. 25 (1972).

(72)　Marshall, W., *On the Landed Property of England, an elementary and practical treatise*, London, 1804, p. 349.

(73)　土地管理人および管理人事務所については，Bendall, Sarah ed., *Dictionary of Land Surveyors and local Map-Makers of Great Britain and Ireland 1530-1850*, vol. 2, the British Library, 1997. サイモン・ウィンチェスター著，野中邦子訳『世界を変えた地図――ウィリアム・スミスと地質学の誕生』早川書房，2004年。

(74)　Thompson, F. M. L., *op. cit.*, 1963. p. 157. なお，これ以後の土地管理人事務所の展開を，土地改良資金の循環から分析した研究に，高橋純一「19世紀中葉期イギリス土地改良会社の性格」(『土地制度史学』第97号，1982年) がある。

(75)　Richards, E., The Land Agent (Mingay, G. E. ed. *The Victorian Countryside*, vol. II, London, 1981), p. 443.

(76)　Eden, P. ed., *Dictionary of Land Surveyors and Local Cartographers of Great Britain and Ireland 1550-1850*, Folkestone. 1979.

(77)　Spring, David, *The English Landed Estate in the Nineteenth Century : its administration*, Baltimore, 1963, p. 102.

(78)　Beasley, J., *The Duties and Privileges of the Landowners, Occupiers and Cultivators of the Soil*, London, 1860.

(79)　Demaree, A. L., The Farm Journals, Their Editors, and Their Public, 1830-1860, *Agricultural History*, vol. 15 (1941) ; Goddard, N., The Development and Influence of Agricultural Periodicals and Newspapers, 1780-1880, *Agricultural History Review*, vol. 31 (1983) ; Simon, J. L. and Sullivan, R. J., Population Size, Knowledge Stock, and Other Determinants of Agricultural Publication and Patenting : England, 1541-1850, *Explorations in Economic History*, vol. 26 (1989).

(80)　Robinson, David, Mr. McCulloch's Irish Evidence, *Blackwood's Magazine*, vol. 19 (1826), p. 58. マカロックは，リカードの直弟子として，リカード学説の普及と擁護に努めた。相見志郎「マカロックのリカード『経済学および課税の原理』の紹介」(『経済学論叢』第19巻3号，1970年)，羽鳥卓也「マカロックのリカードウ『経済学原理』評」

（『岡山大学経済学会雑誌』第19巻3・4号，1988年），野原秀次「マカロクの穀物法論および土地所有論」（『大阪商業大学論集（社会科学篇）』第121号，2001年）。

（81）　Lawrence, John, *op. cit.*, 1801, p. 41 ; Morton, J. L., *The Resources of Estates ; being a Treatise on the Agricultural Improvement and General Management of Landed Property*, Longman, 1858, p. 32.

（82）　もっとも，地主と土地管理人ではその目的とするところに違いがあった。土地管理人は経済的な効率や収入の最大化に主要な関心があったが，地主は経済的な収入のみではなく，政治的・社会的影響も関心の対象となった。水谷三公『英国貴族と近代』東京大学出版会，1987年。

（83）　Caird, James, *op. cit.*, pp. 27-8, 417. マーシャルは1806年に，その著書において土地管理人に関する所領の取得・改良・管理という一連の過程を示した。Marshall, William, *On the Management of Landed Estates : general work for the use of professional men*, London, 1806.

（84）　Thompson, F. M. L., *op. cit.*, pp. 182-3.

（85）　Caird, James, *op. cit.*, p. 27.

（86）　Morton, J. L., *op. cit.*, 1858, pp. 7-9.

（87）　Beasley, J., *The Duties and Privileges of the Landowners, Occupiers and Cultivators of the Soil*, London, 1860. スペンサー（Spencer）伯爵の管理人であったビーズリは，73歳で亡くなるまで，所領の管理運営に明け暮れた。

（88）　Butler, J. E., *Memoir of John Grey of Dilston*, Edinburgh, 1869.

（89）　British Parliamentary Papers, *Report of the Commissioners appointed to inquire into Greenwich Hospital*, XXX, 1860, p. 120.

（90）　Grey, John, A View of the Past and Present State of Agriculture in Northumberland, *Journal of the Royal Agricultural Society of England*, vol. 2（1841）, p. 155.

（91）　Grey, John, On Farm-Buildings, *Journal of the Royal Agricultural Society of England*, vol. 4 (1843) ; idem., Account of some Experiments with Guano, and other Manures, on Turnips, *Journal of the Royal Agricultural Society of England*, vol. 4（1843）; idem., On the Building of Cottages for Farm-Labourers, *Journal of the Royal Agricultural Society of England*, vol. 5 (1844) などがある。

（92）　1858年にはフランス政府からグレイに対して，問い合わせがある。その問い合わせの内容は，グレイがイングランド農業を最もよく理解している人物と認めた上で，穀物法の廃止がイングランド農業にどのような影響をもたらしたのかというものであった。Butler, J. E., *op. cit.*

（93）　Beasley, J., *op. cit.*, 1860.

（94）　Wilson, John, *British Farming, A Description of the Mixed Husbandry of Great Britain*, Edinburgh, 1862. 当時のイギリス農業については，佐藤俊夫『イギリス農業経営史論』農林統計協会，1991年。

（95）　Butler, J. E., *op. cit.*, pp. 162-3. 実際の農村生活においては，土地管理人と同様，初等教育機関の教師の役割も見逃せない。教師は師範学校で「農作業」を日課としており，農民との交流を深めた教師もいた。農民との良好な関係を築いた教師は，村の事務仕事，遺言書の作成，簡単な法律相談，推薦状の作成，手紙の代筆，祭りやクラブの世話，収穫期の穀物の計量，土地の測量など，さまざまな仕事に従事する。Horn,

Pamela, *Education in Rural England 1800–1914*, New York, 1978, pp. 151–76.

(96)　British Parliamentary Papers, *op. cit.*, p. 118.

(97)　借地農の厳しい選抜は，イングランドを中心としたものであって，スコットランドでは借地農の世代間継承について，あまり問題になっていない。当時エディンバラ大学の農業教授であったロウ（David Low）の著書 *On Landed Property and the Economy of Estates*, London, 1844, p. 19 では，借地農の世代間継承について批判的ではなかった。

(98)　Cadle, C., The Farming Customs and Covenants of England, *Journal of the Royal Agricultural Society of England*, vol. 29（1868）において，契約書の内容が詳細に説明されている。この時期の借地権については，Fisher, J. R., Landowners and English Tenant Right, 1842–1852, *Agricultural History Review*, vol. 31（1983）.

(99)　British Parliamentary Papers, *Report from the Select Committee on Agricultural Customs*, VII, 1847–8 によれば，それまで借地権は任意のものと考えられていた。McQuiston, J. R., Tenant Right : farmers against landlord in Victorian England, 1847–1883, *Agricultural History*, vol. 47（1973）.

(100)　Caird, J., *op. cit.*, pp. 505–7 ; Harvey, N., Sir James Caird and the landed interest, *Agriculture*, vol. 60（1954）.

(101)　Grey, John, op. cit., 1841, pp. 158–60.

(102)　このことは当時の *Journal of the Royal Agricultural Society of England* 誌の論文テーマの多くが，排水と肥料の問題であることからも明らかである。Goddard, N., Information and Innovation in Early-Victorian Farming Systems（Holderness, B. A. and Turner, M. ed., *Land, Labour, and Agriculture, 1700–1920*, London, 1991）, p. 171.

(103)　Lee, Sidney ed., *Dictionary of National Biography*, vol. 53（1898）pp. 58–9.

(104)　Memoir of Jas Smith Esq of Deanston, *Farmer's Magazine*, 2nd Ser, XII, 1846, pp. 491–3. スミスは暗渠排水の他にも，農業機械や畜舎の改良なども手がける。1842 年にはロンドンに居を移し，農業技術者としての道を歩み始め，都市下水の農業利用の研究や実験なども行っている。

(105)　Lee, Sidney ed., *Dictionary of National Biography*, vol. 43（1895）pp. 305–6.

(106)　深溝については，すでに，Burke, J. French, On the Drainage of Land, *Journal of the Royal Agricultural Society of England*, vol. 2（1841）; Arkell, Thomas, On the Drainage of Land, *Journal of the Royal Agriicultural Society of England*, vol. 4（1843）において説明されている。Burke は，従来までの農業技術を詳細にまとめた著書を出版している。Burke, John French, *British Husbandry*, 2vols, London, 1834.

(107)　Parkes, Josiah, Report on Drain Tiles and Drainage, *Journal of the Royal Agricultural Society of England*, vol. 4（1843）.

(108)　Webster, William Bullock, On the Failure of Deep Draining on Certain Strong Clay Subsoils, *Journal of the Royal Agricultural Society of England*, vol. 9（1848）.

(109)　ピュージについては，Clarke, Erneat, Philip Pusey, *Journal of the Royal Agricultural Society of England*, vol. 61（1900）; Coletta, Paolo E., Philip Pusey, English Country Sqiure, *Agricultural History*, vol. 18（1944）; Linker, R. W., Philip Pusey, Esquire : Country Gentleman, 1799–1855, unpub PhD thesis, Johns Hopkins University, 1961.

(110)　Pusey, Philip, Note to William Bullock Webster, On the Mischief Arising from Draining certain Clay Soils too Deeply, *Journal of the Royal Agricultural Society of England*, vol. 11

(1850).

(111) 1850-80年において排水技術の権威とされたデントン（J. Bailey Denton）は，その論文において，ウェブスターを批判する。Denton, J. Bailey, On the Progress and Results of the Under-Drainage of Land in Great Britain, *Journal of the Society of Arts*, vol. 4 (1855-6), pp. 45-55. 19世紀末まではパークスも批判の対象となった。20世紀前半では，暗渠排水自体は重粘土質や粘土質の土壌において，持続的な改良であるのかどうかが疑問視される。Nicholson, H. N., *The Principles of Field Drainage*, Cambridge, 1942. 19世紀後半の事業展開については，Phillips, A. D. M., Underdrainage and the English Claylands 1850-80 : A Review, *Agricultural History Review*, vol. 17 (1969).

(112) British Parliamentary Papers, *Report from the Select Committee on Agricultural Customs*, VII, 1847-8, p. 30によれば，地主が暗渠排水事業に対して，かなり積極的になっていることが報告されている。Hoelscher, L., Improvements in fencing and drainage in mid-nineteenth-century England, *Agricultural History*, vol. 37 (1963).

(113) トンプソンは借地農によってつくられる排水施設は，貧弱なものであると報告している。Spring, David, *op. cit.*, 1963, p. 116.

(114) *Ibid.*, p. 117-8.

(115) Way, J. Thomas, On the Power of Soils to absorb Manure, *Journal of the Royal Agricultural Society of England*, vol. 11 (1850).

(116) Thompson, F. M. L., *Chartered Surveyors : the growth of a profession*, London, 1968, p. 209.

(117) ケントでは19世紀末期に農業カレッジが設立され，イギリス農学の発展に寄与することになる。Hall, A. D., The South-Eastern Agricultural College, Wye, Kent, *Agricultural Progress*, vol. 16 (1939) ; Richards, Stewart, The South-Eastern Agricultural College and Public Support for Technical Education, 1894-1914, *Agricultural History Review*, vol. 36 (1988) ; Richards, Stewart, *Wye College and its world : a centenary history*, Wye College, 1994.

(118) British Parliamentary Papers, *Report of Royal Commission of the Depressed Condition of Agricultural Interests*, XIV, 1882, p. 192. 卒業生のなかの著名な土地管理人には，ロンズデール伯爵（Earl of Lonsdale）の管理人ドジソン（S. D. Dodgson），ウエストモーランド伯爵（Earl of Westmorland）の管理人ネヴィル・デイらがいる。

(119) Thompson, F. M. L., *op. cit.*, 1968, pp. 32, 97.

(120) British Parliamentary Papers, *Report of Royal Commission on Land in Wales and Monmouthshire*, XXXIV, 1896, p. 258. 専門資格を発行するのは，イギリスでは医師は医師会から免許が交付されるように，その専門協会からということになる。ちなみに土地管理人協会（Land Agents' Society）は1902年に設立される。その時まで土地管理人が主に所属していた団体は，1834年に設立された測量士クラブ（Surveyors' Club），1886年に設立された測量士協会（Surveyors' Institution）などである。Taylor, E. G. R., The Surveyor, *Economic History Review*, vol. 17 (1947).

(121) Burn, R. S., *Outlines of Modern Farming*, London, 1863, p. 313 ; Dean, G. A., *The Land Steward*, London, 1851, p. 236 ; Morton, J. L., *op. cit.*, chapter 2.

(122) Mitchell, B. R., *op. cit.*, pp. 756-6 ; Collins, E. J. T. and Jones, E. L., Sectoral Advance in English Agriculture, 1850-80, *Agricultural History Review*, vol. 15 (1967) ; Fairlie, S., The Corn Laws and British Wheat Production 1829-76, *Economic History Review*, vol. 22 (1969).

(123)　Ashworth, W., *An Economic History of England : 1870–1939*, London, 1960, p. 48.

(124)　Hobsbawm, E. J. and Rude, G., *Captain Swing*, London, 1969, pp. 30–1, pp. 233–6 ; Sykes, J. D., Agriculture and Science, (Mingay, G. E. ed., *The Victorian Countryside*, London, 1981), p. 262 ; Clark, G., Productivity Growth without Technical Change in European Agriculture before 1850, *Journal of Economic History*, vol. 47 (1987) ; Collins, E. J. T., The Rationality of 'Surplus' Agricultural Labour : Mechanization in English Agriculture in the Nineteenth Century, *Agricultural History Review*, vol. 35 (1987) ; Allen, R. C., Labor Productivity and Farm Size in English Agriculture before Mechanization : Reply to Clark, *Explorations in Economic History*, vol. 28 (1991).

(125)　19世紀中期以降は，家族継承財産設定によって，土地の流動化が妨げられ，土地への自由な資本参入が妨げられていた。そのために農業投資が阻害されていたという学説がある。その一方で家族継承財産設定は，ある程度の順応性をもち，所領経営に様々な効果があったとする説もある。Wilmot, Sarah, *op. cit.*, pp. 74–6. イギリスの地主制の解体については，柘植徳雄「イギリスにおける地主的土地所有後退の背景」(『農業総合研究』第44巻4号，1990年)，米川伸一『現代イギリス経済形成史』未来社，1992年。

(126)　Nou, Joosep, *Studies in the Development of Agricultural Economics in Europe*, Uppsala, 1967, pp. 85–107. シンクレア（Sir John Sinclair, 1754–1835）は，「単式簿記の導入」を主張していた。Sinclair, Sir John, *The Code of Agriculture*, London, 1817.

第4章　所領経営と農業

(1)　いわゆるイギリス農業革命論において展開されてきた現象であるが，詳細で厳密な数字となると，不明な部分が多く議論も多い。Beckett, J. V., *The Agricultural Revolution*, Basil Blackwell, 1990 ; Overton, Mark, *Agricultural Revolution in England*, Cambridge University Press, 1996.

(2)　農書のなかには，経験や観察に基づいていない資料もあり，剽窃を行っている資料もかなりある。加用信文『農法史序説』御茶の水書房，1996年，102ページ。加用氏によれば，イギリス農業史家の著述においても，厳密な書誌的考察を怠った利用が多いという。

(3)　Kent, Nathaniel, *Hints to Gentlemen of Landed Property*, London, 1775, p. 93 ; Morton, J. L., *The Resources of Estates*, London, 1858, p. 20.

(4)　Thompson, F. M. L., English Great Estates in the 19th Century 1790–1914, *Contributions : First International Conference of Economic History*, Paris, 1960, p. 390.

(5)　Mingay, G. E., *English Landed Society in the Eighteenth Century*, London, 1963, pp. 177–8 ; Holderness, B. A., Landlord's Capital Formation in East Anglia, 1750–1870, *Economic History Review*, 2nd ser., vol. 25 (1972), pp. 445–6. たとえば，ヤングの地代概念は，基本的には土地に対して借地人が支払う賃借料を意味していたが，イングランドでは一般的に農業資産の利用に対する借地人の年ごとの費用を意味していた。このことからいわゆる地代の他に，建物の修繕費など資産管理にとって必要な費用も含まれ，それは借地農が支払っていた。ヤングはそれを総地代（total rent）といった。

(6)　Thompson, F. M. L., *English Landed Society, in the Nineteenth Century*, London, 1963, pp. 235, 252.

（7） この土地集中が「家族継承財産設定」によって進められたものであるのか，土地の流動化に依っていたのかは，議論の余地がある。Beckett, J. V., Landownership and estate management（Mingay, G. E. ed., *The Agrarian History of England and Wales, vol. VI 1750–1850*, London, 1989）, pp. 546–64.

（8） Turner, M. E., *English Parliamentary Enclosure : its Historical Geography and Economic History*, Folkestone, 1980.

（9） Holderness, B. A., Capital formation in agriculture（Higgins, J. P. P. and Pollard, S. eds., *Aspects of Capital Investment in Great Britain*, London, 1969）, p. 163.

（10） Tate, W. E., The Cost of Parliamentary Enclosure in England, *Economic History Review*, 2nd ser., vol. 5（1952–3）, p. 261 ; Martin, J. M., The Cost of Parliamentary Enclosure in Warwickshire, *University of Birmingham Historical Journal*, vol. 9（1964）, pp. 146–50, 155–6 ; Turner, *op. cit.*, pp. 132–3.

（11） Chambers, J. D. and Mingay, G. E., *The Agricultural Revolution 1750–1880*, London, 1966, p. 85.

（12） Holderness, B. A., *op. cit.*, 1969, p. 166.

（13） Turner, M. E., Parliamentary enclosure and landownership change in Buckinghamshire, *Economic History Review*, 2nd ser., vol. 27（1975）, p. 570.

（14） Kent, Nathaniel, *op. cit.*, p. 22 ; Caird, James, *op. cit.*, pp. 421–2.

（15） 高橋純一「19世紀中葉期イギリス土地改良会社の性格」（『土地制度史学』第92号，1982年）。

（16） Robinson, John Martin, *Georgian Model Farms : A Study of Decorative and Model Farm Building in the Age of Improvement, 1700–1846*, Clarendon Press, 1983 ; Harvey, Nigel, *A History of Farm Buildings in England and Wales*, London, 1984 ; Wade-Martins, Susanna, *Historic Farm Buildings including a Norfolk Survey*, London, 1991 ; Barnwell, P. S. and Giles, Colum, *English Farmsteads 1750–1914*, Royal Commission on the Historical Monuments of England, 1997.

（17） これはアシュトンによる説明である。Ashton, T. S., *An Economic History of England : the 18th Century*, London, 1972.

（18） この展開から，収益率ではなく，農産物の高価格が囲い込みを促した決定的な要因とみなす論者もいる。むしろ囲い込みに関する伝統的な見解では，農産物価格の変動を中心的な要因としている。椎名重明『イギリス産業革命期の農業構造』御茶の水書房，1962年，385–95ページ。

（19） Phillips, A. D. M., *The Underdraining of Farmland in England during the Nineteenth Century*, Cambridge U. P., 1989.

（20） Spring, D., *The English Landed Estate in the Nineteenth Century : its Administration*, Baltimore, 1963, pp. 149–50. この結果に基づいて，19世紀中期には農業に対して資本が過剰投資されたという研究者もいる。もっとも，排水事業による収益は高いものではなかったが，国債や鉄道に対する投資も，19世紀後半には収益性のあるものではなくなった。Richards, Eric, *The Leviathan of Wealth : the Sutherland Fortune in the Industrial Revolution*, London, 1973, pp. 116ff. ; Jones, E. L., *The Development of English Agriculture 1815–73*, London, 1968, pp. 13, 17, 28.

（21） Marshall, William, *The Review and Abstract*, vol. 1–5（1808–1817）.

（22）当時，農業規模の大小に関する議論が行われているが，農業規模の定義はなされていない。たとえば，ヤングは，300 エーカーを大農の最小限度の規模と考え，その一方でマーシャルは 1777 年には 100–500 エーカーを中程度，1796 年には 100–300 エーカーを中規模とみなしている。Beckett, J. V., The debate over farm sizes in eighteenth and nineteenth century England, *Agricultural History*, vol. 57（1983）, pp. 308–25.

（23）代表的な研究は，Johnson, A. H., *The Decline of the Small Landowner*, Oxford U. P., 1909 ; Mingay, G. E., *Enclosure and the Small Landowner in the Age of the Industrial Revolution*, Macmillan, 1968.

（24）Caird, James, *English Agriculture in 1850–51*, London, 1852, p. 482.

（25）伝統的な見解では，囲い込みによる農民の貧困化（小農，小屋住農，スコッターなどが追い立てられた）が問題となるが，イングランド南部地方の貧困は囲い込みに関係なく，農業外の雇用機会に関係している。さらにイングランド南部地方は北部や中部に比べて，ほとんど囲い込みが行われていない。Beckett, J. V., *op. cit.*, 1990, pp. 41–4.

（26）Mingay, G. E. ed., *The Agricultural Revolution : Changes in Agriculture 1650–1880*, London, 1977, p. 54 ; Morton, J. L., *op. cit.*, 1858, pp. 19–20. ケントやマーシャルの説明によれば，農業経営は農業規模に関係なく，資本の有効性や農業の特質から生ずるさまざまな要素が組み合わさったものであるという。

（27）Parker, R. A. C., *Coke of Norfolk : a Financial and Agricultural Study 1707–1842*, Oxford, 1975, pp. 155–6.

（28）Low, David, *On Landed Property and the Economy of Estates*, London, 1844.

（29）Pressnell, L. S., *Country Banking in the Industrial Revolution*, Oxford, 1956, p. 57. 農村部の信用組織については，Holderness, B. A., Credit in English rural society before the nineteenth century with special reference to the period 1650–1720, *Agricultural History Review*, vol. 24（1976）; Marshall, J. D., Agrarian Wealth and Social Structure in Pre-Industrial Cumbria, *Economic History Review*, 2nd ser., vol. 33（1980）.

（30）Crosby, T. L., *English Farmers and the Politics of Protection, 1815–1852*, Sussex, 1977, pp. 81–113.

（31）Marshall, William, *On the Landed Property of England, an elementary and practical treatise*, London, 1804, pp. 139ff.

（32）Caird, James, *op. cit.*, 1852, p. 80.

（33）ナポレオン戦争後に地代の減額を実施した地域においても，その減額によって地主が負担を強いられたとは言い難い。なぜなら一般価格水準の低下があったために，地代によって購買できる財の量が，そのまま維持できたからである。Thompson, F. M. L., *English Landed Society*, pp. 234–5.

（34）Caird, James, *op. cit.*, 1852, p. 414.

（35）イングランドにおいて，借地契約が関心を集めたのは，18 世紀末と 19 世紀初頭に実施された農業改良調査会による農業調査以降のことであった。

（36）Kent, Nathaniel, *op. cit.*, p. 95 ; Lawrence, John, *The Modern Land Steward*, London, 1801, pp. 72–8 ; Marshall, William, *op. cit.*, 1804, pp. 301–2 ; Caird, James, *op. cit.*, pp. 505, 531.

（37）Beckett, J. V., The decline of the small landowner in eighteenth and nineteenth century England : some regional considerations, *Agricultural History Review*, vol. 30（1982）.

（38）Marshall, William, *The Rural Economy of the West of England*, vol. 1, London, 1796, pp. 43–8.

（39） Marshall, William, *The Review and Abstract*, vol. 1-5.

（40） Parker, R. A. C., *op. cit.*, pp. 40, 100 ; Marshall, William, *The Review and Abstract*, vol. 1, p. 47.

（41） Wade-Martins, S., *A Great Estate at Work : the Holkham Estate and its inhabitants in the nineteenth century*, Cambridge, 1980, p. 11.

（42） Hunt, H. G., Agricultural rent in South-East England, 1788-1825, *Agricultural History Review*, vol. 7（1959）, pp. 102-3.

（43） Lee, Sidney ed., *Dictionary of National Biography*, vol. 32（1892）, pp. 265-7.

（44） Lawrence, John, *op. cit.*, 1801, pp. 79-86.

（45） Chambers, J. D. and Mingay, G. E., *op. cit.*, 1966, pp. 46-7. アダム・スミスは，借地契約において借地農の土地利用の自由を拘束する禁止事項が含まれていたことを痛烈に批判し，借地契約上の禁止事項を労働地代とまでみなしている。加用信文，前掲書，179-83 ページ。

（46） Parker, R. A. C., *op. cit.*, pp. 68, 105 ; Trueman, B. E. S., Corporate estate management : Guy's Hospital agricultural estates, 1726-1815, *Agricultural History Review*, vol. 28（1980）; Raybould, T. J., *The Economic Emergence of the Black Country*, Newton Abbot, 1973.

（47） Beckett, J. V., Landownership and estate management, p. 617.

（48） Caird, James, *op. cit.*, 1852, pp. 505, 508.

（49） Nôu, Joosep, *Studies in the Development of Agricultural Economics in Europe*, Uppsala, 1967, pp. 96-9.

（50） Slater, Andrew, *Estate Economics*, London, 1917 ; Venn, J. A., *Foundations of Agricultural Economics*, Cambridge U. P., 1923.

第5章　農業試験と諸制度の形成

（1） Thompson, F. M. L., The Second Agricultural Revolution, 1815-1880, *Economic History Review*, 2nd ser. vol. 21（1968）.

（2） Clarke, Ernest, Francis Duke of Bedford（1765-1802）, *Journal of the Royal Agricultural Society of England*, vol. 62（1901）; Anon., The Duke of Bedford, *Journal of the Royal Agricultural Society of England*, vol. 101（1941）; Brown, David, Reassessing the Influence of the Aristocratic Improver : the Example of the Fifth Duke of Bedford（1765-1802）, *Agricultural History Review*, vol. 47（1999）.

（3） Rye, Walter, Coke of Holkham, *Journal of the Royal Agricultural Society of England*, vol. 56（1895）; Stirling, A. M. W., *Coke of Norfolk and His Friends*, 2 vols, John Lane, 1912 ; Maling, J. J., Coke of Holkham, *East Anglian Magazine*, vol. 33（1974）; Parker, R. A. C., *Coke of Norfolk : A Financial and Agricultural Study, 1707-1842*, Oxford U. P., 1975 ; Edgar, C. David, The Cokes of Norfolk, *Journal of the Royal Agricultural Society of England*, vol. 140（1979）; Wade-Martins, Susanna, *Coke of Norfolk (1754-1842) A Biography*, The Boydell Press, 2009.

（4） Verney, Sir Harry, Agricultural Worthies : The Third Earl Spencer, *Journal of the Royal Agricultural Society of England*, vol. 51（1890）; The Earl Spencer, John Charles, Viscount Althorp, Third Earl Spencer, *Quarterly Review*, vol. 283（1945）; Wyndham, H., The Farming Activities of the Third Earl Spencer, *Northamptonshire Past and Present*, vol. 3（1961）;

Wasson, E. A., The Third Earl Spencer and Agriculture 1818-1845, *Agricultural History Review*, vol. 26（1978）.

（5） Paris, J. A., A Biographical Memoir of Arthur Young, *Quarterly Journal of Science, Literature and the Arts*, vol. 9（1820）; Johnson, Cuthbert William, The Works of Arthur Young, *Quaterly Journal of Agriculture*, vol. 13（1843）; Pell, Albert, Arthur Young, Agriculturalist, Author and Statesman, *Journal of the Farmers' Club*, 1882, pp. 49-71 ; Pell, Albert, Arthur Young, *Journal of the Royal Agricultural Society of England*, vol. 54（1893）; Leslie, S., Arthur Young, *National Review*, vol. 27（1896）; Betham-Edwards. M. ed., *The Autobiography of Arthur Young*, London, 1898 ; Amery, G. D., The Writings of Arthur Young, *Journal of the Royal Agricultural Society of England*, vol. 85（1924）; Defries, A., *Sheep and Turnips : being the Life and Times of Arthur Young, F. R. S.*, London, 1938 ; Gazley, John Gerow, Arthur Young, Agriculturalist and Traveller, 1741-1820 : Some Biographical Sources, *Bulletin of the John Rylands Library*, vol. 37（1954-55）; Gazley, John Gerow, *The Life of Arthur Young, 1741-1820*, American Philosophical Society, 1973 ; Mingay, G. E. ed., *Arthur Young and His Times*, London, 1975.

（6） 飯沼二郎『農学成立史の研究』御茶の水書房，1957年。

（7） 圃場試験の歴史については Fussell, G. E., The Technique of Early Field Experiments, *Journal of the Royal Agricultural Society of England*, vol. 96（1935）; Crowther, E. M., The Technique of Modern Field Experiments, *Journal of the Royal Agricultural Society of England*, vol. 97（1936）.

（8） Bettel は，Bethell あるいは Bethel とも表記される。Lim, Helena L. H., Bath & the Bath and West of England Society, 1777-1851, *Bath History*, vol. 6（1996）, p. 116.

（9） Prothero, R. E., Charles, Second Viscount Townshend, *Journal of the Royal Agricultural Society of England*, vol. 53（1892）; Rosenheim, James M., *The Townshends of Raynham : Nobility in Transition in Restoration and Early Hanoverian England*, Wesleyan U. P., 1989.

（10） Morgan, Raine, *The Agricultural Revolution Pioneers : Thomas Coke, Turnip Townshend and George Culley, Institute of Agricultural History and Museum of English Rural Life*, University of Reading, Teaching Pack 8, 1981.

（11） Crowther, E. M., op. cit., 1936, pp. 54-80.

（12） 化学実験という面においても，バース・イングランド西部協会が先駆的に化学実験室の設置をしているが，圃場試験と同様，財政的な理由によって短期間で解消している。Lim, Helena L. H., op. cit., pp. 122-3.

（13） Stephen, Leslie, *The English Utilitarians*, vol. 1, London, 1900, pp. 57-86 ; Roberts, G. K., Essay Reviews : The Social and Cultural Significance of Science : The Royal Institution, *British Journal for the History of Science*, vol. 13（1980）.

（14） Foote, G. A., Sir Humphry Davy and His Audience at the Royal Institution, *Isis*, vol. 43（1952）.

（15） デーヴィは，電気分解によって初めてアルカリおよびアルカリ土類金属の分離に成功した（1807-8年）。また塩素が単体であることを証明している（1810年）。

（16） *Oxford English Dictionary* によれば，理論的で実践的な農業者という意味で，1814年以降に agriculturist が用いられた。

（17） アシュビー（Eric Ashby）によれば，イギリス科学の実用性は科学に対する哲学的態

度の欠如に由来する。エリック・アシュビー著，島田雄次郎訳『科学革命と大学』中央公論社，1977年，44ページ。

(18)　出版物に関しては，スコットランドにおいて，デーヴィの著書 *Elements of Agricultural Chemistry* を継承し，それに土壌分析や最新の農業化学に関する発見を付け加えた著書が出版されている。Shier, John, *Elements of Agricultural Chemistry : A New Edition*, Glasgow, 1844.

(19)　イギリス科学振興協会については，Howarth, O. J. R., *The British Association for the Advancement of Science : A Retrospect 1831-1931*, London, 1931 ; Basalla, G., Coleman, W. and Kargon, R. H. ed., *Victorian Science : A Self-Portrait from the Presidential Address of the British Association for the Advancement of Science*, New York, 1970 ; Orange, A. D., The British Association for the Advancement of Science : The Provincial Background, *Science Studies*, vol. 1（1971）; Orange, A. D., The Origins of the British Association for the Advancement of Science, *British Journal for the History of Science*, vol. 6（1972）; Morrell, J. and Thackray, A., *Gentlemen of Science : Early Years of the British Association for the Advancement of Science*, London, 1981 ; MacLeod, R. M. and Collins, P. ed., *The Parliament of Science : The British Association for the Advancement of Science, 1831-1981*, Northwood, 1981 ; Morrell, J. and Thackray, A., *Gentlemen of Science : Early Correspondence of the British Association for the Advancement of Science*, London, 1984.

(20)　リービヒとイギリス科学振興協会との関係については，Brock, William H. and Stark, S., Liebig, Gregory, and the British Association, 1837-1842, *Ambix*, vol. 37（1990）.

(21)　Cardwell, D. S. L., *The Organisation of Science in England : A Retrospect*, London, 1957, pp. 467. 宮下晋吉・和田武編訳『科学の社会史』昭和堂，1989年，73-5ページ。デーヴィもイギリス科学の衰退について著すつもりであったが，完成する前に死去する。

(22)　この著書の初版の題名にある organische は，後の版では削られた。Rossiter, Margaret W., *The Emergence of Agricultural Science : Justus Liebig and the Americans, 1840-1880*, Yale U. P., 1975, pp. 178-83. この著書は，実際の農業に対する手引書として執筆されたものではないが，実際の農業を研究しようとする方法に与えた影響は大きい。

(23)　フームス概念については，Waksman, S. A., *Humus : Origin, Chemical Composition, and Importance in Nature*, Baltimore, 1938 ; Sykes, Friend, *Humus and the Farmer*, London, 1946.

(24)　生気論については，Benton, E., Vitalism in Nineteenth-Century Scientific Thought : A Typology and Reassessment, *Studies in History and Philosophy of Science*, vol. 5（1974）. 生気論とリービヒとの関連については，Lipman, Timothy O., The Response to Liebig's Vitalism, *Bulletin of the History of Medicine*, vol. 40（1966）; idem., Vitalism, and Reductionism in Liebig's Physiological Thought, *Isis*, vol. 58（1967）.

(25)　Davy, Sir Humphry, *Elements of Agricultural Chemistry*, London, 1813, p. 274.

(26)　石灰の中和作用については，デーヴィの説明に依拠して，1820年代にアメリカのラフィン（Edmund Ruffin, 1794-1865）によって実証された。Ihde, Aaron J., Edmund Ruffin Soil Chemist of the Old South, *Journal of Chemical Education*, vol. 29（1952）; Mathew, W. M., Planter Entrepreneurship and the Ruffin Reform in the Old South, 1820-60, *Business History*, vol. 27（1985）; idem., *Edmund Ruffin and the Crisis of Slavery in the Old South : The Failure of Agricultural Reform*, University of Georgia Press, 1988 ; Allmendinger, David F., Jr. ed., *Incidents of my Life : Edmund Ruffin's Autobiographical Essays*, Virginia U.

P., 1990 ; idem., *Ruffin : Family and Reform in the Old South*, Oxford U. P., 1990.

(27) Rossiter, Margaret W., *op. cit.*, p. 15.

(28) ブサンゴーは，フランスの農業化学者（リヨン大学，パリ大学の教授を歴任）で，領地内にフランス最初の農業試験場を創設し，植物は地中の窒素化合物を吸うこと，そして大気中の炭酸ガスを同化することを実証した。Hagen, Victor W. von, Boussingault, Scientific Adventurer part I, II, *Natural History Magazine*, 1952 ; Cowgill, George R., Jean Baptiste Boussingault, *Journal of Nutrition*, vol. 84 (1964) ; Aule, Richard P., Boussingault and the Nitrogen Cycle, *Proceedings of the American Philosophical Society*, vol. 114 (1970) ; McCosh, F. W. J., *Boussingault, Chemistry and Agriculturalist*, Boston, 1984. ブサンゴーの代表的な著書は，*Rural Economy in its Relations with Chemistry, Physics and Meteorology ; or An Application of the Principles of Chemistry and Physiology to the Details of Practical Farming*, London, 1845.

(29) Moulton, Forest Ray ed., *Liebig and After Liebig : A Century of Progress in Agricultural Chemistry*, Washington, D. C., 1942 ; Schling-Brodersen, U., Liebig's Role in the Establishment of Agricultural Chemistry, *Ambix*, vol. 39 (1992) ; Brock, William H., *Justus von Liebig : The Chemical Gatekeeper*, Cambridge U. P., 1997.

(30) Fussell, G. E., *Crop Nutrition : Science and Practice before Liebig*, Coronado Press, 1971.

(31) Lawes, John Bennet and Gilbert, J. H., On Agricultural Chemistry-Especially in Relation to the Mineral Theory of Baron Liebig, *Journal of the Royal Agricultural Society of England*, vol. 12 (1851) ; Aulie, Richard P., The Mineral Theory, *Agricultural History*, vol. 48 (1974). 三澤嶽郎「リービヒの思想とその農業経営史上に於る意義」(『農業技術研究所報告 H［経営土地利用］』第2号)。

(32) Fream, William, In Memoriam : Sir John Bennet Lawes, Bt, *Journal of the Royal Agricultural Society of England*, vol. 61 (1900) ; Warington, Robert, Sir John Bennet Lawes, Bart. 1814-1900, *Proceedings of Royal Society of London*, vol. 75 (1905) ; Collins, Edward John Thomas, Lawes, John Bennet, *Scienziati e tecnologi dalle origini al*, vol. 2 (1975) ; Dyke, George Vaughan, *John Bennett Lawes : The Record of his Genius*, Research Studies Press, 1991 ; idem., *John Lawes of Rothamsted*, Hoos Press, 1993 ; Williams, Margaret Harcourt, Rothamsted and the Correspondence of Sir John Lawes and Sir Henry Gilbert, *Local Historian*, vol. 23 (1993).

(33) Stephen, Leslie ed., *Dictionary of National Biography*, vol. 14 (1888), pp. 94-5.

(34) トムソンは，1837年の夏学期にリービヒのもとへ留学している。Morrell, J. B., Thomas Thomson : Professor of Chemistry and University Reformer, *British Journal for the History of Science*, vol. 4 (1969) ; Morrell, J. B., The Chemist Breeders : The Research Schools of Liebig and Thomas Thomson, *Ambix*, vol. 19 (1972).

(35) Scatterqood, Bernard P., The Manor of Rothamsted and the Wittewronge descent of Sir John Bennet Lawes, F. R. S., *Records of the Rothamsted Staff Harpenden*, no. 4 (1933) ; Boalch, D. H., *The Manor of Rothamsted*, Harpenden, 1953.

(36) 特許をめぐっては，その後，他の肥料業者の訴えにより，裁判が繰り返されるが，結局，ローズの勝訴に終わる。Russell, S. E. John, *A History of Agricultural Science in Great Britain 1620-1954*, London, 1966, pp. 143-6.

(37) Dyer, Bernard, Rothamsted in the Old Days, *Record of the Rothamsted Staff Harpenden*, no. 2

(1930) ; Russell, Sir E. John, Rothamsted and its Experiment Station, *Agricultural History*, vol. 16 (1942) ; idem., *British Agricultural Research, Rothamsted*, Longmans, 1946 ; Bawden, F. C., Rothamsted Experimental Station, *Journal of the Royal Agricultural Society of England*, vol. 127 (1966) ; Lewis, Trevor, 150 Years of Research at Rothamsted : Practice with Science Exemplified, *Journal of the Royal Agricultural Society of England*, vol. 153 (1992).

(38) Anon., Contribution of Messrs. Lawes and Gilbert to agricultural science and literature, *Journal of the Bath and West of England Society*, new ser., vol. 16 (1868) ; Voelcker, J. A., Sir Joseph Henry Gilbert, *Journal of the Royal Agricultural Society of England*, vol. 62 (1901) ; Warington, Robert, Sir Joseph Henry Gilbert, 1817-1901, *Proceedings of the Royal Society of London*, vol. 75 (1905).

(39) フランスの農業試験場は，すでに1836年にブサンゴーによって設立されている。並松信久「農業試験場」（加藤友康編『歴史学事典 第14巻 ものとわざ』弘文堂，2007年，481-2ページ）。

(40) Lawes, J. B., On Agricultural Chemistry, *Journal of the Royal Agricultural Society*, vol. 8 (1847), pp. 227-8.

(41) ibid., pp. 229-40.

(42) Lawes, John Bennet and Gilbert, J. H., op. cit., 1851.

(43) Lawes, J. B., op. cit., 1847, pp. 241-60.

(44) 1845年6月の *Gardener's Chronicle* 誌に投稿された論文が最初である。この論文はローズの単著として発表され，それ以後1854年に至るまで，すべての論文はローズの単著であった。ギルバートの名前が出され，ローズとの共著となるのは1855年以降である。ロザムステッドでの研究成果については，Fream, William, *The Rothamsted Experiments on the Growth of Wheat, Barley, and the Mixed Herbage of Grass Land*, 1888 ; Hall, A. D., *The Book of the Rothamsted Experiments*, John Murray, 1905 ; Grey, Edwin, *Rothamsted Experimental Station : Reminiscences, Tales and Anecdotes of the Laboratories, Staff and Experimental Fields, 1872-1922*, Harpenden, 1922 ; Russell, Sir E. John, *Rothamsted Experimental Station Centenary celebrations 1843-1943 : the Work and History of the Departments*, Harpenden, 1943 ; Boyd, D. A., Cooke, G. W., Garner, H. V. and Moffatt, J. R., Rothamsted Experiments on Field Beans Part 1 Manuring and Cultiivation of Field Beans, *Journal of the Royal Agricultural Society of England*, vol. 113 (1952) ; Glynne, M. D., Johnson, C. G. and Potter, C., Rothamsted Experiments on Field Beans Part 2 Disease Studies on Field Beans, *Journal of the Royal Agricultural Society of England*, vol. 113 (1952) ; Bawden, F. C., op. cit., 1966 ; Jenkinson, D. S., The Rothamsted Long Term Experiments : are they still of use ?, *Agronomy Journal*, vol. 83 (1991) ; Lewis, Trevor, op. cit., 1992 ; Leigh, R. A. and Johnston, A. E. ed., *Long-Term Experiments in Agricultural and Ecological Science : Proceedings of a Conference to Celebrate the 150th Anniversary of Rothamsted Experimental Station*, CAB International, 1994.

(45) Ernle, *English Farming past and present*, 6th ed., Heinemann, 1961, p. 369.

(46) Hall, A. D., *op. cit.*, 1905, p. 9.

(47) Ernle, *op. cit.*, pp. 349-76.

(48) Lawes, op. cit., 1847, p. 227.

(49) Watson, J. A. S., *The History of the Royal Agricultural Society of England, 1839–1939*, London, 1939 ; Goddard, N., *Harvests of Change : The Royal Agricultural Society of England, 1838–1988*, London, 1988.

(50) 当初の名称はイングランド農業協会であるが，1840 年に勅許状（Royal charter）が公布されて「王立」となっている。

(51) 工芸協会はヤングも関係していた。Gazley, John G., Arthur Young and the Society of Arts, *Journal of Economic History*, vol. 1（1941）; Hudson, D., and Luckhurst, K. W., *The Royal Society of Arts 1754–1954*, John Murray, 1954 ; Allan, D. G. C., The Society for the Encouragement of Arts, Manufactures and Commerce : organization, membership and objectives in the first three decades 1755–84, London University Ph. D. dissertation, 1979 ; idem., *William Shipley Founder of the Royal Society of Arts*, London, 1979. 大野誠「ソサイエティ・オヴ・アーツ前史——18 世紀イギリスの科学と社会」（『歴史と社会』第 11 号，1991 年），大野誠「Society of Arts 設立期（1754–57）の活動的会員のプロソポグラフィ」（『長崎大学教養部紀要』第 32 巻，1992 年）。

(52) Lim, Helena L. H., op. cit.. バース・イングランド西部協会は，ノーフォーク農業から影響を受け，それを積極的に取り入れることを目的に設立された。前述のように，圃場試験や化学実験において先駆的な役割を果たしたが，財政的な理由で，それらは短期間で終わった。この協会が再び活発な活動を行うのは 19 世紀半ばになってからであり，イングランド王立農業協会をモデルにして立て直しがはかられている。

(53) スミスフィールド・クラブは，家畜改良を主要な目的とする団体である。Powell, E. J., *History of the Smithfield Club from 1798 to 1900*, Smithfield Club, 1902 ; Bull, L., *History of the Smithfield Club from 1798 to 1925*, London, 1926 ; Trow-Smith, Robert, *History of the Royal Smithfield Club*, London, 1980 ; Forshaw, Alec and Berqstrom, Theo, *Smithfield : Past and Present*, London, 1980.

(54) Fletcher, Harold R., *The Story of the Royal Horticultural Society, 1804–1968*, Oxford U. P., 1969 ; Mylechreest, Murray, Thomas Andrew Knight and the Founding of the Royal Horticultural Society, *Garden History*, vol. 12（1984）.

(55) Grobel, Monica C., The Society for the Diffusion of Useful Knowledge 1826–1846, unpub MA thesis, University of London, 1933. デイヴィド・ヴィンセント著，川北稔・松浦京子訳『パンと知識と解放と』岩波書店，1991 年。

(56) Hudson, K., *Patriotism with Profit : British Agricultural Societies in the Eighteenth and Nineteenth Centuries*, London, 1972 ; Fox, H. S. A., Local farmers' associations and the circulation of agricultural information in nineteenth-century England（Fox, H. S. A. and Butlin, R. A. ed., *Change in the Countryside : Essays on Rural England, 1500–1900*, London, 1979, pp. 43–63）.

(57) Lee, Sidney ed, *Dictionary of National Biography*, vol. 51（1897）, pp. 448–9 ; Goddard, Nicholas, William Shaw of the Strand and the Formation of the Royal Agricultural Society of England, *Journal of the Royal Agricultural Society of England*, vol. 143（1982）.

(58) farming の前には，practical が付けられることが多くなる。たとえば Hillyard, Clark, *Practical Farming and Grazing*, London, 1844 ; Boussingault, J. R., *op. cit.*, 1845 などである。

(59) Goddard, Nicholas, The Development and Influence of Agricultural Periodicals and Newspapers, 1780–1880, *Agricultural History Review*, vol. 31（1983）. なお，この頃には科

学的農業への関心と同時に，政治的側面への関心も生まれる。

(60) たとえば，Johnston, James F. W., *Contributions to Scientific Agriculture*, Edinburgh, 1849 ; Morton, J. C. ed., *A Cyclopedia of Agriculture, Practical and Scientific*, 2vols, London, 1856 などの著書である。

(61) この考え方については，ショーと同様，イングランド王立農業協会の設立に貢献したピュージ（Philip Pusey, 1799–1855）の影響もあった。Clarke, Erneat, Philip Pusey, *Journal of the Royal Agricultural Society of England*, vol. 61（1900）; Coletta, Paolo E., Philip Pusey, English Country Sqiure, *Agricultural Hstory*, vol. 18（1944）; Linker, R. W., Philip Pusey, Esquire : Country Gentleman, 1799–1855, unpub PhD thesis, Johns Hopkins University, 1961.

(62) 共進会は公開の競争によって家畜改良家の技術進歩に大きな刺激を与える。Goddard, Nicholas, Agricultural Societies（Mingay, G. E. ed., *The Victorian Countryside*, London, 1981, pp. 245–59）.

(63) 協会誌には地質学と農業に関する論文が掲載されるようになる。イギリス地質学の展開については，Porter, Roy, *The Making of Geology : Earth Science in Britain 1660–1815*, Cambridge U. P., 1977 ; idem., Gentlemen and Geology : the Emergence of a Scientific Career, 1660–1920, *Historical Journal*, vol. 21（1978）; Knell, Simon J., *The Culture of English Geology, 1815–1851*, Ashgate, 2000. 小林英夫『イギリス産業革命と近代地質学の成立』築地書館，1988年；都城秋穂『科学革命とは何か』岩波書店，1998年。

(64) Watson, J. A. S., *op. cit.*, pp. 119–21.

(65) Way, J. Thomas, On the Composition of the Waters of Land-Drainage and of Rain, *Journal of the Royal Agricultural Society of England*, vol. 17（1856）. リービヒはこのウェイの実験成果を知って，自らの過ちを認めた。Liebig, Baron von, *Letters on Modern Agriculture*, London, 1859, pp. 51–69.

(66) McCall, A. G., The Development of Soil Science, *Agricultural History*, vol. 5（1931）; De' Sigmond, Alexius A. J., Development of Soil Science, *Soil Science*, vol. 40（1935）; Waksman, Selman A., The Background of Soil Science, *Soil Science*, vol. 101（1966）.

(67) *Oxford Dictionary* によれば，イギリスにおいて scientist という用語が生まれるのは，1840年以降である。

(68) この前身のロンドン獣医学校は，すでに1792年に設立されていたが，この学校はカリキュラムなどが未整備であった。Royal Veterinary College, *The Royal Veterinary College and Hospital*, London, 1937 ; Gibb, Rachel, The Royal College of Veterinary Surgeons, *Veterinary Record*, vol. 69（1957）; Ritchie, Sir John, Development in Veterinary Education, *Journal of the Royal Agricultural Society of England*, vol. 129（1968）; Cotchin, Ernest, *The Royal Veterinary College London*, Barracuda Press, 1990 ; Lanyon, L. E. ed., Two Hundred Years of Veterinary Education, *British Veterinary Journal*, vol. 147（1991）; Hall, S. A., The Struggle for the Charter of the Royal College of Veterinary Surgeons 1844, *Veterinary History*, new ser., vol. 8（1994）.

(69) Pattison, Iain, *The British Veterinary Profession, 1791–1948*, London, 1984 ; Worboys, Michael, Germ Theories of Disease and British Veterinary Medicine 1860–1890, *Medical History*, vol. 35（1991）.

(70) Pugh, L. P., *From Farriery to Veterinary Medicine : 1785–95*, Cambridge U. P., 1962, pp.

105–34.

(71) Cockrill, W., A Hundred Years on (in Veterinary Science), *British Veterinary Journal*, vol. 131 (1975).

(72) 獣医学はパストゥール，コッホ，エールリヒなどの業績によって進展する。さらにワクチンの開発もさることながら，1860 年代の防腐剤と麻酔剤，70 年代以降の顕微鏡・聴診器・体温計といった器具類の増加によっても進歩する。Turner, Gerard L'E., *Nineteenth-Century Scientific Instruments*, University of California Press, 1983. エンゲルハルト・ヴァイグル著，三島憲一訳『近代の小道具たち』青土社，1990 年。

(73) Watson, J. A. Scott, The University of Oxford, *Agricultural Progress*, vol. 14 (1937), pp. 95–9. オックスフォードでは農業講座が開設されたものの，その基金は，*Flora Gracca* (Sibthorp's Book) という植物事典の編纂に割かれ，講座自体の資金はまったくない状態であった。当然，この教授職に対する報酬もなかった。

(74) サイレンセスタのカレッジについては，Anon., *A History of the Royal Agricultural College, Cirencester*, Cirencester, 1858 ; Lawrence, Charles, Royal Agricultural College of Cirencester, *Journal of the History of the Royal Agricultural College, Cirencester, Royal Agricultural Society of England*, vol. 26 (1865) ; Beecham, K. J., *History of Cirencester*, George H. Harman, 1886, pp. 207–12 ; Boutflour, R., The Royal Agricultural College, Cirencester, *Agricultural Progress*, vol. 15 (1938) ; Watkins, G. H. J., The Royal Agricultural College, Cirencester. Its origin and development as a specialist institute of scientific learning, 1844–1915, Med thesis, University of Bristol, 1979 ; Jarvis, Charles, Learning Good Husbandry : The Royal Agricultural College, Cirencester, *Country Life*, vol. 168 (1980) ; Tattersfield, Bernard K., An Agricultural College on the Cotswold Hills : the Royal Agricultural College, Cirencester, and the Origins of Formal Agricultural Education in England, PhD thesis, University of Reading, 1985 ; Parker, C. F., Royal Agricultural College, Cirencester 1845–1990, unpub., Royal Agricultural College, 1991 ; Sayce, Roger, *The History of the Royal Agricultural College, Cirencester*, Alan Sutton, 1992.

(75) Henry, Philip (Earl Stanhope), *Notes of Conversations with the Duke of Wellington 1831–1851 with a new introduction by Elizabeth Longford*, Prion, 1998, p. 99–100. ウェリントン公爵自身が農業に対して無関心であったわけでは決してない。Lee, Sidney ed., *Dictionary of National Biography*, vol. 60 (1899), pp. 170–204.

(76) バサースト伯爵家については，Thompson, Neville, *Earl Bathurst and the Britiish Empire 1762–1834*, Leo Cooper, 1999.

(77) Lee, Sidney ed., *Dictionary of National Biography*, vol. 58 (1899), pp. 386–7.

(78) Lee, Sidney ed., *Dictionary of National Biography*, vol. 62 (1900), pp. 115–6.

(79) Caird, James, *English Agriculture in 1850–51*, London, 1852, p. 37.

(80) Bathurst, C. jr. and Kinch, E., *Register of the Staff and Students at the Royal Agricultural College from 1844 to 1897 with a Short Historical Preface*, Cirencester, 1898.

(81) Dickens, Charles, Farm and College, *All the Year Round*, no. 4949 (1868), p. 414. ディケンズは農業に対する関心が深かったようで，ロザムステッド農業試験場も視察に訪れている。Dickens, Charles, Charles Dickens visits Rothamsted, *Records of the Rothamsted Staff Harpenden*, no. 3 (1931).

(82) これは Science と Wissenschaft の根本的な差異にも由来する。日本では両者とも科学

と訳されるが，Science は理論科学と実験科学を意味（数学は含まれない）して，Wissenschaft は，この Science の意味に加えて，人文・社会科学と数学が含まれる（フランス語の Science は，理論科学・実験科学・数学を意味する）。日本科学史学会編『日本科学技術史大系』第7巻，第一法規出版，1968年，32-3ページ。イギリスでは，19世紀末から20世紀初頭にかけて Wissenschaft 概念の導入がはかられる。McClelland, C. E., *State, Society and University in Germany, 1700-1914*, Cambridge U. P., 1980. 農学も同様の影響を受ける。Hall, A. D., *A Pilgrimage of British Farming*, John Murray, 1913.

（83）　科学研究活動と科学者の特徴については，松本三和夫「産業社会における科学の専門職業化の構造」(『思想』第713号，1983年)。

第6章　農業化学と試験研究の展開

（1）　18世紀の協会・学会については，McCellan, James E. III, *Science Reorganized, Scientific Societies in the Eighteenth Century*, New York, 1985. 18・19世紀の協会数・学会数については，Morrell, Jack and Thackray, Arnold, *Gentlemen of Science, Early Years of the British Association for the Advancement of Science*, London, 1981, Appendix III.

（2）　Cardwell, D. S. L., *The Organisation of Science in England : A Retrospect*, London, 1957, p. 78.（宮下晋吉・和田武編訳『科学の社会史――イギリスにおける科学の組織化』昭和堂，1989年，125ページ）。

（3）　Fox, H. S. A., Local farmers' associations and the circulation of agricultural information in nineteenth-century England (Fox, H. S. A. and Butlin, R. A. ed., *Change in the Countryside : Essays on Rural England, 1500-1900*, London, 1979, pp. 43-63).

（4）　Horn, P., The Contribution of the Propagandist to Eighteenth Century Agricultural Improvement, *Historical Journal*, vol. 25 (1982).

（5）　Knight, D. M., *Natural Science Books in English 1600-1900*, London, 1972, pp. 123-4.

（6）　Goddard, N., The Development and Influence of Agricultural Periodicals and Newspapers, 1780-1880, *Agricultural History Review*, vol. 31 (1983). この研究によれば，19世紀後半には農業新聞や雑誌の販売部数は17,000-20,000部にのぼり，その読者数は約5万人から6万人であると推計されている。

（7）　Hudson, K., *Patriotism with Profit : British Agricultural Societies in the Eighteenth and Nineteenth Centuries*, London, 1972.

（8）　Fussell, G. E., *More Old English Farming Books, from Tull to the Board of Agriculture, 1731 to 1793*, London, 1950.

（9）　Bell, Vicars, *To Meet Mr. Ellis : Little Gaddesden in the Eighteenth Century*, Faber and Faber, 1956.

（10）　Kerridge, Eric, Arthur Young and William Marshall, *History Studies*, vol. 1 (1968) ; Horn, Pamela, *William Marshall (1745-1818) and the Georgian Countryside*, Sutton Courtenay, 1982.

（11）　Wilmot, S., *The Business of Improvement : Agriculture and Scientific Culture in Britain, 1700-1870*, University of Bristol, 1990, p. 28.

（12）　Marshall, W., *Minutes, Experiments, Observations and General Remarks on Agriculture in the Southern Counties*, London, 1799, vol. 2, p. 86.

（13） マーシャルは実験を広範に進めるには，観察や記録の蓄積が不可欠であると述べ，農書の出版，農業学校や実験農場の設立の必要性を強調している。Marshall, W., *op. cit.*, pp. 118–29, 311–2. マーシャルは観察から実験という脈絡を無視しているとして，シンクレアを非難している。Fussell, G. E., Impressions of Sir John Sinclair, Bart., First President of the Board of Agriculture, *Agicultural History*, vol. 25（1951）.

（14） Fussell, G. E., Agricultural Science and Experiment in the Eighteenth Century : An Attempt at a definition, *Agricultural History Review*, vol. 24（1976）, p. 46.

（15） Carter, H. B., *His Majesty's Spanish Flock : Sir Joseph Banks and the Merinos of George III of England*, London, 1964.

（16） Lee, Sidney ed., *Dictionary of National Biography*, vol. 53（1898）, pp. 253–4.

（17） Lee, Sidney ed., *Dictionary of National Biography*, vol. 53（1898）, pp. 355–6 ; Berman, M., *Social Change and Scientific Organization*, Cornell U. P., 1978, pp. 41–5.

（18） Marshall, W., *op. cit.*, p. 116.

（19） トラスラー（John Trusler, 1735–1820）については，Lee, Sidney ed., *Dictionary of National Biography*, vol. 57（1898）, pp. 268–9.

（20） Young, A., *Farmer's Letters to the People of England*, London, 1771, p. 428 ; Vancouver, C., *General View of the Agriculture of the County of Devon*, London, 1808, p. 431.

（21） Mathias, P., Who unbound Prometheus?（Musson, A. E. ed., *Science, Technology and Economic Growth in the Eighteenth Century*, London, 1972, pp. 69–96）.

（22） Daubeny, C., Lecture on the Application of Science to Agriculture, *Journal of the Royal Agricultural Society of England*, vol. 3（1842）, pp. 138–43.

（23） Lee, Sidney ed., *Dictionary of National Biography*, vol. 30（1892）, pp. 65–6 ; Fussell, G. E., James Finlay Weir Johnston, 1796–1855 : the first university advisary chemist, *Agricultural Progress*, vol. 57（1982）.

（24） Johnston, J. F. W., The Present State of Agriculture in its Relations to Chemistry and Geology, *Journal of the Royal Agricultural Society of England*, vol. 9（1848）, pp. 205–11.

（25） Johnston, James F. W., *Elements of Agricultural Chemistry and Geology*, Edinburgh, 1842 ; idem., *Contributions to Scientific Agriculture*, Edinburgh, 1849 ; idem., *Experimental Agriculture*, Edinburgh, 1849.

（26） これは農業百科事典であり，当時の農業に関する知識の集大成である。この一部は明治期日本において翻訳が刊行される。寺師宗徳抄訳『農事主訣』東京　丸屋善七ほか出版，1881年。

（27） この背景には根強い進歩意識があったことも見逃せない。カードによれば，「農業の科学と実践の面で，かつてない研究や関心が示された時期であり，科学が農業社会に，じゅうぶんな便益を与えた進歩の始まりである」とされる。またバーンによれば，「古い農業の精神は停滞的であり，新しい農業の精神は進歩的である」とされる。Caird, James, *English Agriculture, 1850–51*, London, 1852, p. 528 ; Burn, R. S., *Outlines of Modern Farming*, London, 1863, p. 298.

（28） Morrell, Jack and Thackray, Arnold, *op. cit.*, pp. 281–3. 化学が他の科学分野と比べて，実用的な科学として最も進んでいた。Bud, R. F. and Robert, G. K., *Science versus Practice : Chemistry in Victorian Britain*, Manchester U. P., 1984.

（29） Davy, H., *Elements of Agricultural Chemistry*, London, 1813, p. 3.

（30） Daubeny, C., On the Public Institutions for the Advancement of Science, *Journal of the Royal Agricultural Society of England*, vol. 3 (1842).
（31） リービヒの影響は，19世紀初期にイギリスで流行した帰納法に終わりを告げるものであった。Laudan, Laurens, Theories of Scientific Method from Plato to Mach, *History of Science*, vol. 7 (1968).
（32） Grantham, G., The Shifting Locus of Agricultural Innovation in Nineteenth-Century Europe : The Case of the Agricultural Experiments Stations, *Research in Economic History*, Supplement 3, pp. 191–214.
（33） Carriere, J. ed., *Berzelius und Liebig ihre Briefe*, Munchen, 1898, p. 134 ; Sonntag, O., Liebig on Francis Bacon and the Utility of Science, *Annals of Science*, vol. 31 (1974), p. 382.
（34） Lee, Sidney ed., *Dictionary of National Biography*, supplement vol. 3 (1901), pp. 270–2.
（35） Lee, Sidney ed., *Dictionary of National Biography*, vol. 34 (1893), pp. 319–24.
（36） たとえば，山口達明解説・訳「19世紀中葉におけるイギリスの科学技術教育——1851年ロンドン大博覧会に関するL. プレイフェアの講演」（『化学史研究』第21号，1982年）。
（37） Acland, Sir T. D., Notice of the late Dr Voelcker, *Journal of the Bath and West of England Agricultural Society*, 3rd ser. vol. 16 (1884–5) ; Gilbert, J. H., The Late Dr. Voelcker, *Journal of the Royal Agricultural Society of England*, vol. 46 (1885).
（38） リービヒによる影響はドイツの教育ばかりでなく，リービヒ本人がイギリスへ計7回の訪問をした際の講演や視察などを通じても，イギリス農業へ大きな影響を与えている。Brock, William H., *Justus von Liebig : The Chemical Gatekeeper*, Cambridge U. P., 1997, pp. 94–114.
（39） 地質調査所は地質博物館と合併して鉱山学校となり，1853年に王立化学カレッジを吸収して，Metropolitan School of Science Applied to Mining and Artsとなる。Bentley, J., The Chemical Department of the Royal School of Mines, *Ambix*, vol. 18 (1971), pp. 153–81 ; Roberts, G. K., The Royal College of Chemistry (1845–1853) : A Social History of Chemistry in Early-Victorian England, unpub. PhD thesis, Johns Hopkins University, 1973 ; Roberts, G. K., The Establishment of Royal College of Chemistry : An Investigation of the Social Context of Early-Victorian Chemistry, *Historical Studies in the Physical Sciences*, vol. 7 (1976), pp. 437–85.
（40） Fruton, J. S., The Liebig Research Group——A Reappraisal, *Proceedings of the American Philosophical Society*, vol. 132 (1988).
（41） L. F. ハーバー著，水野五郎訳『近代化学工業の研究——その技術・経済史的分析』北海道大学図書刊行会，1977年，90–112ページ；成定薫・安原義仁「英国における科学の制度化——ギーセン留学とロイヤル・カレッジ・オブ・ケミストリイの設立」（『大学論集』第6集，1978年）。
（42） リービヒの研究室では，最短9ヶ月でPh. Dが取得できた。Morrell, J. B., The Chemist Breeders : The Research Schools of Liebig and Thomas Thomson, *Ambix*, vol. 19 (1972), p. 18.
（43） Stephen, Leslie and Lee, Sidney ed., *Dictionary of National Biography*, vol. 22 (1890), pp. 361–3.
（44） このグラハムの後，ユニヴァーシティカレッジの化学教授となるのが，ウィリアムソ

ン（Alexander William Williamson, 1829–1890）であった。ウィリアムソンもまたリービヒのもとへ留学しているが，教授在任中にイギリス留学中の伊藤博文・井上馨・森有礼・桜井錠二などを自宅に住まわせ，世話をしたことで著名である。後に化学者となるのは，桜井錠二だけであったが，後の日本の指導者たちがユニヴァーシティカレッジに留学していたことによって，その後の日本の科学振興にとって影響があった。ウィリアムソンについては，犬塚孝明『ヴィクトリア朝英国の化学者と近代日本――アレキサンダー・ウィリアム・ウィリアムソン伝』海鳥社，2015 年。ユニヴァーシティカレッジについては，Harte, N., *The University of London 1836–1986*, London, 1986.

（45）この著書は Liebig, Justus, *Chemistry in Its Application to Agriculture and Physiology*, 1862 のドイツ語第 7 版の一部の英訳である。Finlay, Mark R., The Rehabilitation of an Agricultural Chemist : Justus von Liebig and the Seventh Edition, *Ambix*, vol. 38（1991）, pp. 155–69. この第 7 版は社会問題への接近もみられ，イギリス農業研究に影響を与え，リービヒのイギリスでの評価を取り戻すきっかけとなる。

（46）Anon., Obituary : E. B. Haygarth, Sir Arthur Herbert Church, *Agricultural Students' Gazette*, new ser. vol. 17（1915）, pp. 153–60.

（47）Roberts, G. K., op. cit., 1973, p. 424. 王立化学カレッジは，リービヒの門下生であるホフマン（A. von Hofmann）によって主導された。Playfair, L., Personal Reminiscences of Hofmann and the Conditions which led to the Establishment of the Royal College of Chemistry and the Appointment of its Professor, *Journal of Chemical Society*, vol. 69（1896）; Abel, Sir F. A., The History of the Royal College of Chemistry and Reminiscence of Hofmann's Professorship, *Journal of Chemical Society*, vol. 69（1896）; Beer, J. J., A. W. Hofmann and Founding of the Royal College of Chemistry, *Journal of Chemical Education*, vol. 37（1960）; Bentley, J., Hofmann's Return to Germany from the Royal College of Chemistry, *Ambix*, vol. 19（1972）.

（48）チャーチは学生のために，実験手引書として著名な *Laboratory Guide for Agricultural Students*, London, 1864 を刊行している。横井時敬（1860–1927）の塩水選法は，このチャーチの小麦実験にヒントを得て考案されたものであった。さらにこのチャーチの在任中の 1876 年に杉浦重剛（1855–1924）が留学生として，サイレンセスタの王立農業カレッジに入学し，化学を専攻している。しかし杉浦重剛は約半年後にサイレンセスタを去り，化学カレッジに改めて入学している。石附実『近代日本の海外留学史』中央公論社，1992 年，261–2 ページ。

（49）Anon., Kinch, Prof, Edward, *Who was Who*, vol. 2（1929）, p. 586.

（50）キンチの在任中の 1889–92 年に，日本からの留学生である松平康荘（1867–1930）が学んでいる。並松信久「明治期日本における農業試験場体制の形成と課題――福井県松平試農場の事例を中心に」（『京都産業大学論集社会科学系列』第 20 号，2003 年，53–74 ページ）。

（51）Bulloch, W., *The History of Bacteriology*, Oxford U. P., 1938 ; Teich, M., On the Historical Foundations of Modern Biochemistry, *Clio Medica*, vol. 1（1965）; Kohler, R., The History of Biochemistry, *Journal of the History of Biology*, vol. 8（1975）; Bud, Robert, *The Uses of Life ――A History of Biotechnology*, Cambridge U. P., 1993.

（52）Morton, J. C., Agricultural Education, *Journal of the Royal Agricultural Society of England*,

vol. 26,（1865）pp. 436–64 ; Comber, N. M., *Agricultural Education in Great Britain*, London, 1948.

(53) イギリスではまずリービヒの影響が強く現れ，このリービヒを通して，歴史をさかのぼり，テーヤの意義が理解されるという経緯をたどる。リービヒの主著は1840年に，テーヤの主著は1844年に英訳されている。

(54) アーミティジ著，鎌谷親善・小林茂樹訳『技術の社会史』みすず書房，1970年，177ページ。

第7章　農業の展開と技術研究

(1) Hanley, J. A., Agricultural Education in College and County（Dale, H. E. and others, *Agricultur in the Twentieth Century*, 1939）, pp. 87–121.

(2) Perren, Richard, Markets and Marketing（Mingay, G. E., *The Agrarian History of England and Wales 1750–1850*, vol. VI, Cambridge U. P., 1989）, pp. 209–38. 小林茂『イギリスの農業と農政』成文堂，1973年，49–57ページ。

(3) この時期においては，経済社会における中流階層の躍進があったにもかかわらず，農業の繁栄を背景にして，政治面では依然として貴族・ジェントリィの支配体制が継続する。Inkster, I., Griffith, C., Hill, J., and Rowbotham, J. ed., *The Golden Age : Essays in British Social and Economic History, 1850–1870*, Ashgate, 2000.

(4) 一般的に耕作地（arable）とは，耕地（tillage，作付地に休閑地を加えたもの）と一時的草地（temporary grassland あるいは ley）を加えたものを意味する。この耕作地に永久牧草地（permanent grassland）を加えたものを，農用地（cultivated land あるいは agricultural land proper）とよんでいる。

(5) 農業生産力の増加は，イギリス国内の人口増加による食料需要の拡大によっても支えられる。Caird, James, *High Farming, under liveral covenants, the best substitute for protection*, Edinburgh, 1849.

(6) Rooke, Patrick, *Agriculture and Industry*, London, 1970, p. 52.

(7) Lawes, J. B. and Gilbert, J. H., On Some Points Connected with Agricultural Chemistry, *Journal of the Royal Agricultural Society of England*, vol. 16（1855）, p. 452. この引用部分は，吉田武彦訳「リービヒ・ローズ論争関係資料」（『北海道農業試験場研究資料』第40号，1989年），72ページを参照した。

(8) Lawes, J. B., On Agricultural Chemistry, *Journal of the Royal Agricultural Society of England*, vol. 8（1847）, pp. 251–2.

(9) Ernle, Lord, *English Farming——Past and Present*, Longmans, 1912, p. 368.

(10) Watson, James A. Scott, *The History of the Royal Agricultural Society of England, 1839–1939*, London, 1939, p. 120.

(11) ウォーバーンは，ベッドフォード公爵のカントリーハウスと所領の所在地として著名であり，この試験場の土地はベッドフォード公爵によって提供されている。Russell, H. A., *A Great Agricultural Estate : Being the Story of the Origin and Administration of Woburn and Thorney*, London, 1897 ; Thomson, Gladys Scott, *Woburn and the Russells*, Pilgrim Press, 1956 ; Blakiston, Georgiana, *Woburn and the Russells*, Constable, 1982.

(12) 土壌については，ロザムステッドは主に重粘土であり，ウォーバーンは主に軽しょう土であるという違いがあった。Brassley, Paul, Agricultural Science and Education（Col-

lins, E. J. T. ed., *The Agrarian History of England and Wales, vol. 7 1850–1914*, Cambridge U. P., 2000), p. 601.

(13)　この後，ウォーバーンでは農業試験場として使われていなかった果樹園を利用して，果樹試験場がつくられる。Anon., The Woburn Experimental Fruit Farm, *Nature*, vol, 52 (1895), pp. 508–10.

(14)　Nicholson, H. H., *The Principles of Field Drainage*, Cambridge U. P., 1946, pp. 1–13.

(15)　Phillips, A. D. M., *The Underdraining of Farmland in England during the Nineteenth Century*, Cambridge U. P., 1989, pp. 50–121.

(16)　Fussell, G. E., *The Farmer's Tools : The History of British Farm Implements, Tools and Machinery AD1500–1900*, Bloomsbury Books, 1981 ; Collins, E. J. T., The Age of Machinery (Mingay, G. E. ed., *The Victorian Countryside*, 2vols, London, 1981), vol. I, pp. 200–13 ; Brown, Jonathan, *Farm Machinery 1750–1945*, London, 1989, pp. 41–77.

(17)　たとえば蒸気力による耕耘機・犂・刈取機などが発明される。Johnson, Brian, *Classic Plant Machinery*, London, 1997 ; Carroll, John, *The World Encyclopedia of Tractors & Farm Machinery*, Lorenz Books, 1999 ; Brigden, Roy, Equipment and Motive Power (Collins, E. J. T. ed., *The Agrarian History of England and Wales*, VII 1850–1914, Cambridge U. P., 2000), pp. 505–13.

(18)　Perry, P. J., *British Agriculture 1875–1914*, London, 1973 ; Brown, Jonathan, *Agriculture in England——a survey of farming 1870–1947*, Manchester, 1987 ; Perren, Ricard, *Agriculture in Depression, 1870–1940*, Cambridge U. P., 1995.

(19)　Orwin, C. S. and Whetham, E. H., *A History of British Agriculture 1846–1914*, London, 1964, pp. 240–1 ; Perren, R., *The Meat Trade in Britain, 1870–1914*, London, 1978 ; Harley, C. K., The World Food Economy and Pre-World War I Argentina (Broadberry, S. N. and Crafts, N. F. R. ed., *Britain in the International Economy 1870–1914*, Cambridge, 1992, pp. 244–68).

(20)　Orr, J. B., *Food Health and Income*, London, 1938, pp. 17–9 ; Ojala, E. M., *Agriculture and Economic Progress*, Oxford, 1952, p. 209 ; Collins, E. J. T. and Jones, E. L., Sectoral Advance in English Agriculture, 1850–80, *Agricultural History Review*, vol. 15 (1967) ; Taylor, D., The English Dairy Industry, 1860–1930, *Economic History Review*, 2nd ser. vol. 29 (1976) ; Taylor, D., Growth and Structural Change in the English Dairy Industry, c. 1860–1930, *Agricultural History Review*, vol. 35 (1987).

(21)　Jones, E. L., English Farming before and during the Nineteenth Century, *Economic History Review*, 2nd ser. vol. 15 (1962), pp. 149–50 ; Hutchinson, Sir Joseph and Owers, A. C., *Change and Innovation in Norfolk Farming*, Norfolk Agricultural Station, 1980.

(22)　Thompson, F. M. L., An Anatomy of English Agriculture, 1870–1914 (Holderness, B. A. and Turner, Michael ed., *Land, Labour and Agriculture, 1700–1920*, London, 1991), pp. 211–40.

(23)　Wilkins, V. E., *Research and the Land, An Account of Recent Progress in Agricultural and Horticultural Science*, London, 1927, pp. 276–99 ; Cockrill, W., A Hundred Years on (in Veterinary Science), *British Veterinary Journal*, vol. 131 (1975).

(24)　Scott, J., Recent Advances in the Science and Practice of Agriculture, *Journal of the Farmers' Club*, 1882.

(25)　Fisher, J. R., The Economic Effects of Cattle Disease in Britain and Its Containment, 1850–1900, *Agricultural History*, vol. 54 (1980) ; Worboys, Michael, Germ Theories of

Disease and British Veterinary Medicine 1860–1890, *Medical History*, vol. 35（1991）.

（26）これは農業分野に限られたことではなく，他の科学分野においても同様であった。D. S. L. カードウェル著，宮下晋吉・和田武編訳『科学の社会史——イギリスにおける科学の組織化』昭和堂，1989 年，193–230 ページ。

（27）Jenkins, H. M., *Report on Agricultural Education in North Germany, France, Denmark, Belguim, Holland and the United Kingdom*, London, 1884.

（28）Bryner-Jones, C., The University College of Wales, Aberystwyth, *Agricultural Progress*, vol. 24（1950）; Colyer, R. J., *Man's Proper Study : A History of Agricultural Science Education at Aberystwyth, 1878–1978*, Llandysul, 1982 ; Anon., University College, Nottingham : School of Agriculture, *Nature*, vol. 159（1947）; Robinson, H. G., The University of Nottingham-School of Agriculture, *Agricultural Progress*, vol. 23（1948）.

（29）Dunstan, M. J. R., The South-Eastern Agricultural College, Wye, *Journal of the Ministry of Agriculture*, vol. 28（1921）; Hall, A. D., The South-Eastern Agricultutal College, Wye, Kent, *Agricultural Progress*, vol. 16（1939）; Richards, Stewart, *Wye College and Its World : A Centenary History*, Wye College, 1994.

（30）Russell, E. J., Alfred Daniel Hall, 1864–1942, *Obituary Notices of Fellows of the Royal Society*, vol. 4（1942）; Russell, Sir John, The Contribution of Sir A. Daniel Hall to the Development of Agricultural Science, *Wye College The A. D. Hall Memorial Lecture*, no. 6（1954）; Dale, H. E., *Daniel Hall—Pioneer in Scientific Agriculture*, John Murray, 1956, pp. 25–52.

（31）Richards, Stewart, *op. cit.*, pp. 58–87. 卒業生の進路は，それまでの地主・借地農関係の変化や，ジェントルマンの変容という歴史的な背景をともなうものであった。米川伸一「十九世紀後半における地主対借地農関係の展開」（『一橋論叢』第 51 巻 5 号，1964 年）; 村岡健次「十九世紀イギリス・ジェントルマン——その変容と諸契機」（『思想』第 612 号，1975 年）。

（32）Hall, A. D., A Plea for Higher Agricultural Education, *Record of Technical and Secondary Education*, vol. 3（1894）; Hall, A. D., The Development of Agricultural Education in England and Wales, *Journal of the Royal Agricultural Society of England*, vol. 83（1922）; Comber, Norman Mederson, *Agricultural Education in Great Britain*, London, 1948 ; Fussell, G. E., *Agricultural Education in England before 1914*, London, 1977 ; Conningham, J. M. M., Agricultural Education and Extension, *Agricultural Progress*, vol. 58（1983）.

（33）試験制度は農業分野のみではなく，工学分野など，広範囲の技術教育に取り入れられる。宮下晋吉・和田武編訳，前掲書，245–8 ページ。農業資格試験では，自然科学に関連する課目のみではなく，簿記の試験も行われたが，その成績はきわめて悪いものであった。Watson, James A. Scott, *op. cit.*, p. 474.

（34）この動きに応じて，いわゆる教科書の作成・流布がみられる。たとえば，Fream, W., *Elements of Agriculture*, London, 1892 という著書は，1940 年までに 12 刷を数え，9 万冊が販売されている。さらに現在も改訂版が作られ，教科書として用いられている。Theobald, F. V., *Textbook of Agricultural Zoology*, London, 1899 ; Perciival, J., *Agricultural Botany : Theoretical and Practical*, London, 1900 ; Russell, E. J., *Soil Conditions and Plant Growth*, 1912 という著書も，現在まで 11 回の改訂版が出され，現在も教科書として使用されている。

（35） Sykes, J. D., Agriculture and Science（Mingay, Gordon E. ed., *The Victorian Countryside*, vol. 1, London, 1981）, pp. 271–2.
（36） Anon., Obituary : Robert Warington, *Agricultural Students' Gazette*, vol. 13（1907）; P. S. U. P., Robert Warington, 1838–1907, *Proceeding of the Royal Society of London*, Series B, vol. 80（1908）; Lee, Sidney ed., *Dictionary of National Biography*, Supplement January 1901–December, London, 1920, pp. 593–4.
（37） Warington, Robert, *Agricultural Science : Its Place in a University Education*, London, 1896, p. 18.
（38） 農業機関で養成される農業研究者は皆無に等しかった。その一方で，他分野の研究者が農業研究へ参入することも妨げられていた。たとえば，ラッセルが化学カレッジを卒業して，ワイのカレッジに就職しようとしたとき，化学カレッジの教授は「我々の（化学）分野で研究する人々は，農業関係に職を求めないものだ」と語って，就職に反対した。Russell, E. John, *A History of Agricultural Science in Great Britain*, London, 1966, p. 474.

第8章　農業研究の進展

（1） Perren, Richard, *Agriculture in depression, 1870–1940*, Cambridge U. P., 1995 において，この展開が端的にまとめられている。この結果，イギリス農業経営は地域差があるものの，全体的には経営規模を縮小しつつ，耕地を永久牧草地に転換し，小麦生産をほとんど放棄し，飼料・畜産物生産ならびに都市市場向け園芸へと転換する。
（2） Kealey, Terence, *The Economic Laws of Scientific Research*, London, 1996, pp. 51–3 において，農業の黄金時代とロザムステッドのローズの研究とが単純に結びつけられているが，研究の貢献という点については依然不明なままであるとされる。
（3） リービヒの農業研究に対する寄与については，Kraybill, Henry R., Liebig's Influence in the Promotion of Agricultural Chemical Research（Moulton, Forest Ray ed., *Liebig and After Liebig*, Washington, D. C., 1942）.
（4） Lee, Sidney ed., *Dictionary of National Biography*, vol. 39（1894）, pp. 433–4 ; Stephens, Michael D. and Roderick, Gordon W., The Muspratts of Liverpool, *Annals of Science*, vol. 29（1972）. マスプラッツは4人の息子をギーセン大学に留学させる。マスプラッツ父子の化学および化学産業への貢献については，Brock, William H., *The Chemical Tree : A History of Chemistry*, Norton, 2000, pp. 270–93.
（5） これによってリービヒはイギリス農業界から反発を受けるが，化学を中心とする学問の世界では，リービヒの影響を受けた多くの研究者によって，リービヒの立場は擁護される。Brock, William H., *Justus von Liebig : The Chemical Gatekeeper*, Cambridge U. P., 1997, pp. 140–4.
（6） Russell, E. John, *A History of Agricultural Science in Great Britain*, London, 1966, pp. 97–100. ブロックによれば，リービヒの著書はイギリス科学振興協会の要請に応じて執筆された報告書であるのかどうか疑わしい点があり，リービヒは一般有機化学に関する序章のつもりで執筆したとされている。Brock, W. H. and Stark, S., Liebig, Gregory, and the British Association, 1837–1842, *Ambix*, vol. 37（1990）, pp. 134–47 ; Brock, William H., *op. cit.*, 1997, pp. 150–2.
（7） Russell, E. J., *op. cit.*, pp. 102–5. ギルバートは少年時の事故がもとで片目を失い，健康

状態もあまりすぐれなかったようである。ローズとはロンドンのユニヴァーシティカレッジのトムソン教授（Thomas Thomson, 1817-1878）を通して知り合う。トムソンはローズの肥料製造事業の顧問をし，ギルバートはギーセンから帰国後，トムソンの助手をしていた。ウィルモットによれば，19世紀を通してイギリスにおいて「農業研究者」とよべる人物は，ギルバートひとりであった。Wilmot, Sarah, *The Business of Improvement : Agriculture and Scientific Culture in Britain, c. 1700-c. 1870*, University of Bristol, 1990, pp. 35-6.

（8） Russell, E. J., *Soil Conditions and Plant Growth*, 10th edn, London, 1973, pp. 13-4. ロザムステッドの圃場試験に関する邦文論文は，伊藤悌蔵「ローサムステッド農事試験場の現況」（『大日本農会報』第414-9号，1915年），犬伏和之「イギリスの四季——ロザムステッドを中心として」（『肥料科学』第11号，1988年），高橋英一「ジョン ベネット ロウズとロザムステッドにおける長期圃場試験——その今日的意義について[1]・[2]・[3]」（『農業および園芸』第69巻11号・第69巻12号・第70巻4号，1994年・1995年）。

（9） これらのデータは，Hall, A. D., *The Book of the Rothamsted Experiments*, London, 1905において集約される。

（10） Lawes, J. B., Utilisation of Town Sewage, *Journal of the Royal Agricultural Society of England*, vol. 24（1863）; Lawes, J. B., Exhaustion of the Soil, in Relation to Landlords' Covenants, and the Valuation of Unexhausted Improvements, *The Rothamsted Memoirs on Agricultural Chemistry and Physiology*, vol. 3（1893）; Lawes, Sir John Bennet, The Rothamsted Experiments, *Transactions of the Highland and Agricultural Society of Scotland*, 5th ser., vol. 7（1895）; Lawes, J. B. and Gilbert, J. Henry, The Royal Commission on Agricultural Depression and the Valuation of Unexhausted Manures, *Journal of the Royal Agricultural Society of England*, 3rd ser., vol. 8（1897）.

（11） ジェントルマンとしてのローズに注目する研究に，Kirby, Chester, *The English Country Gentleman : A Study of Nineteenth Century Types*, London, 1937, pp. 166-208，高橋英一「John Bennet Lawes と Rothamsted 試験場——農業近代化への Gentleman Farmer の貢献」（『京都産業大学国土利用開発研究所紀要』第21号，2000年）。

（12） Dyke, G. V., *John Lawes of Rothamsted : Pioneer of Science, Farming and Industry*, Harpenden, 1993, pp. 3-6.

（13） Leigh, R. A. and Johnston, A. E. ed., *Long-term Experiments in Agricultural and Ecological Sciences*, Wallingford, 1994.

（14） Lawes, J. B. and Gilbert, J. H., New Experiments on the Question of the Fixation of Nitrogen, *Proceeding of the Royal Society of London*, vol. 47（1890）; Dyke, G. V., *op. cit.*, 1993, p. 74. ウォリントンは，父親がローズの工場の化学顧問をしていた関係で，ロザムステッドの研究の手伝いをするようになる。ただし，この採用をめぐって，ローズとギルバートは対立し，結局，ローズの個人的な助手という形で採用されている。ウォリントンとギルバートは，終生，不仲であった。

（15） Russell, E. J., *op. cit.*, 1966, pp. 162-4. および，土壌微生物研究会編訳『土壌微生物の重要論文』第2集，1969年。

（16） アンモニアの硝化過程では，はじめに亜硝酸菌がアンモニアを酸化して亜硝酸を生成し，次いで硝酸菌がこれを硝酸に酸化するという二段階の反応であることが明らかと

なる。柳田友道『バイオの源流——人と微生物との係わり』学会出版センター，1987 年。

(17) Warington, R., *Chemistry of the Farm*, London, 1881, pp. 1-22（森要太郎訳『勧農叢書 農場化学』有隣堂，1886 年，1-33 ページ）。

(18) Lee, Sidney ed., *Dictionary of National Biography*, vol. 30 (1892), pp. 65-6 ; Fussell, G. E., James Finlay Weir Johnston, 1796-1855 : the first university advisary chemist, *Agricultural Progress*, vol. 57 (1982), pp. 35-40. 日本では志賀雷山訳『農学簡明』金泉堂，1875 年として刊行される。

(19) Fussell, G. E., The Technique of Early Field Experiments, *Journal of the Royal Agricultural Society of England*, vol. 96 (1935), pp. 78-88.

(20) Russell, E. J., *op. cit.*, 1966, pp. 131-3.

(21) Daubeny, Charles, *Three Lectures on Agriculture*, Oxford, 1841, pp. 27-8.

(22) Daubeny, Charles, On the Use of the Spanish Phosphorite as a Manure, *Journal of the Royal Agricultural Society of England*, vol. 6 (1845), pp. 329-31 ; Russell, E. J., *op. cit.*, 1966, pp. 86-8.

(23) Warington, Robert, Sir John Bennet Lawes, Bart. 1814-1900, *Proceeding of the Royal Society of London*, vol. 75 (1905), pp. 229-30.

(24) Lawes, John Bennet, On Agricultural Chemistry, *Journal of the Royal Agricultural Society of England*, vol. 8 (1847).

(25) Way, Thomas, On the Power of Soils to absorb Manure, *Journal of the Royal Agricultural Society of England*, vol. 11 (1850) ; Way, J. Thomas, On the Composition of the Waters of Land-Drainage and of Rain, *Journal of the Royal Agricultural Society of England*, vol. 17 (1856).

(26) ロンドンの下水問題と農業の関連については，Goddard, Nicholas, A mine of wealth ? The Victorians and the agricultural value of sewage, *Journal of Historical Geography*, vol. 22 (1996), pp. 274-90 ; Sheail, John, Town wastes, agricultural sustainability and Victorian sewage, *Urban History*, vol. 23 (1996), pp. 189-210.

(27) 小川眞里子『病原菌と国家——ヴィクトリア時代の衛生・科学・政治』名古屋大学出版会，2016 年，36-106 ページ。

(28) Dyke, G. V., *op. cit.*, 1993, p. 131.

(29) Dyke, G. V., *op. cit.*, 1993, pp. 130-5.

(30) Lee, Sidney ed., *Dictionary of National Biography*, Supplement vol. 2 (1901), pp. 99-100 ; Ordish, George, *John Curtis and the Pioneering of Pest Control*, Osprey, 1974.

(31) Wallace, Robert ed., *Eleanor Ormerod, LL. D., Economic Entomologist. Autobiography and Correspondence*, London, 1904 ; Lee, Sidney ed., *Dictionary of National Biography*, Supplement January 1901-December (1920), pp. 53-4.

(32) Howard, L. O., *A History of Applied Entomology*, Washington, 1930, pp. 216-22 ; Ordish, G., *The Constant Pest*, London, 1976, p. 152. オーメロッドはその後，応用（農業）昆虫学の確立に努め，その実践的な普及，つまり殺虫剤の普及に影響を与える。この過程でヴィクトリア朝期における既存の女性観との摩擦や，女性を中心とする動物愛護者との衝突を招く。Clark, J. F. McDiarmid, Eleanor Ormerod (1828-1901) as an economic entomologist : pioneer of purity even more than of Paris Green, *British Journal for the History*

of Science, vol. 25（1992）, pp. 431–52. ジョン・F・M・クラーク著，奥本大三郎監訳・藤原多伽夫訳『ヴィクトリア朝の昆虫学——古典博物学から近代科学への転回』東洋書林，2011 年，229–48 ページ。

(33) Hanley, J. A., Agricultural Education in College and County（Hall, Daniel ed., *Agriculture in the Twentieth Century*, Oxford, 1939）, pp. 87–121. 本書第 10 章も参照。

(34) Garnett, William, Professor Somerville's Agricultural Experiments in Northumberland, *Record of Technical and Secondary Education*, vol. 2（1892）; Legg, L. G. Wickham ed., *Dictionary of National Biography*, 1931–1940, London, 1949, pp. 826–7.

(35) Somerville, William, The Laying Down of Land to Grass, *Journal of the Royal Agricultural Society of England*, vol. 84（1923）, pp. 11–28.

(36) Anon., Gilchrist, Douglas Alston, *Who was Who*, vol. 2（1929）, p. 406.

(37) Russell, *op. cit.*, 1966, pp. 244–6, 392–4.

(38) Engledow, F. L., Rowland Harry Biffen, 1874–1949, *Obituary Notices of the Fellows of the Royal Society*, vol. 7（1950–51）; Legg, L. G. Wickham and Williams, E. T. ed., *Dictionary of National Biography*, 1941–1950, London, 1959, pp. 76–7.

(39) Biffen, Rowland H., Modern Wheats, *Journal of the Farmers' Club*, 1924, pp. 1–18.

(40) Anon., Professor T. B. Wood, *Journal of the Royal Agricultural Society of England*, vol. 90（1929）, pp. 8–9.

(41) この研究成果は，Adie, R. H. and Wood, T. B., *Agricultural Chemistry*, London, 1897; Wood, T. B. and Stration, F. J. M., The Interpretation of Experimental Results, *Journal of Agricultural Science*, vol. 3（1910）; Wood, T. B., The Chemistry of the Proteins, *Transactions of the Highland and Agricultural Society of Scotland*, vol. 23（1911）; Wood, T. B., Animal Nutrition Research, *Journal of the Farmers' Club*, November 1923, pp. 83–100 などである。

(42) Marshall, F. H. A. and Hammond, John, *The Science of Animal Breeding in Britain, A Short History*, Longmans, 1948; McDonald, P., Edwards, R. A. and Greenhalgh, J. F. D., *Animal Nutrition*, 3rd edn, Edinburgh, 1981, pp. 228–9.

(43) Brierley, W. B., Obituaries: Prof. John Percival, *Nature*, vol. 163（1949）, p. 275.

(44) Lee, Sidney ed., *Dictionary of National Biography*, Supplement January 1901–December（1920）, pp. 54–5.

(45) Fream, W., The Herbage of Pastures, *Journal of the Royal Agricultural Society of England*, 3rd series, vol. 1（1890）, pp. 359–92.

(46) Russell, E. J., Reginald George Stapledon, *Biographical Memoirs of Fellows of the Royal Society*, vol. 7（1961）, pp. 249–70; Waller, Robert, *Prophet of the New Age: the Life and Thought of Sir George Stapledon, F. R. S.*, London, 1962; Williams, E. T. and Palmer, Helen M. ed., *Dictionary of National Biography*, 1951–1960, London, 1971, pp. 920–1.

(47) Stapledon, Sir R. George, Grassland（Dale, H. E. and Others, *Agriculture in the Twentieth Century*, Oxford, 1939）, pp. 193–221; Sheail, J., *Seventy-Five Years in Ecology: The British Ecological Society*, Oxford, 1987, pp. 54–5.

(48) Anon., Brenchley, Winifred Elsie, *Who was Who*, vol. 5（1961）, p. 133.

(49) Brenchley, Winifred, *Weeds of Farm Land*, Longmans, 1920; idem., Twenty-Five Years of Rothamsted Life, *Records of the Rothamsted Staff Harpenden*, no. 3（1931）, pp. 34–7.

（50） Russell, E. J., Alfred Daniel Hall, 1864-1942, *Obituary Notices of Fellows of the Royal Society*, vol. 4 (1942), pp. 229-50 ; Dale, H. E., *Daniel Hall——Pioneer in Scientific Agriculture*, John Murray, 1956 ; Legg, L. G. Wickham and Williams, E. T. ed., *Dictionary of National Biography*, 1941-1950, London, 1959, pp. 339-41.

（51） Russell, Sir E. John, *The Land Called Me*, London, 1956 ; Williams, E. T. and Nicholls, C. S. ed., *Dictionary of National Biography*, 1961-1970, London, 1981, pp. 908-9.

（52） Hall, A. D. and Russell, E. J., *A Report on the Agriculture and Soils of Kent, Surrey, and Sussex*, Board of Agriculture and Fisheries, Miscellaneous Publication No. 12, London, 1911.

（53） Hall, A. D., The Future of Agricultural Science, *Journal of the Ministry of Agriculture*, vol. 40 (1934) ; Russell, Sir John, Agricultural Research in the Twentieth Century, *Wye College Fellowship Lecture*, no. 1 (1949).

（54） Laing, F., F. V. Theobald, M. A., F. E. S., *Entomologist's Monthly Magazine*, vol. 66 (1930), pp. 92-3.

（55） イムスは1918年にロザムステッド農業試験場でchief entomologistとなる。彼はその前後にマンチェスターとケンブリッジで教鞭をとっているが，その教え子は，昆虫学分野において世界中で活躍する。Imms, A. D., The Training of Practical Entomologists, *Nature*, vol. 105 (1920), pp. 676-7 ; Wigglesworth, V. B., Augustus Daniel Imms 1880-1949, *Obituary Notices of Fellows of the Royal Society*, vol. 6 (1948-49), pp. 463-70.

（56） Edelsten, H. McD., John Claud Fortescue Fryer 1886-1948, *Obituary Notices of Fellows of the Royal Society*, vol. 7 (1950-51), pp. 95-106.

（57） イギリスの応用昆虫学は，アメリカで開発された技術をインド農業において利用するなど，イギリスの植民地経済と密接な関係をもって発展する。したがって，イギリスの応用昆虫学は熱帯医学との結びつきが強い。Clark, J. F. M., Bugs in the System : Insects, Agricultural Science, and Professional Aspirations in Britain, 1890-1920, *Agricultural History*, vol. 75 (2001), pp. 83-114.

（58） Whetham, E. H., *Agricultural Economists in Britain 1900-1940*, Oxford, 1981, pp. 1-40.

（59） Offer, A., *The First World War : An Agrarian Interpretation*, Oxford, 1991, p. 101.

（60） Wilmot, *op. cit.*, p. 30 ; Lerner, J., Science and Agricultural Progress : quantitative evidence from England 1660-1780, *Agricultural History*, vol. 66 (1992), pp. 11-27 ; Palladino, P., Between Craft and Science : Plant Breeding, Mendelian Genetics, and British Universities, 1900-1920, *Technology and Culture*, vol. 34 (1993), pp. 300-3.

（61） このような批判に反して，実際には研究分野として確立し始める分野もある。フライアによれば，「20世紀初頭に農業昆虫学と植物病理学のみが，農業研究の明確な分野として，その地位を占め始めた」［Fryer, J. C. F., Plant Protection (Dale, H. E. and Others, *op. cit.*, 1939), p. 291］のであり，さらにラッセルによれば「1894年の時点では，土壌学がイングランドに存在したとは言えないけれども（中略）少なくとも農業化学の講師は，自分の講義において肥料・飼料・家畜栄養・農薬など様々なテーマの他に，土壌も加えていた」という。進展している分野とは逆に，かなり遅れている分野もあった。家畜栄養の研究分野は，ドイツとアメリカにおいて進展していたので，1904年にホールによって執筆された論説によれば，「さまざまな家畜飼料の栄養価と消化率の決定は，ほとんどすべてドイツとアメリカのデータに依存していた」状態にあった。ローズもギルバートも，なぜかほとんど土壌自体に関心を示さなかった。Russell, E.

J., Soil Science in England 1894–1938（Dale, H. E. and Others, *op. cit.*, 1939）, p. 163. これはローズとギルバートに限られたことではなく，一般的に土壌への関心は薄かった。Crowther, E. M., The Technique of Modern Field Experiments, *Journal of the Royal Agricultural Society of England*, vol. 97（1936）, p. 59.

(62) Legg, L. G. Wickham ed., *Dictionary of National Biography*, 1931–1940, London, 1949, pp. 721–2.

(63) Prothero, Rowland E., *The Pioneers and Progress of English Farming*, London, 1888, pp. 86–127 ; Ernle, Lord, *English Farming Past and Present*, 6th edn, 1961, p. 364ff. Prothero と Ernle は同一人物である。後者の Ernle の著書は，前者の Prothero の著書を核にして執筆されたものである。

(64) Anon., Science and Agriculture, *Nature*, vol. 20（1879）, pp. 189–90.

(65) Baldwin, T., Scientific Agriculture, *Nature*, vol. 13（1875）, p. 101.

(66) Caird, J., General View of British Agriculture, *Journal of the Royal Agricultural Society of England*, 2nd series, vol. 14（1878）, p. 286.

(67) Anon., Rew, Sir（R.）Henry, *Who was Who*, vol. 3（1947）, p. 1136.

(68) Rew, H., British Agriculture under Free Trade, 1846–96, *Journal of the Farmers' Club*, December 1897, p. 33.

(69) Ernle, *op. cit*, 6th edn, 1961, p. 369.

(70) Dyke, G. V., *John Bennet Lawes : The Record of his Genius*, Taunton, 1991, pp. 237–8 ; Brassley, Paul, Agricultural Research in Britain, 1850–1914 : Failure, Success and Development, *Annals of Science*, vol. 52（1995）, p. 471.

(71) Convention of Friends of Agricultural Education, *An Early View of the Land-Grant Colleges*, University of Illinois, 1967, p. ix.

(72) Caird, J., op. cit., 1878, p. 289.

(73) Jenkins, H. M., The late Thomas Aveling, *Journal of the Royal Agricultural Society of England*, 2nd series, vol. 18（1882）, pp. 355–63 ; Morton, J. C., The Past Agricultural Year, *Journal of the Royal Agricultural Society of England*, 2nd series, vol. 16（1880）, pp. 210–50 ; idem., The late Mr. H. M. Jenkins, F. G. S. A Memoir, *Journal of the Royal Agricultural Society of England*, 2nd series, vol. 23（1887）, pp. 168–213.

(74) Anon., Wrightson, John, *Who was Who*, vol. 2（1929）, p. 1152 ; Jones, Gwyn Evans and Tattersfield, B., John Wrightson and the Downton College of Agriculture, *Agricultural Progress*, vol. 55（1980）, pp. 69–77.

(75) Malden, W. J., Recent Changes in Farm Practices, *Journal of the Royal Agricultural Society of England*, vol. 57（1896）, pp. 22–39 ; Wrightson, J., The Agricultural Lessons of The Eighties, *Journal of the Royal Agricultural Society of England*, vol. 51（1890）, pp. 275–89.

(76) Anon., Agriculture in the United States, *Nature*, 15（19 April 1877）, pp. 525–6.

(77) Anon., Cousins, Herbert H., *Who was Who*, vol. 4（1952）, p. 257.

(78) Wolff, Emil von, *Farm Foods : Or, the Rational Feeding of Farm Animals*, translated by Cousins, H. H., London, 1895, pp. vii, viii. これらの数字は 1895 年時点で，1892 年における農業試験場数を算出したものである。しかも各国別の数字は，植民地のそれを含んでいないので，後述の表 9-1 の数字とはやや異なるものとなっている。

(79) Grantham, G., The Shifting Locus of Agricultural Innovation in Nineteenth-Century Europe :

The Case of the Agricultural Experiment Stations, *Research in Economic History*, Supplement III (1984), p. 192.

(80) Hall, A. D., Agricultural Research in England, *Journal of the Bath and West*, 4th series, vol. 15 (1904-5), pp. 175-9.

(81) Dale, H. E., Agriculture and the Civil Service (Dale, H. E. and Others, *op. cit.*, 1939), p. 7.

(82) Hall, A. D., Rothamsted, 1902-1912, *Records of the Rothamsted Staff Harpenden*, no. 1 (1929), pp. 7-9 ; Russell, J., *op. cit.*, 1966, p. 234.

(83) Schling-Brodersen, U., Liebig's Role in the Establishment of Agricultural Chemistry, *Ambix*, vol. 39 (1992), pp. 21-31. 柏祐賢「農学の定礎者テーヤの生涯」(『柏祐賢著作集』第12巻）京都産業大学出版会，1987年。

(84) Finlay, M. R., The German Agricultural Experiment Stations and the Beginnings of American Agricultural Research, *Agricultural History*, vol. 62 (1988), pp. 41-50.

(85) Schling-Brodersen, U., op. cit., p. 26.

(86) Grantham, G., op. cit., pp. 196-8.

(87) これはドイツばかりでなく，スカンディナヴィア諸国にもみられる要因であった。これらの国では，農業試験場相互のつながりを深める上で，農民の協力が得られた。Crowther, E. M., op. cit., 1936, pp. 62-4.

(88) Alter, Peter, *The Reluctant Patron : Science and the State in Britain 1850-1920*, Oxford, 1987, pp. 247-50 ; Landes, D. S., *Unbound Prometheus*, Cambridge, 1972, p. 187.

(89) Orwin, C. S., *The Future of Farming*, Oxford, 1930, p. 66.

(90) Phillips, A. D. M., *The Underdraining of Farmland in England during the Nineteenth Century*, Cambridge U. P., 1989, pp. 50-121 ; idem., Arable Land Drainage in the Nineteenth Century (Cook, Hadrian and Williamson, Tom ed., *Water Management in the English Landscape : Field, Marsh and Meadow*, Edinburgh U. P., 1999), pp. 53-72.

(91) Brassley, Paul, Agricultural Science and Education (Collins, E. J. T. ed., *The Agrarian History of England and Wales, vol. 7 (1850-1914)*, Cambridge U. P., 2000, pp. 594-649).

(92) Dale, H. E., *Daniel Hall : Pioneer in Scientific Agriculture*, London, 1956, p. 56.

(93) この農業試験場で行われた具体的な内容については，Voelcker, J. Augustus, The Woburn Experimental Farm and Its Work (1876-1921), *Journal of the Royal Agricultural Society of England*, vol. 84 (1923) ; Russell, Sir E, John and Voelcker, J. A., *Fifty Years of Field Experiments at the Woburn Experimental Station*, Longmans Green, 1936 ; Johnston, A. E., Woburn Experimental Farm—A Hundred Years of Agricultural Research, *Journal of the Royal Agricultural Society of England*, vol. 138 (1978). 王立農業協会以外にも，19世紀前半期にはイングランドのバス・ウェスト農業協会が酪農研究を支援したことがあった。Hudson, K., *Patriotism with Profit*, London, 1972, p. 119. しかしこれらの事例とは反対に，1840年代にヨークシア農業協会が肥料試験を推進したものの，1888年から96年までの間，数多くの科学的研究計画への支援について拒絶したという事例もある。Hall, Vance, *A History of the Yorkshire Agricultural Society 1837-1987*, London, 1987, pp. 84, 125.

(94) Russell, E. J., *op. cit.*, 1966, pp. 61-2.

(95) Wallace, Robert ed., *Eleanor Ormerod, LL. D., economic entomologist. autobiography and correspondence*, London, 1904 ; Dyke, G. V., *op. cit.*, 1993, p. 31.

(96) Russell, E. J., *op. cit.*, 1966, p. 104 ; Williams, Margaret Harcourt, Rothamsted and the correspondence of Sir John Lawes and Sir Henry Gilbert, *The Local Hisorian*, vol. 23 (1993), pp. 87–8.

(97) Crowther, E. M., op. cit., pp. 61–2.

(98) Anon., Middleton, Sir Thomas, *Who was Who*, vol. 4 (1952), p. 791.

(99) Russell, E. J., Thomas Hudson Middleton 1863–1943, *Obituary Notices of Fellows of the Royal Society*, vol. 4 (1944), pp. 555–69.

(100) Dale, H. E., *op. cit.*, 1956, pp. 75–105.

(101) Board of Agriculture, *Report of the Departmental Committee on Agricultural Education in England and Wales*, 1908, British Parliamentary Papers, XXI, Minutes of Evidence.

(102) Reay, Lord ed., *Report of the Departmental Committee appointed by the Board of Agriculture and Fisheries to inquire into and report upon the subject of Agricultural Education in England and Wales*, London, 1908.

(103) Olby, R., Social Imperialism and State Support for Agricultural Research in Edwardian Britain, *Annals of Science*, vol. 48 (1991), p. 521 ; DeJager, T., Pure Science and Practical Interests : The Origins of Agricultural Research Council, 1930–37, *Minerva*, vol. 31 (1993), p. 131 ; Vernon, Keith, Science for the Farmer ? Agricultural Research in England 1909–36, *Twentieth Century British History*, vol. 8 (1997), pp. 312–6.

(104) Richards, Stewart, The South-Eastern Agricultural College and Public Support for Technical Education, 1894–1914, *Agricultural History Review*, vol. 36, 1988, pp. 172–87 ; Olby, R., op. cit., 1991, p. 522.

(105) 折衷案とはいえ農業研究センター構想を唱える開発委員会の考え方が強調された案であった。Summarized by Middleton in Memo dated 30 December 1914. MAF/33/72/A21599/1914 (Public Record Office 所蔵).

(106) Board of Agriculture and Fisheries, *Annual Report of the Education Branch on the Distribution of Grants for Agricultural Education and Research, 1913–14*, British Parliamentary Papers, XI, 1914, p. 717.

(107) イングランド王立農業協会の関心は，農業研究全体を対象にしていたといえるかもしれない。しかしこの協会は研究者によって運営されていたのではなく，借地農や地主によって運営されていた（そして現在も，運営されている）。協会誌のほうも，研究者によって執筆された論文であったとしても，借地農や地主を読者層としていたので，啓蒙・普及を目的としていたものであった。

(108) Olby, R., op. cit., p. 524.

(109) ブラスレィはこの点からイギリスの農業研究は 1890 年に転換点を迎えたと結論づける。しかし 1890 年代に大学農学部が拡大したのかという問題に対しては，研究よりも教育により多くの関心が向けられた結果であるとしている。Brassley, Paul, Agricultural Science and Education (Collins, E. J. T. ed., *The Agrarian History of England and Wales*, VII 1850–1914, Cambridge U. P., 2000), pp. 629–32 ; Richards, Stewart, Masters of Arts and Bachelors of Barley : The Struggle for Agricultural Education in Mid-nineteenth-Century Britain, *History of Education*, vol. 12 (1983), pp. 161–75.

(110) たとえば，リン酸の作用をめぐってロザムステッド農業試験場と対立関係にあるアバディーン農業研究協会（1875 年に設立）の展開からも明らかである。Smith, D. F. ed.,

The History of Nutrition in Britain in the Twentieth Century : Science, Scientists and Politics, Routledge, 1997, pp. 142-65 ; idem., The Agricultural Research Association, the Development Fund, and the Origins of the Rowett Research Institute, *Agricultural History Review*, vol. 46 (1998), pp. 47-63.

第9章　王立農業カレッジの模索

（1）　これは農業研究に限られることではなく，科学全般についてもいえる。イギリスでは19世紀末になって，科学・技術教育体制の確立へと向かうことになる。ヴィヴィアン・H. H. グリーン著，安原義仁・成定薫訳『イギリスの大学——その歴史と生態』法政大学出版局，1994年，113-70ページ。矢口悦子『イギリス成人教育の思想と制度』新曜社，1998年。

（2）　イギリス連邦に拡がった農業研究の背景には，イギリス国内のみでなく，国外における博物学の展開があったことも見逃すことはできない。これにはプラントハンターの活動やダーウィンの航海，そしてキュー植物園の役割なども含まれる。Allen, David Elliston, *The Naturalist in Britain : a social history*, Penguin Books, 1978.（阿部治訳『ナチュラリストの誕生——イギリス博物学の社会史』平凡社，1990年）; Barber, Lynn, *The Heyday of Natural History 1820-1870*, Jonathan Cape, 1980.（高山宏訳『博物学の黄金時代』国書刊行会，1995年）; Crosby, Alfred W., *Ecological Imperialism : The Biological Expansion of Europe, 900-1900*, Cambridge U. P., 1986.（佐々木昭夫訳『ヨーロッパ帝国主義の謎——エコロジーから見た10〜20世紀』岩波書店，1998年）; Raby, Peter, *Bright Paradise : Victorian Scientific Travellers*, Pimlico, 1997.（高田朔訳『大探検時代の博物学者たち』河出書房新社，2000年）; McLean, Brenda, *A Pioneering Plantsman : A K Bulley and the Great Plant Hunters*, Stationary Office, 1997 ; Musgrave, T., Gardner, C. and Musgrave, W., *The Plant Hunters*, Seven Dials, 1999 ; Drayton, Richard, *Nature' s Government : Science, Imperial Britain, and the Improvement of the World*, Yale U. P., 2000. 白幡洋三郎『プラントハンター』講談社，1994年。

（3）　たとえば，オックスフォード大学出身者が，多岐にわたる植民地経営事業に従事するようになる。主に東アフリカ，セイロン，マラヤでのコーヒー・茶・ゴムのプランテーション経営や，カリフォルニア，オーストラリアでの果樹園経営，北アメリカ，南アメリカでの牧場経営などである。安原義仁「近代オックスフォード大学の教育と文化——装置とエートス」（橋本伸也・藤井泰・渡辺和行・進藤修一・安原義仁著『エリート教育』ミネルヴァ書房，2001年，227ページ）。

（4）　Bathurst, C. Jr. and Kinch, E. ed., *Register of the Staff and Students at the Royal Agricultural College from 1844 to 1897 with a Short Historical Preface*, Cirencester, 1898.

（5）　松平康荘と松平試農場については，小林健壽郎編著『越前松平試農場史』越前松平家松平宗紀，1993年。なお福井城址に設立された松平試農場は移転するものの，1893年から1956年まで存続する。

（6）　杉浦重剛は1876年に第2回文部省派遣留学生に選抜されて渡欧する。当初は農業を学修するつもりでサイレンセスタの農業カレッジに入るが，イギリス農業は牧畜が中心で，穀物は麦であり，勉強をしても帰国後，日本農業には役立たないとして，化学に転向した。マンチェスターのオーエンズカレッジに移り，その後，ロンドン大学などでも学んで1880年に帰国する。猪狩史山『杉浦重剛』新潮社，1941年，42-6ペー

ジ；石附実『近代日本の海外留学史』中公文庫，1992年，261-2ページ。

（7） Goddard, Nicholas, Agricultural Institutions : Societies, Associations and the Press（Collins, E. J. T. ed., *The Agrarian History of England and Wales, VII 1850-1914*, Cambridge U. P., 2000）, pp. 668-71.

（8） ブラウンの経歴については，地方のワイン商であったという程度で，ほとんどわかっていない。

（9） *The Farmer's Magazine*, vol. 7 no. 2（February 1843）, pp. 106-9.

（10） Sayce, Roger, *The History of the Royal Agricultural College, Cirencester*, Alan Sutton, 1992, p. 6. 唯一の異なる点は，学費の金額である。ブラウンは学生一人当たり年間20ポンドを考えていたが，決議案では年間25-30ポンドとされる。もっとも，この両方とも低く見積もられた金額であり，実際にはより高額となった。

（11） *Ibid.*, p. 8.

（12） さらに，建設費の約半額に当たる2,000ポンドを，利子付きで貸し付けると申し出る。バサースト伯爵家とサイレンセスタ地方の結びつきについては，Beecham, K. J., *History of Cirencester*, George H. Harman, 1886, pp. 207-12 ; Baddeley, Welbore St. Clair, *A History of Cirencester*, Cirencester, 1924, pp. 263-77.

（13） Tattersfield, Bernard K., An Agricultural College on the Cotswold Hills : The Royal Agricultural College, Cirencester, and the Origins of Formal Agricultural Education in England, PhD thesis, University of Reading, 1985, pp. 140-3.

（14） Watson, James A. Scott, *The History of the Royal Agricultural Society of England, 1839-1939*, Royal Agricultural Society, 1939, pp. 136-7 ; Goddard, Nicholas, *Harvests of Change : The Royal Agricultural Society of England, 1838-1988*, London, 1988, pp. 122-5.

（15） Tattersfield, Bernard K., op. cit., pp. 339-41.

（16） 理事とは5株以上の株主，所有者とは5株以下の株主であり，寄付者とは30ポンドの寄付をする人であると規定される。寄付者は評議会での選挙資格はないが，準会員を含む総会に出席することは認められている。

（17） Watkins, G. H. J., The Royal Agricultural College, Cirencester. Its Origin and Development as a Specialist Institute of Scientific Learning, 1844-1915, MEd thesis, University of Bristol, 1979, pp. 31-5.

（18） 各人物名リストは，Sayce, Roger, *op. cit.*, pp. 342-51.

（19） 最初の名称は，headmasterであるが，任命後にprincipalに変わる。

（20） Sayce, Roger, *op. cit.*, pp. 318-20.

（21） Parker, C. F., Royal Agricultural College, Cirencester 1845-1990, unpub., Royal Agricultural College, 1991, pp. 4-5.

（22） Gavit, John Palmer, *College*, New York, 1925 ; Ward, Herbert, *The Educational System of England and Wales and Its Recent History*, Cambridge U. P., 1939.

（23） Sayce, Roger, *op. cit.*, p. 16.

（24） 学寮に住み込んでいる学生が，寝食を共にしている教師のもとに定期的に通いながら，個別に細かい指導を受けるという，大学で行われている方法である。この方法は，19世紀中期頃に，オックスフォード，ケンブリッジの両大学において，学生指導方式として取り入れられた。しかし今日も続く個人指導方式としてのチュートリアル制が正式なものとなったのは，1923年以降である。ケンブリッジではスーパーヴィジョン

という名称が使われている。Sanderson, Michael ed., *The Universities in the Nineteenth Century*, London, 1975.

（25）この時期よりも早く，19世紀前半からイギリスでは教育形態をめぐる論争があった。すなわちカリキュラムは充実しているが，寄宿生活やチューターによる生活指導のない「大学」と，青年を数年間にわたって共同生活させておくだけで，まともに講義も試験も行わない「大学」とで，どちらが教育の実をあげるかという点であった。イギリスの場合，カレッジは主に後者であった。さらに，「教育と研究の一致」を掲げるフンボルト理念が，イギリスで共鳴者を見出すのは，19世紀後半であった。舟川一彦『十九世紀オクスフォード――人文学の宿命』Sophia University Press，2000年。

（26）Rosenheim, James M., *The Townshends of Raynham : Nobility in Transition in Restoration and Early Hanoverian England*, Wesleyan U. P., 1989. 第二代タウンシェンド子爵（Second Viscount Townshend, 1674–1738）は，ノーフォーク農法に飼料カブ（turnip）を導入したこと（あるいは，その普及）で著名である。Wade-Martins, Susanna, *Turnip Townshend Statesman & Farmer*, Puppyland Publishing, 1990.

（27）Sayce, Roger, *op. cit.*, pp. 20–5.

（28）Royal Agricultural College Brochure, Jubilee Celebrations, 1895.

（29）1846年3月に書かれたと推定されるスケイルズの演説草稿（もちろん，演説は行われなかった）によれば，すべてが最初の試みであるために，カレッジ建設に関する知識が徐々にしか習得できなかったと語り，大きな困難に直面していたと訴えている。Lawrence, Charles, Royal Agricultural College of Cirencester, *Journal of the Royal Agricultural Society of England*, vol. 26（1865）.

（30）この点は19世紀後半期を通じて，場長がまったく変わらなかったロザムステッド農業試験場と大きく異なる点である。

（31）Watkins, G. H. J., op. cit., pp. 36–52.

（32）Lee, Sidney ed., *Dictionary of National Biography*, vol. 27（1891）, pp. 65–6. その後，王立農業カレッジの学長は，ケンブリッジのトリニティカレッジ出身者の就任が多くなる。トリニティカレッジは，1841年から66年まで，ヒューエル（William Whewell, 1794–1866）が学長を務めている。ヒューエルはベーコンの帰納法を，当時の科学水準に応じて展開し，著書 *Philosophy of the Inductive Sciences*, London, 1840において，イギリスで初めてscientistという用語を使った。王立農業カレッジの歴代の学長が，このヒューエルの影響をどの程度まで受けているのか明らかでないが，かなり影響を受けていると考えられる。Butts, Robert E., *William Whewell : Theory of Scientific Method*, Hackett, 1989.

（33）この方針に関してさまざまな意見があるが，当時の一般の傾向から，知育をそれほど重視せずに，ジェントルマン教育という「全人教育」を行うことであったようである。G. ウォルフォード著，竹内洋・海部優子訳『パブリック・スクールの社会学』世界思想社，1996年。

（34）評議会は当時，財政問題に追われ，教育問題は後回しとなっていた。そのために方針変更も，あまり議論にならなかったようである。

（35）この後，化学教授はフランクランド（Edward Frankland），そしてブライス（John Buddle Blyth）と替わっていくが，ブライスがカレッジを去るのは，1849年6月であった。

（36）ウィルソンは1847年8月に着任する。Anon., Obituary : John Wilson, *Agricultural*

Students' Gazette, vol. 3 (1888), p. 209 ; Lee, Sidney ed., *Dictionary of National Biography*, vol. 62 (1900), pp. 115-6.

(37)　このように赤字が増加した大きな要因は，カレッジに必要な各施設の建設計画が進められ，施設の充実がはかられたためである。Lawrence, Charles, op. cit., pp. 1-2.

(38)　Sayce, Roger, *op. cit.*, pp. 30-2.

(39)　ウィルソンはホジキンソンとは異なり，科学教育を受け，しかも農業経験もあった。しかし農業教授でもあるウィルソン（イギリス王立協会会員，地質学会会員）は，カレッジに短期間在職した後に，エディンバラ大学の農業教授となって，カレッジを去る。

(40)　Sayce, Roger, *op. cit.*, pp. 36-8.

(41)　Bathurst, C. Jr. and Kinch, E. ed., *op. cit.* これを受けてホランドは，農業教育において，地主・借地農・農業労働者のいずれを教育対象とするのかが重要な課題であると語る。Holland, Mr., Agricultural Education, *Journal of the Royal Agricultural Society of England*, vol. 25 (1864). もっとも，地主や大借地農の子弟が多くなることによって，所領経営に関する講義が始められ，卒業生が土地管理人の職に就くという道がひらかれることになった。

(42)　この銀行は Gloucestershire Banking Company と County of Gloucestershire Bank である。

(43)　Sayce, Roger, *op. cit.*, pp. 39-40.

(44)　カレッジ史の著者は不明で，出版年も書籍に残されたサインから，おそらく1858年と推定される。Anon., *A History of the Royal Agricultural College, Cirencester, with a description of the museums, library, laboratory. farm building, veterinary hospital, machinery, & c. ; also the present state of the chemical, geological, botanical, and land surveying departments, illustrated with steel engravings*, Cirencester, 1858.

(45)　1852年の綱領によれば，ヘイガースは，自然哲学・数学・歴史・地理・古典などを含む教養課程の必要性を強調して，青少年学校（Junior School）の構想をもっていた。しかしこの構想は立ち消えとなる。

(46)　Anon., *op. cit.*, 1858, pp. 25-6.

(47)　Acland, Sir T. D., Notice of the late Dr Voelcker, *Journal of the Bath and West of England Agricultural Society*, 3rd ser., vol. 16 (1884-5), pp. 175-8 ; Gilbert, J. H., The Late Dr. Voelcker, *Journal of the Royal Agricultural Society of England*, vol. 46 (1885), pp. 308-21 ; Lee, Sidney ed., *Dictionary of National Biography*, vol. 58 (1899), pp. 386-7.

(48)　コールマンは，カレッジを辞職した後，22年間にわたってヨークシアにある所領の管理人を務め，1865年には *The Field* 誌の編集者となり，22年間にわたって，この職にあった。Bathurst, C. Jr. and Kinch, E. ed., *op. cit.*, p. 4.

(49)　200人という就学数は，開学して約100年後の1946年になって，やっと達成された。

(50)　M., H. J., The Late Rev. John Constable, *Agricultural Students' Gazette*, vol. 6 (1892), p. 33.

(51)　カレッジにおいて1867年に刊行された論文集の表題が，*Practice with Science : A Series of Agricultural Papers* であり，コンスタブルも，次のような農業教育に関する2つの論文を執筆している。Constable, John, Agricultural Education, considered in Connexion with the Royal Agricultural Society, *Practice with Science*, vol. 1 (1867), pp. 1-20 ; idem., Rural Education and the Employment of Women and Children in Agriculture, *Practice with Science*, vol. 2 (1869), pp. 255-92. もっとも，論文集は長く継続的に出されるもの

とはならず，全2巻しか発刊されなかった。

(52) Sayce, Roger, *op. cit.*, p. 51.

(53) Constable, John, op. cit., 1867. 資格試験については，Watson, James A. Scott, *The History of the Royal Agricultural Society of England, 1839-1939*, Royal Agricultural Society, 1939, pp. 137-8.

(54) Constable, John, *Agricultural Education*, London, 1863, Lecture 1.

(55) コンスタブルは，このような厳しい方法によって，学生の自習能力を発達させるのが，教育の目的であると語っている。

(56) Anon., Church, Sir Arthur Herbert, *Who was Who*, vol. 1 (1920), p. 210.

(57) Church, Arthur H., Report of Some Experiments in Agricultural Chemistry ; carried out in the laboratory of the Royal Agricultural College, *Practice with Science*, vol. 1 (1867), pp. 343-60 ; Anon., Obituary : Sir Arthur Herbert Church, *Agricultural Students' Gazette*, new ser., vol. 17 (1915), pp. 157-60.

(58) Anon., Obituary : Robert Warington, *Agricultural Students' Gazette*, vol. 13 (1907) ; P., P. S. U., Robert Warington, 1838-1907, *Proceedings of the Royal Society of London*, Series B, vol. 80 (1908) ; Lee, Sidney ed., *Dictionary of National Biography*, Supplement January 1901-December (1920), pp. 593-4.

(59) ウォリントンは1894年にオックスフォード大学シブソープ農業教授（Professor of Rural Economy）となる。

(60) Cotchin, Ernest, *The Royal Veterinary College London : A Bicentenary History*, Barracuda Press, 1990, pp. 109-16.

(61) ターナーは，ヘンリィ・ターナー（Henry Tanner）の父親である。ヘンリィ・ターナーはカレッジ卒業生であり，*First Principles of Agriculture*, London, 1878（蘆葉六郎訳述，酒匂常明校閲『農学階梯』鴻巣　長島為一郎発行，1888年）などの著書を刊行し，その後，サウスケンジントンの農業教師となっている。

(62) Lee, Sidney ed., *Dictionary of National Biography*, Supplement January 1901-December (1920), pp. 54-5.

(63) フレムが執筆した農業教科書 *Elements of Agriculture* は，今日でも改訂版が重ねられ，学生用の教科書として利用されている。1911年刊行の第8版はアインスウォース-デイヴィス（後のサイレンセスタの学長）によって，さらに1932年刊行の第12版はビフェン（後のケンブリッジ農業スクール教授）によって編集される。

(64) Sayce, Roger, *op. cit.*, p. 60.

(65) カレッジでは，その後，若い人材が採用されるものの，それらの人々がカレッジにおいて，長期にわたって研究教育に着手することはなかった。つまり人材の流出入が激しくなり，それは今日でも続いている。Bathurst, C. Jr. and Kinch, E. ed., *op. cit.*, pp. 1-16のスタッフ名簿から，スタッフの在任期間が短くなっていることがわかる。

(66) Watkins, G. H. J., op. cit., pp. 58-70.

(67) 論争はコンスタブルとチャーチの間で交わされた多くの書簡に基づいている。これらの書簡は，Sayce, Roger, *op. cit.*, pp. 334-7に掲載されている。

(68) 1879年3月10日付の *Agricultural Gazette* 誌，*Bell's Weekly Messenger* 誌，*Mark Lane Express* 誌，および3月14日付の *Live Stock Journal* 誌である。

(69) *Gloucestershire Chronicle* 誌，*Gloucester Journal* 誌，*Country* 誌，*Gardeners' Chronicle*

誌，*Farmer* 誌，*Chamber of Agriculture Journal* 誌，*North British Agriculturalist* 誌などである。このような批判があまりにも多かったため，評議会はすべてのスタッフに対して，定期刊行物・著書・講演などで，自分の成果を発表するときには，あらかじめ学長の許可を必要とすることを決定する。

（70）王立農業カレッジの卒業生であるアイヴィ（William Edward Ivey, 1838-1892）が，1878年に学長に任命される。

（71）Blair, I. D., *The Seed They Sowed*, University College of Agriculture, Lincoln, New Zealand, 1978.

（72）Bishop, Morris, *A History of Cornell*, Cornell U. P., 1962 ; Colman, Gould P., Pioneering in Agricultural Education : Cornell University, 1867-1890, *Agricultural History*, vol. 36（1962）; idem., *Education and Agriculture, A History of the N. Y. State College of Agriculture at Cornell University*, Cornell U. P., 1963.

（73）1876（明治9）年7月に契約し，すでに1877年から講義を開始していたが，正式には1878年1月に駒場の開校式が行われている。「お雇い外国人」については，飯沼二郎「駒場農学校のイギリス人教師たち」（柏祐賢著作集完成記念出版会編『現代農学論集』日本経済評論社，1988年，581-97ページ）。とくにキンチについては，著者不明「エドワード・キンチ」（『東洋学芸雑誌』第468号，1920年），友田清彦「駒場農学校におけるエドワード・キンチ——その学問的業績を中心に」（『農書を読む』第6号，1984年），熊沢喜久雄「キンチとケルネル——わが国における農芸化学の曙」（『肥料科学』第9号，1986年），熊澤恵里子「駒場農学校英人化学教師エドワード・キンチ」（『農村研究』第113号，2011年），熊澤喜久雄「キンチ，ケルネル，ロイブと日本の農芸化学曙時代　前編　リービヒ流化学のキンチ，ケルネルによる移植と定着」（『化学と生物』第51巻8号，2013年）。

（74）マクレランと，英語・ラテン語・ギリシャ語などの大会で学業を競ったのは，後に首相となるグラッドストン（William Ewart Gladstone, 1809-1898）であった。Anon., The Principal The Rev. John B. McClellan, M. A., late Fellow of Trinity College, Cambridge, *Agricultural Students' Gazette*, new ser., vol. 14（1908）, pp. 1-5.

（75）ローズとギルバートの研究論文は1880年代と1890年代に約11編が掲載された。

（76）Smith, R. N., Dr. J. A. McBride, MRCVS, 1843?-1889, Itinerant Professor Extraordinary, *Veterinary History*, new ser., vol. 2（1981）. マクブライドの業績は，*Hints on the Causes, Symptoms, Treatment, & Prevention of a few Diseases in the Horse, Ox, and Sheep. A Lecture, delivered before the Members of the Kingscote Agricultural Association*, Cirencester, 1860 ; *The Prevention of Contagious and Infectious Diseases in Cattle and Sheep. Two Lectures, delivered before the Cirencester Chamber of Agriculture*, London, 1860 ; The Diseases of Young Stock, *Agricultural Students' Gazette*, vol. 3 no. 7（1880）, pp. 106-9 などがある。

（77）1882年の大会には，アイルランド問題で著名なボイコット（Charles Cunningham Boycott, 1832-1897）が招待される。ボイコットは，団体交渉で著名な用語となるが，その実像は有能な土地管理人である。Boycott, Charles Arthur, *Boycott The Life Behind the Word : The Life and Times in England and in Ireland and The Unusual Family Background of Charles Cunningham Boycott*, Carbonel Press, 1997.

（78）Anon., Kinch, Prof. Edward, *Who was Who*, vol. 2（1929）, p. 586.

（79）Anon., Obituary : Eleanor A. Ormerod, *Agricultural Students' Gazette*, vol. 10（1901）, pp.

103–5 ; Wallace, Robert ed., *Eleanor Ormerod, LL. D., economic entomologist. autobiography and correspondence*, London, 1904 ; Lee, Sidney ed., *Dictionary of National Biography*, Supplement January 1901–December (1920), pp. 53–4. ジョン・F・M・クラーク著，奥本大三郎監訳・藤原多伽夫訳『ヴィクトリア朝の昆虫学——古典博物学から近代科学への転回』東洋書林，2011 年，205–48 ページ。

(80) オーメロッドによって執筆された 9 編の論文が，*Agricultural Students' Gazette* 誌に掲載されている。

(81) Anon., Wallace, Robert, *Who was Who*, vol. 3 (1947), pp. 1405–6.

(82) ウォレスもエディンバラで 1885 年から 1922 年まで教授職にあり，農業課程の整備と海外農業を対象にした農業教育の整備にあたっている。その教え子は，サマヴィル（William Somerville, 1860–1932）をはじめとして，イギリス国内の多くの大学やカレッジで教職に就いている。Fleming, I. J. and Robertson, N. F., *Britain's First Chair of Agriculture at the University of Edinburgh 1790–1990*, Edinburgh, 1990, pp. 45–56.

(83) Sayce, Roger, *op. cit.*, p. 79.

(84) カレッジは 1895 年に創立 50 周年を迎えるが，この当時の卒業生が，どのような経歴をたどるのかは，1946 年に王立農業協会の会長となるブレディスロウ卿（Charles Bathurst, First Viscount Bledisloe, 1867–1958）が，その回想の中で述べている（*Country Life*, vol. 99, 1946)。この回想によれば農業分野に限らず，さらにイギリス国内に限らず，卒業生は広範囲にわたる分野の職業に就いていたことがわかる。日本からの留学生 Matzudaira Yasutaka 侯爵（福井県）が，1889 年から 92 年までサイレンセスタに在籍している。Bathurst, C. Jr. and Kinch, E. ed., *op. cit.*, p. 177. 松平康荘侯爵は，帰国後，1893 年から福井城址を開墾して，1894 年に松平試農場を創設し，福井県における農事試験の先駆となり，杞柳の栽培や果樹園芸（リンゴやカキなど）の試作や種苗配布を行っている。また 1907 年から 20 年まで，松平試農場内に園芸伝習所を設立し，延 150 人余が受講した。松平侯爵は，1904 年から死去（1930 年）に至るまで，大日本農会会頭を務めた。福井県編『福井県史　第三冊　県治時代』福井県，1922 年，247 ページ。大日本農会『大日本農会百年史』大日本農会，1980 年，475–6 ページ。

(85) Custance, John D., Japanese Farming, *Agricultural Students' Gazette*, vol. 2 (1877), p. 27. カスタンスの論文については，田中学「キンチの教科書とその後のカスタンス」(『農業史研究会会報』第 17 号，1985 年)。

(86) 所領経営学は，ヤングが構想したものの延長上にあった。ヤングは rural estate economics を考えていた。Nou, Joosep, *Studies in the Development of Agricultural Economics in Europe*, Uppsala, 1967, pp. 96–9. 当時の科目と実際への適用については，Garnier, Russell M., *Land Agency*, London, 1891. この所領経営学を学んだ人々によって 1901 年に Land Agents' Society が設立される。Coast, J. P. C., *The Land Agents' Society 1901–1939*, The Land Agents' Society, 1940.

(87) Thompson, F. M. L., *Chartered Surveyors : the Growth of a Procession*, London, 1968, pp. 209–11.

(88) 新たなコースの開設は，授業料収入を増加させるという意味ももった。

(89) Elliot, Thomas J., The Three L's, *Agricultural Students' Gazette*, new ser., vol. 1 (1883), pp. 98–103.

(90) Paget, R. H. (chairman), *The Final Report of the Departmental Commission on Agricultural*

and Dairy Schools, Departmental Commission on Agricultural and Dairy Schools, 1888.

(91) Paget, R. H. (chairman), *Minutes of Evidence of the Departmental Commission on Agricultural and Dairy Schools*, Departmental Commission on Agricultural and Dairy Schools, 1888.

(92) パゲット委員会の報告書に基づいて，農業および酪農スクールが設立され，各地方の農業センターの役割を担うものとして，ウェールズ（アベリストウィスとバンガー）・ニューカッスル・リーズ・ノッティンガム・レディング・ケンブリッジに，カレッジやスクールが設立される。

(93) カレッジは，1862年から1907年まで会社法（The Companies Acts）にもとづく有限会社が所有し，運営するという形態をとった。

(94) Reay, Lord (chairman), *Minutes of Evidence taken before the Departmental Committee appointed by the Board of Agriculture and Fisheries to inquire into Agricultural Education in England and Wales*, London, 1908, pp. 216-7.

(95) *ibid.*, p. 371.

(96) 1889年の技術教育法（Technical Instruction Act）に基づき，地方税などの補助によって実施された公開講座であり，各地に設立されるユニヴァーシティカレッジの原型となる。各地の大学農学部も，これを母体にしたものが多い。Marriot, S., The Whiskey Money and the University Extension Movement : Golden Opportunity or Artificial Stimulus?, *Journal of Educational Administration and History*, vol. 15 (1983), pp. 7-15. オックスフォード大学の拡張運動については，川添正人「英国大学拡張運動研究——その1」(『地域総合研究』第24巻，1997年)，川添正人「英国大学拡張運動研究——その2（遺稿)」(『地域総合研究』第25巻，1998年)，マイケル・D・スティーヴンス著，渡邊洋子訳『イギリス成人教育の展開』明石書店，2000年。

(97) Childs, William M., *University College Reading : Twenty-First Anniversary Michaelmas Day*, Reading, 1913 ; idem., *The New University of Reading : some ideas for which it stands*, Reading, 1926 ; idem., *Making a University : An Account of the University Movement at Reading*, London, 1933 ; Holt, James Clarke, *The University of Reading : The First Fifty Years*, Reading, 1977.

(98) 政府助成を得られなかったものの，理事長のデューシィ伯爵（Earl of Ducie）が1907年まで約3,123ポンドの寄付をすることによって，この赤字は一応，補塡されていた。カレッジは政府からの援助を受けていないものの，イギリス国家がさまざまな委員会・行政機関・審議会の集合体であり，しかもそれらを構成するメンバーの多くが地主貴族であるとすると，地主貴族からの寄付が必ずしも国家援助ではないと言い難い側面もある。Cannadine, David, *The Decline and Fall of the British Aristocracy*, Papermac, 1990.

(99) レイ委員会については，Reay, Lord (chairman), *Report of the Departmental Committee appointed by the Board of Agriculture and Fisheries to inquire into and report upon the subject of Agricultural Education in England and Wales*, London, 1908.

(100) Anon., Reorganisation Scheme of the Royal Agricultural College, *Agricultural Students' Gazette*, new ser., vol. 13 (1908), pp. 173-9.

(101) McClellan, J. B., Re-Organisation to members of the Governing Body, 12 November 1907.

(102) Reay, Lord (chairman), *op. cit.*, 1908,.

（103）政府助成を受けたカレッジについては，1894年にワイにサウスイースタン農業カレッジが設立されたのをはじめ，1895年にサットン・ボーニントンで，1901年にシュロップシアのニューポート（ハーパーアダムス）で，1903年にデボンのシールハインで，各農業カレッジが設立されている。

（104）Anon., The Royal Agricultural College Reconstruction Scheme, *Agricultural Students' Gazette*, new ser., vol. 14（1908）, P. 4.

（105）Anon., Royal Agricultural College Reconstruction Scheme, *Agricultural Students' Gazette*, new ser., vol. 14（1908）, pp. 43-4 ; Parker, C. F., op. cit., pp. 21-2.

（106）Anon., Reorganisation Scheme of the Royal Agricultural College, *Agricultural Students' Gazette*, new ser., vol. 13（1908）, p. 178.

（107）Sayce, Roger, *op. cit.*, p. 117.

（108）Anon., Ainsworth-Davis, James Richard, *Who was Who*, vol. 3（1947）, p. 12. アインスウォース-デイヴィス教授は，*The Natural History of Animals, of A Text Book of Biology, of An Elementary Text Book of Physiology* の著者であり，その他にも多くの著書やドイツ語源書の翻訳を著している。

（109）Desmond, Adrian, *Huxley : From Devil's Disciple to Evolution's High Priest*, London, 1998, pp. 507-34.

（110）Anon., Obituary : E. B. Haygarth, Sir Arthur Herbert Church, *Agricultural Students' Gazette*, new ser., vol. 17（1915）, pp. 153-60.

（111）Parker, C. F., op. cit., pp. 22-3.

（112）Sayce, Roger, *op. cit.*, p. 118-21.

（113）農務省（Board of Agriculture）のほうも再編が進み，1903年に Board of Agriculture and Fisheries，1919年に Ministry of Agriculture and Fisheries と，各法令にしたがって名称を変更し再編されていく。Winnifrith, Sir John, *The Ministry of Agriculture, Fisheries and Food*, London, 1962, pp. 22-40. 政府省庁であるという点では変更がなく，訳語を変更すると紛らわしくなるので，以下ではすべて「農務省」という訳語を用いる。

（114）Parker, C. F., op. cit., p. 23.

（115）Board of Agriculture and Fisheries, *Annual Report on the Distribution of Grants for Agricultural Education and Research in the Year 1911-1912 ; with Statements Respecting the Several Colleges and Institutions Aided and a Summary of the Agricultural Instruction Provided by County Councils in 1910-11*, London, 1913.

（116）Hanley, J. A., Royal Agricultural College, Cirencester, *Journal of the Bath and West and Southern Counties Society*, 6th ser., vol. 4（1929-30）, pp. 58-9 ; Boutflour, R., The Royal Agricultural College, Cirencester, *Agricultural Progress*, vol. 15（1938）; Jacobs, H. N., The Royal Agricultural College, Cirencester, *Agriculture*, vol. 65（1958）.

（117）Carleton, D., *A University for Bristol : An informal history in text and pictures*, University of Bristol Press, 1984.

（118）「キンチに聞け」（Ask Kinch）は，この時期によくいわれたことであり，わからないことがあれば，キンチに問うということが，よく行われたようである。日本からの帰国後，キンチは，*Agricultural Students' Gazette* 誌に「大豆」に関する論文（1882年7月，12-47ページ。日本の豆腐・味噌が紹介され，大豆品種を日本から持ち帰り，カレッジの植物園で栽培していると記述されている）をはじめとして，「商品作物」に

関する論文を約8編，オート麦や牧草などの圃場試験に関する論文を約9編執筆している。キンチは，すでに日本において，シドニィの国際展示会に出品する農作物の目録作りを通して，大豆などのさまざまな作物に関する認識を深めていた。Kinch, Edward, *Japan : A Classified and Descriptive Cataloge of a Collection of Agricultural Products exhibited in the Sydney International Exhibition by the Imperial College of Agriculture*, Tokio, 1879. 日本の肥料に関しては，idem., Contributions to the Agricultural Chemistry of Japan, *Transactions of the Asiatic Society of Japan*, vol. 8（1880）において，食用植物に関しては，idem., List of Plants used for Food or from which Foods are obtained in Japan, *Transactions of the Asiatic Society of Japan*, vol. 11（1883）において紹介されている。キンチが会員となっていた日本アジア協会については，楠家重敏『日本アジア協会の研究』日本図書刊行会，1997年。

（119）Trail, James W. H., Natural Science in the Aberdeen Universities（Anderson, P. J. ed., *Studies in the History and Development of the University of Aberdeen*, Aberdeen, 1906, pp. 147–200）, pp. 166–7, 186–8.

（120）Waller, Robert, *Prophet of the New Age : the Life and Thought of Sir George Stapledon, F. R. S.*, London, 1962.

（121）The Hill Farming Research Organisation ed., *Science and Hill Farming : Twenty-Five Years of Work at the Hill Farming Research Organization 1954–1979*, Hill Farming Research Organisation, 1979.

（122）Russell, E. J., Reginald George Stapledon, *Biographical Memoirs of Fellows of the Royal Society*, vol. 7（1961）.

（123）Stapledon, R. G., On the Flora of Certain Cotswold Pastures, *Agricultural Students' Gazette*, new ser., vol. 15（1910）; idem., On Laying down Land to Grass at High Elevations, *Agricultural Students' Gazette*, new ser., vol. 17（1914）. ステイプルドンは，この研究を発展させて，イギリス生態学の草分け的な存在となり，1913年に発足した生態学会の創設会員にもなっている。Moore-Colyer, R. J., Sir George Stapledon（1882–1960）and the Landscape of Britain, *Environment and History*, vol. 5（1999）, pp. 221–36.

（124）二人の共同論文は，*Agricultural Students' Gazette* 誌上で，1912年に4編が発表されている。ステイプルドンの代表的な著書は，Stapledon, R. G., *The Land : Now and Tomorrow*, London, 1935である。

（125）Ainsworth-Davis, J. R., The College and the War, *Agricultural Students' Gazette*, new ser., vol. 17（1914）.

（126）この時期にワイのサウスイースタン農業カレッジに在職していたホール（Alfred Daniel Hall, 1864–1942）やラッセルは，それまで化学教育を受けてきたものの，農業に触れる機会がなく，農業カレッジで実際の農業に触れる機会を得て，農業研究者としての歩みを始める。Dale, H. E., *Daniel Hall—Pioneer in Scientific Agriculture*, John Murray, 1956, pp. 25–52 ; Russell, Sir E. John, *The Land Called Me*, London, 1956, pp. 95–111.

（127）Board of Agriculture and Fisheries, *Report of an Inspection of the Royal Agricultural College*, London, 1913.

（128）Sayce, Roger, *op. cit.*, p. 131.

（129）1915年7月発行の *Agricultural Students' Gazette* 誌は，「休校」を，次のように記して

いる。「痛々しいことであるが，読者にお知らせしなければならないことは，戦争が終結するまでカレッジを休校するので，*Gazette* 誌も休止しなければならないことである。すなわち，ちょうど40周年を迎えた我々の雑誌にとって，とくに残念なことである」と記されている。

(130) これらの問題は，多くのユニヴァーシティカレッジが共通して抱えていた。Rothblatt, Sheldon, The Diversification of Higher Education in England (Jarausch, Konrad H. ed., *The Transformation of Higher Learning 1860–1930 : Expansion, Diversification, Social Opening and Professionalisation in England, Germany, Russia and the United States*, The University of Chicago Press, 1983, pp. 131–48, 望月幸男・安原義仁・橋本伸也監訳『高等教育の変貌 1860–1930――拡張・多様化・機会開放・専門職化』昭和堂，2000年，123–43ページ)。

(131) 19世紀後半期において，実際に専門職に就いていたのは，オックスブリッジの出身者ではなく，パブリック・スクールの学歴だけをもっている人々が多い。当時の専門職団体は，学校教育としてはパブリック・スクールだけで十分であると認識され，オックスブリッジでは専門職業教育が提供されておらず，専門職になる上で実地経験を重視する伝統が生き続けていた。Rubinstein, W. D., *Capitalism, Culture, and Decline in Britain 1750–1990*, Routledge, 1993, pp. 137–9, 藤井泰・平田雅博・村田邦夫・千石好郎訳『衰退しない大英帝国』晃洋書房，1997年，212–5ページ。

(132) Wallace, Robert ed., *op. cit.*, 1904. ロザムステッドのギルバートの講義も退屈なものであったが，多くの学生に強い印象を与えた。Russell, S. E. John, *A History of Agricultural Science in Great Britain 1620–1954*, London, 1966, p. 167.

(133) レイ委員会においても，高等農業教育や農業研究に関しては，combine investigation with teaching という記述があり，同様の指摘がなされている。Reay, Lord (chairman), *op. cit.*, 1908, pp. 10–13.

(134) Young, G. M., *Victorian England : Portrait of an Age*, Oxford U. P., 1960.

(135) William, E. T. and Palmer, Helen M. ed., *Dictionary of National Biography, 1951–1960*, London, 1971, pp. 73–5.

(136) Boutflour, Mary, *Bobby Boutflour : The Life and Reminiscences of Professor Robert Boutflour*, London, 1965.

(137) Sayce, R. B., The Royal Agricultural College : 150 Years Old in 1995, *Journal of the Royal Agricultural Society of England*, vol. 155 (1994).

第10章　農業研究・教育体制とカレッジ・大学

(1) これについては多くの研究が出されているが，代表的な研究をあげると，Kloppenburg, Jack Ralph, Jr., *First the seed*, Cambridge University Press, 1988 ; Christy, R. D. and Williamson, L., ed., *A Century of Service : Land-Grant Colleges and Universities, 1890–1990*, New Jersey, 1992. 日本においても，アメリカの教育・研究体制が注目された時期もあり，以下のような著書や翻訳が刊行されている。高岡熊雄『米國の農業教育』晩文社，1917年，A. C. トゥルー著，吉武昌男訳『合衆國に於ける農業エクステンション・ウワークの歴史』農林省農業改良局，1950年，A. C. トゥルー著，吉武昌男訳『合衆國に於ける農業試験研究の歴史』農林省農業総合研究所，1950年などである。アメリカ合衆国の20世紀末の動向については，山谷洋二『アメリカの農学高等教育の改革

(高等教育研究叢書 47)』広島大学・大学教育研究センター，1998 年。

（2） メンデル学説あるいはその再発見を扱っている著書・論文は，少なくとも 600-700 編にのぼる。とくに農業研究との関連については Orel, V., *Gregor Mendel : The First Geneticist*, Oxford U. P., 1996, pp. 227-42.

（3） わずかに技術と科学という視点から，Palladino, P., Between Craft and Science : Plant Breeding, Mendelian Theory, and British Universities, 1900-1920, *Technology & Culture*, vol. 34（1993）が発表されている。

（4） Prothero, R. E.（Lord Ernle）, *English Farming Past and Present*, 1912, p. 441.

（5） ウィスキー・マネーの行財政上の特徴については，藤田哲雄『近代イギリス地方行財政史研究』創風社，1996 年，441-3 ページ。

（6） Weaver, J. R. H. ed., *Dictionary of National Biography, 1922-1930*, London, 1937, pp. 4-5.

（7） Sharp, P. R., Whiskey Money and the Development of Technical and Secondary Education in the 1890s, *Journal of Educational Administration and History*, vol. 4（1971）, pp. 31-6 ; Dale, H. E., *Daniel Hall, Pioneer in Scientific Agriculture*, London, 1956, p. 29. この基金の政策的な背景は，Sharp, P. R., The Entry of County Councils into English Educational Administration, 1889, *Journal of Educational Administration and History*, vol. 1（1968）, pp. 14-22.

（8） ブルック-ハントはケンブリッジの卒業生であり，またサイレンセスタの王立農業カレッジでも学んでいる。Richards, Stewart, The South-Eastern Agricultural College and Public Support for Technical Education, 1894-1914, *Agricultural History Review*, vol. 36（1988）, p. 173.

（9） Anon., Gilchrist, Douglas Alston, *Who was Who*, vol. 2（1929）, p. 406.

（10） Middleton, Thomas H., The Early Days of the Agricultural Education Association, *Agricultural Progress*, vol. 3（1926）, vol. 4（1927）; Crowther, C., Agricultural Education and the Work of the Agricultural Education Association, 1894-1944, *Agricultural Progress*, vol. 19（1944）; Tyler, C., The History of the Agricultural Education Association, 1894-1914, *Agricultural Progress*, vol. 48（1973）.

（11） Ede, R., The School of Agriculture, University of Cambridge, *Agricultural Progress*, vol. 15（1938）, pp. 137-42 ; Engledow, F. L., Agricultural Teaching at Cambridge, 1894-1955, *Memorandum of the Cambridge University School of Agriculture*, vol. 28（1956）, p. 5.

（12） Gilchrist, D., The Agricultural Department of the University Extension : College, Reading, *The Record of Technical and Secondary Education*, vol. 3（1894）, pp. 514-25 ; Neville, H. A. D., The University of Reading, *Agricultural Progress*, vol. 22（1947）, pp. 67-75 ; Harris, Paul, *Silent Fields : One Hundred Years of Agricultural Education at Reading*, Reading University, 1993, pp. 3-26.

（13） このカレッジの歴史については，Richards, Stewart, *Wye College and Its World : A Centenary History*, Wye College, 1994.

（14） Hall, A. D., A Plea for Higher Agricultural Education, *Records of Technical and Secondary Education*, vol. 3（1894）, pp. 256-60.

（15） *Report of the Departmental Committee on Agricultural and Dairy Schools, 1887*, *Parliamentary Papers*, 1888, XXXII, p. 6.

（16） Jones, Gwyn Evans and Tattersfield, B., John Wrightson and the Downton College of

Agriculture, *Agricultural Progress*, vol. 55 (1980), pp. 69-77.

（17） 技術教育法の制定までの過程は，Sharp, P. R., op. cit., 1968.

（18） この省庁は，2001年4月25日付の *The Times* 紙によれば，首相によって廃止が決定された。その後の業務については，通商産業省（Department of Trade and Industry）と財務省（Treasury）に委ねられた。

（19） Gilchrist, Douglas A., The Agricultural Department of the University College of North Wales, Bangor, *Record of Technical and Secondary Education*, vol. 2 (1892); White, R. G., The University College of North Wales, Bangor, *Agricultural Progress*, vol. 16 (1939).

（20） Sharp, P. R., op. cit., 1971, pp. 31, 35. ホールによれば，農業教育に対する公的助成は，1899年の5,000ポンドから1908-9年の12,300ポンドへ，1913-4年の35,500ポンド（地方自治体への17,000ポンドを含む）へと増加する。Hall, A. D., Agricultural Education in England and Wales, *Journal of the Royal Agricultural Society of England*, vol. 83 (1922), pp. 15-34.

（21） 新設あるいは既存の農業カレッジへの助成金と同様，地方公開講座，巡回講義，酪農講習などにも使われた。

（22） Floud, Sir Francis, *The Ministry of Agriculture and Fisheries*, London, 1927, p. 91.

（23） Matthews, A. H. H., *Fifty Years of Agricultural Politics, Being a History of the Central Chamber of Agriculture, 1865-1915*, 1915, pp. 318-23.

（24） Dent, John Dent, Report on Technical Education in Agriculture, *Journal of the Royal Agricultural Society of England*, Third Series, vol. 1 (1890), pp. 853-4.

（25） この見解は，第9章でみたように，既存のサイレンセスタの王立農業カレッジが政府助成を受け入れる場合の条件となったことである。

（26） *The University of London Act. 1898, Parliamentary Papers*, 1898, I, p. 586 ; Harte, N., *The University of London 1836-1986, An Illustrated History*, London, 1986, pp. 166-67.

（27） Russell, E. J., Alfred Daniel Hall, 1864-1942, *Obituary Notices of Fellows of the Royal Society*, vol. 4 (1942), p. 233.

（28） 実際にイーストサセックスとウエストサセックスでは，提案された計画（アクフィールドに適当な規模の農業・園芸スクールを設立）が具体化する以前に，その計画から手を引いている。結局，著名な農業州であったケントと，すでに郊外宅地化が進行していたサリーだけが計画に残った。

（29） Russell, Sir E. J., *A History of Agricultural Science in Great Britain 1620-1954*, London, 1966, pp. 214-5.

（30） この考え方に関しては，Richards, S., Masters of Arts and Bachelors of Barley : The Struggle for Agricultural Education in Mid-Nineteenth Century Britain, *History of Education*, vol. 12 (1983), pp. 161-75 ; idem., Agricultural Science in Higher Education : Problems of Identity in Britain's First Chair of Agriculture, Edinburgh 1790-c1831, *Agricultural History Review*, vol. 33 (1985), pp. 59-65.

（31） Hall, A. D., The South-Eastern Agricultural College, Wye, Kent, *Agricultural Progress*, vol. 16 (1939), pp. 1-7.

（32） 技術教育法で実施された公開講座については，Marriot, S., The Whiskey Money and the University Extension Movement : Golden Opportunity or Artificial Stimulus? *Journal of Educational Administration and History*, vol. 15 (1983), pp. 7-15.

（33）　Davis, H. W. C. and Weaver, J. R. H. ed., *Dictionary of National Biography, 1912-1921*, London, 1927, pp. 478-9.

（34）　Lee, Sidney ed., *Dictionary of National Biography*, Supplement January 1901-December (1920), pp. 589-91.

（35）　Russell, E. J., Alfred Daniel Hall, 1864-1942, p. 229. ホール自身は少年の頃，マンチェスター・グラマースクールで化学に興味をもち，オックスフォードのベイリャルカレッジでブラッケンベリィ奨学生として勉学を重ね，化学者ハロルド・ベイリー・ディクソンの個別指導を受けている。1884年にホールは化学で第一級の学位を獲得し，数年間，スクールの教師を勤めた後，大学教育公開プログラムの活動に加わっている。Dale, H. E., *op. cit.*, 1956, pp. 5-52.

（36）　Hall, A. D., op. cit., 1939, p. 3 ; Anon., Percival, John, M. A., *Who was Who*, vol. 4（1952), p. 904.

（37）　優等試験（honours examination）は1800年からオックスフォード大学で取り入れられた制度であり，従来までの学位試験（ordinary examination）とは異なり，成績優秀者の氏名を公表して顕彰することによって，学位試験に競争的性格を付与したものである。Rothblatt, Sheldon, The Student Sub-culture and the Examination System in Early 19th Century Oxbridge（Stone, Lawrence ed., *The University in Society*, vol. 1, Princeton, 1974, pp. 247-303). 安原義仁「オックスフォード大学優等学位試験制度の成立」（『大学史研究』第2号，1981年)。

（38）　E., F. W., Obituary : Fred. V. Theobald, *The Entomologist*, vol. 63（1930); Anon., Theobald, Frederic Vincent, M. A., *Who was Who*, vol. 3（1947), pp. 1336-7.

（39）　Anon., Smith, Frank Braybrook, *Who was Who*, vol. 4（1952), p. 1068. スミスは借地農の子弟であり，自分も有能な農業家であった。スミスは農場管理を担い，1895年には副学長になる。

（40）　*The Royal Society Catalogue of Scientific Papers, 1884-1900* によれば，当時のカレッジの教員による論文が合計20編，掲載されている。しかしこれらの論文のいずれも，*Journal of the Royal Agricultural Society of England* 誌のような農業雑誌上には掲載されていない。これらの業績は，1905年に創刊される *The Journal of Agricultural Science* 誌に掲載される。

（41）　1903年にパーシヴァルはレディングに移り，1910年に *Agricultural Bacteriology*, London という著書を出版する。

（42）　*Journal of the South-Eastern Agricultural College*, vol. I（1895), pp. 3-4.

（43）　Richards, Steward, *op. cit.*, 1994, pp. 58-66.

（44）　Hall, A. D., op. cit., 1939, p. 4.

（45）　Ben-David, Joseph, The Profession of Science and its Power, *Minerva*, vol. 10（1972); Danbom, David B., The Agricultural Experiment Station and Professionalism : Scientists' Goals for Agriculture, 1887-1910, *Agricultural History*, vol. 60（1986); Perkin, Harold, *The Rise of Professional Society : England since 1880*, Routledge, 1989.

（46）　一般的な卒業資格と専攻卒業資格との違いは，カレッジの証書（2年間）と卒業資格（3年間）との課程の違いにある。カレッジのメンバーシップは，卒業資格（3年間)，あるいは，ロンドンの理学士号によって獲得できる。1914年の学校案内には，154人のメンバー（15人は理学士）が掲載されているが，そのうち38人は測量士協会の専

門職となり，15人は全国農業資格（1900年以降にイングランド王立農業協会とスコットランドの高地地方農業協会とが共同で認可）を獲得し，その他にも酪農の全国資格，測量士協会の研究職，ケンブリッジ大学の農業卒業資格を獲得している。ホールは，「この全国資格が，今日カレッジが直面している農業教育の進歩に対する重大な障害となっている」と語り，学生が全国資格を取ることに批判的である。Hall, A. D., Agricultural Education and the Farmer's Son, *Journal of the Farmers' Club*, 1907, p. 565.

(47) 採用されるまでの過程で，カリキュラムと学問水準との関連が問題となり，かなり議論される。Ede, R., op. cit., pp. 137-42 ; Engledow, F. L., op. cit., pp. 7-8.

(48) Richards, Stewart, op. cit., 1988, pp. 182-3.

(49) Dale, H. E., *op. cit*., p. 48.

(50) Richards, Steward, *op. cit*., 1994, p. 86.

(51) これらの数字は，Dale, H. E., *op. cit*., p. 43から算定したものである。ちなみに，この時期には，サイレンセスタをはじめとする三つの私立学校では，学生数が減少している。前述のように，サイレンセスタでは学生数が1885年の106人から1906年には70人に減少する。ダウントンとアスパトリア（カンバーランド）のカレッジは，学生数の減少によって，それぞれ1906年と1914年に閉校せざるをえなくなる。

(52) Lewis, E. J., The South-Eastern Agricultural College and the Sons of the Tenant Farmer, *Journal of the Agricola Club*, vol. 1 (1902), pp. 12-14 ; Russell, E. J., *op. cit*., 1966, p. 234.

(53) Selby-Bigge, L. A., *The Board of Education*, 1927, pp. 14, 24.

(54) *Board of Education Memorandum, Parliamentary Papers*, 1908, LXXXIII, p. 927 ; *Memorandum of Arrangement between the Board of Agriculture and Fisheries and the Board of Education, Parliamentary Papers*, 1909, LXVII, p. 15.

(55) *Memorandum of Revised Arrangement between the Boards, Parliamentary Papers*, 1912-13, LXV, p. 335.

(56) 農村教育会議での成果は*Report of the Departmental Committee on Agricultural Education in England and Wales*, Parliamentary Papers, 1908, XXI, p. 363 ; *Evidence and Index, Parliamentary Papers*, 1908, XXI, p. 417. この報告書の骨子は，Lamont, Norman, The Report of Lord Reay's Committee on Agricultural Education, *Journal of the Royal Agricultural Society of England*, vol. 69 (1908) においてまとめられている。

(57) Board of Agriculture and Fishries ed., *Report of the Distribution of Grants for Agricultural Education and Research in the Years 1908-09 and 1909-10 ; with statements respecting the several colleges and institutions aided and a summary of the agricultural instruction provided by county councils in 1908-09*, London, 1910.

(58) サウスイースタン農業カレッジ（当時は，すでにロンドン大学のスクールとなっていたが，まだカレッジとして扱われた），チェシアのホルムズ・チャペルにある農業園芸カレッジ，ノッティンガムシアのキングストンにあるミッドランド農業酪農専門学校，シュロップシアのニューポートにあるハーパー・アダムス農業カレッジなどがあった。しかしサウスイースタン農業カレッジを除く三つのカレッジにおいては，ロンドンの学外理学士号をめざす学生は，ごくわずかしかいなかった。

(59) *Report of the Departmental Committee on Agricultural Education*, *op. cit*., p. 26.

(60) ホールは，開発委員会において単に一委員として職務を担っているのではなく，主導的な役割を果たしている。Dale, H. E., *op. cit*., pp. 75-105.

(61)　1909-10年において，農務省からの農業教育と研究に対する助成金の合計額は，12,300ポンドでしかなかったので，農業教育・研究体制の整備は，開発基金による影響がかなり大きいことがわかる。

(62)　Floud, Sir Francis, *op. cit.*, 1927, p. 94 ; Russell, E. J., *op. cit.*, 1966, pp. 268-72.

(63)　Hall, A. D., The Research Scholarship Scheme, *Journal of the Ministry of Agriculture*, vol. 37 (1930), pp. 213-18.

(64)　Williams, E. T. and Palmer, Helen M. ed., *Dictionary of National Biography, 1951-1960*, London, 1971, pp. 34-6 ; Bateman, D. I., A. W. Ashby : an assessment, *Journal of Agricultural Economics*, vol. 31 (1980).

(65)　Blake, Lord and Nicholls, C. S. ed., *Dictionary of National Biography, 1981-1985*, London, 1990, pp. 131-2.

(66)　Slater, W. K. and Edwards, J., John Hammond, 1889-1964, *Biographical Memoirs of the Fellows of the Royal Society*, vol. 11 (1965), pp. 100-13 ; Williams, E. T. and Nicholls, C. S. ed., *Dictionary of National Biography, 1961-1970*, London, 1981, pp. 479-80.

(67)　*Cambridge University Reporter*, November 12, 1891, pp. 193-96. 同時期にケンブリッジでは，同様の論争が工学や経済学においても行われている。Sanderson, Michael, *The Universities and British Industry, 1850-1970*, London, 1972, pp. 31-60, 184-213.

(68)　Roderick, G. W. and Stephens, M. D., Scientific Studies at Oxford and Cambridge, 1850-1914, *British Journal of Educational Studies*, vol. 24 (1976).

(69)　Turner, F. M., Public Science in Britain, 1880-1919, *Isis*, vol. 71 (1980), pp. 589-608 ; Steward, A. C. ed., *Science and the Nation*, Cambridge, 1917.

(70)　Wood, T. B., The School of Agriculture of the University of Cambridge, *Journal of the Ministry of Agriculture*, vol. 29 (1922), pp. 223-30.

(71)　Engledow, F. L., op. cit., 1956, p. 5 ; Ede, R., op. cit., 1938, pp. 137-42. 農学，工学，その他の専門課程の設置を目的に，農業や工業からの寄付を大学が喜んで受け入れる。これは1890年代にケンブリッジ大学の多くのカレッジの財政基盤（カレッジ所有地の地代）が，深刻な農業不況によって大きな影響を受けたことも，その一要因であった。Rothblatt Sheldon, *The Revolution of the Dons : Cambridge and Society in Victorian England*, London, 1968, pp. 71, 254-56 ; Dunbabin, J. P. D., Oxford and Cambridge College Finances, 1871-1913, *Economic History Review*, 2nd ser., vol. 28 (1975).

(72)　ケンブリッジの農業コースの第一部は，Ordinary Degreeを取得できる三つの科目のうちの一つを対象にするとされる。第二部は，それ以前に自然科学の試験に合格している専門の学生向けに設定される。Engledow, F. L., op. cit., pp. 6-7.

(73)　Russell, Sir E. J., *op. cit.*, 1966, pp. 205-6.

(74)　Palladino, P., op. cit., pp. 308-9.

(75)　Wood, T. B., op. cit., p. 299.

(76)　Middleton, T. H., op. cit., vol. 3 (1926), pp. 47-60 ; vol. 4 (1927), pp. 33-42.

(77)　Bell, G. D. H., The Journal of Agricultural Science, 1905-1980 : A Historical Record, *Journal of Agricultural Science*, vol. 94 (1980), p. 2.

(78)　economicは実用的な（practical）という意味であるが，ここでは生物学を実際の農業に適用するという意味で「応用」と訳出する。

(79)　Brierley, W. B., The Association of Applied Biologists and the Annals of Applied Biology : A

Retrospect, 1904–1938, *Annals of Applied Biology*, vol. 26 (1939), pp. 178–94.
(80)　Engledow, F. L., Rowland Harry Biffen, 1874–1949, *Obituary Notices of the Fellows of the Royal Society*, vol. 7 (1950–51), pp. 9–25 ; Legg, L. G. Wickham and Williams, E. T. ed., *Dictionary of National Biography, 1941–1950*, London, 1959, pp. 76–7.
(81)　Engledow, F. L., op. cit., 1950–51, p. 10 ; Russell, Sir E. J., *op. cit.*, 1966, pp. 208–9.
(82)　Palladino, P., op. cit., p. 310.
(83)　Engledow, F. L., op. cit., 1950–51, pp. 9–10.
(84)　ibid., pp. 12–15.
(85)　Biffen, Rowland, H., Systematized Plant Breeding (Steward, A. C. ed., *Science and Nation*, Cambridge, 1917), pp. 146–75.
(86)　Russell, Sir E. J., *op. cit*, 1966, p. 209.
(87)　ベイトスンは1883年にケンブリッジ大学を卒業後，生物の変異に興味をもち，中央アジア西部およびエジプト北部の動物相の調査をし，95年からケンブリッジ大学に奉職する。1902年に著書 *Mendel's Principles of Heredity, A Defense*, Cambridge, 1902（ベートスン著，小酒井不木訳『メンデルの遺伝原理』春秋社，1928年）を刊行する。この時期の詳しい経過は，Olby, Robert, William Bateson's Introduction of Mendelism to England : A Reassessment, *British Journal of the History of Science*, vol. 20 (1987), pp. 399–420. 著名な話として，ベイトスンが1900年に王立園芸協会での講演に向かう列車のなかで，再発見されたばかりのメンデル論文を偶然に読み，その重要性を認識して，講演内容を変更し，これがイングランドで最初のメンデル法則の紹介となったといわれる（この逸話はほとんどベイトスンの妻が執筆した伝記である Bateson, Beatrice, *William Bateson, F. R. S., Naturalist*, Cambridge U. P., 1928 に基づいている）。しかし，メンデル論文を読んでいなかったのではないかという意見もある。ジャン・ドゥーシュ著，佐藤直樹訳『進化する遺伝子概念』みすず書房，2015年，70–8ページ。
(88)　*Nature*, vol. 69 (1903), pp. 92–3.
(89)　Biffen, Rowland H., Mendel's Laws of Inheritance and Wheat Breeding, *Journal of Agricultural Science*, vol. 1 (1905–6), pp. 4–48. この論文において，小麦の穂・葉・茎の形態，穀粒の大きさ・色などはすべて，優性・劣性形質や独立分離の特徴を示しているので，メンデル法則と一致することを指摘する。
(90)　Russell, Sir E. J., *op. cit.*, 1966, pp. 210–12. もっとも，その後の研究において，病原の生理学的な特徴は数多くあり，一つの病原に対する耐性は，必ずしもすべての病原に対する耐性を意味しないので，耐性は遺伝学的には非常に複雑であることがわかる。
(91)　Priestley, J. H., Breeding Problems in the Plant World, *Journal of the Bath and West of England Agricultural Society*, new series, vol. 5 (1910–11), pp. 48–58 ; Humphries, A. E., Home-Grown Wheat, *Journal of the Farmers' Club*, 1912, pp. 63–84.
(92)　Humphries, A. E., ibid. ; Biffen, Rowland H., Modern Wheats, *Journal of the Farmers' Club*, 1924, pp. 1–18.
(93)　Mallett, W. R., English Wheats, 1875–1901, *Journal of the Royal Agricultural Society of England*, vol. 12 (1901–2), pp. 61–5.
(94)　硬度の遺伝の見解に対する批判については，Saunders, C. E., The Inheritance of Strength in Wheat, *Journal of Agricultural Science*, vol. 3 (1908–10), pp. 218–22.
(95)　Biffen, Rowland H. and Engledow, Frank L., *Wheat Breeding Investigations at the Plant*

Breeding Institute, Cambridge, London, 1926, pp. 102–10.

(96) この業績は応用遺伝学（applied genetics）という科学分野として展開する。遺伝学（genetics）という用語は，1905年にベイトスンによって遺伝と変異を研究する学問分野として定義され，新たに生み出される（一般的に1906年とされているが，これは公表された年である）。Bowler, Peter J., *The Mendelian Revolution*, London, 1989, pp. 116–8.

(97) 研究対象地域となるのは，オックスフォードに農業経済研究所が設立された後である。Orr, John, *Agriculture in Berkshire : a survey made on behalf of the Institute for Research in Agricultural Economics*, Oxford U. P., 1918.

(98) ユニヴァーシティカレッジ設立の経緯については，Childs, William M., *University College Reading : Twenty-First Anniversary Michaelmas Day*, Reading, 1913 ; idem., *The New University of Reading : some ideas for which it stands*, Reading, 1926 ; idem., *A Note on the University of Reading*, Reading, 1929 ; idem., *Making a University : An Account of the University Movement at Reading*, London, 1933 ; Holt, J. C., *The University of Reading : The First Fifty Years*, Reading, 1977 ; Harris, P. M., One Hundred Years of Agricultural Education at Reading University, *Journal of the Royal Agricultural Society of England*, vol. 154（1993）, pp. 145–52.

(99) ハントレィ社については，Corley, T. A. B., *Quaker Enterprise in Biscuits Huntley and Palmers of Reading, 1822–1972*, Reading, 1972. パーマー家については，Davis, H. W. C. and Weaver, J. R. H. ed., *Dictionary of National Biography, 1912–1921*, London, 1927, p. 420 ; Anon., Palmer, Alfred, *Who was Who*, vol. 3（1947）, p. 1039.

(100) サットン種子会社については，Corley, T. A. B., The Making of a Berkshire Entrepreneur : Martin Hope Sutton of Reading : 1815–40, *Berkshire Archaeological Journal*, vol. 74（1991–3）; idem., A Berkshire Entrepreneur Makes Good : Martin Hope Sutton of Reading, 1840–1871, *Berkshire Archaeological Journal*, vol. 75（1994–7）. サットン家については，Davis, H. W. C. and Weaver, J. R. H. ed., *Dictionary of National Biography, 1912–1921*, London, 1927, pp. 517–8 ; Anon., Sutton, Arthur Warwick, *Who was Who*, vol. 2（1929）, p. 1015 ; Anon., Sutton, Leonard Goodhart, *Who was Who*, vol. 3（1947）, p. 1314. ちなみに，サットン家の歴代当主の多くは，サイレンセスタの王立農業カレッジの出身者である。

(101) Lee, Sidney ed., *The Dictionary of National Biography*, Supplement January 1901–December 1911（1920）, pp. 466–7.

(102) Holt, J. C., *op. cit.*, pp. 27–30.

(103) レディングに限らず，多くのユニヴァーシティカレッジにおいてみられる現象であり，教員の多くがオックスブリッジ出身者であるため，当初は新たな技術カレッジとして出発していながら，オックスブリッジ流の路線へと戻る傾向があった。Lowe, Roy, The Expansion of Higher Education in England（Jarausch, Konrad H. ed., *The Transformation of Higher Learning 1860–1930 : Expansion, Diversification, Social Opening and Professionalisation in England, Germany, Rossia and the United States*, University of Chicago Press, 1983）, p. 53–6.

(104) Harris, Paul, *op. cit.*, 1993, pp. 6–16.

(105) Holt, J. C., *op. cit.*, p. 24 ; Neville, H. A. D., op. cit., p. 74.

(106) Brierley, W. B., John Percival, 1863–1949, *Nature*, vol. 163（1949）, p. 275.

（107）　Mallett, W. R., op. cit. ; Percival, John, *Wheat in Great Britain*, Leighton, 1934.
（108）　パーシヴァルは農民のために夜間講義コースを設ける。
（109）　Humphries, A. E., op. cit., pp. 80–4.
（110）　Biffen, Rowland H., op. cit., 1924, p. 6.
（111）　ibid., p. 17. これはビフェンに限ったことではない。ケンブリッジの卒業生であり，イギリス草地学の先駆者ステイプルドン（Reginald George Stapledon, 1882–1960）は，牧草の産出を向上する研究が，牛乳の供給過剰に直面している農民を助けることになるのかと問い詰められた時，自分は科学者であって，その問題は専門外であると逃げている。A. H. Brown's comments following Stapledon's lecture on The Improvement in Grassland by Seeds and Manures, *Journal of the Farmers' Club*, 1935, pp. 37–57. ケンブリッジにおいて，科学的な問題と実用的な問題とを分けて考える研究姿勢は，1950年代後半まで続く。当時はこれがイギリス農業研究の一般的な傾向であった。Reid, John T., Some Differences between British and American Approaches to Agricultural Research, *Agricultural Progress*, vol. 31（1956）, pp. 5–12.
（112）　たとえば，スコットランド植物育種研究所（Scottish Plant Breeding Station）の所長で，グラスゴー大学の植物学教授M. ドラモンド（Montagu Drummond）のような植物学者，ビーヴェン（Edwin Sloper Beaven）のような影響力のある育種家，そしてビーヴェン麦芽製造会社やギネス醸造会社の育種家の支持を得る。Percival, John, *The Wheat Plant*, London, 1921, pp. 407–14 ; Percival, John, *Agricultural Botany : Theoretical and Practical*, 8th ed., London, 1946, pp. 303–19. メンデル理論に対するビーヴェンの批判は，Beaven, E. S., Breeding Cereals for Increased Production, *Journal of the Farmers' Club*, 1920, pp. 107–31.
（113）　このパーシヴァルの見解に対して，ビフェンは激しく批判する。*Nature*, vol. 109（1922）, pp. 366–8.
（114）　パーシヴァルの考えは，皮肉にもビフェンの主張を正当化した。それは状態がそれぞれまったく異なっている圃場においては，連続的な選抜を行っても無駄であるということである。
（115）　Dobzhansky, Theodozius, Speciation as a Stage in Evolutionary Divergence, *American Naturalist*, vol. 74（1940）, pp. 312–21.
（116）　Percival, John, *op. cit.*, 1934.
（117）　Percival, John, *Agricultural Botany*, 1946（eighth edition）, Duckworth, pp. 622–4.
（118）　Brierley, W. B., op. cit., p. 275.
（119）　Biffen, Sir Rowland H. ed., *Fream's Elements of Agriculture*, 1932（twelfth edition）, London, pp. 406–10.
（120）　Hammond, John, The Development of the Animal for Meat, *Journal of the Bath and West and Southern Counties Society*, 6th ser. vol. 1（1926）.
（121）　Slater, W. K. and Edwards, J., James Mackintosh, 1880–1956, *Journal of the British Dairy Farmers' Association*, vol. 61（1957）, pp. 67–8.
（122）　Finlay, G. F. ed., *Cattle Breeding : Proceedings of the Scottish Cattle Breeding Conference*, London, 1925 によれば，ハモンドの貢献は「純粋科学的な」論文に位置づけられ，マッキントッシュのそれは「実際の育種に対する科学の適用を扱っている」論文に位置づけられている。

（123）　農学と教育に関するホールの経歴も，きわめて示唆に富んでいる。ホールは農業に関係する職を得るまでは，農業についてはまったく何も知らないオックスフォード大学の卒業生であった。しかし科学研究は農業改良に必要不可欠であるとする確固とした支持者となった。ホールはサウスイースタン農業カレッジの学長として，どちらかといえば，農業教育よりも研究を強調する。ホールはワイからロザムステッドの場長として移り，その後ロザムステッドの試験場を退職後，農学および教育に関する政府上級顧問となる。この地位に就いていた10年間で，ホールはイギリスの農業教育・研究体制の確立において主要な役割を果たす。たとえば，ホールはイギリスの遺伝学研究の中心的なセンターであるジョン・インズ園芸研究所（John Innes Horticultural Institution）の所長として，ベイトスンを後任とするように推薦する。さらに，ケンブリッジの植物育種研究所（Plant Breeding Institute）の所長ビフェンの後継者について，ホールが見解を求められた際に，すでに候補者となっていたハンター（Herbert Hunter）が「植物育種家であって，遺伝学者ではなく，植物育種の基本的な計画について，ほとんど関心がない」という理由で，ハンターの任命に反対している。Palladino, Paolo, Science, Technology, and the Economy : plant breeding in Great Britain, 1920–1970, *Economic History Review*, vol. 49（1996）, pp. 116–36.

（124）　この問題を扱っている研究に，Vernon, Keith, Science for the Farmer? Agricultural Research in England 1909–36, *20th Century British History*, vol. 8（1997）などがある。

第11章　農業科学政策と研究・教育体制

（1）　Cooke, George William ed., *Agricultural Research, 1931–1981*, London, 1981.

（2）　Olby, R., Social Imperialism and State Support for Agricultural Research in Edwardian Britain, *Annals of Science*, vol. 48（1991）, pp. 509–26.

（3）　Holmes, C. J., Science and the Farmer : the Development of the Agricultural Advisory Service in England and Wales, 1900–1939, *Agricultural History Review*, vol. 36（1988）, pp. 77–86.

（4）　Palladino, P., The Political Economy of Applied Research : Plant Breeding in Britain, 1910–1940, *Minerva*, vol. 28（1990）, pp. 446–68 ; idem., Between Craft and Science : Plant Breeding, Mendelian Genetics and British Universities, 1900–1920, *Technology and Culture*, vol. 34（1993）, pp. 300–23.

（5）　DeJager, T., Pure Science and Practical Interests : The Origins of the Agricultural Research Council, 1930–1937, *Minerva*, vol. 31（1993）, pp. 129–50.

（6）　Whetham, E. H., *The Agrarian History of England and Wales, vol. 8 1914–39*, Cambridge, 1978 ; Olby, R., op. cit. 1991 ; Palladino, P., op. cit., 1990.

（7）　Russell, E. J., *A History of Agricultural Science in Britain 1629–1954*, London, 1966, p. 268.

（8）　Armytage, W. H. G., *Civil Universities : Aspects of a British Tradition*, London, 1955, p. 249.

（9）　Offer, Avner, *Property and Politics 1870–1914 : Landownership, Law, Ideology and Urban Development in England*, Cambridge, 1981, p. 360.

（10）　J. A. シュンペーター著，清成忠男編訳『企業家とは何か』東洋経済新報社，1998年，1–52ページ。

（11）　MacLeod, Roy M., The Support of Victorian Science : The Endowment of Research Movement in Great Britain, 1868–1900, *Minerva*, vol. 9（1971）, pp. 197–230.

（12）　Alter, Peter, *The Reluctant Patron : Science and the State in Britain 1850–1920*, Oxford, 1987,

pp. 138-90.

(13) Harris, Jose, *Unemployment and Politics : A Study in English Social Policy 1886-1914*, Oxford, 1972, p. 358 ; Searle, Geoffrey, R., *Corruption in British Politics 1895-1930*, Oxford, 1987, p. 233.

(14) Ensor, R. C. K., *England, 1870-1914*, Oxford, 1936, p. 414.

(15) D. S. L. カードウェル著，宮下晋吉・和田武編訳『科学の社会史――イギリスにおける科学の組織化』昭和堂，1989 年，231-309 ページ。

(16) Desmond, Adrian, *Huxley : From Devil's Disciple to Evolution's High Priest*, Penguin Books, 1998, pp. 361-534.

(17) シュンペーターは社会帝国主義を「企業家およびその他の人々が，社会福祉面での譲歩によって労働者の歓心を買おうとする類の帝国主義である」と定義する。シュンペーター著，都留重人訳『帝国主義と社会階級』岩波書店，1956 年。社会帝国主義については，バーナード・センメル著，野口建彦・野口照子共訳『社会帝国主義史』みすず書房，1982 年。

(18) Hall, A. Rupert, *Science for Industry : A Short History of the Imperial College of Science and Technology*, London, 1982.

(19) Turner, Frank M., Public Science in Britain, 1880-1918, *Isis*, vol. 71（1980）, pp. 589-608. 農業分野においては，イギリス国内だけでなく，植民地農業に関する研究も本格的に始まる。Busch, Lawrence, and Sachs, Carolyn, The Agricultural Sciences and the Modern World System（Busch, Lawrence, *Science and Agricultural Development*, New Jersey, 1981, pp. 131-56）; Buhler, William, Morse, Stephen, Arthur, Eddie, Bolton, Susannah, and Mann, Judy, *Science, Agriculture and Research, A Compromised Participation?*, London, 2002, pp. 37-69.

(20) フェビアン協会は 1883 年に結成されたが，フェビアン主義者はヴィクトリア朝末期のイギリス社会の問題状況に触発されて，社会主義の理想に向かった。しかしながらフェビアン主義者のいう社会主義は国家機能の拡大をもたらし，その主な目的は国益と帝国の利益の促進となっていく。そしてこれが当時のイギリス資本主義の内在的な論理と一致していく。名古忠行『フェビアン協会の研究』法律文化社，1987 年，170-94 ページ。政治的にフェビアン協会が負った役割については，N&J・マッケンジー著，土屋宏之・太田玲子・佐川勇二訳『フェビアン協会物語』ありえす書房，1984 年，297-440 ページ。

(21) Webb, Sidney, Lord Rosebery's Escape from Houndsditch, *The Nineteenth Century and After*, vol. 50（1901）, pp. 369-70, 373.

(22) Beckett, J. V., *The Aristocracy in England 1660-1914*, Oxford, 1986, pp. 468-81.

(23) Gollin, A. M., *Balfour's Burden : Arthur Balfour and Imperial Preference*, London, 1965, p. 61.

(24) 名古忠行，前掲書，1987 年，185-88 ページ；ヴィヴィアン・H. H. グリーン著，安原義仁・成定薫訳『イギリスの大学――その歴史と生態』法政大学出版局，1994 年，217-9 ページ；M. サンダーソン著，安原義仁訳『イギリスの大学改革 1809-1914』玉川大学出版部，2003 年，143-9 ページ。

(25) Green, Ewen, No Longer the Farmers' Friend? The Conservative Party and Agricultural Protection, 1880-1914（Wordie, J. R. ed., *Agriculture and Politics in England, 1815-1939*,

London, 2000, pp. 149–77).

(26) イギリスでは選挙法改正によって，1867年には都市部の労働者に選挙権が付与され，有権者総数は約200万人となり，84年には地方の労働者に対しても選挙権が付与され，有権者総数は約440万人となった。

(27) Harris, Jose, *op. cit*., 1972, p. 217.

(28) イギリスの本格的な社会保険制度は，1911年に国民保険法（第一部健康保険，第二部失業保険）として出発する。

(29) イギリスの歴史をさかのぼれば，18世紀にはすでに科学と国家の関係における制度的な展開があった。石橋悠人「18世紀イギリスにおける科学と国家——経度委員会の組織的特性を中心に」（『科学史研究』第47巻，2008年，85–94ページ）。

(30) 社会主義の政治動向は，1900年に独立労働党，社会民主同盟，フェビアン協会などの社会主義団体が，労働組合と協同して労働者代表委員会を創設している。委員会はこの3年後に既存の二つの政党（自由党と保守党）から独立を宣言し，1906年には「労働党」という名称を使用している。チェンバレンの政策の大きな柱は，帝国主義と社会政策であり，社会政策の中心は雇用の維持にあった。都築忠七編『イギリス社会主義思想史』三省堂，1986年，63–115ページ；村田光義「ジョセフ・チェンバレンの社会政策（一）（二）」（『政経研究』第34巻1・2号，1997年，49–106ページ，57–109ページ）。

(31) ヴィヴィアン・H. H. グリーン著，安原義仁・成定薫訳，前掲書，1994年，139–41ページ；M. サンダーソン著，安原義仁訳，前掲書，2003年，144–5ページ。

(32) 新しい自由主義という用語はすでに1889年に使われていたが，ロイド・ジョージが最初に使ったのは1908年である。もちろん，この新しい自由主義は1960年代のハイエク（Friedrich August von Hayek, 1899–1992）に始まる「小さな政府」を求める新自由主義とは異なるものである。橋本努『経済倫理＝あなたは，なに主義？』講談社選書メチエ，2008年，66–111ページ。

(33) Worboys, Michael, The Imperial Institute, the State and the Development of the Natural Resources of the Colonial Empire, 1887–1923 (Mackenzie, John M. ed., *Imperialism and the Natural World*, Manchester, 1990, pp. 164–86).

(34) Grigg, John, *Lloyd George, From Peace to War 1912–1916*, Penguin Books, 2002.

(35) 佐藤芳彦『近代イギリス財政政策史研究』勁草書房，1994年，353–70ページ；藤田哲雄『近代イギリス地方行財政史研究』創風社，1996年，309–12ページ。

(36) Gilbert, Bentley Brinkerhoff, *David Lloyd George, a political life, The Architect of Change 1863–1912*, Ohio State U. P., 1987, pp. 364–77 ; Packer, Ian, *Lloyd George, Liberalism and the Land, the Land Issue and Party Politics in England, 1906–1914*, Royal Historical Society, 2001, pp. 1–53.

(37) Offer, Avner, *op. cit*., 1981, p. 197.

(38) Pick, Daniel, *Faces of Degeneration : A European Disorder, c. 1848–c. 1918*, Cambridge, 1989. 村田光義「イギリス自由党社会政策の一考察——ロイド・ジョージの社会政策」（『政経研究』第29巻4号，1993年，169–226ページ）。

(39) Murray, Bruce K., *The People's Budget 1909/10 : Lloyd George and Liberal Politics*, Oxford, 1980, p. 147 ; 藤田哲雄，前掲書，1996年，438–40ページ。

(40) 佐藤芳彦，前掲書，1994年，421–64ページ。

(41) アシュリー著，アレン増補，矢口孝次郎訳『イギリス経済史講義』有斐閣，1958 年，247-311 ページ；G. M. トレヴェリアン著，大野真弓監訳『イギリス史 3』みすず書房，1975 年，170-98 ページ；吉岡昭彦『近代イギリス経済史』岩波書店，1981 年，162-97 ページ。

(42) Webb, Sidney, Twentieth Century Politics : A Policy of National Efficiency, *Fabian Tracts*, no. 108 (1901), p. 9.

(43) Gilbert, Bentley B., *op. cit*., 1987, p. 370.

(44) Clarke, Peter, The Edwardians and the Constitution (Read, Donald ed., *Edwardian England*, London, 1982, p. 46).

(45) Dale, Harold E., *Daniel Hall, Pioneer in Scientific Agriculture*, London, 1956, p. 76.

(46) Memorandum on existing Powers as to making grants for various purposes (Development and Road Improvement Fund), *Parliamentary Papers*, 278, 14 September 1909, pp. 47-52.

(47) Churchill, Randolph S., *Winston S. Churchill*, vol. 2, companion part 2, 1907-1911, London, 1969, p. 885.

(48) Memorandum dealing with the Development and Road Improvements Fund Bill, *Parliamentary Papers*, 266, 25 August 1909, pp. 43-5 ; Bill to promote the economic development of the United Kingdom and the improvement of roads therein (Development and Road Improvement Fund), *Parliamentary Papers*, 312, 26 August 1909, pp. 681-91.

(49) Montagu, E. S., The Development Commission, 14 May 1909. Asquith Papers, vol. 22, fol. 196, Oxford University Archives, Bodleian Library ; Turner, John, 'Experts' and Interests : David Lloyd George and the Dilemmas of the Expanding State, 1906-1919 (MacLeod, Roy ed., *Government and Expertise Specialists, Administrators and Professionals, 1860-1919*, Cambridge, 1988, pp. 203-23).

(50) Montagu, E. S., op. cit., fol. 196 ; Waley, S. D., *Edwin Montagu. A Memoir and an Account of his Visit to India*, London, 1964, pp. 33-4.

(51) Harris, Jose, *op. cit*., 1972, p. 344.

(52) Second Reading of the Development Bill, *House of Commons Debates*, 4th session, 6 September 1909, col. 916.

(53) Searle, G. R., *op. cit*., 1987, pp. 233-7.

(54) Second Reading of the Development Bill, *House of Commons Debates*, 4th session, 6 September 1909, col. 924.

(55) Bill to promote the economic development of the United Kingdom and the Improvement of roads therein : Amended by Committee, *Parliamentary Papers*, 330, 30 September 1909, pp. 695-707.

(56) Second Reading of the Development Bill, *House of Commons Debates*, 4th session, 6 September 1909, col. 921.

(57) Memorandum on existing Powers as to making grants for various purposes, *Parliamentary Papers*, 278, 14 August 1909, pp. 47-52.

(58) Wakefield, H. R., Chandler, F., Landsbury, G. and Webb, B., Separate Report to the Report of the Royal Commission on the Poor Law and Relief of Distress, *Parliamentary Papers*, 37, 1909, p. 1238 ; Churchill, Randolphs, *op. cit*., 1907-1911, p. 867. 1909 年の報告書は，多数派報告（Majority Report，本文総ページ数 645 ページ）と，本文に署名しなかった 4

名による分離報告である少数派報告（Minority Report，本文総ページ数520ページ）に分けて刊行された。少数派報告がウェッブ報告とされる。この報告については大沢真理「ウェッブ夫妻と1909年報告」（『イギリス社会政策史――救貧法と福祉国家』東京大学出版会，1986年，193-251ページ）。

（59） Macrosty, H. W., The Reviews of National Policy for Great Britain, *Fabian Tracts*, No. 123 (1905), p. 5.

（60） W. C. Churchill to Asquith, 29 December 1908. Asquith Papers, vol. 2, fol. 243, Oxford University Archives, Bodleian Library ; Churchill, Randolphs, *op. cit.*, 1907-1911, pp. 862-4 ; Olby, R., op. cit., 1991, pp. 525-6.

（61） Churchill, Randolphs, *op. cit.*, 1907-1911, p. 897.

（62） Q. ホッグ著，松井巻之助訳『科学と政治』岩波書店，1964年，200-6ページ。科学自体が，第一次世界大戦以前には，それほど多額の資金を必要としなかったという背景もある。

（63） Report from Standing Committee C on the Development and Road Improvement Funds Bill with the Proceeding of the Committee, *Parliamentary Papers*, 289, 30th September, 1909, pp. 775-825.

（64） First Report of the Proceedings of the Development Commissioners for the Periods from 12th May, 1910, to 31st March, 1911, *Parliamentary Papers*, 1911, 15, pp. 752-3.

（65） *Ibid.*, pp. 713-9.

（66） Dale, Harold E., *op. cit.*, 1956, pp. 77-80.

（67） Bill to promote the economic development of the United Kingdom and the improvement of roads therein : Amended by Committee (Development and Road Improvement Fund), 30 September 1909, *Parliamentary Papers*, 1909, 330, pp. 697-700.

（68） Harris, Jose, *op. cit.*, 1972, p. 345.

（69） Bateson, Beatrice, *William Bateson, F. R. S., Naturalist*, Cambridge U. P., 1928 ; Olby, Robert, William Bateson's Introduction of Mendelism to England : A Reassessment, *British Journal of the History of Science*, vol. 20 (1987), pp. 399-420.

（70） Dale, Harold E., *op. cit.*, 1956, p. 101.

（71） Kohler, R. E., The Management of Science : The Experience of Warren Weaver and the Rockefeller Foundation Programme in Molecular Biology, *Minerva*, vol. 14 (1976-7), pp. 279-306. ウィーバーは財団の運営に当たって，科学者と支援者との関係を築き，研究の監督者ではなく，組織全体の監督者という役割を果たした。

（72） First Report of the Proceedings of the Development Commissioners for the Periods from 12th May, 1910, to 31st March, 1911, *Parliamentary Papers*, 1911, 15, p. 719.

（73） Second Report of the Development Commissioners being the Report for the Year ended the 31st March, *Parliamentary Papers*, 1912, 17, p. 846.

（74） Richards, Stewart, The South-Eastern Agricultural College and Public Support for Technical Education, 1894-1914, *Agricultural History Review*, vol. 36 (1988), pp. 172-87 ; Olby, Robert, op. cit., 1991, p. 522.

（75） Russell, E. J., *op. cit.*, 1966, pp. 289-360.

（76） Second Report of the Development Commissioners being the Report for the Year ended the 31st March, *Parliamentary Papers*, 1912, 17, pp. 839-44.

(77)　他の多くの科学では中央研究所という研究体制がみられるが，イギリス農学の場合は，この方法とはまったく逆に，分散する体制をとっている。リチャード・S・ローゼンブルーム，ウィリアム・J・スペンサー編著，西村吉雄訳『中央研究所の時代の終焉――研究開発の未来』日経 BP 社，1998 年，21-166 ページ。

(78)　Second Report of the Development Commissioners being the Report for the Year ended the 31st March, *Parliamentary Papers*, 1912, 17, pp. 848-52.

(79)　Palladino, Paolo, op. cit., 1990, pp. 446-68 ; Palladino, Paolo, *Plants, Patients and the Historian*――*(Re) membering in the Age of Genetic Engineering*, Rutgers U. P., 2002, pp. 34-97.

(80)　Second Report of the Development Commissioners being the Report for the Year ended the 31st March, *Parliamentary Papers*, 1912, 17, p. 852-3.

(81)　アイルランドにおける影響については，Miller, Kirby A., *Emigrants and Exiles. Ireland and the Irish Exodus to North America*, Oxford, 1985, pp. 390-410 ; Whyte, Nicholas, Science and Nationality in Edwardian Ireland (Bowler, Peter J.&Whyte, Nicholas ed., *Science and Society in Ireland*――*The Social Context of Science and Technology in Ireland, 1800-1950*, The Queen's University of Belfast, 1997, pp. 49-65); King, Carla, Co-operation and Rural Development : Plunkett's Approach (Davis, John ed., *Rural Change in Ireland*, The Queen's University of Belfast, 1999, pp. 45-57).

(82)　当時のエディンバラの動物育種学研究については，Ewart, J. C., *The Penycuik Experiments*, Edinburgh, 1899 ; Burkhard, R. W., Closing the Door on Lord Morton's Mare : The Rise and Fall of Telegony, *Studies in the History of Biology*, vol. 3 (1979), pp. 1-21.

(83)　Third Report of the Development Commissioners being the Report for the Year ended the 31st March 1913, *Parliamentary Papers*, 8 August 1913, p. 658.

(84)　Richards, Stewart, Agricultural Science in Higher Education : Problems of Identity in Britain's First Chair of Agriculture, Edinburgh 1790-1831, *Agricultural History Review*, vol. 33 no. 1 (1985), pp. 59-65.

(85)　Shearer, E., Edinburgh University and Edinburgh College of Agriculture, *Agricultural Progress*, vol. 14 (1937), pp. 173-7 ; Fleming, Ian J. and Robertson, Noel F., *Britain's First Chair of Agriculture at the University of Edinburgh 1790-1990, A History of the Chair Founded by William Johnstone Pulteney*, Edinburgh, 1990, pp. 45-56.

(86)　このころから農学だけでなく科学全般にわたって，その研究業績は雑誌論文で評価され始める。B. C. ヴィッカリー著，村主朋英訳『歴史のなかの科学コミュニケーション』勁草書房，2002 年，161-92 ページ。

(87)　Development Commission Papers D1/1, 40th Meeting, 31 July 1913 (Public Record Office).

(88)　ロザムステッド農業試験場は国家助成だけでなく，ホールの尽力によって民間からの寄付も受け入れている。

(89)　Blackman, V., John Bretland Farmer 1865-1944, *Obituary Notices of Fellows of the Royal Society*, vol. 5 (1954), pp. 17-31.

(90)　Thirtle, C., Palladino, P., Piesse, J., On the Organisation of Agricultural Research in the United Kingdom, 1945-1994 : A Quantitative Description and appraisal of recent reforms, *Research Policy*, vol. 26 (1997), pp. 557-76.

(91)　Bateson, W., Toast of the Board of Agriculture, Horticulture, and Fisheries, *Report of the Third*

International Conference on Genetics, London, 1907, p. 76.

(92) Olby, Robert, Scientists and Bureaucrats in the Establishment of the John Innes Horticultural Institution under William Bateson, *Annals of Science*, vol. 46 (1989), pp. 497-510.

(93) 鵜飼保雄『植物改良への挑戦——メンデルの法則から遺伝子組換えまで』培風館，2005年。

(94) 第一次世界大戦で農学者のなかから戦死者を出したことも影響を与えている。

(95) 並松信久「農業科学政策の課題と研究体制の確立——20世紀初頭イギリスの事例を通して」(『科学技術社会論研究』第2号，2003年，80-92ページ)。

(96) Middleton, T. H., The Development of the Rural Economy by promoting Agricultural Scientific Research for Submission by the Board to the Development Commissioners, 16 November 1910, MAF/33/72/A14676/1911 (Public Record Office).

(97) Hall, A. D., Memo on Agricultural Research, 2 December 1910, D4/1 (Public Record Office).

(98) Elliot (BAF) to Secretary DC, 20 April 1911, MAF/33/72/A14676/1911 (Public Record Office).

(99) Summarized by Middleton in Memo dated 30 December, MAF/33/72/A21599/1914 (Public Record Office).

(100) 農業科学は，科学としての発展をめざすのか，あるいは実践的な応用研究の発展をめざすのかという問題は，当時のドイツの農業科学研究機関においても最大の課題であった。Harwood, Jonathan, *Technology's Dilemma, Agricultural Colleges between Science and Practice in Germany, 1860-1934*, Peter Lang, 2005, pp. 175-221.

(101) ドイツについては潮木守一『ドイツ近代科学を支えた官僚——影の文部大臣アルトホーフ』中公新書，1993年。日本の場合は，明治期の殖産興業政策の下で，お雇い外国人に代わって誕生する。大淀昇一『技術官僚の政治参画——日本の科学技術行政の幕開き』中公新書，1997年。

(102) これはすでに19世紀後半に科学大国への道を歩み始めたドイツについても，同様のことがいえる。宮下晋吉『模倣から「科学大国」へ——19世紀ドイツにおける科学と技術の社会史』世界思想社，2008年，388-400ページ。

(103) Alston, Julian M., Pardey, Philip G., Taylor, Michael J. ed., *Agricultural Science Policy, Changing Global Agendas*, Johns Hopkins U. P., 2001.

第12章　農学と研究機関

(1) Alter, P., *The Reluctant Patron. Science and the State in Britain, 1850-1920*, Oxford, 1987 ; Cardwell, D. S. L., *The Organisation of Science in England*, London, 1957.（宮下晋吉・和田武編訳『科学の社会史——イギリスにおける科学の組織化』昭和堂，1989年）

(2) Edgerton, D. E. H. and Horrocks, S., British Industrial Research and Development before 1945, *Economic History Review*, vol. 47 (1994), pp. 213-38.

(3) Taylor, D., Growth and Structural Change in the English Dairy Industry, c. 1860-1930, *Agricultural History Review*, vol. 35 (1987), pp. 47-64.

(4) ここでは研究分野の体系化・系統化を目的にする科学という意味で，「基礎的な科学」という用語を使用している。

(5) Vernon, Keith, Science for the Farmer? Agricultural Research in England 1909-36, *20th Century British History*, vol. 8 (1997).

（6） Olby, R., Social Imperialism and State Support for Agricultural Research in Edwardian Britain, *Annals of Science*, vol. 48 (1991), pp. 509-26. ; Cooke, George William ed., *Agricultural Research, 1931-81*, London, 1981, pp. 8-18.
（7） Reay, Lord (chairman), *Report of the Departmental Committee appointed by the Board of Agriculture and Fisheries to inquire into and report upon the subject of Agricultural Education in England and Wales*, London, 1908.
（8） 委員長のレイはこの委員会の招集以前に，すでにこのような農業教育観をもっていた。Reay, Lord, Agricultural Education, *Journal of the Bath and West of England Society and Southern Counties Association*, 3rd ser., vol. 16 (1884-85), pp. 116-39.
（9） Reay, Lord (chairman), *op. cit.*, p. 7.
（10） *ibid.*, p. 8.
（11） Anon., Middleton, Sir Thomas, *Who was Who*, vol. 4 (1952), p. 791.
（12） Proposed Advisory Committee on Agricultural Research. Minutes, 12 March 1910. T. H. Middleton. MAF/33/63/A13129/1910. MAF の文書類は，Public Record Office に所蔵されている。
（13） Elliot (BAF) to Secretary DC. 20 April 1911. MAF/33/72/A14676/1911.
（14） Scheme for Organisation of Advisory Work. Aid from Development Funds for Board of Agriculture and Fisheries. 2 August 1910. MAF/33/72/A14676/1911.
（15） A. W. Anstruther to Treasury. 26 August 1910. MAF/33/72/A14676/1911.
（16） Dale (DC) to Secretary BAF. 10 October 1910. MAF/33/72/A14676/1911.
（17） The Development of the Rural Economy by Promoting Agricultural Scientific Research for Submission by the Board to the Development Commissioners. T. H. Middleton. 16 November 1910. MAF/33/72/A14676/1911.
（18） ibid.
（19） Memo on Agricultural Research. A. D. Hall. 2 December 1910. D4/1. この文書が所蔵されているのは，Public Record Office である。
（20） ホールの農業観については，Hall, A. D., *A Pilgrimage of British Farming, 1910-1912*, London, 1913. この著書は，William Cobbett の著書 *Rural Rides*, London, 1830 を意識して執筆され，その20世紀版をめざしているとされ，イギリス各地の農業事情が語られる。
（21） Memo on investigations either contemplated or in progress at Rothamsted 3/2/04 (includes printed appeal notice entitled Society for Extending the Rothamsted Experiments). J/119/1 Rothamsted Experimental Station archives. ホールは財政的に苦境に立つ試験場を閉鎖するのではなく，まったく逆に試験研究を拡大するために資金援助を外部に求める。しかもこの援助は政府助成ではなく，民間の寄付に求めている。
（22） ロザムステッドに所蔵されている文書類によれば，ホールはこの間に研究計画の見通しを立て，研究者の俸給額（彼自身の俸給も含める）から始まり，全般的な研究資金に関する数字をはじき出し，それに応じた資金を集める努力を続けている。
（23） ibid., p. 2.
（24） ibid., p. 4.
（25） Secretary DC to Secretary BAF. 27 March 1911. MAF/33/72/A14676/1911.
（26） Elliot (BAF) to Secretary DC. 20 April 1911. MAF/33/72/A14676/1911.

（27） Summarized by Middleton in memo dated 30 December 1914. MAF/33/72/A21599/1914.
（28） Varcoe, Ian, The Early History of the D. S. I. R., *Minerva*, vol. 8（1970）, pp. 192–216.
（29） Offer, A., *The First World War : An Agrarian Interpretation*, Oxford, 1989.
（30） 酪農研究所の活動については，主に毎年発行されている *Annual Report* を参考にしている。これはレディング大学図書館に所蔵されている。
（31） *Rothamsted Annual Report*, 1908 and 1911. ロザムステッドの *Annual Report* は，ロザムステッド農業試験場に所蔵されている。
（32） *Rothamsted Annual Report*, 1911.
（33） ラッセルは1907年に年間400ポンドの助成金をゴールドスミス社から受け，同社の土壌化学者となっている。Russell, Sir E. John, *The Land Called Me*, London, 1956, p. 111.
（34） Hall (Rothamsted) to Treasury. 14 July 1911. MAF/33/40/A187912/1914.
（35） *Rothamsted Annual Report*, 1913.
（36） *Rothamsted Annual Report*, 1925–6, p. 15.
（37） Boalch, D. H., *The Manor of Rothamsted*, Harpenden, 1953.
（38） *Rothamsted Annual Report*, 1934.
（39） *Rothamsted Annual Report*, 1908.
（40） 1918–20年の年報では，スタッフが執筆して，他の科学雑誌に掲載された論文の要約が，30ページを占め，さらにスタッフが行っている研究に関する詳細な説明という新たな論述が加わっている。
（41） *Rothamsted Annual Report*, 1914, p. 5.
（42） *Rothamsted Annual Report*, 1912.
（43） 人造肥料に関しては，*Annual Report*, 1921–2. 窒素固定菌の植え付けに関しては，*Annual Report*, 1927–8.
（44） 試験圃場や実験室の利用，アメリカの農業試験場との交流に使用するために，ローズが1889年2月に設立した農業研究基金の運用を協議する委員会である。
（45） H. T. Brown to Sir Michael Foster（both on Lawes Trust Committee）, 16 July 1902. J/119/6, Rothamsted archives.
（46） H. G. Armstrong to Dr Mueller, 19 May 1914. I/115/15. Rothamsted archives.
（47） Hall, A. D., *Digressions of a Man of Science*, London, 1932, pp. 55–77.
（48） *Rothamsted Annual Report*, 1915–17.
（49） *Rothamsted Annual Report*, 1935, p. 21.
（50） 代表的な圃場試験は，圃場に窒素とリン酸を混ぜた肥料を施し，そこで穀物の収穫量を測り，同時に総降水量を計測するというものであった。したがって各年各圃場の生産量を「調整」する必要があり，他の圃場の生産量や，同じ圃場の異なる年の生産量を比較する必要があった。肥沃指数はそのために使われた。
（51） Fisher, Ronald A., *Contributions to Mathematical Statistics*, John Wiley&Sons, 1950.
（52） デイヴィッド・サルツブルグ著，竹内惠行・熊谷悦生訳『統計学を拓いた異才たち――経験則から科学へ前進した一世紀』日本経済新聞社，2006年，52–66ページ。
（53） 同上書，6–10ページ。渡辺政隆『ダーウィンの遺産――進化学者の系譜』岩波書店，2015年，110–21ページ。
（54） R. A. フィッシャー著，遠藤健児・鍋谷清治訳『研究者のための統計的方法』森北出版，1970年。

(55)　酪農研究所はレディングのユニヴァーシティカレッジ内にあったが，このカレッジは，すでに農業・酪農研究の一中心地として，高い評価を得ていた。Holt, James Clarke, *The University of Reading : The First Fifty Years*, Reading, 1977, pp. 12-3.
(56)　Anon., Golding, Capt. John, *Who was Who*, vol. 4（1952）, p. 443.
(57)　Anon., Williams, Robert Stenhouse, *Who was Who*, vol. 3（1947）, p. 1462 ; Burgess, H. F., *The National Institute for Research in Dairying : A Memoir*, Reading, 1962, pp. 1-2.
(58)　*ibid*, pp. 3-10.
(59)　Legg, L. G. Wickham ed., *Dictionary of National Biography, 1931-1940*, London, 1949, p. 176 ; Childs, Hubert, *W. M. Childs : An Account of his Life and Work*, published by the author, 1976.
(60)　Vernon, Keith, op. cit., p. 324.
(61)　Printed Appeal Letter appended to Minutes of RID Committee Meeting, 12 June 1917. Reading University archives.
(62)　Childs, William M., *Making a University : An Account of the University Movement at Reading*, London, 1933, pp. 251-2 ; Holt, James Clarke, *op. cit.*, 1977, pp. 21-3. チャイルドは 1926 年にこの目的を達成し，レディングは両大戦間期では唯一，勅許状が与えられた新大学となる。
(63)　このような働きかけについて，ウィリアムズは，民間資金を利用して研究を拡大したリヴァプールの病理学者ボイス（Rubert Boyce）による研究体制の整備の事例から影響を受ける。ボイスの研究体制については，Kohler, R., *From Medical Chemistry to Biochemistry. The Making of a Biomedical Discipline*, Cambridge, 1982.
(64)　RID Committee Meeting, 10 October 1918. Reading University archives.
(65)　Childs to Bruce（BAF）, 25 July 1919. MAF/33/35/TE679/1920.
(66)　Anon., Elveden, Viscount, Arthur Onslow Edward Guinness, *Who was Who*, vol. 4（1952）, p. 357.
(67)　Elveden to Chamberlain, 4 December 1919. MAF/33/35/TE679/1920.
(68)　Lee（Treasury on behalf of DC）to Elveden, 19 December 1919. MAF/33/35/TE679/1920.
(69)　RID Committee Meeting, 9 January 1920. Reading University archives.
(70)　ibid.
(71)　*NIRD Annual Report*, 1922.
(72)　MAF to Secretary DC, 9 June 1921. Treasury to Secretary DC, 29 June 1921. MAF/33/309.
(73)　Stenhouse-Williams to Secretary MAF, 22 November 1921. MAF/33/310.
(74)　Correspondence January to March 1922. MAF/33/310.
(75)　*NIRD Annual Report*, 1922, p. 10.
(76)　SW to Richardson（MAF）, 12 April 1928. MAF/33/306.
(77)　Meeting to consider financial arrangements [of NIRD], 25 April 1929. MAF/33/307.
(78)　Anon., Dale, Harold Edward, *Who was Who*, vol. 5（1961）, p. 272.
(79)　HED[ale]（now at MAF）minute sheet 12/10/29. MAF/33/307.
(80)　Lloyd（EMB）to Dale（MAF）, 14 November 1929. MAF/33/307.
(81)　Dampier, Sir William Cecil, Agricultural Research and the Work of the Agricultural Research Council, *Journal of the Farmers' Club*, May 1938, pp. 55-73. ダンピアは，ケンブリッジのトリニティカレッジにおいてフェローであった経験もあり，科学史に関する著書も著

している。Dampier-Whetham, William Cecil, *A History of Science and Its Relations with Philosophy & Religion*, Cambridge U. P., 1930.

(82) Minute sheet HGR[ichardson] 26/7/30. MAF/33/311.

(83) Interim Report on Dairy Research-presented to EMB by N. C. D. Dampier-Whetham. March 1930. MAF/33/307.

(84) Anon., Richardson, Doctor Arnold Edwin Victor, *Who was Who*, vol. 4 (1952), pp. 971-2. 当時，リチャードソンはアデレード大学の農業教授および農業研究所の所長であった。

(85) リチャードソンからウィリアムズ宛の書簡には，「私の印象といえば，あなたの研究所のさまざまな部局が，身の程知らずの口をきいているということであり，(中略) さらにこの長期にわたる実りのない議論を続けたくなければ，あなたは彼らの要求を無視せざるをえないであろうということである」と書かれ，ウィリアムズの要求を通すわけにはいかないと記されている。24 March 1931. MAF/33/311.

(86) Tallents (EMB) to Dale (MAF), 7 August 1931. MAF/33/307.

(87) Davis, J. G., Personal Recollections of Developments in Dairy Bacteriology Over the Last Fifty Years, *Journal of Applied Bacteriology*, vol. 55 (1983), pp. 1-12.

(88) Bledisloe and Wooldridge, W. R., Pure Milk, *Quarterly Review*, vol. 283 (1945).

(89) RID Committee Meeting, 16 March 1917. Reading University archives.

(90) Davis, J. G., op. cit., p. 8.

(91) ibid.

(92) *Rothamsted Annual Report*, 1921-2, p. 7.

(93) Taylor, D., op. cit., 1987.

(94) Astor, Viscount and Rowntree, B. S., *British Agriculture : The Principles of Future Policy*, London, 1938, p. 251 ; Taylor, D., The English Dairy Industry, 1860-1930 : The Need for a Reassessment, *Agricultural History Review*, vol. 22 (1974), pp. 153-9.

(95) Cooper, Andrew Fenton, *British Agricultural Policy 1912-36. A Study in Conservative Politics*, Manchester, 1989, pp. 42-63.

(96) *Rothamsted Annual Report*, 1921-2, p. 7.

(97) *Rothamsted Annual Report*, 1915-17, p. 7.

(98) Whetham, Edith, The London Milk Trade, 1900-1930 (Oddy, Derek and Miller, Derek ed., *The Making of the Modern British Diet*, London, 1976, pp. 65-76).

(99) Davis, J. G., op. cit., p. 5.

(100) Pyke, Magnus, *Food and Society*, London, 1968 ; McKee, Francis, The Popularisation of Milk as a Beverage during the 1930s (Smith, David F. ed., *Nutrition in Britain : science, scientists and politics in the twentieth century*, London, 1997, pp. 123-41).

(101) もっとも，酪農業に対する研究関心はすでにあり，1912 年にはレディングにセンターを設立しようとする動きが起こり，20 年にはそれをリーズに移転しようという提案がある。Notes on Research Grants 1911-14, MAF33/72/A21599/1914, and Notes on Summary of Replies from Directors of Research Institutes. MAF33/59/TG1490/1920.

(102) 酪農研究所の設立初期の頃には，開発委員会はこの研究所をチーズ製造に関連するものとみなしている。The Reconstruction of Agricultural Research, 1917, MAF33/59/12672/1918.

(103) Hall, A. D., *Agriculture after the War*, London, 1916, pp. 29-38.

（104） McClelland, Charles E., *State, Society and University in Germany, 1700–1914*, Cambridge U. P., 1980, pp. 151–232.

（105） Turner, F. M., Public Science in Britain, 1880–1919, *Isis*, vol. 71（1980）, pp. 589–608.

（106） これがヴァーノン論文の結論でもある。Vernon, Keith, op. cit., pp. 332–3.

（107） Lowe, Roy, The Expansion of Higher Education in England（Jarausch, Konrad H., ed., *The Transformation of Higher Learning 1860–1930 : Expansion, Diversification, Social Opening and Professionalisation in England, Germany, Russia and the United States*, The University of Chicago Press, 1983, pp. 37–56, 望月幸男・安原義仁・橋本伸也監訳『高等教育の変貌 1860–1930――拡張・多様化・機会開放・専門職化』昭和堂，2000 年，29–50 ページ）; Shinn, Christine Helen, *Paying the Piper : The Development of the University Grants Committee, 1919–46*, Falmer Press, 1986. および，E. アシュビー著，宮田敏近訳『科学技術社会と大学――エリック・アシュビー講演集』玉川大学出版部，2000 年，80–99 ページ。

（108） DeJager, T., Pure Science and Practical Interests : The Origins of the Agricultural Research Council, 1930–1937, *Minerva*, vol. 31（1993）では，農業研究会議の役割が強調されているが，それは開発委員会の設立後に，その補完的な役割を担っている。

（109） Heyck, T. W., *The Transformation of Intellectual Life in Victorian England*, London, 1982.

第13章　農業経済学とプロフェッションの誕生

（1） 専門分化の傾向は19世紀から現れたが，科学者の職業専門化（professionalization）が進展することによって，この専門分化を支えたとされる。Abbott, Andrew, *The System of Professions*, University of Chicago Press, 1988. 古川安『科学の社会史――ルネサンスから20世紀まで』南窓社，1989 年。1919 年にウェーバーが「職業としての学問」の講演を行った際，学問の専門分化を指摘し，その専門分化内での仕事への専心を説いた。しかしウェーバーはその専門分化がどのような機構によって成立しているのかの分析は行っていない。マックス・ウェーバー著，尾高邦雄訳『職業としての学問』岩波文庫，1936 年。

（2） エドワード・サイード著，大橋洋一訳『知識人とは何か』平凡社，1998 年。

（3） 松本三和夫「産業社会における科学の専門職業化の構造」（『思想』第 713 号，1983 年，80–97 ページ）; 村岡健次「一九世紀イギリスにおけるプロフェショナリズムの成立――医業を中心として」（川北稔他編『生活の技術 生産の技術』岩波書店，1990 年，217–43 ページ）。

（4） Thompson, F. M. L., An Anatomy of English Agriculture, 1870–1914（Holderness, B. A. and Turner, M. eds., *Land, Labour and Agriculture, 1700–1920 : Essays for Gordon Mingay*, Hambledon, 1991, pp. 211–40）.

（5） 田島重雄・木村慶男共著『世界の農業普及事業――アメリカ・ヨーロッパを中心に』全国農業改良普及協会，1993 年，118–32 ページ。

（6） ヨーロッパ大陸については，Nou, Joosep, *Studies in the Development of Agricultural Economics in Europe*, Uppsala, 1967. アメリカ合衆国については，True, A. C., *A History of Agricultural Education in the United States 1785–1925*, New York, 1969 ; Taylor, H. C. and Taylor, A. D., *The Story of Agricultural Economics in the United States, 1840–1932 : Men-Services-Ideas*, Greenwood, 1974.

（7） Bateman, D. I., A. W. Ashby : An Assessment, *Journal of Agricultural Economics*, vol. 31（1980）, pp. 1-14 ; Colyer, Richard J., *Man's Proper Study――A History of Agricultural Science Education in Aberystwyth 1878-1978*, Gomer Press, 1982, pp. 26-43.

（8） Comber, N. M., The Department of Agriculture of Leeds University, *Agricultural Progress*, vol. 24（1949）, pp. 7-13 ; Wynne, A. J., The Beginnings of Agricultural Economics at the University of Leeds, *Journal of Agricultural Economics*, vol. 31（1980）, p. 191.

（9） Wood, T. B., The School of Agriculture of the University of Cambridge, *Journal of the Ministry of Agriculture*, vol. 29（1922）, pp. 223-30, 296-302 ; Ede, R., The School of Agriculture, University of Cambridge, *Agricultural Progress*, vol. 15（1938）, pp. 137-42.

（10） Voelcker, J. Augustus, Sir Ernest Clarke, *Journal of the Royal Agricultural Society of England*, vol. 84（1923）, pp. 1-10.

（11） ニコルソンによって著された全3巻にわたる著書 *Principles of Political Economy*, London, 1893-1901 が，第一次世界大戦前の段階ではイギリス農業経済学に関する唯一の専門書といえるものであった。

（12） Legg, L. G. W. and Williams, E. T. ed., Hall, Sir（Alfred）Daniel（1864-1942）, *Dictionary of National Biography, 1941-1950*, London, 1959, pp. 339-41.

（13） Richards, Stewart, *Wye College and its World : A Centenary History*, Wye College, 1994.

（14） Lee, Sidney ed., Gilbert, Sir Joseph Henry（1817-1901）, *Dictionary of National Biography*, supplement January 1901-December（1920）, p. 106.

（15） Watson, James A. Scott, *The History of the Royal Agricultural Society of England 1839-1939*, Royal Agricultural Society, 1939, pp. 136-42.

（16） Hall, A. D., Agricultural Education and the Farmer's Son, *Journal of the Farmers' Club*, 1907, pp. 559-76.

（17） 1900年代初頭のギネス醸造会社については，Guinness, Michele, *The Guinness Spirit-Brewers and Bankers, Ministers and Missionaries*, Hodder & Stoughton, 1999, pp. 349-98.

（18） Dale, H. E., *Daniel Hall, Pioneer in Scientific Agriculture*, London, 1956, p. 61.

（19） Williams, E. T. and Palmer, H. M. ed., Orwin, Charles Stewart（1876-1955）, *Dictionary of National Biography, 1951-1960*, London, 1971, pp. 783-4.

（20） Williams, E. T. and Palmer, H. M. ed., Ashby, Arttur Wilfred（1886-1953）, *Dictionary of National Biography, 1951-1960*, London, 1971, pp. 34-6.

（21） Orwin, C. S., The Agricultural Economics Research Institute, University of Oxford, *Journal of the Ministry of Agriculture*, vol. 33（1927）, pp. 1103-7 ; Agricultural Economics Research Institute, *Agricultural Economics 1913-1938*, Oxford, 1938, pp. 8-11.

（22） Bateman, D. I., op. cit., 1980, p. 4.

（23） Whetham, Edith H., *Agricultural Economics in Britain 1900-1940*, Institute of Agricultural Economics, University of Oxford, 1981, p. 44-5.

（24） Senior, W. H., et al., Dr. Joseph F. Duncan, *Journal of Agricultural Economics*, vol. 16（1965）, pp. 465-8.

（25） Whetham, Edith H., *op. cit.*, 1981, p. 33. 所長候補者としてオーウィンの人選にはホールが関わったことは容易に推測できる。当時のマーシャルの影響については，西岡幹雄・近藤真司『ヴィクトリア時代の経済像――企業家・労働・人間開発そして大学・教育拡充』萌書房，2002年。

（26） Roderick, G. W. and Stephens, M. D., Scientific Studies at Oxford and Cambridge, 1850–1914, *British Journal of Educational Studies*, vol. 24（1976）, pp. 49–65. 舟川一彦『十九世紀オクスフォード――人文学の宿命』Sophia University Press，2000 年，コンラート・ヤーラオシュ著，望田幸男・安原義仁・橋本伸也監訳『高等教育の変貌 1860–1930――拡張・多様化・機会開放・専門職化』昭和堂，2000 年。

（27） チャールズ・S・オーウィン，クリスタベル・S・オーウィン著，三澤嶽郎訳『オープン・フィールド』御茶の水書房，1980 年。

（28） Orwin, C. S., *Reclamation of Exmoor Forest*, Oxford U. P., 1929, pp. vii–x.

（29） 当時の「囲い込み」に関する研究については，並松信久「所領経営（estate management）と国民経済の変動――18・19 世紀イギリスの展開を通して」（丸山義皓・佐々木康三研究代表『家族経済と国民経済の変動に関する研究』科学研究費補助金研究成果報告書，1998 年，265–94 ページ）。

（30） チャールズ・S・オーウィン，クリスタベル・S・オーウィン著，三澤嶽郎訳，前掲書，1980 年，3–4 ページ。オープンフィールド研究に比べて，囲い込み研究のほうが膨大な蓄積がある。囲い込みは，資本主義経済の発展，あるいは近代化の進展などと密接な関係があると考えられてきたためである。

（31） ストリップは，オープンフィールドを構成する耕地の最小単位である。その形状は帯状に短く，その面積は牛が引くプラウ・ティーム（plough-team）の一日の作業分にあたる。

（32） Orwin, C. S., *A Specialist in Arable Farming*, Oxford, 1930 ; idem., *Another Departure in Plough Farming*, Oxford, 1930 ; idem., *A Pioneer of Progress in Farm Management*, Oxford, 1931 ; idem., *High Farming*, Oxford, 1931 ; idem., *Pioneers in Power Farming*, Oxford, 1934.

（33） 土地国有化の主張は，同様の脈絡でホールにもみられる。Hall, A. D., *Reconstruction and the Land : An Approach to Farming in the National Interest*, Macmillan, 1942.

（34） ロイド・ジョージの新政府は 1916 年 12 月に食料省を設立し，さらに翌 17 年 1 月に農務省食料生産局を設置して国内の食料増産政策をとる。それは主要農産物の価格と市場を保証するものとなり，後には食料配給制と結びつく。穀物生産法もまた同様の展開をとり，農業労働者の最低賃金を設定するものとなる。地方農業最低賃金委員会が実際の賃金を決め，イングランドとウェールズでは中央農業最低賃金委員会が，それらを監督することになる。森建資『イギリス農業政策史』東京大学出版会，2003 年，12–7 ページ。

（35） Ashby, M. K., *Joseph Ashby of Tysoe 1859–1919*, London, 1961.

（36） 山口哲夫訳・注釈『英国の小農地制度――農水産大臣に対する小農地諮問会議第一次報告書』農林省農地局，1950 年。

（37） その補完的な報告書が，オール（John Orr）によって 1916 年と 17 年にバークシアとオックスフォードシアの農業を対象にして発表される。オールのその後の活動については，服部正治『イギリス食料政策論――FAO 初代事務局長 J. B. オール』日本経済評論社，2014 年。

（38） 当時のウィスコンシンの状況については，True, Alfred Charles, *A History of Agricultural Education in the United States 1785–1925*, Arno Press, 1969, pp. 220–321. エリィとテイラーについては，Taylor, H. C. and Taylor, A. D., *The Story of Agricultural Economics in the United States, 1840–1932*, Greenwood Press, 1974, pp. 101–21.

(39)　Shepardson, Whitney H., *Agricultural Education in the United States*, Macmillan, 1929, pp. 98-116.

(40)　Smith, J. H., *Joe Duncan : The Scottish Farm Servants and British Agriculture*, R. C. S. S., University of Edinburgh, 1973, pp. 31-70.

(41)　ダンカンは協同組合活動を通じて学習している。協同組合による教育は，大学拡張運動による教育と内容はかなり近いものである。したがって，ダンカンもホール，オーウィン，アシュビィ，後述のキングなどと，履修した教育制度に違いはあるものの，教育内容にはそれほど違いはない。松浦京子「義務と自負――成人教育におけるシティズンシップ」（小関隆編『世紀転換期イギリスの人びと――アソシエイションとシティズンシップ』人文書院，2000年，103-65ページ）。

(42)　Whetham, Edith H., *op. cit.*, 1981, p. 35.

(43)　Elmhirst, L. K., Foreword (Smith, J. H., *op. cit.*, 1973, pp. I-XIV).

(44)　森建資，前掲書，8-13ページ。ダンカンは中央農業最低賃金委員会（Central Agricultural Wages Board）のメンバーにもなっている。

(45)　国家助成に関するダンカンの考え方は，アシュビィの父ジョセフと酷似している。すなわち「不幸な人々から責任を取り上げ，そのことによって自尊心をなくしてしまうことは，これらの人々にとって害となる」と語っている。Ashby, M. K., *op. cit.*, p. 192.

(46)　Duncan, Joseph, The Political Economy of Agriculture, *Journal of Proceedings of the Agricultural Economics Society*, vol. 2 (1932), pp. 88-91.

(47)　Agricultural Economics Research Institute, *op. cit.*, 1938, pp. 16-9.

(48)　Giles, A. K., The A. E. S. : A Commentary on its Past, Present and Future, *Journal of Agricultural Economics.*, vol. 27 (1976), pp. 393-413 ; Holmes, Colin, Science and the Farmer : the Development of the Agricultural Advisory Service in England and Wales, 1900-1939, *Agricultural History Review*, vol. 36 (1988), pp. 77-86.

(49)　食料増産政策は第一次世界大戦後も一定期間続けられた。Middleton, Thomas Hudson, *Food Production in War*, Clarendon Press, 1923 ; Offer, Avner, *The First World War : An Agrarian Interpretation*, Clarendon Press, 1989.

(50)　委員会（23名）の意見は二つに分かれ，価格保証や費用委員会の設置を求めるのは多数派（12名）の意見であり，少数派（11名）は価格保証政策を継続する必要はないと主張する。この委員会は結局，最終報告を出していない。森建資，前掲書，20-30ページ。

(51)　Whetham, Edith H., *The Agrarian History of England and Wales, vol. VIII 1914-39*, Cambridge U. P., 1978, pp. 148-53.

(52)　Orwin, C. S., op. cit., 1927, pp. 1103-7.

(53)　牛乳販売公社と翻訳される場合もあり，生産者に対する原料乳の価格保証や牛乳の品質を維持するために設立された。平岡祥孝『英国ミルク・マーケティング・ボード研究』大明堂，2000年，16-9ページ。

(54)　G. R. アレン著，三沢嶽郎訳『農産物流通政策』農政調査委員会，1964年；平岡祥孝，前掲書，2000年。

(55)　Agricultural Economics Research Institute, *op. cit.*, 1938, pp. 20-60.

(56)　*ibid.*, pp. 61-2.

(57)　Colyer, Richard J., *Man's Proper Study : A History of Agricultural Science Education in*

Aberystwyth, Gomer Press, 1982, pp. 51–3.
(58) Ashby, A. W., *Economic Conditions in Welsh Agriculture*, Aberystwyth, 1928, p. 2.
(59) 農村はアシュビィの教区ともいえるようになり，アシュビィは父親がウォリックシアの農村でメソジスト教徒の集会で行ったのと同じような忠告を農民に与えている。Tributes to A. W. Ashby, CBE, *Journal of Agricultural Economics*, vol. 10（1954）, pp. 274–6.
(60) ibid., p. 275.
(61) Colyer, Richard J., *op. cit*., 1982, p. 52.
(62) 1930年代になってロンドン大学の（農業）学外学位をめざしている学生は経済原理の知識と，その農業への適用が必要とされるようになる。
(63) Whetham, Edith H., *op. cit*., 1981, pp. 49–50.
(64) Orwin, C. S., *The Teaching of Agriculture*, The Agricultural Economics Society, 1927.
(65) Wynne, A. J., op. cit., 1980.
(66) Venn, J. A., *Foundations of Agricultural Economics*, Cambridge U. P., 1923, pp. vi–ix.
(67) Rew, Sir Henry, *The Scope of Agricultural Economics*, The Agricultural Economics Society, 1928, p. 2.
(68) Senior, W. H., Dr. J. S. King, *Journal of Proceedings of the Agricultural Economics Society*, vol. 3（1934）, pp. 11–2.
(69) Sturrock, F. G., *Farm Accounting and Management*, London, 4th edition, 1962.
(70) King, J. S., A Programme of Research in Agricultural Economics, *Journal of Proceedings of the Agricultural Economics Society*, vol. 1（1930）, pp. 9–24.
(71) Wyllie, J., Determination of the Cost of Production of Farm Crops, *Journal of the Board of Agriculture*, vol. 24（1917）, pp. 403–16.
(72) Reid, I. G., Obituary : James Wyllie, *Journal of Agricultural Economics*, vol. 19（1968）, pp. 386–7.
(73) Carslaw, R. McG., *Farm Management Research Techniques, Reports of the College Travelling Scholars in Agriculture*, No. 2, College of Estate Management, London, 1931, pp. 214–17.
(74) Murray, Keith A. H., Agricultural Economics in Retrospect, *Journal of Agricultural Economics*, vol. 13（1960）, pp. 374–98. 従わなかった理由には，農業経済アドバイザーが政府に従属しない学問的な独立（あるいは研究者としての独立性）への要求が強く，農業政策や官僚と結びつくことを嫌ったこともあった。
(75) カリィの研究手法については，Currie, J. R., A Review of Fifty Years' Farm Management Research, *Journal of Agricultural Economics*, vol. 11（1956）, pp. 350–68.
(76) Long, W. H., *An Economic Investigation of Devon and Cornish Farms 1923–1926*, Newton Abbot, 1927 ; Currie, J. R., and Long, W. H., *An Agricultural Survey in South Devon*, Newton Abbot, 1929.
(77) この特徴点は第二次世界大戦後にケンブリッジのスターロック（F. G. Sturrock）とレディングのブラックバーン（C. H. Blagburn）によって本格的に取り上げられ，「効率要素」の計算が組み合わされ，「組織」指標によって選択の部門の強度が示され，「産出指標」によって部門の経営水準が示される。Sturrock, F. G., *Farm Accounting and Management*, London, 1945 ; Blagburn, C. H., *Simple System of Economic Analysis of a Farm Business*, Reading, 1954.
(78) この方法は現在に通ずる高速情報処理を導くが，その反面，人間や社会を文字どおり

機械的に処理する手段となっていく。原克『悪魔の発明と大衆操作——メディア全体主義の誕生』集英社，2003 年，77-119 ページ。

(79) Ashby, A. W., Some Impressions of Agriculture Economics in U. S. A., *Journal of Proceedings of the Agricultural Economics Society*, vol. 1 (1929), pp. 10-8.

(80) 当時のアメリカの農業経済研究者の状況については，Taylor, Henry Charles, *A Farm Economist in Washington 1919-1925*, University of Wisconsin, 1992.

(81) Whetham, Edith H., *op. cit.*, 1981, pp. 57-8.

(82) Hunt, K. E., The Concern of Agricultural Economists in Great Britain since the 1920s, *Journal of Agricultural Economics*, vol. 27 (1976), pp. 285-96.

(83) Brassley, Paul, Agricultural Science and Education (Collins, E., J., T. ed., *The Agrarian History of England and Wales, vol. VII 1850-1914*, Cambridge U. P., 2000, pp. 594-649).

(84) Duncan, J. F., The Development of Agricultural Economics in Great Britain, *Journal of Proceedings of the Agricultural Economics Society*, vol. 7 (1946), pp. 19-21.

(85) Murray, Keith A. H., op. cit., 1960, pp. 381-2.

(86) ibid., pp. 375-77.

(87) Thomas, E., On the History of the Society, *Journal of Agricultural Economics*, vol. 10 (1954), pp. 278-302 ; Giles, A. K., op. cit., 1976, pp. 393-413.

(88) Whetham, Edith H., *op. cit.*, 1981, pp. 69-70.

(89) Legg, L. G. W. ed., Prothero, Rowland Edmund, Baron Ernle (1851-1937), *Dictionary of National Biography, 1931-1940*, London, pp. 721-2. アンリィ卿の著名な農業史書から，近代イギリス農業をとらえなおそうという研究に，國方敬司「イギリス農業革命はどのようにとらえられるべきか——プロザロウ再読」(『山形大学紀要（社会科学)』第 44 巻 2 号，2014 年，1-20 ページ)。

(90) Senior, W. H., op. cit., 1934, pp. 11-2.

(91) ラドは研究と普及の関係に関心をもっている。Ladd, C. E., The Relation of Research to Extension Work in Agricultural Economics, *Journal of Proceedings of the Agricultural Economics Society*, vol. 1 (1928), pp. 43-7.

(92) Ramsay, John M., The Development of Agricultural Statistics, *Journal of Proceedings of the Agricultural Economics Society*, vol. 6, no. 2 (1940), pp. 117-29.

(93) オックスフォードの農業経済アドバイザーであるブリッジズは，第一次世界大戦後の 1918 年に大学へ戻ってオックスフォードで農業の学位を取り，22 年に農業経済研究所の研究員となり，30 年に副所長となる。ブリッジズは，基本的に農業会計や生産費の研究に着手し，テンサイの生産費に関する研究と機械化による作物栽培に関する研究などを刊行している。

(94) Smith, J. H., *op. cit.*, pp. 110-20.

(95) *ibid.*, p. 111.

(96) *ibid.*, p. 115.

(97) Giles, A. K., op. cit., 1976, p. 411.

(98) Thomas, E., op. cit., 1954, pp. 278-83.

(99) 知識や情報量の蓄積と制度との関連については，B. C. ヴィッカリー著，村主朋英訳『歴史のなかの科学コミュニケーション』勁草書房，2002 年。

(100) 藤垣裕子『専門知と公共性——科学技術社会論の構築へ向けて』東京大学出版会，

2003年。

（101）クリフォード・ギアーツ著，梶原景昭訳『ローカル・ノレッジ』岩波書店，1999年。

（102）Maxton, John P., Professional Stock-Taking, *Journal of Proceedings of the Agricultural Economics Society*, vol. 6（1940）, pp. 142–81.

（103）このプロフェッションは現代社会に置き換えれば，おそらく「コンサルタント」ということになるであろう。鴨志田晃『コンサルタントの時代――21世紀の知識労働者』文藝春秋，2003年。しかしホールは，サウスイースタン農業カレッジで語ったように，学問の発展とコンサルタントの活動とは必ずしも結びつかないと考えている。

（104）Ashby, A. W., op. cit., 1929, pp. 10–8.

（105）森田明解題・翻訳「農業経済学と農村開発――結婚それとも離婚？」（『のびゆく農業』第932号，2002年）。

第14章　農業経済プロフェッションと国際化

（1）代表的な研究に森建資『イギリス農業政策史』東京大学出版会，2003年がある。戦間期の農業政策については，Wordie, J. R. ed., *Agriculture and Politics in England, 1815–1939*, Macmillan, 2000 ; Wilt, Alan F., *Food for War――Agriculture and Rearmament in Britain before the Second World War*, Oxford University Press, 2001.

（2）Smith, Martin J., *The Politics of Agricultural Support in Britain――The Development of the Agricultural Policy Community*, Dartmouth, 1990, pp. 57–86 ; 森建資「農業保護論の歴史的位置――イギリスの経験」（祖田修・堀口健治・山口三十四編著『国際農業紛争――保護と自由のはざまで』講談社，1993年，141–65ページ）。

（3）Abbott, Andrew, *The System of Professions――An Essay on the Division of Expert Labor*, University of Chicago Press, 1988.

（4）Thomas, Edgar, Agricultural Economics in England and Wales, *International Journal of Agrarian Affairs*, vol. 1, no. 2（1947）, pp. 58–62. 田島重雄・木村慶男共著『世界の農業普及事業――アメリカ・ヨーロッパを中心に』全国農業改良普及協会，1993年，118–32ページ。

（5）Duncan, J. F., The Development of Agricultural Economics in Great Britain, *Journal of Proceedings of the Agricultural Economics Society*, vol. 7（1946）, pp. 19–21.

（6）Murray, Keith A. H., Agricultural Economics in Retrospect, *Journal of Agricultural Economics*, vol. 13（1960）, pp. 381–2.

（7）ウォレンは農業作物学の教授であったが，研究費不足のため，徐々に農業経営学の研究に重点を移していった。彼は1909年から38年まで農業経済学科の学科長をつとめている。Colman, Gould P., *Education & Agriculture――A History of the New York State College of Agriculture at Cornell University*, Cornell U. P., 1963, pp. 223–7. ラドは1931年から43年まで学部長（コーネル大学農業カレッジ長）を務め，研究教育と普及を通して1930年代の農業の立て直しに果たした役割は大きいとされる。*ibid.*, pp. 414–49.

（8）Raeburn, J. R. and Jones, J. O., *The History of the International Association of Agricultural Economists――Towards Rural Welfare World Wide*, Dartmouth, 1990, pp. 9–23.

（9）Young, Michael, *The Elmhirsts of Dartington――The Creation of an Utopian Community*, Routledge, 1982, pp. 9–32.

（10）*ibid.*, pp. 69–71. 当時のコーネル大学における農業教育については，Colman, Gould P.,

op. cit., 1963, pp. 355–413.

（11）結婚相手のドロシー・ストレート（Dorothy Straight, 1887–1968）とはコーネル大学で知り合っている。エルムハースト夫妻はタゴールの活動に関する興味を共有し，インドでの経験をもとにしたダーティントンでの一連の活動も夫婦で取り組んでいる。

（12）クリシュナ・クリパラーニ著，森本達雄訳『タゴールの生涯』（上），レグルス文庫，1978 年，142–73 ページ；石見尚『日本型田園都市論』柏書房，1985 年，11–6 ページ；我妻和男『タゴール［詩・思想・生涯］』麗澤大学出版会，2006 年，195–7 ページ。

（13）タゴールは開設の頃から，詩や小説以外に政治・社会評論を発表し，痛烈なイギリス批判を展開するなど政治性を強めていく。森本達雄『ガンディーとタゴール』レグルス文庫，1995 年，184–258 ページ。森本達雄編訳『原典でよむタゴール』岩波現代全書，2015 年。

（14）クリシュナ・クリパラーニ著，森本達雄訳『タゴールの生涯』（下），レグルス文庫，1979 年，296–7 ページ。

（15）Elmhirst, L. K., *Rabindranath Tagore, Pioneer in Education*, India, 1961, pp. 28–9.

（16）クリシュナ・クリパラーニ著，森本達雄訳，前掲書，1979 年，328–33 ページ。インドの農業経済学の展開については，Sen, Sudhir, Agricultural Economics in India——Recent Development in Research and Education, *International Journal of Agrarian Affairs*, vol. 1, no. 2（1947）, pp. 34–45.

（17）Elmhirst, Leonard K., *The Straight and Its Origin*, New York, 1975. ダーティントンの概説については，ダーティントン・ホール・トラスト＆ピーター・コックス著，藤田治彦監訳『ダーティントン国際工芸家会議報告者——陶芸と染織：1952 年』（思文閣出版，2003 年，5–11 ページ）において，エルムハーストが語っている。

（18）Bonham-Carter, Victor, *Dartington Hall——The History of an Experiment*, Phoenix House, 1958, pp. 56–219.

（19）Williams, W. M., *The Country Craftsman——A Study of some Rural Crafts and the Rural Industries Organisation in England*, Routledge & Kegan Paul, 1958. 1926 年にダーティントンホール・スクールを開設して実験的教育活動を行っているが，1987 年に閉鎖されている。また 1934 年に芸術部門（Arts Department）を創設し，55 年に芸術センター（Art Centre）に改称し，61 年にはこのセンターからダーティントン芸術大学が誕生している。

（20）Snell, Reginald, *From the Bare Stem——Making Dorothy Elmhirst's Garden at Dartington Hall*, Devon Books, 1989. ダーティントンホールは所領の邸宅（ホール）の名称であったが，組織名として使用された。成人教育センターはダーティントンホールの近くに住む地域住民に対して教育活動を行うために，1947 年に開設されたセンターである。

（21）Young, Michael, *op. cit.*, 1982, pp. 298–9.

（22）イギリスは戦間期に森林保護を帝国の問題と認識するようになっていく。水野祥子「イギリス帝国林学と環境保護主義——大戦間期における森林保護論の展開を通して」（『歴史評論』第 650 号，2004 年，10–24 ページ）。

（23）Raeburn, J. R. and Jones, J. O., *op. cit.*, 1990, pp. 24–5, 44–5.

（24）ミドルトンは，1917 年に農務省に設置された食料生産局の責任者となっている。食料生産局は農地の有効利用をはかるために，各州の戦時農業委員会との情報交換，農

作業に関する女性の訓練，耕作地の作付けに関するアドバイスなどの活動を行っている。Middleton, Thomas Hudson, *Food Production in War*, Clarendon Press, 1923.

（25） Raeburn, J. R. and Jones, J. O., *op. cit.*, 1990, pp. 12-3.

（26） Elmhirst, L. K., John Robertson Currie, *Journal of Agricultural Economics*, vol. 18（1967）, p. 321.

（27） Currie, J. R. and Long, W. H., *An Agricultural Survey in South Devon*, Seale-Hayne Agricultural College and Dartington Hall, 1929.

（28） Young, Michael, *op. cit.*, 1982, pp. 275-81.

（29） Elmhirst, L. K., op. cit., 1967, p. 322.

（30） Raeburn, J. R. and Jones, J. O., *op. cit.*, 1990, pp. 27-8. 一般的にいずれの学会も，情報センターとしての役割をもっている。B. C. ヴィッカリー著，村主朋英訳『歴史のなかの科学コミュニケーション』勁草書房，2002 年。

（31） Anon., Obituary Notice of J. P. Maxton, *International Journal of Agrarian Affairs*, vol. 1, no. 4（1952）, pp. 1-5.

（32） Young, Michael, *op. cit.*, 1982, pp. 280-1.

（33） マーケティングボード事業は廃止となるが，結局，後の第二次世界大戦中の農業生産に対する広範な統制に向けた準備段階となった。

（34） Obituary Notice of J. P. Maxton, 1952, pp. 2-3.

（35） Taylor, H. C. and Taylor, A. D., *The Story of Agricultural Economics in the United States, 1840-1932*, Greenwood Press, 1952, pp. 753-5.

（36） Raeburn, J. R. and Jones, J. O., *op. cit.*, 1990, pp. 131-3.

（37） Obituary Notice of J. P. Maxton, 1952, pp. 4-5.

（38） Whetham, Edith H., *Agricultural Economists in Britain 1900-1940*, Institute of Agricultural Economics, University of Oxford, 1981, pp. 76-8.

（39） Maxton, John P., Professional Stock-Taking, *Journal of Proceedings of the Agricultural Economics Society*, vol. 6（1940）, pp. 142-81.

（40） Raeburn, J. R. and Jones, J. O., *op. cit.*, 1990, pp. 132-7.

（41） Colman, Gould P., *op. cit.*, 1963, pp. 409-11. 当時のアメリカにおける農業経済学の展開については，Case, H. C. M., Farm Management Research in U. S. A., *International Journal of Agrarian Affairs*, vol. 1, no. 2（1947）, pp. 7-16.

（42） アシュビィも 1914-5 年にアメリカのウィスコンシン大学に留学し，アメリカ農業経済学から大きな影響を受ける。Shepardson, Whitney H., *Agricultural Education in the United States*, Macmillan, 1929, pp. 98-116 ; True, Alfred Charles, *A History of Agricultural Education in the United States 1785-1925*, Arno Press, 1969, pp. 220-321.

（43） 学会の特徴に関する研究成果は数多くある。藤垣裕子『専門知と公共性――科学技術社会論の構築へ向けて』東京大学出版会，2003 年。

（44） 農業経済学のみでなく農学全体についても，1920 年代後半期における大学農学部あるいは農業カレッジに在籍している学生数は，2,031 名から 1,896 名へと，むしろ減少する傾向にあった。Ministry of Agriculture and Fisheries, *Report on the Work of the Research and Education Division for the Year 1929-30*, London, 1931, pp. 26-31.

（45） Taylor, H. C. and Taylor, A. D., *op. cit.*, 1974, pp. 169-479.

（46） Whetham, Edith H., *op. cit.*, 1981, pp. 85-7.

（47）*ibid.*, p. 79.

（48）*ibid.*, p. 86.

（49）Martin, John, *The Development of Modern Agriculture――British Farming since 1931*, Macmillan, 2000, pp. 8-35.（溝手芳計・村田武監訳『現代イギリス農業の成立と農政』筑波書房，2002 年，22-55 ページ）。

（50）この委員会は，農産物の流通費用を削減して生産者の売渡価格と小売価格との差を縮める方法を見出そうとする。委員会は 4 冊の報告書を作成している。森建資，前掲書，2003 年，35-8 ページ。

（51）Enfield, R. R., *The Agricultural Crisis 1920-1923*, Longmans, 1924, pp. 126-203.

（52）Whetham, Edith H., *The Agrarian History of England and Wales, vol. VIII 1914-39*, Cambridge University Press, 1978, pp. 142-97.

（53）Dampier-Whetham, W. C., The Economics of Agriculture, with Special Reference to the Lag between Expenditure and Receipts, *Journal of Royal Agricultural Society*, vol. 85（1924）, pp. 122-59 ; idem., The Effect of Monetary Instability upon Agriculture, *Journal of Farmers' Club*, 1928, pp. 21-37 ; idem., The Economic Lag of Agriculture, *Economic Journal*, vol. 35（1925）, pp. 536-57.

（54）森建資，前掲書，2003 年，32-8 ページ。

（55）Murray, Keith A. H., op. cit., 1960, pp. 374-98.

（56）エンフィールドは農業経済学会の会長講演において人口問題を語り，過去のマルサスとリカードという伝統があるものの，1870 年代から半世紀にわたる人口増加に関する広範な見通しを述べた後で，農業の財政的回復への期待を語っている。Enfield, R. R., The Expectation of Agricultural Recovery, *Journal of Agricultural Economics*, vol. 9（1935）, pp. 14-43.

（57）Dale, H. E., *The Higher Civil Service of Great Britain*, Oxford U. P., 1941.

（58）Whetham, E. H., E. M. H. Lloyd, *Journal of Agricultural Economics*, vol. 19（1968）, pp. 271-2.

（59）現在の食料保障は food security の翻訳であるが，イギリスと日本とでは意味が異なる。イギリスのそれは開発途上国の貧困層がどのように食料を確保するかを問題として，すべての人々が必要な基礎的食料を入手できる状態となる global food security を意味するが，日本の場合は国の安全保障の一環と考える national food security の意味合いが強い。生源寺真一解題・翻訳「イギリスと EC における食料自給と食料保障」（『のびゆく農業』第 908 号，2000 年，2-7 ページ）。

（60）ロイドの報告は Orr, John Boyd, *Food Health and Income. A Survey of the Adequacy of Diet in Relation to Income*, Macmillan, 1936 という著名な報告書の中に掲載されている。戦時に対する食料供給体制に関しては，大きく二つの提案がある。一つは栄養学の立場から畜産物を増加させること，もう一つは穀物やジャガイモなどの耕種作物の栽培面積を増加させるために畜産を縮小することである。食品や栄養学のプロフェッションは畜産の拡大を主張したが，それは経費の面から，あまり考慮されなかった。そして食料生産を拡大する唯一実行可能な方法として共通の認識をみたのは，牧草地を耕地に転換することである。この結果，小麦作付面積は 1932 年から 10 年間ほどで約 50 %の拡大がみられ，一方，乳牛の頭数も同時期に 25 万頭ほど増加している。Smith, David F. ed., *Nutrition in Britain――Science, Scientists and Politics in the Twentieth Century*,

Routledge, 1997.

(61) Wilt, Alan F., *Food for War――Agriculture and Rearmament in Britain before the Second World War*, Oxford U. P., 2001, pp. 107-30. 戦時農業政策の展開については，Orr, Lord Boyd, *As I Recall*, Macgibbon and Kee, 1966 ; 森建資，前掲書，2003 年，95-121 ページ。

(62) Maxton, J. P., ed., *Regional Types of British Agriculture*, Oxford, 1936.

(63) Elmhirst, L. K., Foreword, *International Journal of Agrarian Affairs*, vol. 1, no. 1 (1939), pp. 1-2.

(64) The International Conference of Agricultural Economists, *International Journal of Agrarian Affairs*, vol. 1, no. 1 (1939), pp. 91-6.

(65) Conacher, H. M., Surplus Agricultural Population, *International Journal of Agrarian Affairs*, vol. 1 (1939), pp. 25-36.

(66) Maxton, John P., op. cit., 1940, pp. 142-81.

(67) 山本千映「1936 年農場経営調査の成立過程――英国における全国統計調査実施の一側面」(『大阪大学経済学』第 63 巻 1 号，2013 年，253-79 ページ)。

(68) Cooper, Andrew Fenton, *British Agricultural Policy, 1912-36-A Study in Conservative Politics*, Manchester U. P., 1989, pp. 184-98.

(69) Whetham, Edith H., *op. cit.*, 1981, pp. 88-9.

(70) *ibid.*, pp. 47-8.

(71) Coates, A. W., The Development of the Agricultural Economics Profession in England, *Journal of Agricultural Economics*, vol. 27 (1976), pp. 381-92.

(72) パックス・ブリタニカは近代日本経済の展開をみれば明らかである。新保博『近代日本経済史――パックス・ブリタニカのなかの日本的市場経済』創文社，1995 年。イギリスの当時置かれていた政治的な背景については，E. H. カー著，井上茂訳『危機の二十年――1919-1939』岩波文庫，1996 年。

(73) Maxton, John P., op. cit., 1940 ; Duncan, J. F., op. cit., 1946.

(74) Committee on the Organisation of the Ministry of Agriculture and Fishries, *Report of the Committee appointed to Review the Organisation of the Ministry of Agriculture and Fisheries*, London, 1951 ; Winnifrith, John, *The Ministry of Agriculture, Fisheries and Food*, London, 1962, pp. 22-40.

(75) Political and Economic Planning, *Report on Agricultural Research in Great Britain――A survey of its scope, administrative structure and finance, and of the methods of making its results known to farmers, with proposals for future development*, London, 1938.

(76) Thomas, Edgar, op. cit., 1947, pp. 63-5.

(77) Holt, J. C., *The University of Reading――the first fifty years*, Reading U. P., 1977 ; Harris, Paul, *Silent Fields――One hundred years of agricultural education at Reading*, Reading, 1993.

(78) Elmhirst, L. K., Foreword, *International Journal of Agrarian Affairs*, vol. 1, no. 2 (1947), pp. 1-3.

(79) エルムハーストの意思が，第二次世界大戦後において国際的な農業経済学の展開にどのように反映されたのかについては，Dixey, Roger N. ed., *International Explorations of Agricultural Economics――A Tribute to the Inspiration of Leonard Knight Elmhirst*, Iowa State U. P., 1964.

終　章

（1）並松信久「イギリスの農業保護政策の展開」(『農業および園芸』第89巻2号，2014年，247-57ページ)。

（2）P. J. ボウラー著，小川眞里子・森脇靖子・財部香枝・桑原康子訳『環境科学の歴史』I・II，朝倉書店，2002年。

（3）有本建男「「分子生物学」をつくった科学のマネジャー――ロックフェラー財団自然科学部長ウォーレン・ウィーバー」(『管理科学』第41巻4号，1998年，305-7ページ。

（4）レオン・ヘッサー著，岩永勝監訳『"緑の革命"を起した不屈の農学者ノーマン・ボーローグ』悠書館，2009年；ルース・ドフリース著，小川敏子訳『食糧と人類――飢餓を克服した大増産の文明史』日本経済新聞出版社，2016年，222-44ページ。ロックフェラー財団の科学者チームに参加したボーローグ（Norman Ernest Borlaug, 1914-2009）は，緑の革命で1970年にノーベル平和賞を受賞している。

（5）服部正治『イギリス食料政策論――FAO初代事務局長J. B. オール』日本経済評論社，2014年。この状況において1945年10月にオールがFAO（国際連合食料農業機関）の初代事務局長に選出される。オールはこの功績で1949年にノーベル平和賞を受賞している。受賞講演では世界平和と食料の重要性について訴えている。

（6）楠和樹「牛と土――植民地統治期ケニアにおける土壌侵食論と「原住民」行政」(『アジア・アフリカ地域研究』第13巻2号，2014年，267-85ページ)。

（7）土壌侵食については，すでにアメリカ国内では20世紀初頭に深刻な問題となり，その解決策を探すために，1909年に土壌学者キング（Franklin Hiram King, 1848-1911）が中国・朝鮮・日本の農業を視察している。F・H・キング著，杉本俊朗訳『東アジア四千年の永続農業――中国・朝鮮・日本』(上)(下)，農山漁村文化協会，2009年。